Die zeitgemäße Heißdampflokomotive

Von

Dr.-Ing. e. h. **Robert Garbe**

Geh. Baurat, vormals Mitglied des Eisenbahn-Zentralamts
Berlin

Zugleich eine Ergänzung der 2. Auflage des Handbuchs
„Die Dampflokomotiven der Gegenwart"

Mit 116 Textabbildungen
und 52 Zahlentafeln

Berlin
Verlag von Julius Springer
1924

ISBN 978-3-642-50624-6 ISBN 978-3-642-50934-6 (eBook)
DOI 10.1007/978-3-642-50934-6

Softcover reprint of the hardcover 1st edition 1924

Vorwort.

„Glaube an die Sache, der du dienst!"

Mit diesem Kennwort und unter dem Titel „Die Dampflokomotiven der Gegenwart" erschien im Jahr 1907 mein Versuch, der allgemeinen Anwendung des hoch überhitzten Dampfs im Lokomotivbau und -betrieb die Wege zu ebnen und den weiteren Neubau von Sattdampflokomotiven unter möglichst einfacher Begründung zu bekämpfen.

Der Erfolg ist bekannt. Der Heißdampf ist als vorzüglicher Arbeitsträger überall anerkannt und eingeführt.

1920 konnte das Kampfbuch für die Anwendung des Heißdampfs im Lokomotivbetrieb in ein Hand- und Lehrbuch verwandelt und, völlig umgearbeitet, unter dem alten Titel nach Überwindung großer, durch die Kriegsverhältnisse hervorgerufener Schwierigkeiten der Fachwelt in zweiter Auflage übergeben werden.

Auch dieses Buch erfreut sich trotz der Ungunst der Zeit einer guten Verbreitung.

Wenn ich trotzdem mit 77 Jahren nochmals zur Feder gegriffen habe, um das vorerwähnte Lehrbuch zu ergänzen, müssen schwerwiegende Gründe vorliegen, die mich hierzu bestimmten.

Während des furchtbaren Kriegs mit seinem Hasten und Drängen und seinen riesigen Ansprüchen an die Leistungsfähigkeit auf allen Gebieten, besonders auch auf dem des Lokomotivbaus und -betriebs, konnte natürlich von einer ruhigen Fortentwicklung keine Rede sein. Auch die friedlose Nachkriegszeit war und ist noch der vor dem Krieg so stetigen und hervorragenden Entwicklung des gesamten deutschen Eisenbahnwesens nicht günstig.

Wohl wird auf allen Gebieten eine außerordentliche Tätigkeit entfaltet, und viel dankenswerte Arbeit ist auch im Wiederaufbau schon geleistet. Aber die Folgen der Kriegsnot wirken noch nach, und das Drängen der Not der Gegenwart kommt hinzu und birgt neben wirklichen Errungenschaften auch Gefahren für einen wahren Fortschritt zu einer gesunden, allseitigen Wirtschaftlichkeit.

Für meine Erkenntnis sind solche Gefahren auch auf dem Gebiet des Lokomotivbetriebs leider bereits vorhanden.

Betont sei jedoch, daß die deutsche hoch entwickelte Lokomotivindustrie, die selbst im Krieg unter schwierigsten Verhältnissen Erfreuliches geleistet hat, auch in der schweren Not der Nachkriegszeit großzügig fortgeschritten und befähigt ist, jeder Anforderung des In- und Auslands in technischer Vollkommenheit zu entsprechen.

Gegenüber den Aufgaben der Lokomotivindustrie aber, die für den Weltwettbewerb gerüstet sein muß, haben sich die Sachverständigen der einzelnen Eisenbahnverwaltungen, die für deren wirtschaftlichen Lokomotivbau und -betrieb verantwortlich sind, auf die wichtigsten Bedürfnisse des Verkehrs ihrer Verwaltungen einzustellen.

Hier scheint z. B. für deutsche Verhältnisse eine zu weitgehende Fürsorge für kommende Höchstleistungen einen gegenwärtig möglichen und daher folgerichtigen Ausbau des in einer rühmlichen Vergangenheit Erprobten zu gefährden.

Der deutsche Lokomotivbetrieb war vor dem Krieg vorbildlich; auch in den Kriegsjahren fand er selbst im Ausland hohe Anerkennung. Er kann durch einfache, zeitgemäße Verstärkung seiner bestbewährten Heißdampf-Lokomotivgattungen auch weiterhin vorbildlich wirtschaftlich bleiben, wenn er, seiner Eigenart entsprechend, stetig weiter ausgebaut wird, und wenn dabei nicht fremden, für ihn in absehbarer Zeit nicht notwendigen Vorbildern zu große Beachtung eingeräumt wird.

Ich halte daher für meine Pflicht, der Fachwelt in vorliegendem Ergänzungsband meine Ansichten über den gegenwärtigen Stand auf dem Gebiet des Lokomotivbaus und -betriebs zu unterbreiten und dabei zur Aufhellung einiger Ansichten beizutragen, die zwar durch die geschichtliche Entwicklung erklärlich sind, aber wahren Fortschritt zu notwendig hoher Leistung bei allseitiger Wirtschaftlichkeit hemmen müssen.

Die Berechtigung hierzu entnehme ich den Erfahrungen in meinem langjährigen Dienst, den Ergebnissen neuerer Studien und dem Umstand, daß ich schon bei der von mir erkämpften Einführung des Heißdampfs im Lokomotivbetrieb auch der erste war, der sofort mit Entschiedenheit für eine durch Einführung der Heißdampfanwendung sehr erleichterte Vereinheitlichung erprobter Bauteile und Lokomotivgattungen bei möglichster Verringerung der Zahl der Gattungen und für ihre einfachste Bauart eingetreten ist.

Sehr hinderlich war hierbei eine vielseitige Bekämpfung meiner Bestrebungen um die Anwendung hoch überhitzten Dampfs im Lokomotivbetrieb im allgemeinen und derjenigen um die Vereinfachung der Bauarten im besonderen.

Das war seinerzeit schmerzlich, aber noch verständlich.

Die natürliche Entwicklung des Lokomotivbaus und -betriebs bei Sattdampfbenutzung als Arbeitsträger konnte sich nach der damaligen Erkenntnis nur in der Richtung der Anwendung immer höheren Dampfdrucks und dessen Abspannung und Ausnutzung durch doppelte Dampfdehnung bewegen.

Der dabei im ortsfesten Dampfmaschinenbau und bei Schiffsmaschinen mit einfacher und mehrfacher Verbundwirkung erreichte bedeutende wirtschaftliche Erfolg führte auch im Lokomotivbetrieb — bei der Eigenart dieses wechselvollen Betriebs allerdings stark begrenzt — zu Ersparnissen an Brennstoff.

Bald war hier aber mit der Zunahme der Leistungsfähigkeit der Zwilling-Naßdampf-Verbundlokomotive das Ausmaß des Niederdruckzylinders schon an der durch das Umgrenzungsprofil bedingten Ausdehnung angelangt, und es war naheliegend, Hochdruck- und Niederdruckzylinder zu teilen und zur Vierzylinder-Verbundanordnung überzugehen.

Die Einführung der teuren, vielteiligen Vierzylinderbauarten wurde durch den Umstand erleichtert, daß vor etwa 20 Jahren der elektrische Betrieb anfing, in Mitbewerb mit dem Dampfbetrieb zu treten.

Schnellfahrten in Amerika und bei uns jagten und überboten sich gegenseitig, und bald konnte das große Publikum — und sogar auch die Fachwelt — von Zuggeschwindigkeiten von 150 km beim Dampfbetrieb und von 200 km und darüber in der Stunde beim Betrieb durch Elektrizität berichten. Man sprach und schrieb dabei wie von einem kleinen, endlich erreichten Fortschritt, der selbstverständlich auszubauen sei, und der demnächst auch auf die Beförderung der Personen- und in entsprechendem Maß auch auf Güterzüge Anwendung zu finden habe.

Daß bei der damals besonders starken Zunahme des Verkehrs auch die Zuglasten fast gleichzeitig andauernd wuchsen, berührte das reiselustige Publikum gar nicht. Ein wahrer Geschwindigkeitstaumel hatte weite Kreise ergriffen.

Dem ungestümen Verlangen nach erhöhter Geschwindigkeit suchte die Fachwelt bis an die Grenze der praktischen Möglichkeit zu entsprechen.

Da die Vierzylinderlokomotive für sehr hohe Zuggeschwindigkeiten und leichte Züge unbestreitbar einige Vorzüge vor einer Zwillinglokomotive besitzt, wurde sie trotz stark erhöhter Beschaffungs- und Unterhaltungskosten für den damaligen Schnellzugdienst in größerer Zahl gebaut.

Das ging gut, bis auch die schnellsten Züge bei steter Überfüllung immer schwerer wurden, und erhebliche Anstände im Betrieb der Vierzylinderlokomotive hervortraten und bewiesen, daß besonders im allgemeinen, schweren Zugverkehr die Steigerung der Geschwindigkeit der gleichzeitigen Steigerung der Zuglast bald eine Grenze setzt, daß also erhöhte Schnelligkeit kleine Zuglasten und große Zuglasten entsprechend kleinere Geschwindigkeiten naturgemäß verlangen, wenn noch ein wirtschaftlicher Betrieb aufrechterhalten und immer mehr erreicht werden soll.

Die Anstände im schwersten Betrieb der Vierzylinderlokomotiven führten zunächst zum Bau von Dreizylinderlokomotiven und damit, durch Fortfall eines vierten Zylinders und der allzu starken Inanspruchnahme der doppelt gekröpften Achse, bei erleichtertem Bau einer einfachen Kropfachse immerhin zu einem gewissen Fortschritt.

Eine völlige Abkehr von der Mehrzylinderlokomotive zur einfachsten Zwillinglokomotive für den allgemeinen Personen- und Güterzugdienst wurde damals leider noch nicht für rätlich erachtet, obgleich die inzwischen zu umfangreicher Anwendung gelangten einfachen Zwilling-Heißdampflokomotiven der Gattungen 2 B, 2 C, D und E außerordentliche Erfolge erbracht hatten.

Einesteils wurden die höheren Kolbendrücke bei zwei Zylindern mit ihrer vermehrten Inanspruchnahme der Triebzapfen ohne Not gefürchtet, und weiterhin auch der kleine Vorteil eines etwas besseren Anzugsvermögens und einer kleinen Steigerung der Ausnutzung des Reibungsgewichts bei Bergfahrten zu hoch bewertet.

Inzwischen bewirkten Forderungen der Militäreisenbahnverwaltungen während des Kriegs eine stark gesteigerte Leistungsfähigkeit und Schnelligkeit der Militärzüge bei womöglich noch vermindertem Triebachsdruck, und damit wurden die Sorgen und Schwierigkeiten des gesamten Lokomotivbaus erhöht.

Die bis an die Grenze der Möglichkeit gesteigerten Forderungen an die Leistungsfähigkeit nach beiden Richtungen, an Zugkraft und Schnelligkeit zugleich, verlangten ganz außerordentliche Maßnahmen unter Aufgabe bis dahin bewährter, einfacher Bauarten.

Aus Beratungen berufener Fachmänner erwuchs so der Bau der vielumstrittenen Dreizylinder-Kriegs-Einheitslokomotive als 1 E-Dreizylinder-Heißdampf-Güterzuglokomotive G 12.

Die Höchstanforderungen der Militärverwaltung wurden von dieser Sonderlokomotive voll erfüllt. Ihre Herstellung gereicht dem deutschen Lokomotivbau, sowohl was die Güte der Ausführung als auch, gegenüber der Ungunst aller Verhältnisse, die Schnelligkeit des Baus anbetrifft, zur besonderen Ehre.

Eine Friedenslokomotive aber für wirtschaftlichen Betrieb in einem allgemeinen, schweren Güterzugdienst stellt diese vielgliedrige, sehr teure und schwere Lokomotive nicht dar.

Ein vereinzelter Weiterbau kann für bestimmten Sonderbetrieb unter Drangabe wirklicher Wirtschaftlichkeit für Strecken, die einen höheren Triebachsdruck nicht zulassen, notwendig sein.

Geradezu verhängnisvoll aber müßte diese aus der Kriegsnot entstandene Bauart für einen allgemeinen Fortschritt werden, wenn ihr verwickelter Aufbau als Grundlage für eine umfassende Vereinheitlichung des deutschen Lokomotivbaus dienen sollte.

Diese Sorge bewegt mich schon lange. Sie wurde erhöht durch die der 1 E folgenden Neubauten, und ich war bemüht, u. a. im Nachtrag meines Werks „Die Dampflokomotiven der Gegenwart“, 2. Auflage 1920, S. 833—853, zu beweisen, daß der Weg zu einem allseitig wirtschaftlichen Fortschritt nicht in der Richtung der Nachbildung der für europäische Verhältnisse wenig vorbildlichen amerikanischen Riesenlokomotiven liegen kann.

Unter Mitwirkung meiner bewährten Mitarbeiter bei Herstellung meines vorhin genannten Werks, der Herren Dipl.-Ingenieure Dr.-Ing. Morgenroth und Schilling, entstand aus allen Erwägungen heraus nunmehr der vorliegende Ergänzungsband, dessen Inhalt wesentlich gestützt wird durch die von Morgenroth mir bereitwilligst überlassene Arbeit zur Erlangung der Würde eines Dr.-Ing., betitelt „Untersuchungen der Rost- und Heizflächenbeziehungen bei Dampflokomotiven“, 2. Abschn.

Was ich in Wort und Schrift besonders für den Bau der Feuerbüchse und der Rostanlage jederzeit vertreten habe, und was durch zahlreiche Versuche erhärtet worden ist, wird hier und im 4. Abschn. auch theoretisch gerechtfertigt und dürfte nicht nur für die Bestimmungen der Ausmaße leistungsfähiger Heißdampflokomotivkessel einen sicheren Weg weisen, sondern darüber hinaus zu weiteren Forschungen anregen.

Diesen neuen Untersuchungen gegenüber, sowie entsprechend meinen weiteren Studien und ganz besonders im Hinblick auf die Freigabe von 20 t Triebachsdruck, bedürfen manche Ausführungen in meinem oben genannten Werk, das schon 1919 im wesentlichen handschriftlich von mir abgeschlossen sein mußte, damit es 1920 erscheinen konnte, entsprechender Ergänzungen, die ich in der vorliegenden Arbeit in sechs Abschnitten der Fachwelt überreiche.

Jeder Abschnitt bildet eine in sich abgeschlossene Betrachtung, die verhältnismäßig leicht und schnell gelesen werden kann. Hierbei waren Wiederholungen zwar unvermeidlich, aber bei der Schwierigkeit, die ganze Arbeit in einem Zuge zu studieren, dürften diese Wiederholungen wichtiger Punkte und verschiedene Rückblicke das Verständnis erleichtern und das Gedächtnis entlasten.

Hoch erfreulich ist nun, daß mein unentwegtes Eintreten für einen erhöhten Triebachsdruck durch den bedeutsamen Entschluß des Herrn Reichsverkehrsministers zur Freigabe der Anwendung von 20 t für jede Triebachse inzwischen den Lokomotivbau von der schlimmsten Fessel befreit hat, die einen gesunden Fortschritt bisher dauernd hinderte.

Die Fessel des niedrigen Triebachsdrucks in Verbindung mit der oben kurz angedeuteten Entwicklung des Lokomotivbaus aus der Naßdampfanwendung heraus, bei anhaltend gesteigerten Anforderungen des Betriebs, rechtfertigte in gewissem Grad den Bau der neueren, vielteiligen Gattungen.

Seit Freigabe des erhöhten Achsdrucks ist aber die Möglichkeit der Rückkehr zu größter Einfachheit der Gattungen gegeben, und diese muß daher auch voll ausgenutzt werden.

Es ist bisher unterlassen worden, allseitig bewährte einfachste Gattungen, wie z. B. die 2 B-Schnellzuglokomotive S 6, die 2 C-Personenzuglokomotive P 8, die D-Güterzuglokomotive G 8 und die E-Güterzuglokomotive G 10 ohne jede wesentliche Änderung des bewährten Aufbaus einfach so weit zu verstärken, wie dies die Freigabe von 20 t Triebachsdruck zuläßt.

Diese Freigabe scheint bisher nur zur Vermehrung der Zugkraft benutzt zu werden, nicht aber gleichzeitig zur Vereinfachung der Bauarten und Verminderung der Gattungszahlen, die doch ihrer großen Bedeutung wegen besonders bewertet werden muß.

In solchem Ausbau liegt für uns und viele ausländische Verwaltungen, die sich der Freigabe eines Triebachsdrucks von 20 t erfreuen, der folgerichtig gegebene Weg für einen gesunden Fortschritt zu erhöhter Leistungsfähigkeit und Wirtschaftlichkeit unter Wahrung der Einfachheit bewährter Gattungen.

Nach meiner Ansicht ist die Gegenwart mit ihren vielen Nöten und ungeklärten inneren und äußeren Verhältnissen zur Herbeiführung einer umfassenden Vereinheitlichung deutscher Lokomotiven nach dem Vorbild noch nicht genügend erprobter, gänzlich neuartiger Lokomotivgattungen nicht günstig, so zweckmäßig auch die gewaltigen Arbeiten auf diesem Gebiet für den Weltwettbewerb der deutschen Lokomotivindustrie sich gestalten können.

Wenn die Zeit benutzt wird, um die vorerwähnten bestbewährten einfachsten 2 B-, 2 C-, D- und E-Gattungen bis an die Grenze des nunmehr gestatteten erhöhten Achsdrucks verstärkt, in ihrer einfachen Eigenart völlig unverändert, in gewissem Umfang zu beschaffen und unter Benutzung der Ausführungen in den Abschnitten 3 bis 6 auf die durch den erhöhten Achsdruck erreichte, vermehrte Leistungsfähigkeit zu erproben, muß eine dann für deutsche Verhältnisse fortgeführte Vereinheitlichung mit Gewißheit den Nutzen bringen, den ihre Förderer schon jetzt von ihr auch für den Inlandsbetrieb, sicher aber vergeblich, erhoffen.

Unbedingt müssen ja die verstärkten Lokomotiven in stark erhöhtem Maß ihre bewährten guten Eigenschaften behalten, und ihre Beschaffung, die mit geringsten Kosten und schnell geschehen kann, vermag nur Vorteile zu schaffen, hindert also einen folgerichtigen Fortschritt keineswegs.

Auch bei Herstellung des vorliegenden Ergänzungsbands war mir das Studium des neueren Fachschrifttums von großem Nutzen. Bei dem Umfang desselben ist es leider nicht möglich, jedem Schriftsteller zu danken, doch sind die Namen der Herren Kollegen, deren Arbeiten zur Stützung und Abrundung meiner Ausführungen beigetragen haben, in den einzelnen Abschnitten erwähnt.

Besondere Anregung verdanke ich der Arbeit des Direktors der Berliner Maschinenbau-Aktiengesellschaft, vorm. L. Schwartzkopff, Herrn Dipl.-Ing. Brückmann, der in dem Werk „Das Eisenbahnwesen der Gegenwart“ in dem ersten Teil, zweite Hälfte, „Heißdampflokomotiven mit einfacher Dehnung des Dampfs“, umfassend alle bisherigen Theorien zusammengefaßt und weiter ausgebaut hat. Seine Arbeiten regten auch meine Mitarbeiter zu weiteren Forschungen an. Dipl.-Ing. Schilling führte ergebnisreiche Versuche mit Kesseln für Dampfpflüge aus, und diese führten ihn und Dr.-Ing. Morgenroth zu gemeinsamen Studien und Erkenntnissen auf dem Gebiet der Wärmeübertragung bei Dampfkesseln. Aus diesen entstand dann die Theorie Morgenroths, und aus dieser folgten seine beweiskräftigen, neuen und wichtigen Schlüsse. Diese bestätigen meine in der zweiten Auflage „Die Dampflokomotiven der Gegenwart“ entwickelten Ansichten und gaben mir Veranlassung, auch meine neuzeitlichen Erfahrungen ergänzt und theoretisch bestätigt der Fachwelt in möglichster Kürze zu unterbreiten, um endlich wirklicher Heißdampfanwendung im Lokomotivbau und -betrieb zu dem vollen Sieg zu verhelfen, der ihr gebührt.

Erfreulich ist, daß auch der Professor Dr.-Ing. Meineke der Technischen Hochschule zu Berlin, wie ich aus seinem Aufsatz in der Z. V. d. I. 1924, Nr. 12, noch vor Drucklegung dieses Ergänzungsbands ersehen konnte, unabhängig von den Arbeiten Morgenroths in ähnlicher Richtung bezüglich der Rost- und Heizflächenausmaße der Lokomotivkessel geforscht hat, und besonders auch die Bedeutung des Heizgasgewichts in seine Betrachtungen einschließt.

Dankbar bin ich allen Kollegen, besonders auch den Mitgliedern des Lokomotivausschusses, auch denjenigen, die andere Wege zum Fortschritt im Lokomotivbau für richtig halten, als ich dies vermag. Nur aus sachlicher Abwägung abweichender und gegensätzlicher Meinungen kann allseitiger Fortschritt erwachsen.

Besonderen Dank schulde ich dem Präsidenten des Eisenbahnzentralamts, Herrn Geheimrat Hammer, der mir durch freundliche Überlassung wertvoller Unterlagen Gelegenheit gegeben hat, meine Betrachtungen zu vertiefen.

Dankbar gedenke ich weiter der bisherigen Unterstützung des deutschen Lokomotivbaus und hoffe, daß die teilweise abweichenden Ansichten, die ich gegenüber einer neuen Richtung hier vertreten mußte, die freundschaftlichen Beziehungen nicht stören werden, die uns seit 30 Jahren verbinden.

Zuverlässig darf ich hoffen, daß in der von mir empfohlenen Richtung zur Einfachheit des deutschen Lokomotivbaus auch der weitere gesunde Fortschritt zum Gedeihen der Lokomotivindustrie und der Allgemeinheit liegen wird.

Die opferfreudige Mitarbeit der Herren Dipl.-Ingenieure Dr.-Ing. Morgenroth und Schilling, die mich in den Stand gesetzt hat, meine Ausführungen durch viele neue, praktisch anwendbare Zahlentafeln und zahlreiche neue und wertvolle Schaulinien-Abbildungen zu stützen und zu bereichern, verdient auch an dieser Stelle noch dankbare Anerkennung.

Auch danke ich dem Direktor der Schmidtschen Heißdampfgesellschaft m. b. H., Herrn Ingenieur S. Hoffmann, für persönlich im Ausland gesammelte Unterlagen.

Endlich aber gebührt noch meine Dankbarkeit dem Entschluß der Herren Verleger meines Werks „Die Dampflokomotiven der Gegenwart", die es in schwerster wirtschaftlicher Zeit dennoch gewagt haben, meine mühevollen Arbeiten durch Herausgabe auch des Ergänzungsbands zu einem zeitgemäßen Abschluß zu bringen und der Fachwelt zugänglich zu machen, wodurch allein meine Bestrebungen den Erfolg erlangen können, den ich von ihnen für die Allgemeinheit erhoffe.

Berlin SW 47, Yorckstr. 87,
im Sommer 1924.

Dr.-Ing. e. h. **Robert Garbe.**

Inhaltsverzeichnis.

Erster Abschnitt.

Die neuere Entwicklung des Lokomotivbaus.

Seite

1. Personen- und Schnellzuglokomotiven 1
   a) Dreigekuppelte Lokomotiven 1
   b) Viergekuppelte Lokomotiven 6
2. Güterzuglokomotiven 13

Zweiter Abschnitt.

Untersuchungen der Rost- und Heizflächenbeziehungen bei Dampflokomotiven.

Einleitung 30

I. Allgemeines über Lokomotivkesselabmessungen 30

II. Verdampfungsversuche der Französischen Nordbahn 31

III. Theorie der Wärmeübertragung bei Lokomotivkesseln

A. Wärmeübertragung an das Kesselwasser 35

1. Wärmeübertragung durch die Heizfläche der Feuerbüchse 35
2. Wärmeübertragung durch die Heizfläche des Langkessels 38
   a) Wärmeübertragung durch die Siederohrheizfläche 38
   b) Mittlerer Wärmewert 40
   c) Wärmeübertragungswert 40
3. Wärmeübertragung durch die Rauchrohr- und Überhitzerheizflächen an das Kesselwasser und den Dampf 41
   a) Mittlerer Wärmewert 41
   b) Wärmedurchgangszahl für Heißdampf 43
   c) Mittlerer Temperaturunterschied 44
4. Verteilung der Heizgase auf Siede- und Rauchrohre 46
5. Wärmeabgabe an die Rauchrohr- und Überhitzerheizfläche 46
6. Erzeugung hoher Überhitzungstemperaturen 48
   a) Abhängigkeit der Heißdampftemperatur von verschiedenen Eintrittstemperaturen und Heizgasgewichten 48
   b) Abhängigkeit der Überhitzungstemperatur von verschiedenen Rohrabmessungen . . . 49

B. Verdampfungsfähigkeit der Siederohrheizfläche 51

C. Verdampfungsfähigkeit der Rauchrohrheizfläche und Leistungsfähigkeit der Überhitzerheizfläche 53

1. Sattdampfkessel 54
2. Heißdampfkessel 56

IV. Bestimmung der Hauptabmessungen von Lokomotivkesseln 56

A. Bestimmung der Rostfläche 57

B. Bestimmung der Feuerbüchsheizfläche 58

C. Bestimmung der Rohrheizfläche 58

D. Bestimmung der Rauchrohr- und Überhitzerheizfläche 61

V. Spezifische Wärme und Temperatur der Heizgase 68

VI. Vergleich der Hauptabmessungen ausgeführter Lokomotivkessel mit den Ergebnissen vorliegender Theorie 70

VII. Zusammenfassung 71

Dritter Abschnitt.

Verbrennungsvorgänge in Lokomotivfeuerbüchsen und sachgemäße Beschickung des Rostes durch feste Brennstoffe.

Seite

Einleitung . . . 72
1. Planrostfeuerungen bei ortsfesten Dampfkesselanlagen und Lokomotiven . . . 73
2. Zur Theorie der Verbrennungsvorgänge . . . 74
3. Der Verbrennungsraum der Lokomotive . . . 76
4. Zur Rostfrage . . . 77
5. Feuerhaltung im Lokomotivbetrieb:
a) Beschickungsverfahren bei schmalen Feuerbüchsen und langen Rostflächen . . . 78
b) Geringere Anstrengung der Feuerbüchsheizflächen über schmalen, langen Rostflächen . . . 82
6. Der Aschkasten und seine Gestaltung . . . 84
7. Zusammenfassung . . . 85

Vierter Abschnitt.

Wirtschaftliche Erzeugung und Ausnutzung des Heißdampfs im Lokomotivbetrieb.

Ergebnisse von Versuchen auf dem Prüfstand in Altoona . . . 89
1. Kesselleistung . . . 93
2. Maschinenleistung . . . 95
3. Wechselwirkung von Kessel- und Maschinenleistung . . . 99
4. Das Verhältnis Heizfläche zu Rostfläche . . . 101
5. Rostfläche . . . 103
6. Heizfläche . . . 105
7. Überhitzerheizfläche . . . 108
8. Verdampfungsverhältnisse bei Fahrversuchen . . . 110
9. Brennstoffverbrauch bei Fahrversuchen . . . 111
10. Abhängigkeit des Strömungswiderstands der Heizgase vom Brennstoffverbrauch und den Kesselausmaßen . . . 113
11. Ermittlung des Heizgasgewichts . . . 115

Zusammenfassung . . . 117
1. Ergebnisse der Wärmeübertragung durch die Feuerbüchs-, Siede- und Rauchrohr- sowie Überhitzerheizflächen . . . 117
2. Beziehungen der Heizfläche zur Rostfläche . . . 119
3. Die Rost- und Heizfläche eines Lokomotivkessels . . . 119

Fünfter Abschnitt.

Ergebnisse der Betrachtungen aus den Abschnitten 1 bis 4 für den Bau und Betrieb zeitgemäßer Personen- und Güterzuglokomotiven.

Einleitung . . . 120
Grundsätze und wichtigste Ausführungsforderungen für den Bau und Betrieb einfacher und wirtschaftlicher Lokomotiven:
1. Einfachheit der Bauarten bei geringstem Baustoffaufwand . . . 124
2. Einfachste Bauarten der Heißdampflokomotiven . . . 124
3. Notwendigkeit hoher Überhitzung (Heißdampf) . . . 124
4. Schmale, lange und tiefgebaute Feuerbüchsen . . . 125
5. Langer, schmaler Rost mit Klapprost . . . 125
6. Aschkasten . . . 129
7. Rahmenbau . . . 129
8. Regelung der Überhitzung . . . 136
9. Das Blasrohr . . . 137
10. Abdampfinjektor Davies & Metcalfe . . . 138
11. Regler hinter dem Überhitzer. (Entlasteter Ventilregler.) . . . 140
12. Überhitzerelemente. Umkehrenden, Lagerung der Überhitzerrohre im Rauchrohr. Reinhaltung 145
13. Speisewasserreinigung und Abschlammeinrichtung . . . 147
14. Geteilte Dampfsammelkasten (Stufenkammer) . . . 149
15. Dreiteiliges Triebachslager . . . 150
16. Bremsanordnung am führenden Drehgestell . . . 151
17. Schlußbemerkungen . . . 151

Sechster Abschnitt.

Beispiel für Berechnung und Entwurf einer 2 C-Heißdampf-Zwilling-Personenzuglokomotive.

1. Zur Berechnung . . . 153
2. Zum Entwurf . . . 156

Schlußwort.

Schlußwort . . . 159

Anhang.

Hauptabmessungen sowie Quellenangabe neuerer Heißdampflokomotiven . . . 162

[illegible]

Gliederungsvorgänge [illegible] und [illegible]

[illegible]
1. [illegible]
2. A. [illegible]
3. Der Verknüpfung und die [illegible]
4. Zur Rechtsform [illegible]
[illegible]
a) [illegible] b) [illegible] c) [illegible]
5. [illegible]
6. Zusammenfassung [illegible]

[illegible]

[illegible]

[illegible]
1. [illegible]
[illegible]
Rechtsprechung [illegible]
[illegible]

[illegible]

[illegible]

[illegible]
[illegible]
1. [illegible]
2. [illegible]
3. [illegible]
4. [illegible]
5. [illegible]
6. [illegible]
7. [illegible]
8. [illegible]
9. [illegible]
10. [illegible]
11. [illegible]
12. [illegible]
13. [illegible]
14. [illegible]
15. [illegible]
16. [illegible]
17. [illegible]

[illegible]

[illegible]

1. Zur [illegible]
2. Zur [illegible]

Schlußwort.

Schlußwort [illegible]

Anhang

[illegible]

Erster Abschnitt.

Die neuere Entwicklung des Lokomotivbaus.

1. Personen- und Schnellzuglokomotiven.

a) Dreigekuppelte Lokomotiven. Durch die Macht der furchtbaren Ereignisse des letzten Jahrzehnts und die schlimmen Nachwirkungen des Kriegs auf allen wirtschaftlichen Gebieten wird auch der Eisenbahnbetrieb zu größter Sparsamkeit und Vereinfachung aller Einrichtungen gezwungen.

Die Entwicklung zu einem gesunden wirtschaftlichen Eisenbahnbetrieb verlangt u. a. gebieterisch einfache, billige und doch leistungsfähige Lokomotiven, die imstande sind, praktisch verstärkte Züge mit angemessener Geschwindigkeit wirtschaftlich zu befördern.

Lokomotiven für den allgemeinen Personen- und Güterzugdienst sind also grundsätzlich so zu bauen, daß sie bei geringstem Eigengewicht und kleinstem Eigenwiderstand ein praktisches Höchstmaß an Zuggewicht zu befördern vermögen, vor allem aber auch bei kleineren und mittleren Leistungslagen, d. h. also etwa während des größten Teils ihres gesamten Zugdienstes, durchaus wirtschaftlich arbeiten.

Den stärksten Anforderungen des allgemeinen Schnellzug- und schweren Personenzugbetriebs auf Flach- und Hügellandstrecken, wie ihn angemessen vermehrte Zugbelastungen erfordern, genügen bei kräftigem Oberbau Heißdampflokomotiven mit drei gekuppelten Achsen.

Wie Neubeschaffungen verschiedener europäischer Eisenbahnverwaltungen erkennen lassen, wird die bewährte 2 C-Bauart bei Achsdrücken bis zu 20 t neben 1 C-, 1 C 1- und 2 C 1-Bauarten bisher allgemein bevorzugt.

Es zeigt sich hierbei, daß der von mir vertretene Standpunkt größter Einfachheit der Bauart der Lokomotive bei Anwendung von Heißdampf mit einfacher Dampfdehnung zur Erreichung eines leichten und sicheren Betriebsdienstes sowie niedriger Beschaffungs- und Unterhaltungskosten bei der Ausbildung der Mehrzahl dieser Gattungen von ausschlaggebender Bedeutung geworden ist. Erhebliche Unterschiede in der Bauart dieser dreifach gekuppelten Schnellzuglokomotiven bestehen nur in Anzahl und Stellung der Laufachsen und im Durchmesser der Triebräder.

Auch die sehr unwirtschaftlichen, übertrieben hohen Geschwindigkeiten im allgemeinen schweren Schnellzugverkehr, gegen die ich stets angegangen bin, sind erfreulich vermindert.

Wie aus Zahlentafel 1 hervorgeht, scheint hierbei die Fahrgeschwindigkeit der englischen Schnellzüge gegenüber deutschen durch die Verhältnisse des Kriegs am wenigsten beeinflußt. Allerdings sind die englischen Züge leichter, die Strecken ungleich kürzer und günstiger, und daher sind die kleineren Geschwindigkeiten im Inland durchaus angemessen, ja mit Bezug auf die größeren Gesamtleistungen in Deutschland noch als hoch zu bezeichnen.

Die Triebraddurchmesser neuerer englischer Schnellzuglokomotiven liegen noch zwischen 1850—2100 mm.

In den übrigen Eisenbahnländern werden die durchgehenden Züge auf Flach- und Hügellandstrecken vielfach durch Lokomotiven mit kleinerem Triebraddurchmesser befördert. Auch in Deutschland sind in den letzten Jahren Personen- und Schnellzuglokomotiven mit 1980 mm großen Triebraddurchmessern nur noch vereinzelt ausgeführt worden, und die 2 C-Personenzuglokomotive (P 8) mit nur 1750 mm Raddurchmesser wurde fortgesetzt in größtem Umfang gebaut, in Deutschland allein bis etwa 3000 Stück. Sie wird sowohl für den Schnellzugdienst als auch für den Personen- und Eilzugdienst vorteilhaft benutzt und erfreut sich wegen ihrer Einfachheit, Leistungsfähigkeit und Wirtschaftlichkeit allgemeiner Anerkennung über die Grenzen Deutschlands hinaus[1]).

Die an sich so bewährte Gattung der dreigekuppelten Schnellzuglokomotive vermag mit einem Achsdruck von bisher nur 16—17 t in manchen Fällen die vielfach sehr gesteigerten Zuglasten gegenwärtig nur noch mit Anstrengung zu befördern; es läßt sich aber auch die einfachste 2 C-Bauart ohne weiteres bei Anwendung eines Achsdrucks von 20 t derartig verstärkt bauen, daß sie den höchsten Anforderungen, die in der Gegenwart und in absehbarer Zukunft für einen allgemeinen schweren Personenzugdienst praktisch gestellt werden können, in der gleichen wirtschaftlichen Weise wie bisher genügen wird. Vgl. 4. und 6. Abschn.

Zahlentafel 1.

Fahrgeschwindigkeiten auf deutschen und englischen Bahnen.

Strecke	Entfernung km	Fahrzeit Minuten	Geschwindigkeit km/St
Fahrgeschwindigkeit englischer Schnellzüge:			
Swindon—Paddington . .	124,4	75	99,5
Darlington—York	70,8	43	99,5
Leicester—Nottingham . .	36,2	22	99,5
London—Bristol	190,0	120	95,0
Fahrgeschwindigkeit deutscher Schnellzüge:			
Berlin—Hamburg	286,8	252	68,3
Berlin—Halle	161,7	144	67,3
München—Nürnberg . . .	198,7	190	62,7
Berlin—Breslau	329,5	302	65,5
Berlin—Frankfurt a. M. .	550,6	508	65,0
Berlin—Hannover	251,8	220	68,5
Berlin—Stettin	134,7	128	63,0
Berlin—Königsberg . . .	590,2	544	65,0
Berlin—Dresden	176,0	176	60,0
Berlin—München	652,5	702	55,8

Aus den nachfolgend angeführten Lokomotivneubauten ist u. a. zu ersehen, daß verschiedene Eisenbahnverwaltungen, bei denen der Bau von Vierzylinder-Verbundlokomotiven bevorzugt wurde, in neuerer Zeit mit Erfolg zur Anwendung einfacher Zwillingmaschinen übergegangen sind. Dieser Umstand dürfte beweisen, daß der Vorteil der Verbundwirkung, der selbst bei günstigster Betriebslage höchstens in einer aus vielen Gründen ziemlich ungewissen Kohlenersparnis bestehen kann, in wechselvollen Betrieben nicht umfänglich genug bleibt, um die Mehrkosten vielteiliger, nutzlos schwerer und in der Beschaffung und Unterhaltung viel kostspieligerer Verbundlokomotiven aufzuwiegen. Auch die viel leichtere und sicherere Bedienung einer einfachen Zwillinglokomotive und die Ölersparnis muß hierbei in Betracht kommen.

Wird eine Verbundlokomotive in ihren Kessel- und Maschinenausmaßen nicht möglichst ihrem günstigsten Leistungsgebiet angepaßt, dann kann im wechselnden Gesamtbetrieb eine Lokomotive mit einfacher Dampfdehnung der Verbundlokomotive auch in der Brennstoffersparnis sogar überlegen sein.

Ein besonders auffälliges Beispiel, das diese Ausführung bestätigt, wird in „Brückmann: Eisenbahntechnik der Gegenwart“, Bd. 1, S. 1086, erwähnt. Danach verbrauchte eine 2 C 1-Schnellzuglokomotive mit doppelter Dampfdehnung der Paris-Lyon-Mittelmeer-Bahn gegenüber einer Lokomotive gleicher Bauart mit einfacher Dehnung bei Versuchsfahrten 16% mehr Kohlen und 19% mehr Wasser auf die PS_z/St, bei einem Dampfüberdruck der Verbundlokomotive von 16 at gegenüber 12 at des Vierlings[2]).

Ausschlaggebend für den Neubau scheinen also an vielen Stellen bereits die geringeren Kosten der Beschaffung, des Betriebs, der Wartung und Unterhaltung geworden zu sein, die mit richtig gebauten Zwillinglokomotiven stets sicher zu erreichen sind.

Wenn in manchen Sonderfällen für begrenzte Strecken mit Heißdampf-Vierzylinder-Verbundlokomotiven, vgl. u. a. Abb. 1, im Brennstoffverbrauch gute Erfahrungen gemacht worden sind, so ist dies darauf zurückzuführen, daß die Betriebsverhältnisse für diese Bauart ganz

[1]) Hanomag-Nachrichten Nr. 117: „Die P 8 besteht in etwa 3500 Stück und läuft auf deutschen, französischen, belgischen, italienischen, tschechischen, griechischen, rumänischen und polnischen Strecken.

[2]) Vgl. auch Organ 1924, Heft 4, S. 89, über ähnliche Erfahrungen der Paris-Orléans-Bahn.

besonders günstig liegen, oder daß umfassende Vergleichsfahrten mit richtig gebauten, zeitgemäßen Zwilling-Heißdampflokomotiven nicht vorgenommen wurden, weil die Überzeugung von der allseitigen Überlegenheit der Vierzylinder-Verbundlokomotiv-Bauarten bereits zu fest eingebürgert ist.

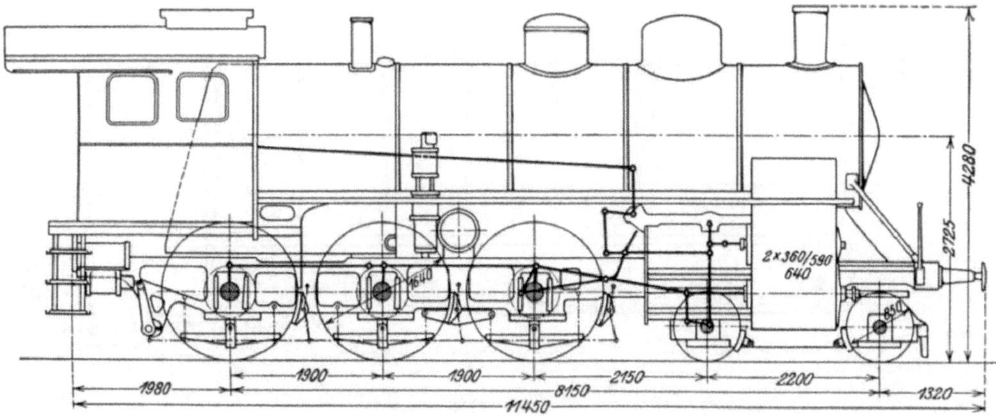

Abb. 1. 2 C-Heißdampf-Vierzylinder-Verbund-P-Lokomotive der Deutschen Reichsbahn (Bayern)

$$\frac{2\times 360/590\text{ mm }640\text{ mm}}{1640\text{ mm}}\;15\text{ at}\;\frac{140{,}1+35{,}9\text{ qm}}{2{,}76\text{ qm}}\;47{,}1\text{ t}\;\frac{64{,}8\text{ t}}{72\text{ t}}\,.$$

Vgl. Organ 1924, Heft 4, S. 89 über Erfahrungen mit einer belgischen 2 CH-Vierzylinder-Verbund-Lokomotive neuester Bauart von folgenden Abmessungen

$$\frac{2\times 400/600\text{ mm }640\text{ mm}}{1800\text{ mm}}\;16\text{ at}\;\frac{160+54{,}8\text{ qm}}{3{,}08\text{ qm}}\cdot 59{,}7\text{ t}\,.$$

Es bleibt aber hier gegenüber einer ungewissen und im vielseitigen Gesamtdienst einer Zuglokomotive sicher recht bescheidenen Kohlenersparnis stets eine sehr umfangreiche Gegenrechnung abzuziehen.

Diese große, sehr vielteilige und sehr schwierige Gegenrechnung einwandfrei aufzustellen, haben die Anhänger der Mehrzylinder-Verbundlokomotiven bisher unterlassen.

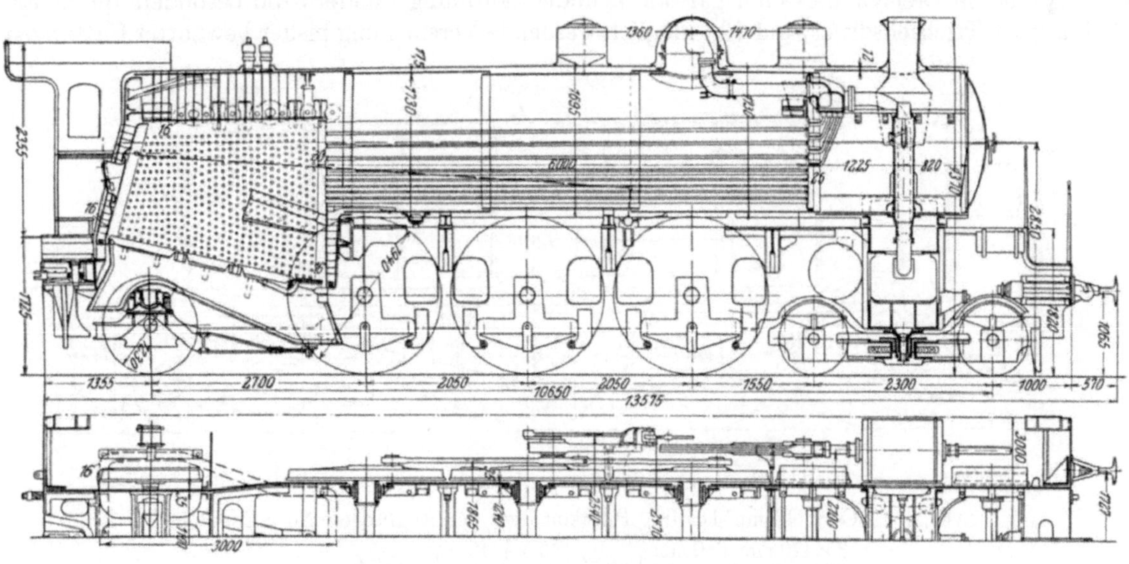

Abb. 2. 2 C 1-Heißdampf-Zwilling-S-Lokomotive der Französischen Südbahn

$$\frac{630\text{ mm }650\text{ mm}}{1940\text{ mm}}\;13\text{ at}\;\frac{202{,}5+73{,}6\text{ qm}}{4\text{ qm}}\;54\text{ t}\;\frac{79{,}5\text{ t}}{89\text{ t}}\,.$$

Bemerkenswert ist jedoch, daß sogar in Frankreich, wo früher der Bau von Vierzylinder-Verbundlokomotiven vorherrschte, auf Grund günstiger Erfahrungen mit teilweise von deutschen Firmen gelieferten Zweizylinderlokomotiven bei Neubeschaffungen der Zwillingsbauart in den letzten Jahren vielfach der Vorzug gegeben wird. Vgl. die 2 C 1-Zwillinglokomotive mit einem Zylinderdurchmesser von 630 mm, 13 at Dampf- und 18 t Achsdruck, Abb. 2.

Die von mir stets empfohlene **Rückkehr von der durch Anwendung von Sattdampf seinerzeit zum Teil bedingten, bei Heißdampfbetrieb unnötigen Vierzylinder-Verbundlokomotive zur einfachen Zwillinglokomotive** ist mehrfach durch den Bau von Dreizylinderlokomotiven mit einfacher Dampfdehnung aufgehalten worden,

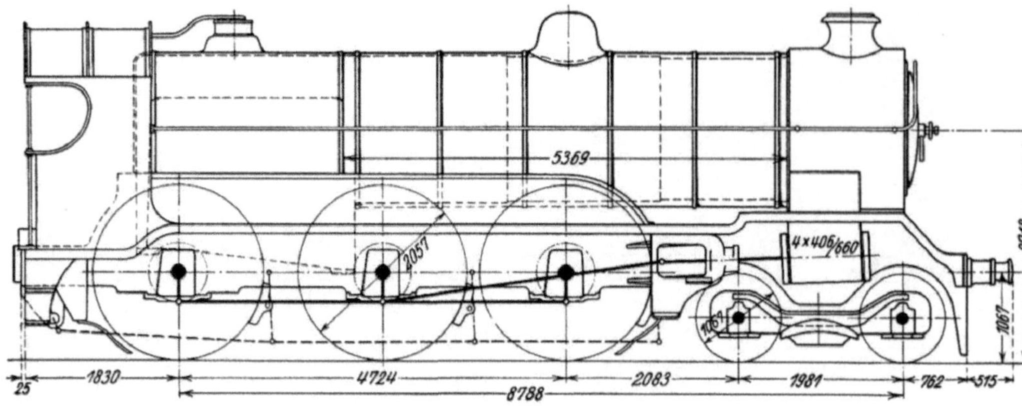

Abb. 3. 2 C-Heißdampf-Vierling-S-Lokomotive der Englischen großen Central-Bahn.

$$\frac{4 \times 406 \text{ mm } 660 \text{ mm}}{2057 \text{ mm}} \; 12{,}6 \text{ at} \; \frac{189{,}9 + 31{,}9 \text{ qm}}{2{,}41 \text{ qm}} \; 58 \text{ t} \frac{-}{80{,}4 \text{ t}}.$$

wesentlich, weil die mit großen Leistungen, also großen Zylindern verbundenen höheren Triebachszapfendrucke gefürchtet wurden. Auch hier zeigen neuere Ausführungen im In- und Ausland, daß diese Besorgnis völlig unbegründet war, sofern die Zapfenabmessungen und sonstigen Ausmaße entsprechend gewählt werden.

Wenn in England die Dreizylinderbauart bei den neuen schwereren Personen- und Schnellzuglokomotiven Eingang gefunden hat, so liegt dies darin begründet, daß dort die Unterbringung von nur zwei großen Zylindern und Triebwerken innerhalb wie außerhalb des Plattenrahmens mit Rücksicht auf den beschränkten Raum zwischen den Rahmen bzw. dem lichten Raum nicht mehr möglich ist.

Nicht die Dreizylinder- oder gar Vierzylinderanordnung, sondern die besonders durch Erhöhung des Triebachsdrucks auf 20 t möglich werdende Verstärkung bisher bewährter Gattungen

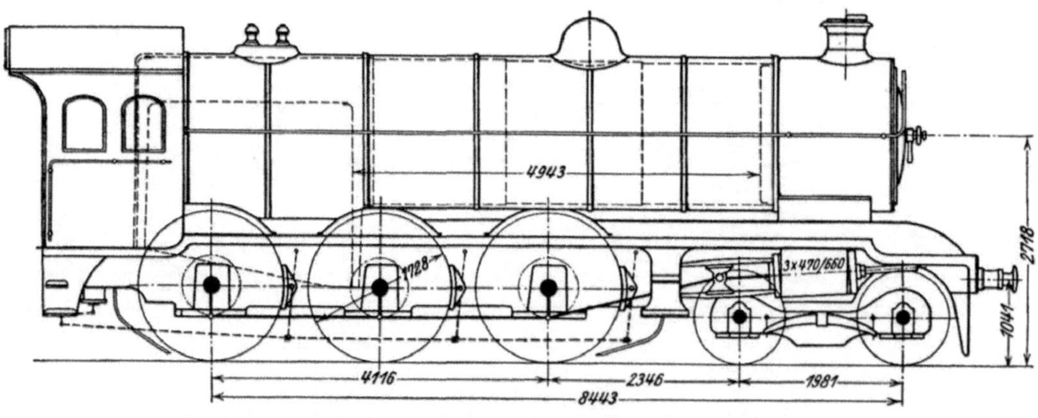

Abb. 4. 2 C-Heißdampf-Drilling-P-Lokomotive der Englischen Nord-Ost-Bahn

$$\frac{3 \times 470 \text{ mm } 660 \text{ mm}}{1728 \text{ mm}} \; 12{,}6 \text{ at} \; \frac{145{,}5 + 49{,}0 \text{ qm}}{2{,}51 \text{ qm}} \; 59{,}6 \text{ t} \frac{-}{78{,}9 \text{ t}}.$$

sollte daher auch für den Bau einfachster und leistungsfähigster 2 C-Lokomotiven für den schweren Personen- und Schnellzugbetrieb allen Eisenbahnländern, die noch immer die Vierzylinder-Verbundlokomotiven vorziehen, empfohlen werden.

Die Einführung eines höheren Achsdrucks gewährt auch die Möglichkeit, den Bau von Vielkupplern zu beschränken. Für den Personenzugdienst werden dann, wie schon erwähnt, in schwersten Betrieben drei gekuppelte Achsen für absehbare Zeit in der Mehrzahl aller Fälle genügen. Vgl. Abb. 3 und 4.

Im „Engineer“ vom 15. IV. 1921 sind Leistungsmessungen einer 2 C-H-Vierling-Schnellzuglokomotive mit Speisewasservorwärmer der Lancashire- und Yorkshire-Eisenbahn enthalten. Diese Lokomotive besitzt einen Triebachsdruck von 20 t und hat folgende Hauptabmessungen:

$$\frac{4\times 413\text{ mm}\ \ 660\text{ mm}}{1900\text{ mm}}\ 11{,}3\text{ at}\ \frac{158{,}4+51{,}7\text{ qm}}{2{,}52\text{ qm}}\ 60{,}25\text{ t}\ \frac{-}{80{,}31\text{ t}}.$$

Die Fahrversuche wurden von Blackpool nach Manchester und zurück unternommen und sind in Zahlentafel 2 enthalten.

Der Unterschied der erzielten Leistungen und Kohlenverbrauchszahlen beruht auf dem Höhenunterschied der hin und zurück durchfahrenen Strecke. Die größte Steilstrecke von 1 : 70 ist etwa 2,2 km lang. Ungefähr 4,5 km vor Manchester beginnt eine Steigung von 1 : 80 von rund 2,3 km. Zwei starke Steigungen kommen bei der Hinfahrt vor, während zurück nur einige leichtere Steigungen sowie starke Gefälle zu durchfahren sind.

Der Aufenthalt vor einem Signal und starkes Abblasen erklärt den erhöhten Kohlenverbrauch bei der Hinfahrt. Die Versuchsergebnisse sind für die Leistungsfähigkeit der bewährten 2 C-Bauart mit 20 t Triebachsdruck von Bedeutung und zeigen, welche großen Leistungen selbst auf einer Rostfläche von nur 2,52 qm bei genügend hohen Rostanstrengungen zu erzielen sind. Dabei stellt die stündliche Anzahl der Schaufeln $\frac{1390 \cdot 278}{1665} = 232$ von je 6 kg Gewicht, etwa 8 Schaufeln alle 2 Minuten, eine Leistung dar, wie sie gerade von einem Heizer noch sachgemäß auf die Dauer bewältigt werden kann. Vgl. 3., 4. und 5. Abschn.

Werden die verschiedenen Kesselbauarten neuerer Lokomotivgattungen einer eingehenden Betrachtung unterzogen, so zeigt sich, daß bei der Wahl der Abmessungen im allgemeinen begründete Regeln nicht befolgt werden. Bei dem Streben nach bestmöglicher Wärmeübertragung scheint öfter die Unterbringung größtmöglicher Heizflächen beim Entwurf mehr oder weniger maßgebend gewesen zu sein.

Einzelne Ausführungen zeigen, daß die volle Erkenntnis der großen Vorteile der schmalen, langen Feuerbüchse noch nicht allgemein geworden ist.

Vielfach ist noch die Ansicht vertreten, daß Rostflächen von nur 3—3,5 qm für den heutigen Schnellzugbetrieb, vor allem auf Hügellandstrecken und bei Kohle von gegenwärtiger Förderungsbeschaffenheit, unzureichend seien, eine Voraussetzung, die in den weitaus meisten Fällen für richtig gebaute, schmale und tiefliegende Roste nicht zutrifft.

In der Mehrzahl aller Fälle ist die Anwendung von breit gebauten, 4—5 qm großen Rosten, selbst für minderwertigen Brennstoff, nicht notwendig, wie im 2., 3. und 4. Abschn. erwiesen ist, und sie wird in diesen Fällen stets unwirtschaftlich sein. Auch verlangt ihre Unterbringung einschneidende Veränderungen bewährter einfacher Bauarten. U. a. findet sich bei verschiedenen Ausführungen breiter Feuerbüchsen kaum eine, bei der die Stehkesselvorderwand noch senkrecht steht.

Mit Rücksicht auf die Gewichtsverteilung muß die vordere Rohrwand oft beträchtlich schräg gestellt und die Feuerbüchse durch eine Schleppachse unterstützt werden. Diese Schleppachse erhält meist einen größeren Durchmesser als die vorderen Laufachsen und wird durch eine Deichsel mit dem Rahmen verbunden, was die Ausbildung eines geräumigen Aschkastens erschwert und die Verbrennung wegen unzureichenden Luftzutritts benachteiligt. Auch der feste, führende Radstand der Lokomotive wird durch eine hintere Tragachse oft stark verkürzt.

Wie sehr eine schmale, tiefgebaute Feuerbüchse in manchen Ländern, z. B. in Frankreich, geschätzt wird, zeigt das in letzter Zeit

Zahlentafel 2. 2 C-H-Vierling-SL mit 11,3 at und 2,52 qm Rostfl. der Lancashire- und Yorkshire-Eisenbahn.

Fahrt Nr.	Wagen-Gewicht t	Strecke	Entfernung km	Fahrzeit Min.	Geschw. Mittel km/St	Geschw. Höchst km/St	Zughakenleistung Mittel PSz	Zughakenleistung Höchst PSz	Kohlenverbrauch im ganzen kg	Kohlenverbrauch i. d. Stunde kg/St	Kohlenverbrauch auf 1 PSz/St kg	Anzahl der Schaufeln	Anstreng. der Rostfläche kg/m²·St	Bemerkungen
1	392	Blackpool—Manchester	74,6	71,96	62,3	99	745	1080	1665	1390	1,87	278	552	Steigung 1:70 auf 2,2 km; 1:80 auf 2,3 km. Halt vor Signal u. starkes Abblasen. Brennstoff: Steinkohle
2	392	Manchester—Blackpool	74,6	70,45	63,6	94,3	685	1160	1219	1039	1,52	203	412	

bemerkbare Bestreben, selbst bei etwa 4 qm Rostgröße die Feuerbüchse wenigstens noch im vorderen Teil so schmal zu bauen, daß sie zwischen den Rahmen eine genügende Tiefe erhalten kann. Der Rost wird dabei trapezförmig gebaut, erstreckt sich vorn möglichst tief zwischen den Rahmenplatten in diese hinein und verbreitert sich nach hinten über den Rahmen und die Räder hinaus. Durch diese Anordnung ist zwar ein Vorzug der schmalen, tiefen Feuerbüchse annähernd zu erreichen; er muß aber durch eine schwierige und kostspieligere Gestaltung der Feuerbüchse sowie durch mancherlei Anstände bei der Unterhaltung erkauft werden. Vgl. Abb. 2.

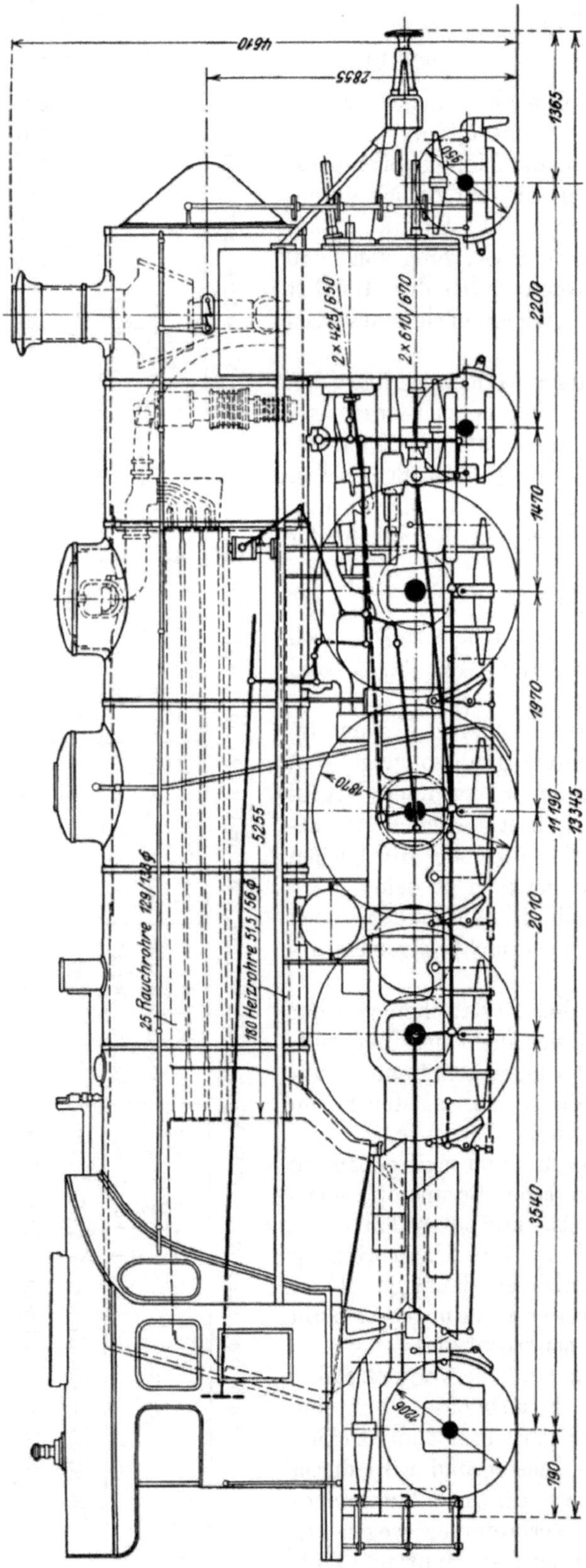

Abb. 5. 2 C 1-Heißdampf-Vierzylinder-Verbund-S-Lokomotive der Deutschen Reichsbahn (Bayern)
$\frac{2 \times 425/650 \text{ mm } 610/670 \text{ mm}}{1870 \text{ mm}}$ 15 at $\frac{219 + 55{,}65 \text{ qm}}{4{,}5 \text{ qm}}$ 51 t $\frac{86{,}5 \text{ t}}{92{,}1 \text{ t}}$.

Immerhin gestattet diese Ausführungsform wenigstens die Beibehaltung des bewährten Plattenrahmens, während z. B. bei der 2 C 1-Lokomotive (Bayern) die breite und zu kurze Feuerbüchse und das Innentriebwerk die Erbauer zur Anwendung eines Barrenrahmens veranlaßte. Vgl. Abb. 5.

Die schwierige Unterbringung des Aschkastens bei derartigen Lokomotiven ist bekannt. Auf den Barrenrahmen selbst und die Vorzüge eines richtig gebauten Aschkastens soll im 3. und 5. Abschn. weiter eingegangen werden.

b) Viergekuppelte Lokomotiven. Die viergekuppelte Personenzuglokomotive wurde zur planmäßigen Beförderung sehr schwerer Personenzüge zuerst von einigen amerikanischen Eisenbahnverwaltungen eingeführt.

Vierfach gekuppelte Lokomotiven der Achsanordnung 1 D 1 zur Beförderung von Personen- und Schnellzügen sind hierauf im letzten Jahrzehnt auch von einigen Bahnverwaltungen Europas beschafft worden. Zahlentafel 3 enthält die Hauptabmessungen mehrerer Lokomotiven dieser Bauart.

Die Ausführung vierfach gekuppelter Lokomotiven für den Personenzugdienst läßt sich meist dann nicht umgehen, wenn, wie beispielsweise bei den österreichischen Eisenbahnen oder manchen Bahnen Spaniens, bei zu niedrigem Achsdruck von nur etwa 14 t schwere Schnell- oder Personenzüge im Anschluß an eine Flachlandlinie über Strecken mit langen, starken Steigungen befördert werden sollen. Bei richtiger Wahl der Hauptabmessungen werden für einen solchen Sonderbetrieb bestimmte Lokomotiven den an sie gestellten Erwartungen entsprechen.

Es ist aber falsch, von einer für einen derartigen Sonderdienst wegen zu geringen Triebachsdrucks so vielteilig gebauten Lokomotive zu verlangen, daß sie nun in gleich wirtschaftlicher

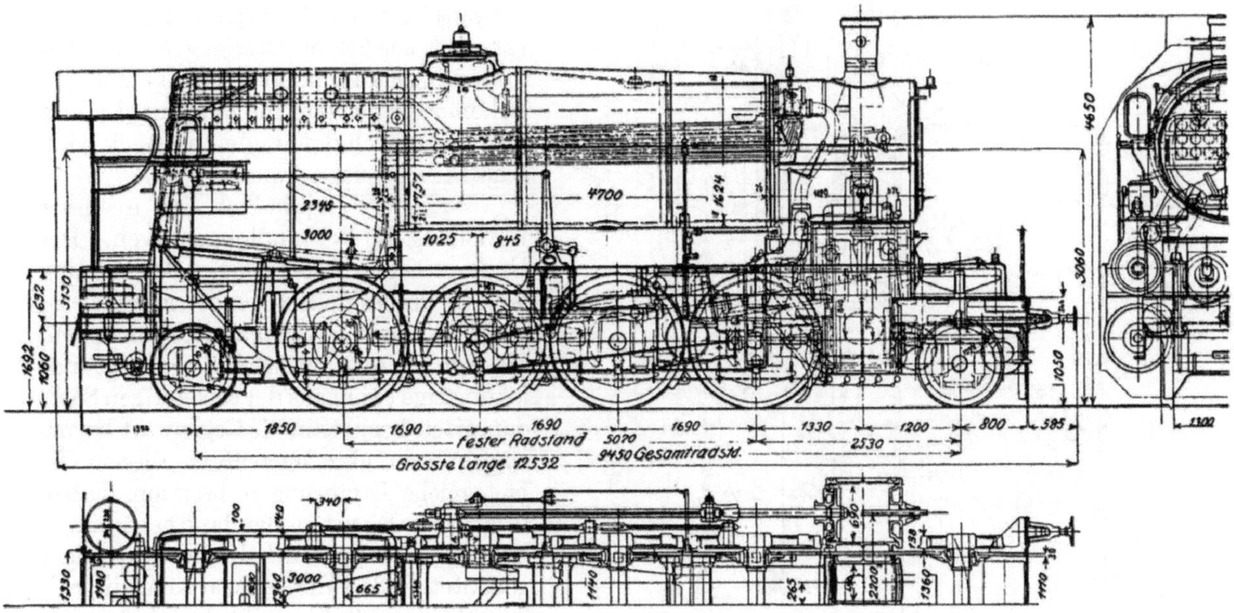

Abb. 6. 1 D 1-Heißdampf-Vierzylinder-Verbund-S-Lokomotive der Österreichischen Staatsbahn.

$\frac{2\times 450/690\ \text{mm}\quad 680\ \text{mm}}{1614\ \text{mm}}\quad 15\ \text{at}\quad \frac{191{,}1+49{,}4\ \text{qm}}{4{,}6\ \text{qm}}\quad 58\ \text{t}\,\frac{79{,}5\ \text{t}}{86{,}65\ \text{t}}.$

Zahlentafel 3.

Hauptabmessungen einiger neuer 1 D 1-Lokomotiven verschiedener Eisenbahnverwaltungen.

	1.	2.	3.	4.	5.	6.	7.	8.
	Österreichische Staatsbahn	Paris—Lyon. Mittelmeerbahn	Sächsische Staatsbahn	Italienische Staatsbahn	Französische Staatsbahn	Deutsche Reichsbahn	Nashville—Chattanooga und St. Louis-Bahn	
Erstes Beschaffungsjahr. . . .	1914	1914	1918	1921	1921	1922	Nr. 651	Nr. 660
Hochdruck-Zylinder . . .∅ mm	2 × 450	2 × 510	2 × 480	2 × 490	2 × 620	3 × 520	2 × 668	2×660,4
Niederdruck-Zylinder . .∅ mm	2 × 690	2 × 720	2 × 720	2 × 720	—	—	—	—
Kolbenhub . . . . mm	680	650/700	630	680	700	660	762	762
Triebraddurchmesser . . . mm	1614	1650	1905	1880	1650	1750	1524	1600
Dampfdruck. . . . . . . at	15	16	15	14	12	14	12,7	12,7
Heizfläche								
Feuerbüchse. . . . . . . qm	15,5	15,64	15,6	17,0	15,1	18	29,41	28,06
Heizrohre . . . . qm	175,6	203,44	211,1	220,0	192,3	203	324,70	312,00
zusammen. . . . . . qm	191,1	219,08	226,7	237,0	207,4	221	354,11	340,06
Überhitzerheizfläche . . . qm	49,4	70,6	74	67	48	82	82	92,2
Heizrohre								
Anzahl . . . . Stück	164	143	156	—	151	144	—	—
Durchmesser. . . . .∅ mm	48/53	50/55	52/57	—	50/55	50/55	/63,5	/63,5
Länge . . . . mm	4700	6000	5800	5800	5800	5800	—	—
Rauchrohre								
Anzahl . . . . Stück	24	28	28	—	24	34	—	—
Durchmesser. . . . .∅ mm	125/133	125/133	124/133	—	125/133	125/133	132/140	132/140
Überhitzerrohre . . . . .∅ mm	28/35	—	—	—	—	30/38	—	—
Rostfläche. . . . . qm	4,6	4,25	4,5	4,3	3,8	4,0	6,2	6,2
Achsstand								
fest. . . . . mm	5070	5400	4000	3960	4350	4000	—	—
gesamt . . . . mm	9450	11 200	11 960	11 240	10 920	11 600	—	—
Leergewicht . . . . t	79,5	84,08	90,0	—	—	87,0	—	—
Dienstgewicht . . . . . . t	86,65	93,33	100,0	93,0	—	98,0	—	—
Reibungsgewicht. . . . . t	58,0	69,55	68,0	66,0	—	68,0	99,7	99,7
Größter Raddruck . . . . t	7,25	8,7	8,5	8,25	—	8,5	12,5	12,5
Gewicht von Lok. und Tender t	139,25	146,00	161,8	142,60	—	160,0	218,0	211,0
C_1	2000	2186	1710	1875	1630	1530	2240	2080
C_2	34,5	31,5	25,2	28,4	—	22,5	22,5	20,9

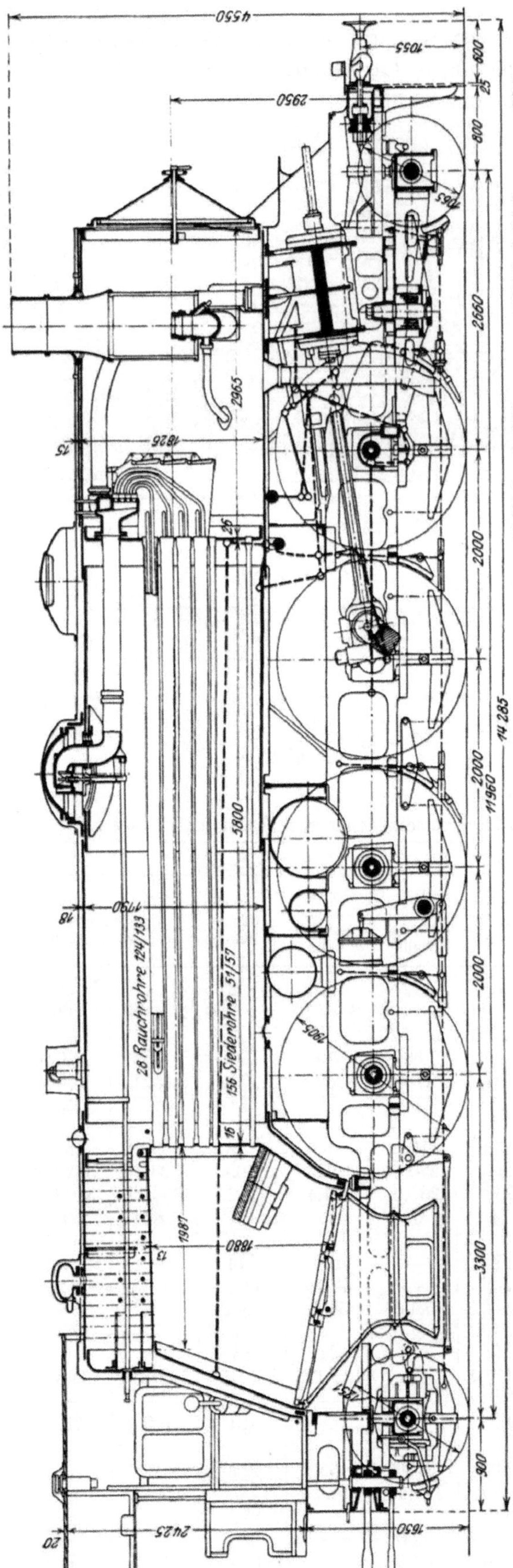

Abb. 7. 1 D 1-Heißdampf-Vierzylinder-Verbund-S-Lokomotive der Deutschen Reichsbahn (Sachsen) $2 \times \frac{480/720\,\mathrm{mm}\quad 630\,\mathrm{mm}}{1905\,\mathrm{mm}}\quad 15\,\mathrm{at}\quad \frac{225{,}1 + 74{,}0\,\mathrm{qm}}{4{,}51\,\mathrm{qm}}\quad 68\,\mathrm{t}\ \frac{90\,\mathrm{t}}{100\,\mathrm{t}}$.

Weise dem allgemeinen Schnell-, Personen- und Eilgüterzugdienst diene. Derartige Forderungen werden aber beim Entwurf einer für Höchstleistungen vorwiegend bestimmten Lokomotive von den Eisenbahnverwaltungen nicht selten gestellt. Wird versucht, solchen oft zu weit gehenden Anforderungen zu entsprechen, so entstehen Lokomotivbauarten, die manchmal weder dem einen noch dem anderen Zweck wirtschaftlich genügen können.

Besonders empfindlich sind in dieser Beziehung die Verbundlokomotiven. Der Umfang ihrer wirtschaftlichen Ausnutzung ist im wechselvollen Zugbetrieb viel zu stark begrenzt. Eisenbahnverwaltungen, die, wie die österreichische, die Verbundlokomotive (wohl aus der schwierigen Sattdampfzeit her) bis in die Gegenwart bevorzugt haben und demgemäß auf diesem Gebiet reiche Erfahrungen besitzen, haben ihre für den Dienst im Bergland bestimmten Verbundlokomotiven dadurch zugkräftiger gestaltet, daß sie die Zugkraftkennziffer C_2 erheblich größer ausführten, als dies im allgemeineren Zugbetrieb wirtschaftlich ist.

Die in Zahlentafel 3 unter Spalte 1 und in Abbildung 6 angeführte 1 D 1-Lokomotive dieser Verwaltung hat beispielsweise ein $C_2 = 34{,}5$ entsprechend einem $C_1 = 2000$, während die sächsische 1 D 1-Lokomotive Spalte 3, Abb. 7. bei annähernd gleichen Zylinderraumverhältnissen nur ein $C_2 = 25{,}2$ bei einem $C_1 = 1710$ aufweist. Trotz des um über 10,5 t größeren Gesamtgewichts kann also die sächsische Lokomotive selbst bei der Größtfüllung der Zylinder nur erheblich kleinere Zylinderzugkräfte ausüben als die österreichische Lokomotive gleicher Achsanordnung und muß demgemäß am Berge viel früher versagen als jene. Für weniger schwierige Streckenverhältnisse mögen die Zylinderverhältnisse der sächsischen Lokomotive günstiger sein; für diese überwiegenden Fälle ist dann aber wegen der viel geringeren Zugkräfte die vierte Kuppelachse nicht erforderlich.

Etwas günstigere Ausmaße für allgemeineren Zugbetrieb als die sächsische Bauart zeigt die italienische, Spalte 4, während die von der P.-L.-M.-Bahn für den schweren Schnell- und Personenzugdienst auf der Rhônetalbahn benutzte 1 D 1-Lokomotive mehr den für eine schwere Berglokomotive entsprechenden Verhältnissen näherkommt. Vgl. Zahlentafel 3, Spalte 2.

Durch Anwendung genügend hoher Überhitzung kann bei einfacher Dampfdehnung die Zylinderzugkraft durch weitgehende Veränderung der Füllung dem allgemeinen Leistungsbedarf in viel größerem Umfang angepaßt werden als bei Verbundanordnung. Daher kann sogar eine bezüglich der Zylinderabmessungen verhältnismäßig klein ausgeführte Zwillinglokomotive selbst einer Verbundlokomotive mit guten Zylinderabmessungen hinsichtlich der Grenzzugkräfte nach oben noch überlegen sein. Vgl. Abb. 8. Dies hat sich auch bei Gelegenheit von Versuchsfahrten stets gezeigt.

Es muß einmal rückhaltlos gesagt werden: Bei Anwendung von Vierzylinder-Verbundlokomotiven für einen umfänglich wechselvollen Lokomotivbetrieb wird der größte Vorteil der Anwendung hochüberhitzten Dampfs, den die einfachste Heißdampflokomotive so leicht gewährt, noch in einem Umfang verkannt, der vom technisch-wissenschaftlichen und vom allgemein-wirtschaftlichen Standpunkt aus nicht zu erklären ist. Es scheint, die Hemmungen der Anwendung des nassen, gesättigten Dampfs, dieses unvollkommenen und sehr kostspieligen

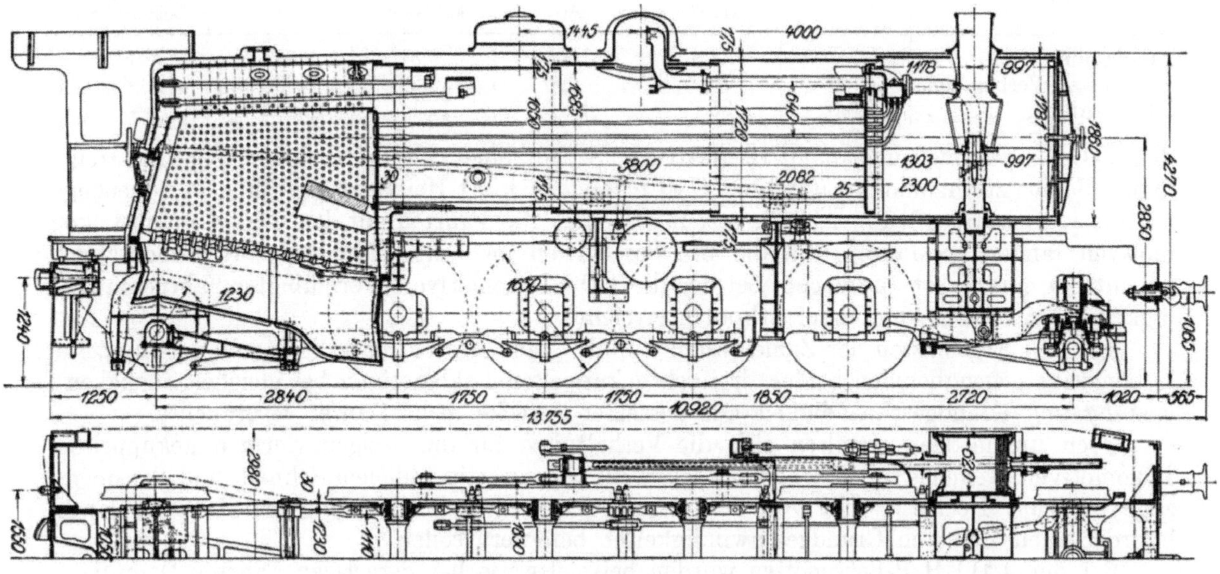

Abb. 8. 1 D 1-Heißdampf-Zwilling-P-Lokomotive der Französischen Staatsbahn.

$$\frac{620\ \text{mm}\ \ 700\ \text{mm}}{1650\ \text{mm}}\ 12\ \text{at}\ \frac{207{,}4 + 48\ \text{qm}}{3{,}8\ \text{qm}}.$$

Arbeitsträgers, der nur durch hohen Dampfdruck und zweistufige Dampfdehnung für Leistungen in engen Grenzen einigermaßen wirtschaftlich gestaltet werden konnte, wirken hier förmlich suggestiv noch weiter. Der Naßdampf beherrschte ja länger als ein halbes Jahrhundert den Lokomotivbetrieb, und Hunderte von Erfindungen sind gemacht worden, um seine Anwendung erträglich wirtschaftlich zu gestalten.

Aus langer Gewöhnung heraus wird leider die Haupteigenschaft des hochüberhitzten Dampfs, des wirklichen Heißdampfs, einen umfassend wirtschaftlichen Lokomotivbetrieb in den weitesten Grenzen der Beanspruchung der Dampfmaschine und dabei durch einfachste Bauarten zu gestatten, sehr zum Schaden wahren Fortschritts, noch immer nicht genügend gewertet. Auf kleine Kohlenersparnisse wird bei besonders günstig liegenden Betriebsverhältnissen so eindringlich hingewiesen, daß allzu viele noch immer den Bau von Vierzylinder-Verbund-Heißdampflokomotiven bevorzugen, ohne die Gesamtrechnung für eine umfassende Wirtschaftlichkeit dabei gründlich aufgestellt zu haben.

Ich hatte schon vorhin angedeutet, daß die vierfach gekuppelte Lokomotive für den Schnell- und Personenzugdienst durchaus nur eine Sonderbauart darstellen sollte, die für schwierige Streckenverhältnisse und bei zu leichtem Oberbau berechtigt sein mag. Daß aber derartige Vielkuppler zur wirtschaftlichen Zugförderung im allgemeinen Personenzugbetrieb wenig geeignet sind, zeigt ein Vergleich der Dampfverbrauchszahlen einer viergekuppelten mit denen einfacherer und leichter gebauter dreifach gekuppelter Lokomotiven bei gleicher Zughakenleistung und den ungewöhnlich hohen Zuglasten von 700 t, sowie der dabei gleichfalls außerordentlichen Grundgeschwindigkeit von 100 km/St.

In Zahlentafel 4 und 5 sind die zur Beurteilung wesentlichsten Ergebnisse zusammengestellt, die dank umfassender Versuchsfahrten des Eisenbahn-Zentralamts Berlin mit einer 2 C-Heiß-

Zahlentafel 4.
Ergebnisse von Versuchsfahrten mit 2 C-Drilling-, 2 C-Vierzylinder-Verbund- und 1 D 1-Drilling-Lokomotiven auf der Flachlandstrecke zwischen Lehrte und Stendal.

Lokomotivgattung	Zuggewicht t	Fahrgeschwindigkeit km/St	Leistung am Tenderzughaken PS_z	Dampfverbrauch kg/PS_z-St	Überhitzungstemperatur °C	Mehrverbrauch der 1 D 1 gegenüber den 2 C-Lokomotiven
2 C-Drilling	700	94,5	1032	9,44	345	$32^1/_2$%
2 C-Vierzyl.-Verbundlok.	700	93,5	1121	9,26	354	35 %
1 D 1-Drilling	720	92	1058	12,5	329	—
1 D 1-Drilling	720	80	1020	10,5	328	—

Zahlentafel 5.
Ergebnisse von Versuchsfahrten mit 2 C-Drilling-, 2 C-Vierzylinder-Verbund- und 1 D 1-Drilling-Lokomotiven auf der Flachlandstrecke Lehrte—Wustermark—bzw. Charlottenburg.

Lokomotivgattung	Zuggewicht t	Fahrgeschwindigkeit km/St	Leistung am Tenderzughaken PS_z	Dampfverbrauch kg/PS_z-St	Überhitzungstemperatur °C	Mehrverbrauch der 1 D 1 gegenüber den 2 C-Lokomotiven
2 C-Drilling	700	84,5	1005	9,81	337	13,5%
2 C-Vierzyl.-Verbundlok.	700	79	990	9,20	350	20,6%
1 D 1-Drilling.	720	85	1040	11,1	332	—

dampf-Drilling-Schnellzuglokomotive (Gattung S 10^2), einer 2 C-Vierzylinder-Verbund-Heißdampf-Schnellzuglokomotive (Gattung S 10^1) und der 1 D 1-Heißdampf-Drilling-Personenzuglokomotive (Gattung P 10), Abb. 9, erzielt wurden. Die Fahrten mit den beiden ersten Lokomotiven fanden im Jahre 1914, die mit der dritten im Jahre 1922 statt. In Zahlentafel 4 ist unter 4 eine Fahrt angegeben, bei der die 1 D 1-Lokomotive bei ermäßigter Fahrgeschwindigkeit ihren niedrigsten Dampfverbrauch erreichte.

Aus den Ergebnissen der Zahlentafeln 4 und 5 geht hervor, daß die vierfach gekuppelte Lokomotive gegenüber den beiden dreifach gekuppelten Lokomotiven bei gleicher Zughakenleistung und Grundgeschwindigkeit auf derselben Strecke mehr Dampf verbrauchte.

Noch ungünstiger gestalten sich die Verhältnisse für die riesigen vierfach gekuppelten Lokomotiven, wenn sie auf Flachlandstrecken die gegenwärtig üblichen Schnell- und Personenzüge bis zum Höchstgewicht von 600 t mit den wegen der Kohlenersparnis noch lange erforderlichen kleineren Grundgeschwindigkeiten befördern sollen.

Bei der 1 D 1-H-P-Lokomotive wurden beispielsweise bei derartigen Fahrten Dampfverbrauchszahlen gemessen, die bei Zughakenleistungen von etwa 550 PS_z bis zu 15 kg/PS_z-St stiegen. Diese Zahlen zeigen, daß unter solchen Betriebsverhältnissen diese Lokomotivgattung nicht genügend ausgenutzt wird, womit auch der gesteigerte Dampfverbrauch begründet ist.

Damit soll aber nicht bestritten sein, daß die Lokomotive in einem begrenzten Sondergebiet zu schneller Beförderung schwerster Schnellzüge auf Bergstrecken sehr leistungsfähig ist. Dies zeigen die Ergebnisse von Versuchsfahrten zwischen Hausach und Sommerau sowie Güsten und Mansfeld, die in Zahlentafel 6 wiedergegeben sind.

Schließlich seien noch zwei 1 D 1-Heißdampf-Zwillinglokomotiven amerikanischer Bauart erwähnt, die nicht vorwiegend als Personenzuglokomotiven, sondern auch als Güterzuglokomotiven Verwendung finden.

Ergebnisse von Fahrversuchen beider Lokomotiven Nr. 651 und 660 mit schweren Güterzügen der Nashville-Chattanooga- und St.-Louis-Bahn, die im Frühjahr 1923 stattfanden, um die Kohlenersparnis bei Anwendung von Speisewasservorwärmung zu ermitteln, sind in Zahlentafel 7 wiedergegeben.

Die Ausmaße der beiden Vergleichslokomotiven 651 und 660 in Zahlentafel 3, Spalte 7/8, zeigen abweichende Maschinenabmessungen entsprechend einer Charakteristik von $C_1 = 2240$ und $C_1 = 2080$. Die mit einem Nicholson-Speisewasservorwärmer ausgerüstete Lokomotive Nr. 660 hat einen größeren Überhitzer.

Die in beiden Fahrtrichtungen an die angegebenen Steilstrecken anschließenden Steilrampen über das Cumberlandgebirge wurden durch Druckmaschine überwunden.

Die Kohlenersparnis betrug bei der mit Vorwärmer ausgerüsteten Lokomotive Nr. 660 gegenüber der Lokomotive Nr. 651 etwa 10%.

Daß bei Lokomotive 651 trotz größerer Rostanstrengung nicht die gleiche Höhe der Überhitzung erzielt werden konnte, liegt daran, daß die Überhitzerheizfläche zu klein ist, die übertragene Wärmemenge also nicht hinreichte, das mitgerissene Wasser nachzuverdampfen und den Dampf genügend hoch zu überhitzen.

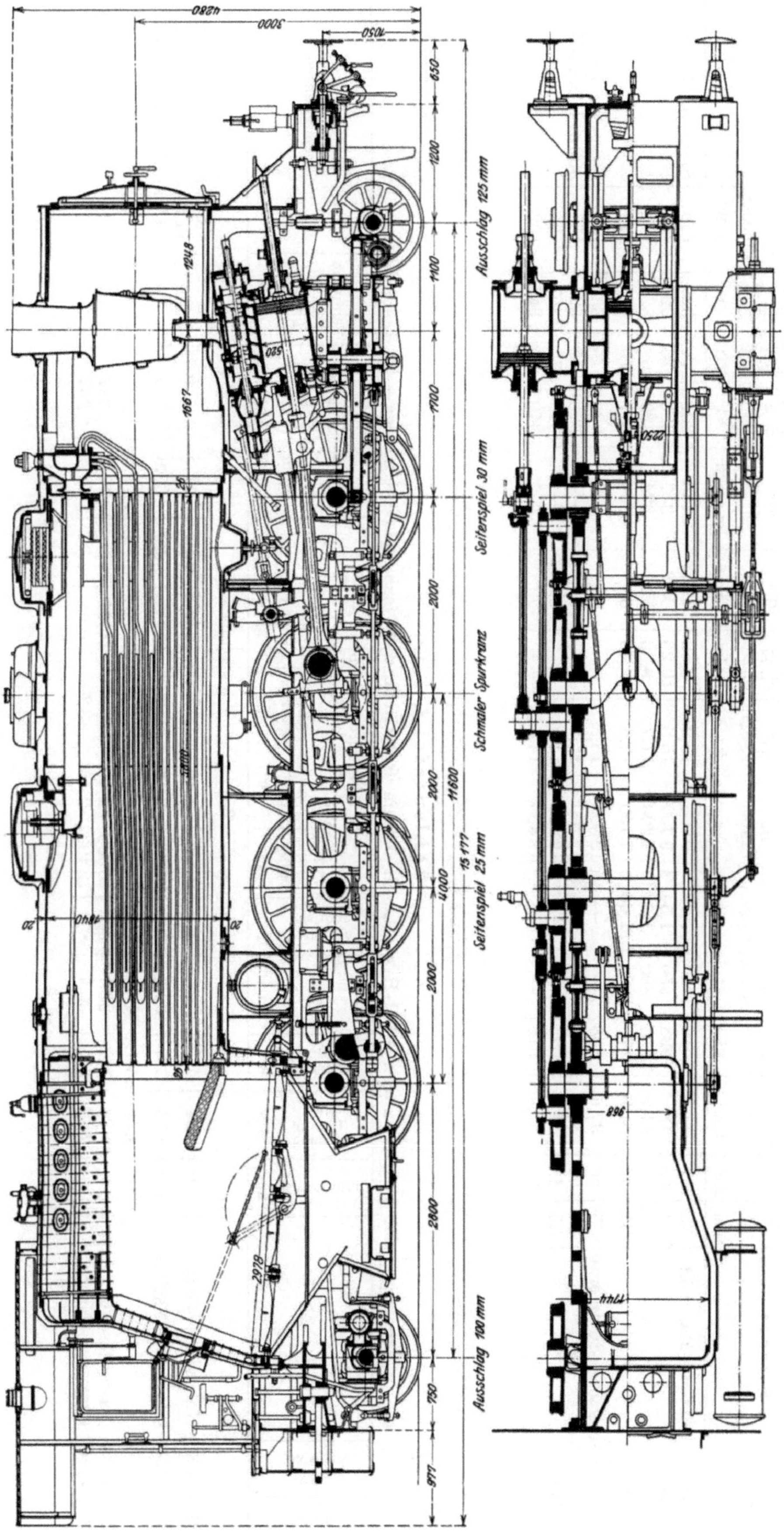

Abb. 9. 1 D 1-Heißdampf-Drilling-P-Lokomotive Gattung P 10 der Deutschen Reichsbahn (Preußen).

$$\frac{3 \times 520\ \text{mm}\ \ 660\ \text{mm}}{1750\ \text{mm}}\ \ 14\ \text{at}\ \ \frac{221 + 82\ \text{qm}}{4{,}0\ \text{qm}}\ \ 75{,}7\ \text{t}\ \frac{100{,}4}{110{,}4}\ \text{t}.$$

Zahlentafel 6.

Ergebnisse der Fahrten einer 1 D 1-HDrillPL mit 14 at und 4,0 qm Rostfläche der Reichsbahn (Preußen).

Fahrt Nr.	Achsen	Wagen-Gewicht t	Strecke	Entfernung km	Fahrzeit Min.	Geschwindigkeit km/St	Zughaken-Leistung PSz	Betriebsstoffverbrauch Kohlen im ganzen kg	Kohlen auf 1 PSz/St kg	Wasser im ganzen kg	Wasser auf 1 PSz/St kg	Verdampf-Ziffer kg/kg	Anstrengung der Heizfläche kg/qm-St	Anstrengung der Rostfläche kg/qm-St	Temperaturen Schieberkasten °C	Speisewasser °C	Rauchkammer °C	Unterdr. in der Rauchkammer mm/WS	Bemerkungen
1	61	614	Güsten—Mansfeld	32	37	51,9	1045	1150	1,79	9800	15,2	8,52	72,0	466	320	71	327	118	Steigung 1 : 100
2	61	614	"	32	40	48	928	950	1,54	9750	15,8	10,26	66,2	357	320	76	324	132	
3	61	614	"	32	37	51,9	998	800	1,3	7200	11,7	9,00	52,9	324	323	69	324	117	
4	61	614	"	32	37	51,9	978	1000	1,66	7450	12,4	7,45	54,7	406	311	75	311	118	
1	35	309	Hausach—Sommerau	35	56	37,5	885	—	—	13000	15,8	—	63,1	—	326	75	334	141	Steigung 1 : 59 300 m Krüm.-Halbm.
2	35	309	"	35	56	37,5	893	—	—	12700	15,2	—	61,6	—	326	75	327	156	
3	35	309	"	35	48	43,8	1025	—	—	12250	14,9	—	69,4	—	345	72	357	164	
4	35	309	"	35	56	37,5	910	—	—	12300	14,5	—	59,7	—	340	69	347	162	

Zahlentafel 7.

Ergebnisse der Fahrten zweier 1 D 1-HZwillL mit 6,2 qm Rostfläche der Nashville-Chattanooga—St.-Louis-Bahn.

Fahrt Nr.	Wagen	Wagengewicht t	Strecke	Entfernung km	Fahrzeit einschl. Halt Min.	Wirkliche Fahrzeit Min.	Geschw. km/St	Zughakenleistung PSz	Betriebsstoffverbrauch Kohlen im ganzen kg	Kohlen auf 1 PSz/St kg	Wasser im ganzen kg	Wasser auf 1 PSz/St kg	Verd.-Ziffer kg/kg	Anstrengung der Heizfläche kg/qm-St	Anstrengung der Rostfläche kg/qm-St	Temp. im Schieberkasten °C	Bemerkungen
			Lokomotive Nr. 651 ohne Vorwärmer:														
1	42	1793	Nashville—Cravens	240	634	412	35	953	16750	2,56	100800	15,43	6,03	41,5	426	309	8,1 km Steig. von 9,2 ‰ 11,3 km Steig. von 9,3 ‰ 9,7 km Steig. von 9,4 ‰
2	40	1594	Cravens—Nashville	240	604	397	36,3	792	14200	2,72	88600	16,93	6,25	37,9	347		
			Lokomotive Nr. 660 mit Nicholson-Vorwärmer mit 6,36 qm Heizfläche:														
3	42	1838	Nashville—Cravens	240	686	393	36,7	963	15500	2,46	106800	16,94	6,9	47,9	382	319	dgl.
4	39	1580	Cravens—Nashville	240	523	363	39,7	834	12400	2,46	83200	16,5	6,71	40,4	331		

Die Betrachtung von Versuchsergebnissen europäischer Güterzuglokomotiven von etwa gleichem Reibungsgewicht auf ähnlichen Bergstrecken bei etwa gleichen Belastungen zeigt einen wesentlichen Unterschied im Betriebsstoffverbrauch. Vgl. z. B. die Ersparnisse in Zahlentafel 13 mit den Ergebnissen der beiden 1 D 1-Lokomotiven in Zahlentafel 7.

Der viel höhere Dampfverbrauch wird wesentlich durch den größeren Eigenwiderstand der amerikanischen Lokomotiven (diese sind um 48% schwerer als die 1 E-Güterzuglokomotive in Zahlentafel 13) bedingt.

Der Dampfverbrauch bei den Vergleichslokomotiven Nr. 651 und 660 ist annähernd gleich groß, was beweist, daß bei Lokomotive 660 die Ersparnis, die durch höhere Dampfüberhitzung erreicht wurde, durch den Einfluß der gegenüber $C_1 = 2240$ nur $C_1 = 2080$ betragenden Zugkraftkennziffer wieder ausgeglichen wird.

Der Brennstoffverbrauch ist trotz Anwendung eines Vorwärmers gegenüber europäischen Lokomotiven sehr hoch, obwohl, wie die Anwendung selbsttätiger Schürer schließen läßt, keineswegs minderwertige Kohle verfeuert wurde[1]).

Die Unwirtschaftlichkeit in der Ausnutzung des Brennstoffs bei Anwendung eines Stokers gegenüber guter Feuerhaltung von Hand kommt hier auffällig in den niedrigen Verdampfungsziffern zum Ausdruck. Selbsttätige Schürer gestatten zwar eine Vergrößerung der Lokomotiven in weiten Grenzen; sie ermöglichen die Verbrennung von 2500 kg/St Kohle und mehr gegenüber **höchstens** 1800 kg/St bei Handfeuerung; daß aber der wirtschaftliche Erfolg der Anwendung der selbsttätigen Feuerung dem der Handfeuerung erheblich nachsteht, ergibt sich aus vorstehenden Kohlenverbrauchs- und Verdampfungsziffern und wird auch von amerikanischen Fachleuten unumwunden zugegeben. Vgl. Fußnote 1.

Weitere Schlüsse auf die Unwirtschaftlichkeit zu großer Rost- und Heizflächen folgen im 2. bis 5. Abschn.

2. Güterzuglokomotiven.

Im schweren Güterzugdienst bilden in neuerer Zeit Lokomotiven der 1 D- und 1 E-Bauart die Regel.

Die Anwendung einer vorderen Laufachse kann bei Lokomotiven für gemischten Dienst, der vorwiegend Personenzuggeschwindigkeiten erfordert, berechtigt sein, sofern die Lauf- bzw. Tragachse mit der ersten Kuppelachse zu einem zweiachsigen Drehgestell verbunden wird,

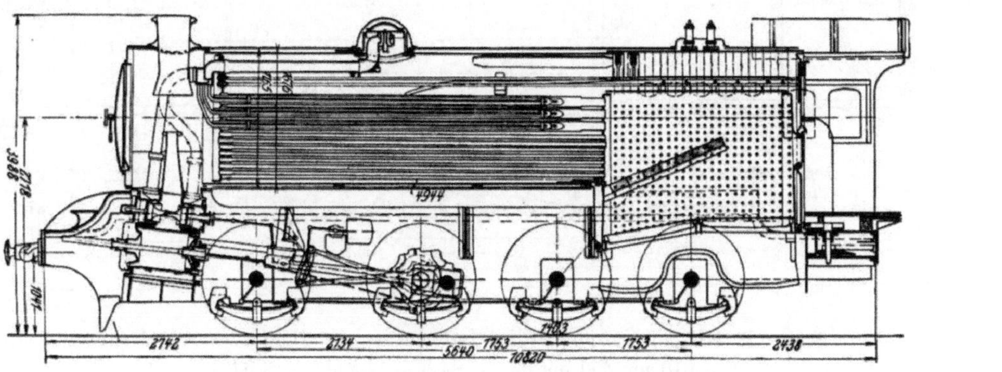

Abb. 10. D-Heißdampf-Drilling-G-Lokomotive der Englischen Nordost-Bahn.

$\frac{3 \times 470 \text{ mm } 660 \text{ mm}}{1403 \text{ mm}} - 12{,}6 \text{ at } \frac{146{,}1 + 49{,}2 \text{ qm}}{2{,}51 \text{ qm}} \; 72{,}7 \text{ t} \frac{-}{72{,}7} \text{ t}.$

weil dann die Lokomotive bei höheren Geschwindigkeiten etwas besser durch Krümmungen läuft als eine Lokomotive, die nur Kuppelachsen besitzt. Bei Lokomotiven, die vorzugsweise nur Güterzüge zu schleppen haben, vgl. Abb. 10 und 11, sollte aber zweckmäßig ihr ganzes Eigengewicht zur Ausnutzung als Reibungsgewicht benutzt werden.

Abb. 12 zeigt eine 1 D-Zwillinglokomotive, die zum schnellen Aufbau des Verkehrs nach dem Krieg von der belgischen Staatsbahnverwaltung beschafft wurde. Diese Lokomotive mußte für Personen- wie auch für Eil- und Güterzugdienst verwendbar sein. Sie ist besonders deshalb bemerkenswert, weil Belgien früher vielfach Vierlinglokomotiven im Eil- und Güterzugdienst verwendete und offenbar durch die Erfahrungen des Kriegs dahin gekommen ist, einfacheren Bauarten den Vorzug zu geben.

[1]) Railway Age Gazette, Mai 1915, S. 1110. — Organ 1915, S. 370.

Der Triebachsdruck beträgt 17,5 t. Selbst bei der minderwertigen belgischen Kohle genügt ein Langrost von 3,26 qm den Betriebsverhältnissen vollkommen.

Die Lokomotiven der englischen Lieferung sind mit Plattenrahmen, die der amerikanischen Lieferung mit den dort für unvermeidlich gehaltenen Barrenrahmen gebaut.

Abb. 13 zeigt eine für die Reichsbahn gebaute 1 D-Zwilling-Güterzuglokomotive, die im wesentlichen unter Fortfall der fünften Kuppelachse und unter Benutzung eines von 16 auf 17 erhöhten Achsdrucks aus der 1 E-Drilling-Lokomotive entstanden ist. Die Länge der Rostfläche wurde unter Übernahme der Breite von 1560 mm von 2500 auf 2200 mm gekürzt.

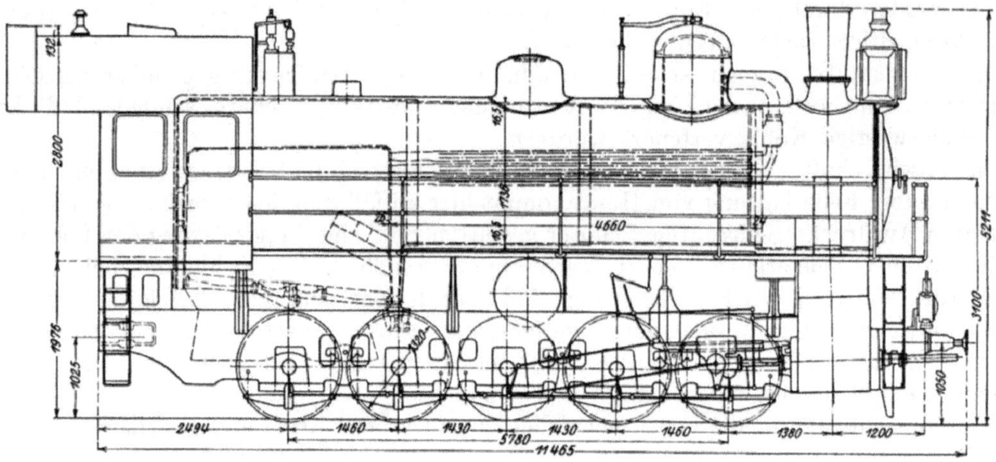

Abb. 11. E-Heißdampf-Zwilling-G-Lokomotive der Russischen Eisenbahnen.

$$\frac{650\,\text{mm}\;\;700\,\text{mm}}{1320\,\text{mm}}\;12\,\text{at}\;\frac{188{,}8+47{,}7\,\text{qm}}{4{,}46\,\text{qm}}\;81{,}5\,\text{t}\;\frac{72{,}4\,\text{t}}{81{,}5\,\text{t}}.$$

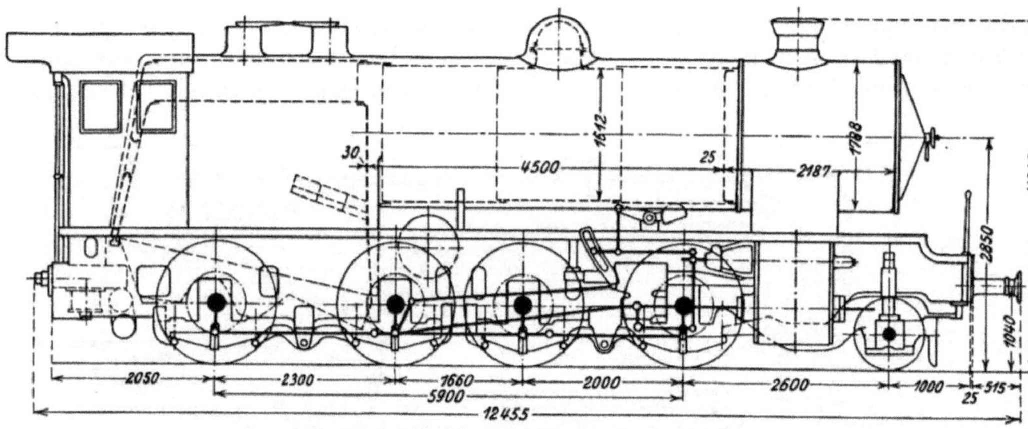

Abb. 12. 1 D-Heißdampf-Zwilling-Lokomotive der Belgischen Staatsbahn.

$$\frac{610\,\text{mm}\;\;711\,\text{mm}}{1520\,\text{mm}}\;14\,\text{at}\;\frac{194{,}3+44{,}5\,\text{qm}}{3{,}26\,\text{qm}}\;70\,\text{t}\;\frac{75\,\text{t}}{82\,\text{t}}.$$

Auf diese höchst einfache Weise ist zwar die Beibehaltung gleicher Kümpelstücke möglich. Es darf aber nicht außer acht gelassen werden, daß der dabei unverändert gebliebene freie Rohrquerschnitt für einen kleineren Kessel mit entsprechend geringeren, stündlich erzeugten Heizgasgewichten die wirtschaftliche Wärmeübertragung in fast allen Fällen ungünstig beeinflussen muß.

Die Kürzung des Rostes auf 2200 mm ist feuertechnisch jedenfalls eine ganz unzulässige Maßnahme. Ein Rost von 3,4 qm läßt sich auch bei schmalen Feuerbüchsen, wo dies wirklich nötig werden sollte, was hier durchaus nicht der Fall ist, ohne weiteres anwenden. Würde der Rost nicht noch durch Anwendung des bei Zwillingbauarten ganz unnötigen Barrenrahmens in seiner Wirkung stark beeinträchtigt, so würden hier 2,8 bis höchstens 3 qm einer richtig ausgebauten schmalen Rostfläche vollauf genügen. Vgl. u. a. die schwerere belgische Lokomotive Abb. 12 mit ihrem 3,2 qm großen Rost für geringwertigen Brennstoff.

Aus Gründen wirtschaftlichster Wärmeübertragung ist ein derartiges Verfahren, Kesseleinheitsbauarten durch bloßes Kürzen des Rostes und der Rohre zu schaffen, unbedingt zu verwerfen, da jeder bestimmten Durchschnittsleistung eines Kessels auch ein günstigster Heizgasquerschnitt entsprechen muß. Vgl. 2. Abschn. Wegen Fortfalls des dritten Zylinders und Triebwerks kommt diese Lokomotive im übrigen in bezug auf Einfachheit und Wirtschaftlichkeit den bisher üblichen Bauarten der ehemals Preußisch-Hessischen Eisenbahn ziemlich nahe. Vgl. Zahlentafel 8.

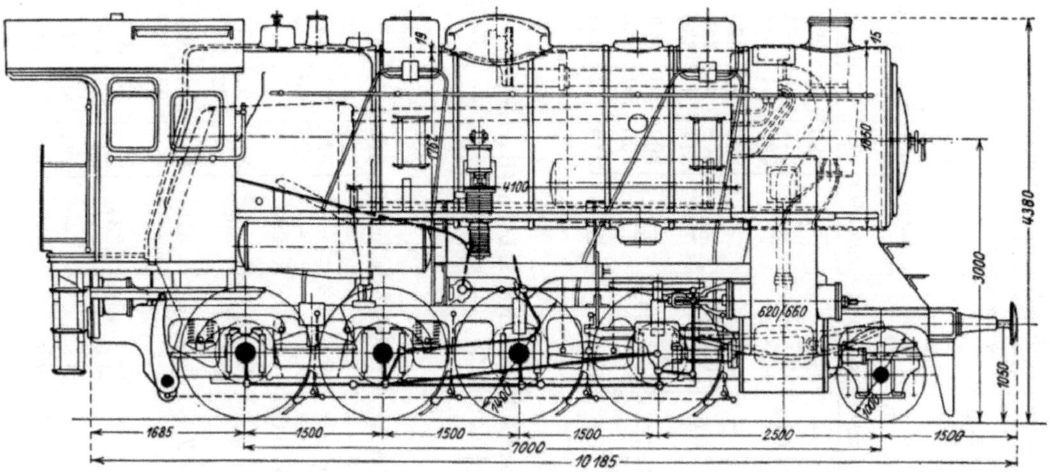

Abb. 13. 1 D-Heißdampf-Zwilling-G-Lokomotive der Deutschen Reichsbahn (Preußen).

$$\frac{620\,(650)\text{ mm } 660\text{ mm}}{1400\text{ mm}}\; 14\,(12)\text{ at } \frac{167{,}05 + 53{,}12\text{ qm}}{3{,}4\text{ qm}}\; 70{,}0\text{ t } \frac{76{,}0\text{ t}}{83{,}4\text{ t}}.$$

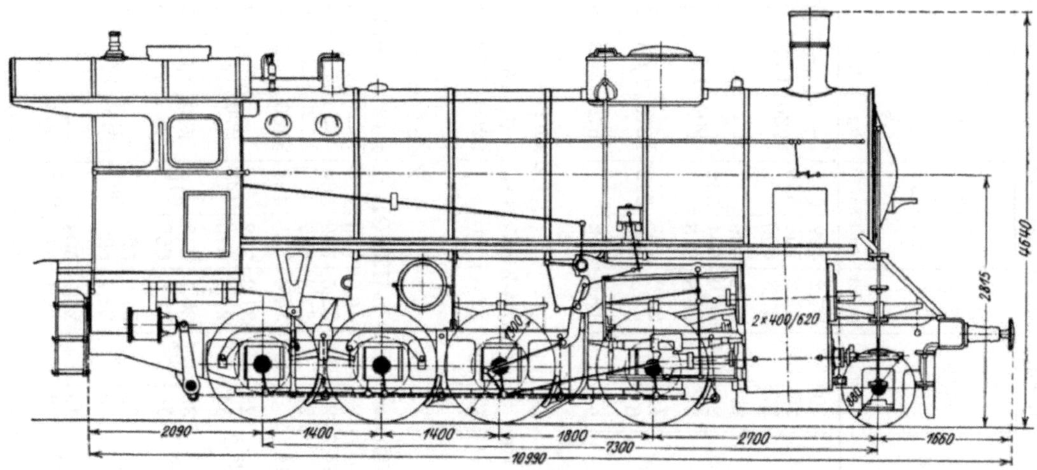

Abb. 14. 1 D-Heißdampf-Vierzylinder-Verbund-G-Lokomotive der Deutschen Reichsbahn (Bayern)

$$\frac{2\times 400/620\text{ mm } 610/640\text{ mm}}{1300\text{ mm}}\; 16\text{ at } \frac{179 + 58\text{ qm}}{3{,}3}\; 64\text{ t } \frac{69\text{ t}}{77\text{ t}}.$$

Eine 1 D-Vierzylinder-Verbundlokomotive, wie sie z. B. in Bayern auch im Güterzugdienst noch bevorzugt wird, zeigt Abb. 14.

Eine bei einzelnen geeigneten Anstrengungen durch Kohlenersparnis zu erreichende größere Wirtschaftlichkeit wird hier sicher durch die größere Vielteiligkeit und Kostspieligkeit bei der Beschaffung im allseitigen Betrieb und in der Unterhaltung reichlich aufgewogen.

Die nicht mit der Kuppelachse verbundene Laufachse führt nur unvollkommen und dient bei dem niedrigen Achsdruck nur zum Tragen des Kessels.

Daß übrigens auch die Wirtschaftlichkeit in einseitiger Hinsicht auf reine Brennstoffersparnis bei Verbundlokomotiven nicht stets vorhanden ist, zeigen die Ergebnisse der Zahlentafel 9.

Nicht nur bei der Deutschen Reichsbahn, sondern auch bei außerdeutschen Bahnen hat neben der 1 D-Bauart die einfache E-Zwilling-Güterzuglokomotive weite Verbreitung gefunden.

Zahlentafel 8.

Ergebnisse der Fahrten einer 1D-HZwGL mit 12 at und 3,43 qm Rostfläche der Reichsbahn (Preußen).

Fahrt Nr.	Achsen	Wagen-Gewicht t	Strecke	Entfernung km		Fahrzeit Min.		Geschwindigkeit km/St	Zughaken-Leistung PSz		Betriebsstoffverbrauch Kohlen im ganzen kg	Kohlen auf 1 PSz/St kg	Wasser im ganzen kg	Wasser auf 1 PSz/St kg		Verdampf-Ziffer kg/kg	Anstrengung der Heizfläche kg/qm-St		Anstrengung der Rostfläche kg/qm-St	Temperaturen Schieberkasten °C	Temperaturen Speisewasser °C	Temperaturen Rauchkammer (hinten) °C	Unterdr. in der Rauchkammer mm/WS	Bemerkungen
1	112	960	Grunewald—Brück	49		79		37,2	429		—	—	6850	12,1		—	31,2		—	289	85	321	55	
			Brück—Belzig	13	74,5	25	131	31,2	758	546	960	1,53	3250	10,3	11,1	6,62	46,7	36,2	323	311	90	344	96	
			Belzig—Wiesenburg	12,5		27		27,8	690				3100	10,0			41,3			322	91	358	114	
2	105	948	Grunewald—Brück	49		77		38,2	436		—	—	7100	12,7		—	33,2		—	297	84	326	53	
			Brück—Belzig	13	74,5	26	131	30,0	664	532	904	1,5	2900	10,1	11,3	6,69	40,1	36,1	293	308	86	342	71	
			Belzig—Wiesenburg	12,5		28		26,8	675				3150	10,0			40,4			314	93	339	93	
3	101	956	Güsten—Sandersleben	16	38	42	106	22,9	488	542	1610	1,68	4300	12,6	12,3	7,3	36,8	39,8	266	303	94	323	65	
			Sandersl.—Hergisdorf	22		64		20,6	576				7450	12,1			41,8			305	94	330	79	
4	115	934	Sangerh.—Blankenheim	12		37		19,5	752		675	1,46	5800	12,5		8,6	56,4		319	319	94	363	112	

Zahlentafel 9.

Ergebnisse der Fahrten einer 1D-4-ZylVerbGL mit 16 at und 3,3 qm Rostfläche der Reichsbahn (Bayern).

Fahrt Nr.	Achsen	Wagen-Gewicht t	Strecke	Entfernung km		Fahrzeit Min.		Geschwindigkeit km/St	Zughaken-Leistung PSz		Kohlen im ganzen kg	Kohlen auf 1 PSz/St kg	Wasser im ganzen kg	Wasser auf 1 PSz/St kg		Verdampf-Ziffer kg/kg	Heizfläche kg/qm-St		Rostfläche kg/qm-St	Schieberkasten °C	Speisewasser °C	Rauchkammer °C	Unterdr. mm/WS	Bemerkungen
1	152	1173	Grunewald—Güterglück	108	—	238	—	27,3	460	—	3250	1,78	24000	13,2	—	7,38	33,8	—	248	—	—	—	—	Gut. oberschl. Stückkohle

Zahlentafel 10.

Ergebnisse der Fahrten einer E-HZwGL mit 12 at und 2,62 qm Rostfläche der Reichsbahn (Preußen).

Fahrt Nr.	Achsen	Wagen-Gewicht t	Strecke	Entfernung km		Fahrzeit Min.		Geschwindigkeit km/St	Zughaken-Leistung PSz		Kohlen im ganzen kg	Kohlen auf 1 PSz/St kg	Wasser im ganzen kg	Wasser auf 1 PSz/St kg		Verdampf-Ziffer kg/kg	Heizfläche kg/qm-St		Rostfläche kg/qm-St	Schieberkasten °C	Speisewasser °C	Rauchkammer °C	Unterdr. mm/WS	Bemerkungen
1		814	Grunewald—Brück	49		64		46,0	478		—	—	5400	10,6		—	34,5		—	324	94	330	70	
			Brück—Belzig	13	74,5	24	115	32,5	680	560	—	—	2700	9,9	10,3	—	46,1	39,4	—	320	97	325	90	
			Belzig—Wiesenburg	12,5		27		27,8	642		—	—	2950	10,2		—	44,7		—	323	95	322	130	
			Grunewald—Güsten		144		251	34,4		428	3100	1,73	18850		10,5	6,08		30,8	283					
2		1140	Brück—Belzig	13	25,5	25	56	31,2	782	722	900	1,34	3010	9,2	10,1	7,53	49,3	49,6	368	342	101	338	130	
			Belzig—Wiesenburg	12,5		31		24,2	675				3770	10,8			49,8			328	102	337	160	
3		908	Güsten—Sandersleben	16	38	36	94	26,7	548	618	500	1,52	3720	11,3	10,7	7,44	42,3	45,2	318	319	98	320	90	
			Sandersl.—Hergisdorf	22		58		22,8	662		—	—	6675	10,4		—	—		—	—	98	327	122	
4		913	dgl.	16	38	39	98	24,6	520	581	1430	1,51	4080	12,1	10,8	7,33	43,0	42,9	334	323	93	317	78	
				22		59		22,4	620				6400	10,5			44,5			328	98	330	117	
5		974	dgl.	16	38	40	112	24,0	508	512	—	—	3500	10,3	10,2	—	35,8	35,5	—	324	89	319	71	
				22		72		18,4	514		900	1,46	6200	10,0		6,89	35,3		286	314	96	313	85	
6		660	Sangerh.—Blankenheim	12		44		16,4	484		540	1,52	4400	11,1		8,15	41,0		281	311	96	304	96	
7		991	dgl.	12		61		11,8	474		—	—	5810	12,0		—	39,0		—	319	100	317	103	

Ihre Leistung konnte bei dem geringen Reibungsgewicht von 71,5 t, also nur 14,5 t Triebachsdruck, wie bei der deutschen Reichsbahn ausgeführt, freilich nicht viel größer sein als bei der vierfach gekuppelten Güterzuglokomotive mit 17 t Achsdruck.

Versuchsergebnisse dieser E-Lokomotive in Zahlentafel 10 zeigen, daß der auf die PS_z/St bezogene Dampfverbrauch gegenüber einer 1 D-Güterzuglokomotive, vgl. Zahlentafel 8, teilweise sogar noch unterschritten wurde. Die überraschende Dampfersparnis ist bei den E-Lokomotiven in erster Linie auf die höheren Überhitzungstemperaturen zurückzuführen, die bei gleichen Leistungen durch größere Rostanstrengungen und damit verbundene höhere Verbrennungstemperaturen erreicht wurden.

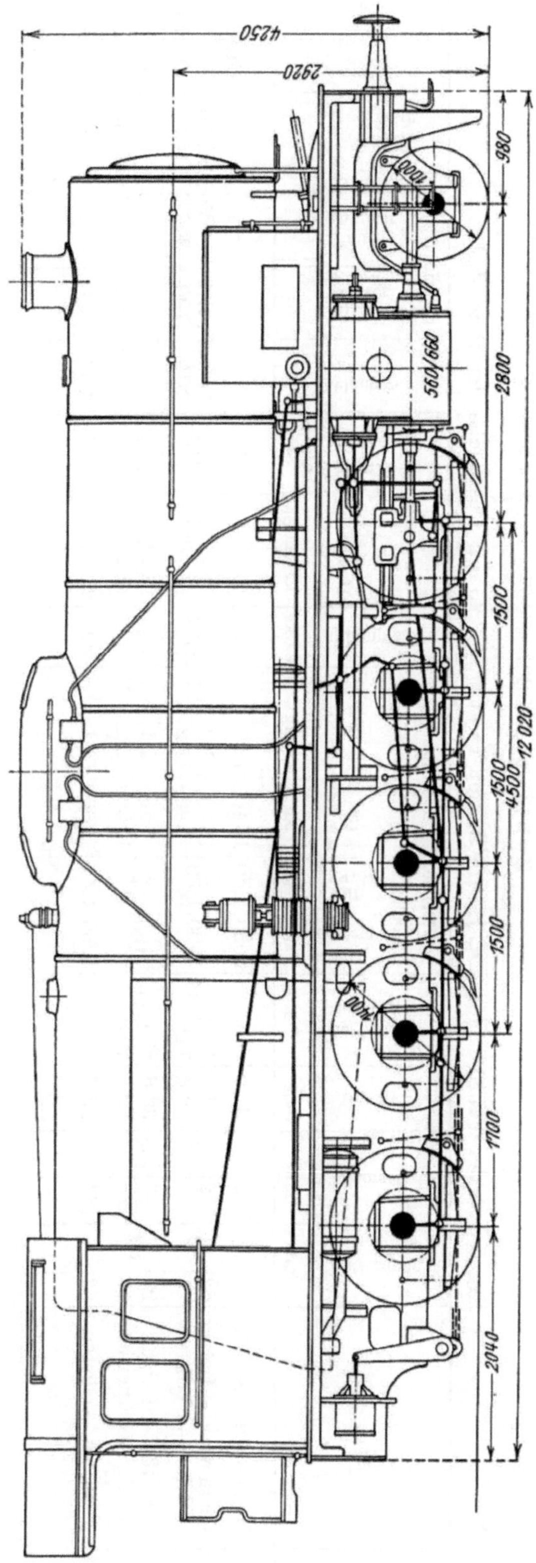

Abb. 15. 1 E-Heißdampf-Drilling-G-Lokomotive der Deutschen Reichsbahn. $3 \times \frac{560\text{ mm } 660\text{ mm}}{1400\text{ mm}}$ — 14 at $\frac{176,92 + 77,72\text{ qm}}{3,25\text{ qm}}$ $84,94\text{ t}\,\frac{89,9\text{ t}}{98,8\text{ t}}$.

Die Einführung der verstärkten Zugvorrichtung für 21 t zulässiger Zugkraft gestattet, die Belastungsmöglichkeit im Güterzugdienst genügend zu steigern, so daß das höchstmögliche Reibungsgewicht von E- und sogar von F-Lokomotiven nahezu ausgenutzt werden könnte.

Vor der Freigabe von 20 t Achsdruck war es nicht möglich, so einfache Gattungen wie D- und E-Lokomotiven für größtmögliche Leistungen zu bauen. Zur Tragung des Kessels mußten dann Laufachsen zur Anwendung kommen.

So entstand im Krieg die außerordentlich vielteilige und sehr teure 1 E-Drilling-Heißdampflokomotive. Es wurde zunächst eine Ausführungsform mit schmalem Rost von 3,25 qm und einem Reibungsgewicht von 85 t gebaut, vgl. Abb. 15, und hierauf in Anlehnung an diese die erste sogenannte Einheitsbauart als 1 E-Dreizylinder-Heißdampflokomotive mit breitem Rost von 3,9 qm und einem Reibungsgewicht von nur 80 t. Diese sollte mit dem verminderten Achsdruck sowohl den Ansprüchen des Feldeisenbahnbetriebs wie auch den Anforderungen der Landeseisenbahnen genügen. Vgl. Abb. 16. Seit 1916 wurde diese Bauart von der vormals Preußischen Staatseisenbahn in größerer Zahl beschafft.

Die mit beiden Bauarten erzielten Zugkräfte entsprachen den außerordentlich hohen Forderungen an Zugkraft und Geschwindigkeit. Die verlangten Höchstleistungen ließen sich ohne größere Anstrengung des Kessels erzielen. Einige mit der 1 E-HGL erster und zweiter Bauart ausgeführte Versuche, vgl. Zahlentafel 11 und 12, zeigen bei den verschieden großen, aber nicht annähernd gleichwertigen Rostflächen von $R = 3,25$ und 3,9 qm keine wesentlichen Unterschiede in der Verdampfungsfähigkeit.

Zahlentafel 11.

Ergebnisse der Fahrten einer 1 E-HDrillGL mit 14 at und 3,25 qm Rostfläche der Reichsbahn.

Fahrt Nr.	Achsen	Wagengewicht t	Strecke	Entfernung km		Fahrzeit Min.		Geschw. km/St	Zughakenleistung PSz		Betriebsstoffverbrauch Kohlen im ganzen kg	Kohlen auf 1 PSz/St kg	Wasser im ganzen kg	Wasser auf 1 PSz/St kg		Verdampfziffer kg/kg	Anstrengung der Heizfläche kg/qm-St		Anstrengung der Rostfläche kg/qm-St	Temperaturen Schieberkasten °C	Temperaturen Speisewasser °C	Temperaturen Rauchkammer °C	Unterdr. in der Rauchkammer mm/WS	Bemerkungen
1	149	1258	Grunewald—Nedlitz	89		172		31,0	480		2050	1,49	16400	11,9		8,0	26,8		218	—	—	—	—	Gute oberschlesische Stückkohle
2	161	1570	Grunewald—Belzig	62	89	112	162	33,2	747	744	2800	1,39	15700	11,3	11,3	8,07	39,4	39,2	319	zwisch. Brück—Wiesenburg 313	100	302	162	Dampfbildung gut
			Belzig—Nedlitz	27		50		32,4	741				6900	11,2			38,7							
3	161	1570	Nedlitz—Belzig	27	89	48	173	33,8	835	522	2100	1,4	7400	11,1	11,7	8,38	43,2	28,5	224					dgl.
			Belzig—Grunewald	62		125		29,8	401				10200	12,2			22,9							
4	120	1154	Sangerh.—Güsten	53		124		25,6	384		1200	1,51	9600	12,1		8,0	21,7		179	zwisch. Sangerh.-Blankenh. 333	94	314	104	Westfäl. Förderkohle Briketts im Verhältnis 3 : 1

Zahlentafel 12.

Ergebnisse der Fahrten einer 1E-HDrillGL mit 14 at und 3,9 qm Rostfläche der Reichsbahn (Preußen).

Fahrt Nr.	Achsen	Wagengewicht t	Strecke	Entfernung km		Fahrzeit Min.		Geschw. km/St	Zughakenleistung PSz		Kohlen im ganzen kg	Kohlen auf 1 PSz/St kg	Wasser im ganzen kg	Wasser auf 1 PSz/St kg		Verdampfziffer kg/kg	Heizfläche kg/qm-St		Rostfläche kg/qm-St	Schieberkasten °C	Speisewasser °C	Rauchkammer °C	Unterdr. mm/WS	Bemerkungen
1	133	1109	Grunewald—Belzig	62	144	100	261	37,2	605	467	3440	1,69	11000	10,9	12,0	7,06	33,9	28,6	203	335 zwisch. Brück—Belzig	93	315	113	Oberschles. Förderkohle
			Belzig—Güsten	82		161		30,6	380				13300	13,0			25,4			341 zw. Belzig—Wiesenburg	100	324	122	
2	139	1392	Güsten—Belzig	82	144	166	273	29,6	425	388	3250	1,84	16400	14,0	14,7	7,97	30,4	29,2	183	—	—	—	—	Westfälische Förderkohle
			Belzig—Grunewald	62		107		34,8	330				9500	16,1			27,3							
3	128	1090	Sangerh.—Güsten	53		128		24,8	394		1250	1,49	10100	12,0		8,08	24,3	24,3	150	329 zw. Sangerh.-Blankenh.	98	316	71	Westfälische Förderkohle
4	123	1085	Güsten—Sangerh.	53		125		25,4	593		1900	1,54	15300	12,4		8,05	37,7		234	326 zw. Güsten—Hergisdorf.	99	314	122	

Trotz guter Höchstleistungen konnte jedoch die Wirtschaftlichkeit beider Lokomotiven nicht auf 11 kg Dampfverbrauch und darunter für 1 PS_z/St herabgesetzt und die Überhitzung auch durch Kürzung der vorderen Umkehrschleifen nicht genügend gesteigert werden, um eine wesentliche Verminderung des Kohlenverbrauchs zu ermöglichen.

Begründet ist dieser wirtschaftliche Mangel dadurch, daß bei der älteren Bauart die Rohre zu lang sind, die Abgastemperatur demnach zu klein wird, bei der neueren Bauart aber trotz gekürzter Rohre die durch den übergroßen Breitrost verursachten zu niedrigen Rostanstrengungen die Eintrittstemperatur der Heizgase herabziehen. Vgl. 2. Abschn. Außerdem ist der hohe Dampfverbrauch wesentlich auf die Verarbeitung des Heißdampfs in drei Zylindern zurückzuführen.

Einen weiteren Beweis dafür, daß die einfache Zwillingbauart jeder Drilling-Lokomotive bei ähnlichen Gewichts- und Betriebsverhältnissen in wirtschaftlichem Dampfverbrauch überlegen sein muß, bieten Versuchsergebnisse einer von der Berliner Maschinenbau-Aktiengesellschaft

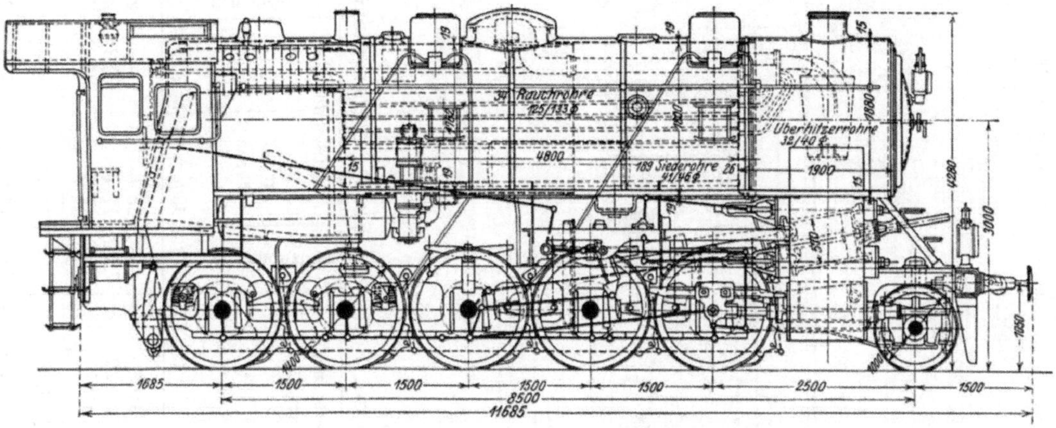

Abb. 16. 1 E-Heißdampf-Drilling-G-Lokomotive der Deutschen Reichsbahn (Preußen).

$$\frac{3 \times 570 \text{ mm } 660 \text{ mm}}{1400 \text{ mm}} \; 14 \text{ at} \; \frac{194{,}96 + 68{,}4 \text{ qm}}{3{,}9 \text{ qm}} \; 80 \text{ t} \; \frac{85{,}6 \text{ t}}{93{,}1 \text{ t}}.$$

vorm. L. Schwartzkopff 1923 neu erbauten 1 E-Heißdampf-Zwilling-Güterzuglokomotive der Polnischen Staatsbahn.

Die Versuche wurden im September 1923 vom Eisenbahn-Zentralamt Berlin mit aller Sorgfalt ausgeführt. Von der Erbauerin sind mir umfassende Unterlagen freundlichst überlassen worden. In Abb. 17 ist die starke 1 E-Lokomotive dargestellt. Einige Ergebnisse der Versuchsfahrten sind aus Zahlentafel 13 zu entnehmen.

Danach sind die Dampfverbrauchszahlen der Zwillinglokomotive erheblich günstiger als die mit den 1 E-Drillinglokomotiven, Zahlentafel 11 und 12, erreichten.

Bei ungefähr gleichen Zuglasten und Geschwindigkeiten bewegt sich der Dampfverbrauch, bezogen auf die PSzSt, bei den beiden 1 E-Drillinglokomotiven zwischen 11,3 und 14,7 kg, bei der 1 E-Zwillinglokomotive zwischen 9,55 und 12,8 kg.

Das sind etwa die gleichen Dampfverbrauchszahlen, wie sie auch bei anderen Zwilling-Heißdampflokomotiven, z. B. bei der E-Lokomotive, Zahlentafel 10, in deren Leistungsbereich erreicht worden sind.

Noch wesentlich wirtschaftlicher würde die 1 E-Zwillinglokomotive in weitesten Grenzen besonders auch bei kleineren und mittleren Leistungen zu arbeiten vermögen, wenn sie anstatt mit einem breiten Rost von 4,5 qm mit einem schmalen, tiefen Rost von höchstens 3,2 qm erbaut worden wäre. Hier mag wohl zu weitgehende Rücksicht auf minderwertigen Brennstoff die ungewöhnlich großen Rostausmaße veranlaßt haben und weiter auch die Forderung, daß die Überhitzung in mäßigen Grenzen zu halten sei, weil der Verwaltung gutes Heißdampföl zum Schmieren der Kolbenschieber und Zylinder nicht zur Verfügung steht.

Allerdings kann für sehr minderwertige Brennstoffe eine Vergrößerung der Rostfläche über das Maß hinaus geboten sein, das eine schmale, zwischen Plattenrahmen eingebaute Feuerbüchse zuläßt. Solche Fälle gehören aber zu den Ausnahmen. Sie sind nur dort geboten, wo nur ganz minderwertiger Brennstoff zur Verfügung steht und dennoch größte Lokomotivleistungen unbedingt gefordert werden müssen, führen dann aber trotz der Billigkeit des Brennstoffs an sich zu teurem Lokomotivbetrieb bei allseitiger Betrachtung der vermehrten Beschaffungs-, Betriebs- und Unterhaltungskosten sowie der Vergrößerung des Eigenwiderstands der Lokomotiven. Es muß auch bei Anwendung minderwertigen Brennstoffs stets bedacht werden,

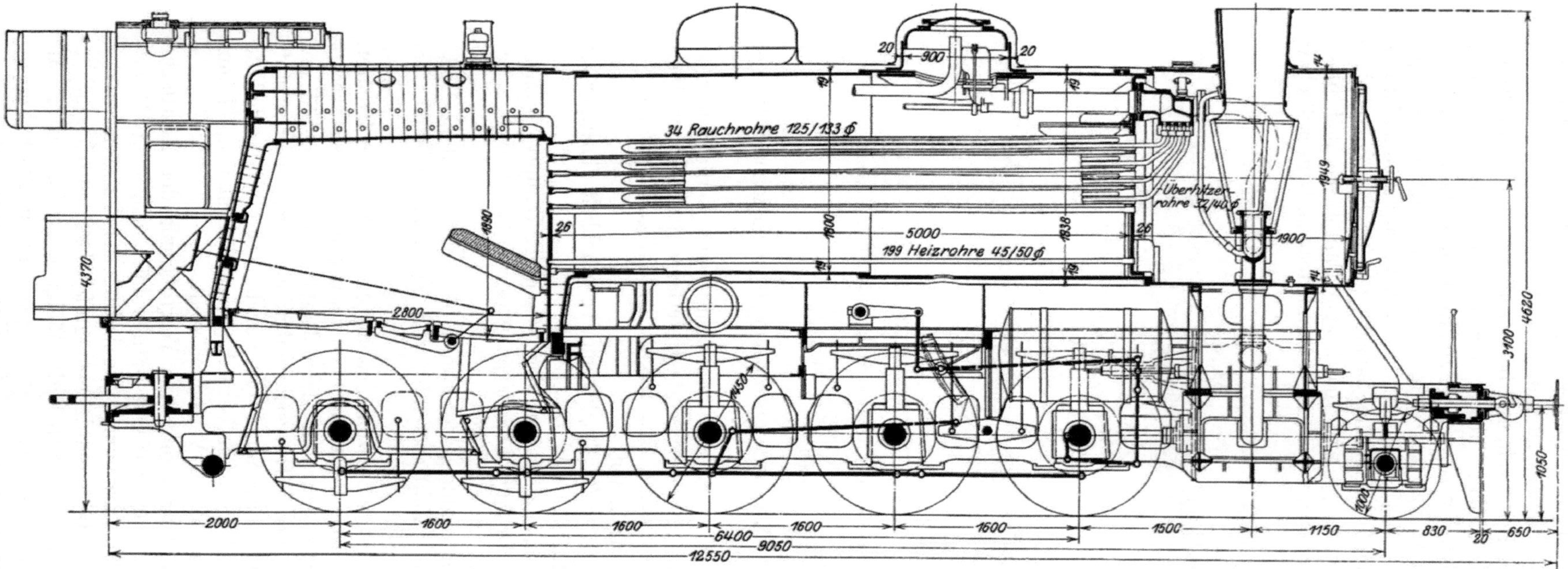

Abb. 17. 1 E-Heißdampf-Zwilling-G-Lokomotive der Polnischen Staatsbahn. $\frac{650\text{ mm}\ 720\text{mm}}{1450\text{ mm}}\ 14\text{ at}\ \frac{223{,}9+73{,}5\text{ qm}}{4{,}5\text{ qm}}\ 85\text{ t}\ \frac{85\text{ t}}{94\text{ t}}$.

Zahlentafel 13.

Ergebnisse der Fahrten einer 1 E-HZwillGL mit 14 at und 4,5 qm Rostfläche der Polnischen Staatsbahn.

Fahrt Nr.	Achsen	Wagengewicht t	Strecke	Entfernung km		Fahrzeit Min		Geschwindigkeit km/St	Zughaken-Leistung PSz		Betriebsstoffverbrauch Kohlen im ganzen kg	Kohlen auf 1 PSz/St kg	Wasser im ganzen kg	Wasser auf 1 PSz/St kg		Verdampfziffer kg/kg	Anstrengung der Heizfläche kg/qm-St		Anstrengung der Rostfläche kg/qm-St	Temperaturen Schieberkasten °C	Speisewasser °C	Rauchkammer °C	Unterdr. in der Rauchkammer mm/WS	Bemerkungen
1	104	1517	Grunewald—Brück	49		72		40,8	544		—	—	6750	10,3		—	25,1		—	293	92	278	—	Schlesische Steinkohle von 6753 WE/kg
2	104	1517	Brück—Belzig	13		24		32,5	1034		600	1,45	4250	10,27		7,10	47,4		333	298	97	297	83	
			Belzig—Wiesenburg	12,5	144,5	27	236	27,8	995		750	1,67	4550	10,17		6,10	47,3		370	318	99	313	117	
			Wiesenb.—Güterglück	34		55		37,1	273		—	—	—	—			—		—	—				
			Güterglück—Güsten	36		58		37,2	596		—	—	5500	9,55		—	25,4		—	—				
3	96	1397	Güsten—Sandersleben	16	37	30	77	32,0	962	1050	750	1,36	5000	10,4	10,9	6,66	44,6	49,0	333	327	96	319	142	
			Sandersleben—Hergisd.	21		47		26,8	1114		1150	1,32	9700	11,1		8,43	55,3		326	320	96	319	155	
4	96	1397	Sangerh.—Blankenhain	13		34		22,9	1060		800	1,33	7750	12,8		9,69	61,1		313	321	97	324	175	
5	120	1690	Güterglück—Wiesenb.	33,7		51		39,6	985		1000	1,19	8250	9,85		8,25	43,3		262	315	94	309	92	

Zahlentafel 14.

Ergebnisse der Fahrten einer 1 E-HZwGL mit 15 at und 4,46 qm Rostfläche der Österr. Bundesbahnen (Okt. 1920).

Fahrt Nr.	Achsen	Wagengewicht t	Strecke	Entfernung km	Fahrzeit Min	Geschwindigkeit km/St	Leistung PSi	Leistung PSz	Betriebsstoffverbrauch: Kohlen im ganzen kg	Kohlen auf 1 PSz/St kg	Wasser (abz. Schlabberwasser) im ganzen kg	Wasser auf 1 PSz/St kg	Verdampfziffer kg/kg	Anstrengung der Heizfläche kg/qm-St	Anstrengung der Rostfläche kg/qm-St	Temperaturen: Schieberkasten °C	Speisewasser °C	Höchste Rauchkammer °C	Unterdruck in der Rauchkammer mm/WS	Heizwert WE/kg	
1	34	303	Pusarniz—Mallnitz	27	78	20,7	992	658	2150	2,51	13110	15,3	6,10	53	390	265	75	320	135	6500	Steigung 27,8 $^0/_{00}$
2	44	308	,,	27	74	21,8	1084	706	2300	2,64	11360	13,1	4,94	48,4	445	275	—	302	163	6500	Vorwärmer abgeschaltet
3	24	200	,,	27	52	31,2	1165	649	1600	2,85	7500	13,3	4,68	45,4	406	280	80	302	142	5750	
4	58	302	,,	27	81	20,1	985	638	2000	2,32	12234	14,2	6,12	47,6	345	270	75	305	145	6500	
5	26	198	,,	27	48	33,6	1280	699	1350	2,42	8070	14,4	5,98	53	393	285	75	313	155	6500	

Ergebnisse der Fahrten einer 1 D-HZwGL mit 13 at und 3,87 qm Rostfläche der Österr. Bundesbahnen.

Fahrt Nr.	Achsen	Wagengewicht t	Strecke	Entfernung km	Fahrzeit Min	Geschw. km/St	Leistung PSz	Kohlen im ganzen kg	Kohlen auf 1 PSz/St kg	Wasser (abz. 3 % Schlabberwasser) im ganzen kg	Wasser auf 1 PSz/St kg	Verdampfziffer kg/kg	Anstrengung der Heizfläche kg/qm-St	Anstrengung der Rostfläche kg/qm-St	Verbrauch an kg Kohle für Bremse	Verbrauch an kg Wasser für Bremse	Heizwert WE/kg	
			ohne Rauchkammervorwärmer (Mai, Juni 1921)															
1	110/114	500/512	Nußdorf—Sigmundsherberg	84,6	184	27,6	341	2640	2,52	16490	15,8	6,25	31,9	222	98,2	613	5979	Größte Steigung 10 $^0/_{00}$
2	114	595	,,	84,6	190	26,8	390	2900	2,35	17212	13,9	5,95	32,3	236	107,0	633	5979	
3	124	599	,,	84,6	198	25,7	365	2970	2,47	19012	15,8	6,4	34,2	233	103,2	661	5979	
4	76/74	592	,,	84,6	167	30,4	441	3880	3,16	16344	13,3	4,22	34,8	361	132,8	558	4860	
	78	585																
		627																
5	98	603	,,	84,6	169	30,1	456	4420	3,44	15811	12,3	3,58	33,3	407	157	562	4721	
			mit Rauchkammervorwärmer (Nov., Dez. 1921)															
1	84	571	Nußdorf—Sigmundsherberg	84,6	167	30,4	462	2038	1,58	14700	11,4	7,23	31,3	189	75,7	556	7262	Größte Steigung 10 $^0/_{00}$
2	116	601	,,	84,6	163	31,2	500	2702	1,99	17300	12,7	6,4	37,8	257	26,9	149	7262	
3	84	612	,,	84,6	191	26,6	380	2134	1,77	15460	12,8	7,25	28,8	173	24,2	174	7262	
4	96	616	,,	84,6	190	26,8	472	2602	1,74	19400	13,0	7,45	36,3	212	23,3	173	7262	
5	90/88	612	,,	84,6	164	31,0	495	2670	1,97	17100	12,6	6,41	37,1	252	22,8	150	7262	
	86	588																
		572																
6	88	602	,,	84,6	205	24,8	409	2284	1,63	16750	12,0	7,33	29,1	173	28,2	209	7262	
7	70/66	595/569	,,	84,6	194	26,2	413	2220	1,66	15300	11,5	6,9	28,1	177	25,7	178	7262	Vgl. Rihosek: Z. V. d. I. Bd. 68, S. 225. 1924
8	84	700	,,	84,6	196	25,9	423	2252	1,63	16700	12,1	7,43	30,4	178	28,2	211	7262	

daß jede Vergrößerung der Rostfläche durch Verbreiterung einer schnellen und wirtschaftlichen Verbrennung sowie einer geregelten Feuerhaltung abträglich ist. Durch Anwendung des im 3. Abschn. beschriebenen Beschickungsverfahrens lassen sich auf einem langen, schmalen und genügend schräg liegenden Rost auch große Mengen recht minderwertigen Brennstoffs schnell und praktisch vollkommen verbrennen, um genügend hohe Temperaturen für gute Wärmeübertragung und Überhitzung zu erzeugen, wodurch allein allseitige Wirtschaftlichkeit erreicht werden kann. Vgl. 3. und 4. Abschn.

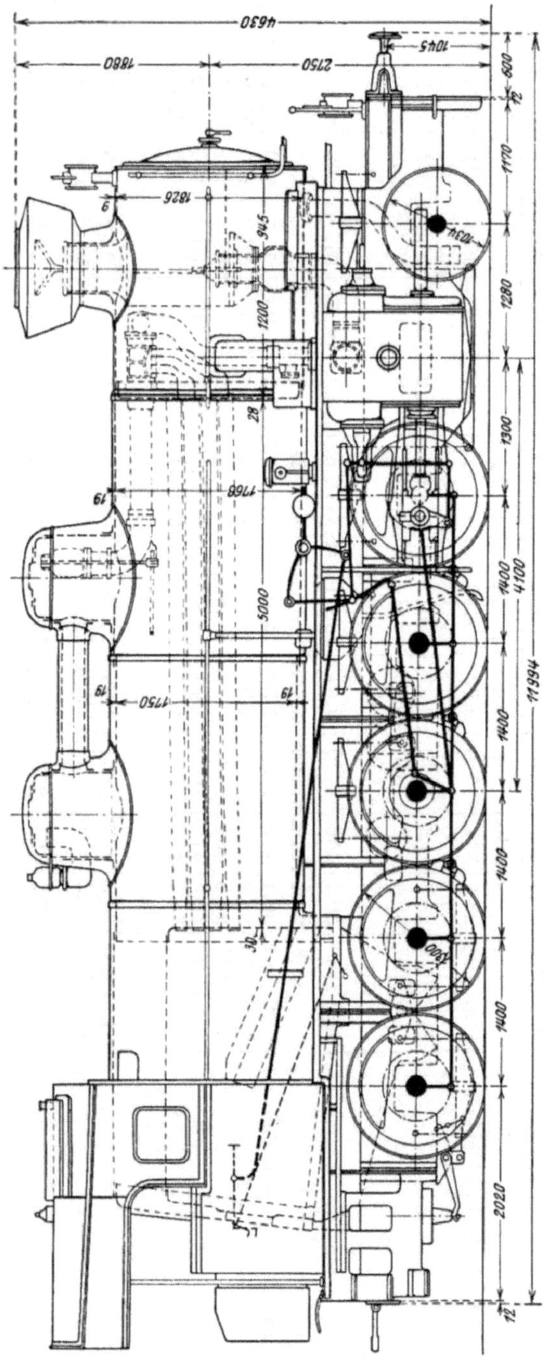

Abb. 18. 1 E-Heißdampf-Zwilling-G-Lokomotive der Tschechoslowakischen Staatsbahn. $\frac{620 \text{ mm } 632 \text{ mm}}{1300 \text{ mm}}$ 14 at $\frac{200,6 + 65,0 \text{ qm}}{4,2 \text{ qm}}$ 71,5 t $\frac{73,9 \text{ t}}{82 \text{ t}}$.

Es wird daher von Wert sein, hier noch die Ergebnisse einiger Versuchsfahrten zu bringen, die mit einer 1 E- und 1 D-HGL der Österreichischen Bundesbahnen gewonnen und von Ministerialrat Rihosek in der Z. V. d. I. Bd. 68, S. 225. 1924, veröffentlicht und in vorstehender Zahlentafel 14 entsprechend zusammengestellt worden sind, sowie ferner Versuchsergebnisse einer tschechischen 1 E-HGL (vgl. Zahlentafel 15).

Zur Verwendung kamen Kohlensorten von recht verschiedenen Heizwerten von 4721 bis 7262 WE/kg. Bei den 5 Fahrten der 1 E-HGL wurde mittelwertiger Brennstoff von 5750 bis 6500 WE/kg benutzt.

Der hohe Kohlenverbrauch von B/PSz-St $\cong$ 2,6 kg (Zahlentafel 14) ist hier nicht nur auf zu geringen Heizwert h und auf den für Heißdampflokomotiven sehr hohen Dampfverbrauch D/PSz-St von im Mittel 14 kg zurückzuführen. Wie die ganz unzureichenden Überhitzungstemperaturen des Dampfs von nur 265/285° beweisen, liegt der Hauptgrund für diese Ergebnisse in der Feuerungshaltung und den Ausmaßen für diese und die Heizflächen. Vgl. 4. Abschn.

Bei Anwendung hochwertiger Brennstoffe (Zahlentafel 14, Reihe 1—8) von $h = 7262$ WE/kg beträgt der Dampfverbrauch im Durchschnitt zwar nur noch D/PSz-St = 12,5 kg, bleibt aber gegenüber einer für hochwertigen Brennstoff richtig berechneten Heißdampflokomotive noch um etwa 20% zu hoch.

In vorliegendem Fall ist für guten Brennstoff die Rostfläche zu groß; die Rostanstrengungen sind viel zu niedrig, um allseitige Wirtschaftlichkeit des Kessels sowohl hinsichtlich guter Verbrennung wie notwendig hoher Heißdampftemperatur zu erzielen. Vgl. auch 4. Abschn.

Die 1 E-HGL der Tschechoslowakischen Staatsbahn in Abb. 18 ist nach den Entwürfen der A. G. vorm. Skodawerke in Pilsen gebaut; sie ist dazu bestimmt, schwere Güterzüge von 800 t Gewicht auf Steigungen von 10‰ mit mindestens 25 km/St dauernd zu befördern. Von den beiden in Zahlentafel 15 gegebenen Versuchsfahrten fand die eine ohne, die andere mit Metcalfe-Abdampfinjektor statt, über den noch später eingehender zu sprechen sein wird.

Hier sollen noch Versuchsergebnisse zweier amerikanischer 1 E 1-ZwillingHGL gleicher Bauart angeführt werden, um zu zeigen, wie sehr es auf richtige Verhältnisse der Heizflächen

Zahlentafel 15.

Ergebnisse der Fahrten einer 1 E-HZwGL mit 14 at und 4,2 qm Rostfläche der Tschechoslowakischen Staatsbahn mit einem gewöhnlichen Injektor und einem Abdampfinjektor Bauart Metcalfe-Friedmann.

Fahrt	Achsen	Wagengewicht	Strecke	Entfernung	Fahrzeit	Geschwindigkeit	Tonnen-km	Betriebsstoffverbrauch: Kohlen im ganzen	Kohlen auf	Wasser im ganzen	Wasser auf	Verdampfziffer	Anstrengung der Heizfläche	Anstrengung der Rostfläche	Injektor in Tätigkeit	Bemerkungen
Nr.		t		km	Min.	km/St		kg	1 t/km	kg	1 t/km	kg/kg	kg/qm-St	kg/qm-St	Min.	
1	—	891	Pilsen—Olšany	48,3	112	26,0	43059	4100	0,0952	13200	0,309	3,22	34,4	524	42,5	größte Steigung 11 ‰
2		903	Pilsen—Olšany	48,3	103	28,1	43615	3170	0,0727	11250	0,258	3,54	32,8	440	95,0	
			Ersparnis bei Verwendung von Abdampf-Injektoren						23,7%	—	16,5%					

Zahlentafel 16.

Ergebnisse der Fahrten amerikanischer 1 E 1-HLwGL mit 14 at und Ölfeuerung ($h = 10280$ WE).

Fahrt	Wagen	Wagengewicht	Strecke	Entfernung	Fahrzeit einschl. Halt	Fahrzeit wirkliche	Geschw.	Zughaken-Zugkraft	Zughaken-Leistung	Betriebsstoffverbrauch: Öl im ganzen	Öl auf 1 PSz/St	Wasser im ganzen	Wasser auf 1 PSz/St	Verdampfziffer	Anstrengung der Heizfl.	Dampf für Pumpen u. Brenner	Temperaturen: Dampfsammelkasten	Speisewasser	Rauchkammer	Unterdr. in der Rauchkammer	Bemerkungen
Nr.		t		km	Min	Min	km/St	Zz kg	PSz	kg	kg	kg	kg	kg/kg	kg/qm-St	kg	°C	°C	°C	mm/WS	
			Fahrt mit Lok 3609 am 27.—30. Juli 1918.																		
	33	1970	Los Angeles—Ontario	123,5	505	266	27,9	12270	1270	7430	1,32	78800	14,0	10,61	43,1	8800	330	21	284	298	178 mm Blasrohrkopf
	55	3370	Ontario—Colton	60,6	389	127	28,6	11000	1163	3280	1,33	38200	15,5	11,67	43,6	8880	330	23	294	353	12,7 mm Steg
	21	1167	Colton—Beaumont	74,0	257	217	20,5	15870	1204	5700	1,31	61900	14,2	10,86	41,3	2400	328	22	283	312	
1			Los Angeles—Beaumont	258,1	1151	610	25,4	13000	1222	16410	1,32	178900	14,4	10,91	42,5	20080	329	22	287	321	—
			Fahrt mit Lok 3632 am 17.—19. Januar 1920.																		
	35	1980	Los Angeles—Ontario	123,5	632	287	25,8	11920	1140	8060	1,48	86800	15,9	10,77	43,9	13300	326	17	268	288	178 mm Blasrohrkopf
	59	3390	Ontario—Colton	60,6	298	146	24,9	11100	1024	3290	1,32	36600	14,7	11,10	36,4	6320	321	18	263	268	12,7 mm Steg
	20	1182	Colton—Beaumont	74,0	272	191	23,3	16340	1410	6540	1,46	64900	14,5	9,93	49,2	3880	323	18	277	280	
2			Los Angeles—Beaumont	258,1	1202	624	24,8	12980	1191	17890	1,44	188300	15,2	10,53	43,8	23500	323	18	269	279	7,95% CO_2
			Fahrt mit Lok 3632 am 23.—26. Januar 1920.																		
	36	1960	Los Angeles—Ontario	123,5	439	266	27,9	11670	1205	7300	1,36	76500	14,3	10,48	41,7	12000	323	16	272	353	184 mm Blasrohrkopf
	68	3370	Ontario—Colton	60,6	234	111	32,8	10040	1220	2790	1,24	32600	14,5	11,66	42,6	8230	322	18	280	433	12,7 mm Steg
	27	1183	Colton—Beaumont	74,0	251	213	20,8	16670	1284	6590	1,45	66100	14,5	10,01	45,0	3400	322	19	275	372	
3			Los Angeles—Beaumont	258,1	924	590	26,3	12700	1237	16680	1,37	175200	14,4	10,49	43,1	23630	322	17	276	386	12,64% CO_2

zu der Maschinenleistung ankommt, wenn wirtschaftlicher Dampf- und Brennstoffverbrauch erreicht werden soll.

Die Hauptabmessungen beider zur Ölfeuerung eingerichteten Lokomotiven sind folgende:

Hauptabmessungen der 1 E 1-HZwGL Klasse F 63 $\frac{27^1/_2}{32}$ 273 S:

Zylinderdurchmesser	698 mm
Kolbenhub	813 mm
Triebraddurchmesser	1600 mm
Zugkraftkennziffer C_1	2480
Feuerbüchsheizfläche	30,4 qm
Rohrheizfläche	384 qm
Kesselheizfläche	414,4 qm
Überhitzerheizfläche	90,3 qm
Heizgasquerschnitt	7770 qcm
Luftöffnungen im Verbrennungsraum	2477 qcm
Dienstgewicht von Lokomotive und Tender	237 t.

Die Versuche fanden 1918 und 1920 auf den Strecken Los Angeles-Beaumont der Southern Pacific Cp. statt.

Das Streckenbild ist in Abb. 19 dargestellt. Die Versuchsergebnisse zeigt Zahlentafel 16. Das Dienstgewicht der Lokomotive mit Tender beträgt 237 t.

Bei diesen schweren Lokomotiven sind außerordentlich hohe Schleppleistungen selbstverständlich.

Die beiden 1 E 1-Lokomotiven beförderten auf der Flachlandstrecke 3390 t Wagengewicht mit durchschnittlich etwa 25 km und auf der größten Steilstrecke 1120 t mit durchschnittlich 21 km/St.

Der Dampfverbrauch betrug hierbei auch unter den günstigsten Verhältnissen nicht weniger als 14 kg/PS$_z$St und stieg bis auf 15,9 kg/PS$_z$St. Er liegt also um etwa 25% bis 35% höher als der der beiden vorgenannten schweren 1 E-Lokomotiven der Deutschen Reichsbahn und der Polnischen Staatsbahn.

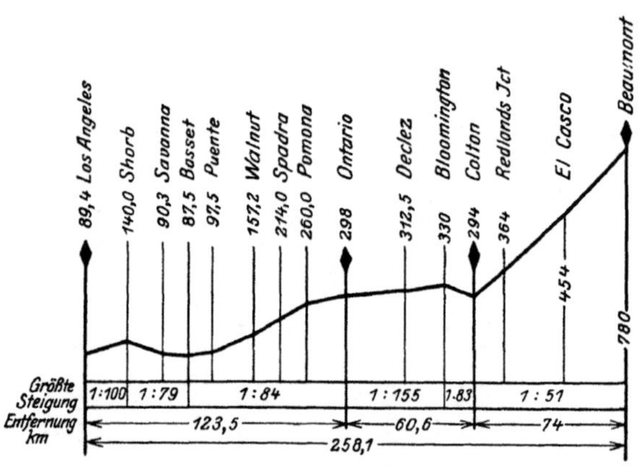

Abb. 19. Versuchsstrecke Los Angeles-Beaumont der Southern Pacific Cp.

Abgesehen von dem großen Gewicht beider 1 E 1-Lokomotiven bedingt wohl auch hier wesentlich die Abstimmung zwischen Kesselausmaßen und Maschinenleistung den sehr hohen Dampfverbrauch, der ja mehr oder weniger ein Merkmal fast aller amerikanischen Bauarten ist.

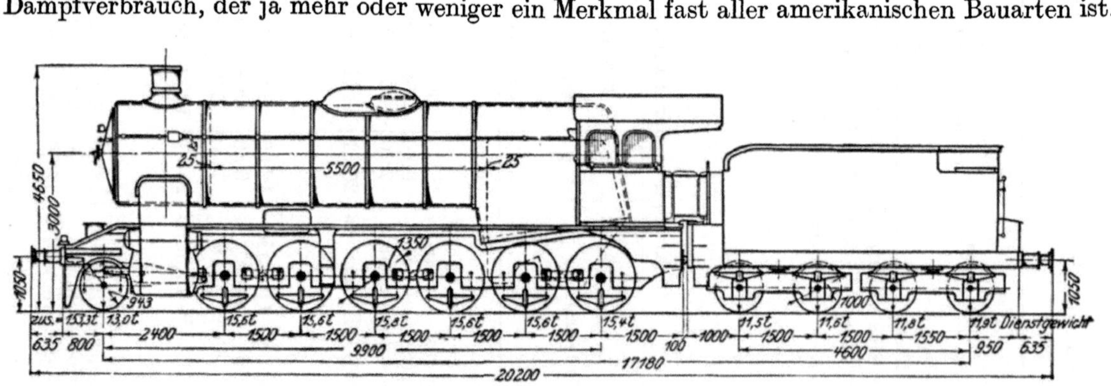

Abb. 20. 1 F-Heißdampf-Vierzylinder-Verbund-G-Lokomotive der Deutschen Reichsbahn (Württemberg).
$\frac{2 \times 510/760 \text{ mm} \;\; 650 \text{ mm}}{1350 \text{ mm}}$ 15 at $\frac{233{,}5 + 80{,}0 \text{ qm}}{4{,}2 \text{ qm}}$ 93,5 t $\frac{95{,}6 \text{ t}}{106{,}5 \text{ t}}$.

Abb. 20 zeigt eine 1 F-Heißdampf-Vierzylinder-Verbund-Güterzuglokomotive der Reichsbahn (Württemberg). Sie ist im Lauf- und Triebwerk abweichend von der bereits einige Jahre früher erbauten 1 F-Heißdampf-Güterzug-Verbundlokomotive der Österreichischen Staatsbahn, vgl. Zahlentafel 17, Spalte 5. Bei diesem von Gölsdorf entworfenen — wohl ersten — „Sechskuppler für Vollbahnen" ist außer der vorderen Laufachse die zweite, fünfte und sechste Kuppelachse seitlich verschiebbar, bei den drei festen Achsen ist der Spurkranz der dritten abgedreht. Bei der württembergischen 1 F, von Baurat Dauner[1]) entworfen, hat außer der Bisselachse die erste und sechste Kuppelachse 20 bzw. 45 mm Seitenverschiebung, die vier mittleren Achsen sind fest gelagert. Bei der österreichischen Lokomotive arbeiten alle vier Zylinder auf die dritte Achse, beim württembergischen Sechskuppler treiben die Innenzylinder die dritte, die Außenzylinder die vierte Achse an. Hierdurch mußten die äußeren Triebstangen die ganz außergewöhnliche, nicht unbedenkliche Länge von 3,6 m erhalten. Anstände sind bisher nicht gemeldet; Versuchsergebnisse liegen leider nicht vor.

Die Maschinenausmaße dieser beiden Sechskuppler sind mit solchen von drei 1 E-Lokomotiven in Zahlentafel 17 zusammengestellt.

Zahlentafel 17.

Maschinenabmessungen und Reibungsziffern schwerer Heißdampf-Vierzylinder-Verbund-Güterzuglokomotiven.

	Bulgarische Staatsbahn	Paris—Orleans-Bahn	Französische Nord-Bahn	Österreichische Staatsbahn	Deutsche Reichsbahn Zweigstelle Württemberg
Bauart	1 E	1 E	1 E	1 F	1 F
Hochdruckzylinder . . . . d_H mm	430	460	490	450	500
Niederdruck . . . . d_N mm	660	660	680	760	750
Kolbenhub . . . . s mm	720	620/650	640/700	680	650
Triebraddurchmesser . . . D mm	1450	1400	1550	1450	1350
Dampfüberdruck . . . . at	15	16	16	16	15
Dienstgewicht . . . . kg	84000	85200	99020	95757	106500
Reibungsgewicht . . . . . . Gr kg	70500	77700	88370	82170	93500
Zugkraftkennziffer . . . $C_1 = \frac{d_N^2 \cdot s}{D}$	2160	2025	2090	2710	2710
Zylinderverhältnis . . . $d_N^2 : d_H^2$	2,35	2,17	2,1	2,84	2,25
p_{mi} bez. auf N.-D.-Zylinder[2]) kg/qcm	6,2	6,9	7,1	5,3	6,4
Indizierte Zugkraft . . . . . Z_i kg	13400	14000	14800	14350	17300
Ausnutzungsziffer . . . . μ	$\frac{1}{5,3}$	$\frac{1}{5,6}$	$\frac{1}{6}$	$\frac{1}{5,7}$	$\frac{1}{5,4}$

Werden die errechneten Ausnutzungsziffern $\mu = \frac{1}{5,3}$ bis $\frac{1}{6}$ miteinander verglichen, so ergibt sich auch hieraus deutlich, daß schwere Güterzug-Verbundlokomotiven eine gute Ausnutzung ihres Reibungsgewichts in keinem Fall zulassen.

Der Wert $\mu = \frac{1}{5,3}$ der bulgarischen 1 E kommt hierbei durch die Wahl der Zylinderabmessungen gegenüber dem sehr geringen Achsdruck, einem $\mu = \frac{1}{5}$ und darüber, das beim Entwurf jeder Zwillinglokomotive mit einfacher Dampfdehnung unschwer zu erreichen und daher auch anzuwenden ist, zwar am nächsten, bleibt aber dennoch unbefriedigend.

Da die möglichst vollkommene Ausnutzung des Reibungsgewichts schwerer Güterzuglokomotiven eine Hauptbedingung für deren allseitige Wirtschaftlichkeit darstellt, die, wie gezeigt, von Verbundlokomotiven gar nicht erfüllt werden kann, müßte auch aus diesem wichtigen Grund die einfache Dampfdehnung und hohe Überhitzung stets vorgezogen werden.

Bemerkenswert ist noch, daß alle in Zahlentafel 17 genannten Vierzylinder-Verbundlokomotiven mit dem bewährten Plattenrahmen erbaut wurden.

In Abb. 21 ist eine von Borsig, Berlin, für die Halberstadt-Blankenburger Eisenbahn-Gesellschaft erbaute 1 E 1-Heißdampf-Zwilling-Tenderlokomotive dargestellt. Versuchsfahrten, deren Ergebnisse in Zahlentafel 18 angeführt sind, haben bewiesen, daß durch die Anwendung dieser einfachen Bauart der Zahnradbetrieb auf den Steilstrecken genannter Gesellschaft durch Reibungsantrieb ersetzt werden konnte[3]).

---

[1]) Z. V. d. I. 1920, Nr. 41, S. 829—835.

[2]) Nach Hanomag Nachrichten 1921, S. 11, für $\varepsilon = 60\%$ und $n = 1$ Umdr./Sek.

[3]) Bemerkenswert hierzu ist der Aufsatz in der Verk. Woche, Sonderheft Februar 1924, S. 68—72, von Dr.-Ing. Mayer, Stuttgart: Vergleich der Zugleistungen von Zahnradlokomotiven und Reibungslokomotiven auf Steilstrecken; und Prof. Nordmann: Organ 1924, S. 70 u. f. Der Eisenbahnbetrieb auf Steilrampen mit Zahnrad- oder Reibungslokomotiven.

Diese Erfahrungen führten bei der Reichs-Eisenbahnverwaltung neuerdings zum Bau ähnlicher, schwerster 1 E 1-Zwilling-Tenderlokomotiven, Gattung T 20, für größte Steilstrecken. Vgl. Abb. 22 und Versuchsergebnisse, Zahlentafel 19.

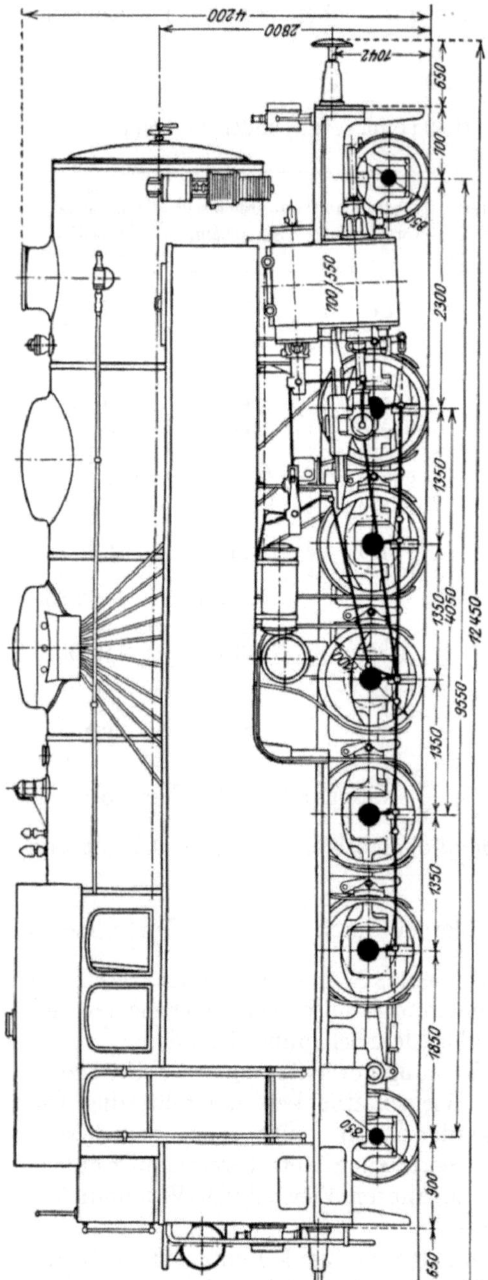

Abb. 21. 1 E 1-Heißdampf-Zwilling-T-Lokomotive der Halberstadt-Blankenburger Eisenbahn. $\frac{700 \text{ mm } 550 \text{ mm}}{1100 \text{ mm}}$ 14 at $\frac{180{,}86 + 54{,}14 \text{ qm}}{3{,}96 \text{ qm}}$ 75 t $\frac{80 \text{ t}}{100 \text{ t}}$.

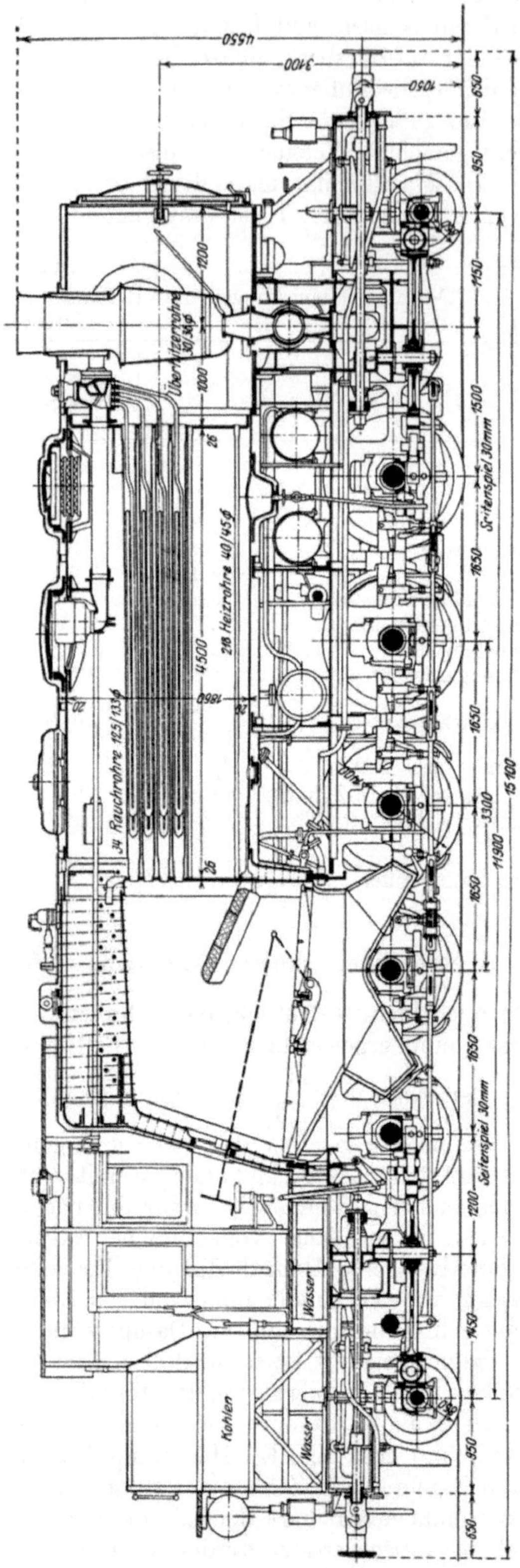

Abb. 22. 1 E 1-Heißdampf-Zwilling-T-Lokomotive der Deutschen Reichsbahn. $\frac{700 \text{ mm } 660 \text{ mm}}{1400 \text{ mm}}$ 14 at $\frac{182{,}8 + 62{,}5 \text{ qm}}{4{,}37 \text{ qm}}$ 95,3 t $\frac{103{,}7 \text{ t}}{127{,}4 \text{ t}}$.

Die Höhe des Reibungsgewichts dieser Lokomotive von 96,3 t zeigt, daß hierbei die Triebachslast von 17 t auf den nun zugelassenen Achsdruck von 20 t gesteigert worden ist.

Bei einigen der vorgenannten sehr starken Zwilling-Lokomotiven ist ein Barrenrahmen benutzt. Seine Anwendung für Dreizylinderlokomotiven konnte wegen der etwas besseren Zugänglichkeit des Innentriebwerks wenigstens in dieser Hinsicht noch berechtigt erscheinen. Nachdem nun aber die Scheu vor Anwendung großer Zapfen- und Stangenlagerabmessungen endlich geschwunden ist und

Zahlentafel 18.

Ergebnisse der Fahrten einer 1 E 1-HZwTL mit 14 at und 3,96 qm Rostfläche der Halberstadt-Blankenburger Bahn.

Fahrt Nr.	Achsen	Wagengewicht t	Strecke	Entfernung km	Fahrzeit Min.	Geschwindigkeit km/St	Zughaken-Leistung PSz	Betriebsstoffverbrauch Kohlen im ganzen kg	Kohlen auf 1 PSz/St kg	Wasser im ganzen kg	Wasser auf 1 PSz/St kg	Verdampfungs-Ziffer kg/kg	Anstrengung der Heizfläche kg/qm-St	Anstrengung der Rostfläche kg/qm-St	Temperaturen Schieberkasten °C	Speisewasser °C	Rauchkammer °C	Unterdr. in der Rauchkammer mm/WS	Bemerkungen
1	25	185	Blankenb.—Hüttenrode	9,9	30	19,8	427	446	2,09	4590	21,5	10,3	50,7	225	302	73	342	95	
2	21	204	„	9,9	29	20,5	507	545	2,23	4700	19,2	8,63	53,7	285	303	69	330	111	
3	33	223	„	9,9	30	19,8	504	590	2,34	4600	18,3	7,8	50,9	298	296	80	333	120	

Zahlentafel 19.

Ergebnisse der Fahrten einer 1 E 1-HZwTL mit 14 at und 4,36 qm Rostfläche der Reichsbahn (Preußen).

Fahrt Nr.	Achsen	Wagengewicht t	Strecke	Entfernung km	Entfernung km (zus.)	Fahrzeit Min.	Fahrzeit Min. (zus.)	Geschwindigkeit km/St	Zughaken-Leistung PSz	Zughaken-Leistung PSz (Mittel)	Kohlen im ganzen kg	Kohlen auf 1 PSz/St kg	Wasser im ganzen kg	Wasser auf 1 PSz/St kg	Wasser auf 1 PSz/St kg (Mittel)	Verdampfungs-Ziffer kg/kg	Heizfläche kg/qm-St	Heizfläche kg/qm-St (Mittel)	Rostfläche kg/qm-St	Schieberkasten °C	Speisewasser °C	Rauchkammer °C	Unterdr. mm/WS	Bemerkungen
1	117	798	Grunewald—Brück	49		84		35	343		—	—	6450	13,4		—	23,0		—	297	92	295	40	
			Brück—Belzig	13	74,5	23	134	33,9	650	448	400	1,44	3000	12,2	12,6	8,27	39,1	28,3	206	301	87	310	62	
			Belzig—Wiesenburg	12,5		27		27,8	603		350		3200	11,8			35,6			306	93	319	77	
2	125	932	Grunewald—Brück	49		80		36,8	384		—	—	6710	13,1		—	25,2		—	294	81	291	31	
			Brück—Belzig	13	74,5	27	135	28,9	619	487	450	1,46	3090	11,1	12,2	7,77	34,3	29,6	212	283	84	302	46	
			Belzig—Wiesenburg	12,5		28		26,8	655		400		3510	11,5			37,6			311	91	314	60	
3	95	1006	Wannsee—Brück	39		53		44,2	426		—	—	4540	12,1		—	25,7		—	304	88	305	49	
			Brück—Belzig	13	64,5	20	96	39	863	608	450	1,51	3220	11,2	12,0	7,95	48,3	36,5	288	276	99	318	97	
			Belzig—Wiesenburg	12,5		23		32,6	807		450		3930	12,7			51,2			287	98	314	111	
4	109	1600	Grunewald—Brück	49		73		40,3	644		—	—	8850	11,3		—	36,4		—	298	91	311	49	
			Brück—Belzig	13	74,5	27	128	28,9	1027	814	660	1,44	5100	11,0	11,3	7,82	56,6	45,8	343	309	77	330	75	
			Belzig—Wiesenburg	12,5		28		26,8	1045		710		5600	11,5			60,0			324	87	340	93	
5	111	1409	Güsten—Sandersleben	16	38	44	104	21,8	616	756	700	1,55	5500	12,2	10,6	6,87	37,5	40,3	269	325	92	335	73	
			Sandersleb.—Hergisdorf	22		60		22	844		1330		8440	10,0			42,2			322	79	336	75	
6	114	1231	Sangerh.—Blankenheim	12		44		16,4	711		990	1,9	6810	13,1		6,88	46,4		310	314	90	325	72	
7	107	1536	dgl.	12		62		11,6	644		11000	1,65	8550	12,9		7,77	41,3		244	297	84	328	61	

Zweizylinderlokomotiven mit Zylindern von 700 mm Durchmesser und darüber hinaus mit Erfolg Anwendung finden, liegt zu der Einführung eines Barrenrahmens kein technisch erkennbarer Grund vor.

Schon die Zylinderbefestigung an Barrenrahmen ist nicht als einwandfrei zu bezeichnen. Der Schaft einer sicheren Schraubenverbindung soll nur auf Zug benutzt werden. Dies ist nur möglich, solange nicht die geringste Bewegung der durch die Schrauben aneinander-

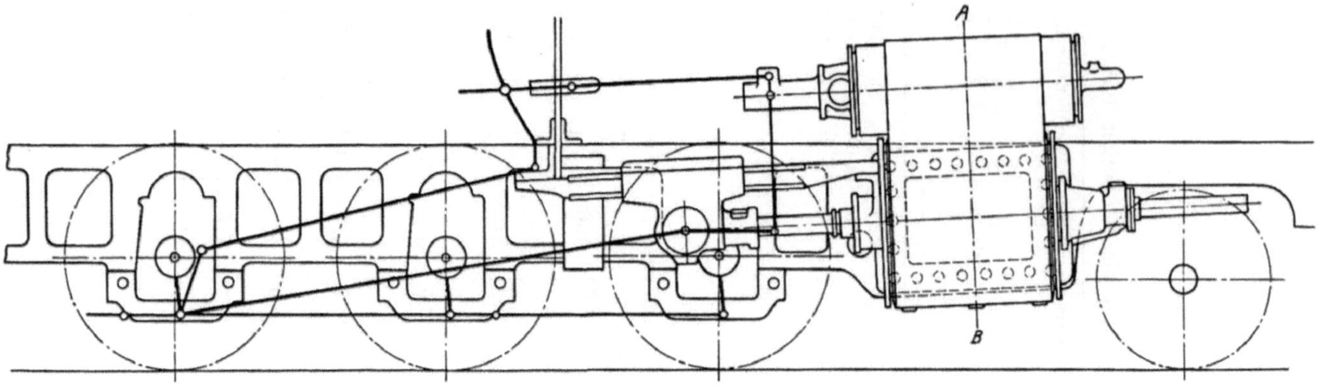

Abb. 23. Zylinderbefestigung an Barrenrahmen deutscher Lokomotiven.

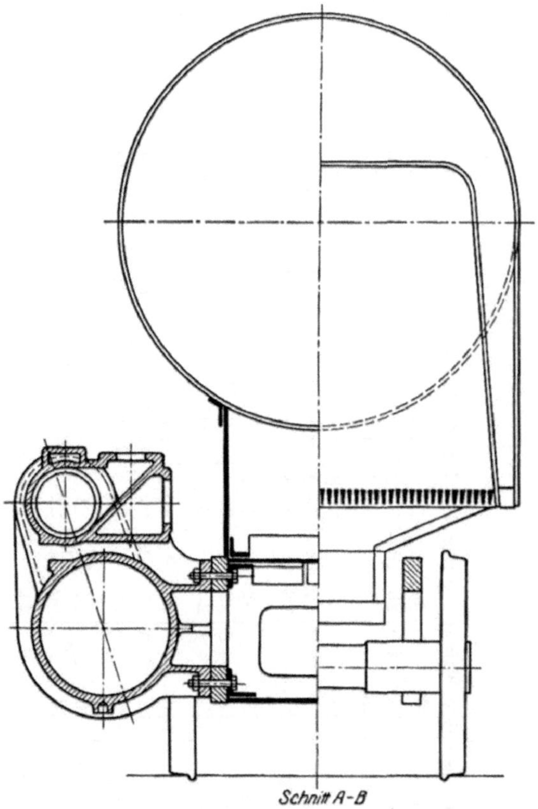

Abb. 24.

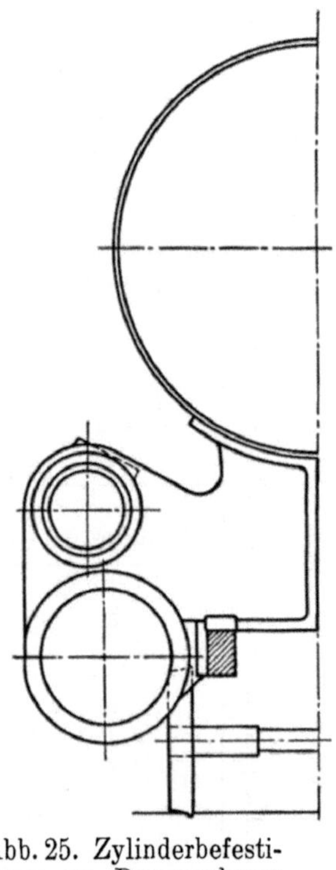

Abb. 25. Zylinderbefestigung an Barrenrahmen amerikanischer Lokomotiven.

gepreßten Platten gegeneinander stattfindet, der Schaft also nicht durch Scherkräfte beansprucht werden kann. Ein Plattenrahmen läßt die Anordnung einer hinreichenden Zahl von regelrecht kurzen Zylinderbefestigungsschrauben zu, die eine sichere Verbindung der Zylinderflanschen mit der Rahmenplatte gewährleisten.

Der mindestens 100 mm starke Barrenrahmen und die Stärke des Zylinder- und Verstrebungsflansches von etwa 35 + 20 mm erfordert regelwidrig lange Schraubenbolzen, die zur Erzielung einer festen Verbindung der genannten Bauteile neuerdings wohl auch nach vorheriger Abkühlung in flüssiger Luft eingezogen werden. Nach erfolgtem Anziehen streckt sich aber der Schaft, und die gewünschte feste Verbindung ist nicht mehr vorhanden. Ein Nachziehen der langen

Bolzen bewirkt eine abermalige Streckung, und diese vermindert wieder die Leibung u. s. f. Ähnlich liegen die Verhältnisse bei den schwachen, zu langen Bolzen für die Querstreben und die Zugkastenverbindungen. Die hohen Kolbenkräfte einerseits, die senkrechten Gleitbahndrucke andererseits verursachen bei unzureichender Flächenpressung eine allmähliche Lockerung der Zylinder und Reißen der Flanschen. Vgl. Abb. 23 u. 24.

In Amerika werden daher die gleichzeitig als Sättel für die Rauchkammer ausgebildeten Zylindergußstücke miteinander verschraubt. Abb. 25.

Sehr ungünstige Verbindungen entstehen auch durch die Auflagerung des Kessels mit seinem Bodenring auf einem Barrenrahmen, Abb. 26. Bei den Erschütterungen der Lokomotive, besonders bei höherer Geschwindigkeit, muß der hochgelagerte schwere Kessel die Bodenringnietung und den hinteren Teil des Rahmens übermäßig beanspruchen und Rahmenbrüche begünstigen.

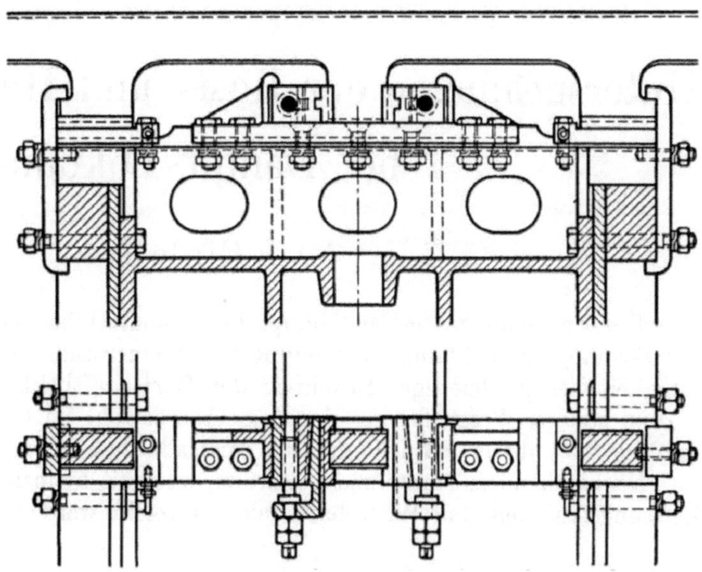

Abb. 26. Abstützung des Stehkessels auf dem Barrenrahmen.

Daß der amerikanische Barrenrahmen kein vorzugsweise nachahmenswertes Hauptbauglied für einen allseitigen und vornehmlich den deutschen Lokomotivbau und -betrieb sein sollte, habe ich in beiden Auflagen meines Werks „Die Dampflokomotiven der Gegenwart" darzulegen versucht. Daß diese Balkengebilde in Eisen für geeignet gehalten werden könnten, als alleiniges und bestes Fundament aller Lokomotivbauarten, besonders aber auch der Zwillinglokomotiven, zu dienen, hat mich befremdet.

Die kurzen Anführungen und knappen Darstellungen einiger hervorragender neuerer Bauarten für den schweren Personen- und Güterzugdienst und die Betrachtung ihrer wichtigsten Eigenschaften dürften genügen, um dem Leser vorerst ein Bild von der großen Verschiedenheit der Bestrebungen im Lokomotivbau des In- und Auslands zu geben[1]).

Alle wesentlichen Ausführungen werden durch die im 2. und 4. Abschn. gebrachte Theorie bestätigt. Diese wird auch dazu dienen, die Folgerungen in den weiteren Abschnitten zu stützen, die unerläßlich geworden sind, um die Richtung beweiskräftig anzugeben, in der nach meiner Einsicht ein unzweifelhafter Fortschritt für den Lokomotivbau und -betrieb bei möglichster Einfachheit, größtmöglicher Leistung bei geringstem Gewicht, kleinster Gattungszahl und allseitiger Wirtschaftlichkeit zu erreichen ist.

---

[1]) Die als Anhang beigefügten Zahlentafeln bringen Hauptabmessungen einer größeren Zahl von Heißdampflokomotiven neuerer Beschaffungen, nach Gattungen geordnet, als Ergänzung der in meinem Handbuch „Die Dampflokomotiven der Gegenwart", 1920, S. 813—826, gegebenen Hauptabmessungen ausgeführter Heißdampflokomotiven. — Eine sehr wertvolle, umfangreiche Zusammenstellung der Kesselverhältnisse und Hauptabmessungen von Heißdampflokomotiven mit einfacher Dehnung enthält das Werk von Brückmann: „Das Eisenbahn-Maschinenwesen der Gegenwart", Heißdampflokomotiven mit einfacher Dehnung des Dampfes. Berlin-Wiesbaden: C. W. Kreidel 1920, in zwei großen Zusammenstellungen im Anhang auf den Seiten 1—40 für Kessel und Überhitzer, und auf den Seiten 1—30 für die Hauptabmessungen der Lokomotiven. — Ähnlich umfangreich sind Zusammenstellungen mit Quellenangaben in dem „Handbuch des Dampflokomotivbaues" von Professor Dr. Igel. Berlin: M. Krayn 1923.

Zweiter Abschnitt.

Untersuchungen der Rost- und Heizflächenbeziehungen bei Dampf-Lokomotiven.

Einleitung.

Die Anwendung von Heißdampf im Lokomotivbetrieb in Verbindung mit Speisewasservorwärmung und Schlammabscheidung hat zu einer außerordentlichen Steigerung der Leistungsfähigkeit bei gleichzeitiger Erhöhung der Wirtschaftlichkeit geführt. Bei der gleichzeitig erfolgten stetigen Vergrößerung der Zuglasten sowohl im Güterzug- wie im Personenzugbetrieb mußten trotz dieser Erfolge auch die Ausmaße und Gewichte der Lokomotiven wachsen.

Nachstehend soll untersucht werden, wie mit kleinsten Ausmaßen der Kessel die größte Leistungsfähigkeit und Wirtschaftlichkeit erreicht werden kann.

I. Allgemeines über Lokomotivkesselabmessungen.

Bei Beurteilung der Kessel soll zunächst hier außer Betracht bleiben, welchen Grad der Vollkommenheit die Dampfmaschine besitzt, wenn auch der Gesamtwirkungsgrad von Kessel und Dampfmaschine zur Beurteilung der Wirtschaftlichkeit der Lokomotive ausschlaggebend ist.

In den letzten Jahren hat sich das Bestreben geltend gemacht, immer größere Rostflächen für Lokomotiven zu bauen, in der Annahme, daß jede Vergrößerung der Rostfläche wegen verringerter Rostanstrengung nützlich und bei der gegenwärtig schlechten Beschaffenheit des Brennstoffs sowie bei Übergang zur Braunkohlenfeuerung sogar geboten sei. Mit der Vergrößerung des Rostes hat auch die Vergrößerung der Heizflächen ziemlich gleichen Schritt gehalten.

Maßgebend waren bisher die jedem Lokomotivbauer geläufigen Beziehungen

$$\frac{\text{Kesselheizfläche}}{\text{Rostfläche}} = \frac{H}{R}$$

und das Verhältnis

$$\frac{\text{Maschinenleistung}}{\text{Kesselheizfläche}} = \frac{Ni}{H}.$$

Dabei muß schon auffallen, in wie weiten Grenzen diese Grundwerte schwanken. Nach Sanzin[1]) z. B. bewegen sich die Werte $\frac{H}{R}$ zwischen 30 und 95!

[1]) Sanzin: Forschungsarbeiten auf dem Gebiet des Ingenieurwesens, Versuchsergebnisse mit Dampflokomotiven 1921, S. 34.

Bei solcher Ausdehnung der Grenzwerte ist es nicht zu verwundern, wenn Rost- und Heizflächenverhältnisse, rein nach solchen Formeln behandelt, schließlich zu Bauarten führten, die den im Betrieb gehegten Erwartungen hinsichtlich wirtschaftlicher Dampferzeugung meist nur in engen Grenzen der Lokomotivleistung entsprachen. Um zu beweisen, daß das Verhältnis $\frac{H}{R}$ zur Bestimmung der günstigsten Kesselabmessungen nicht vorwiegend maßgebend sein darf, daß vielmehr in der starren Benutzung dieses Werts das Verhältnis $\frac{H}{R}$ neuerer Kessel vielfach zu unzweckmäßigen Abmessungen sowohl der Rostfläche wie der Heizfläche geführt hat, sollen zunächst Verdampfungsversuche der Französischen Nordbahn einer Prüfung unterzogen werden. Wenn diese auch älterer Zeit entstammen, so sind sie jedoch auch gegenwärtig von grundlegender Bedeutung für vorliegende Betrachtung.

II. Verdampfungsversuche der Französischen Nordbahn[1]).

Die von Couche 1864 an einem Naßdampflokomotivkessel der Französischen Nordbahn angestellten Verdampfungsversuche gewähren einen klaren Einblick in die Vorgänge der Dampferzeugung durch die unmittelbare und verschiedenen mittelbaren Heizflächen und lassen die Veränderlichkeit des Wärmeübergangs an den verschiedenen Stellen des Kessels erkennen. Wenn auch diese älteren Versuche nicht erschöpfend sein konnten, so ist es doch bedauerlich, daß sie bis auf den heutigen Tag im Lokomotivbau kaum benutzt worden sind.

Der Versuchskessel war ein kleiner Stephensonkessel mit 0,886 qm Rostfläche (Abb. 27). Der aus 4 Schüssen gebildete Langkessel war in Entfernung von 920 mm durch besondere Rohrwände in vier Kammern von je 16,62 qm Rohrheizfläche unterteilt. Jede Abteilung war mit eigenem Dampfdom und unabhängiger Speisevorrichtung versehen.

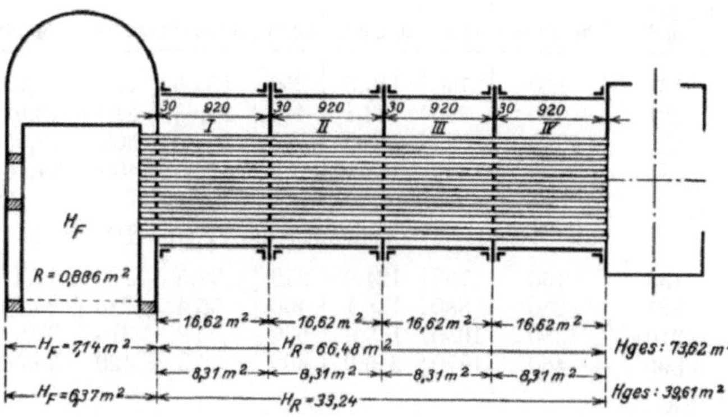

Abb. 27. Versuchskessel der Französischen Nordbahn, 1864.

Die Untersuchungen fanden in zwei Versuchsreihen statt. Bei der ersten Versuchsreihe enthielt der Langkessel 125 Stück Siederohre, für den zweiten Versuch wurde die Hälfte aller Rohre zugepfropft, so daß die Rohrheizfläche jeder Kammer nur noch $\frac{16,62}{2} = 8,31$ qm betrug. Der Überdruck des Kessels war im ersten Fall 6,5 at, im zweiten Fall 6,0 at. Zur Verfeuerung gelangten in beiden Fällen Steinkohlenbriketts.

In Zahlentafel 20 sind die Ergebnisse wiedergegeben, wie sie bei den Versuchen sich herausstellten.

Zahlentafel 20.

Versuchsreihe I (alle Siederohre offen; Kesselüberdruck 6,5 at).

Kohlen-Verbrauch B		Rauchkammer	Feuerbüchsheizfläche		Erzeugte Dampfmenge D der Siederohrheizfläche H_r								Kesselheizfläche gesamt	
					1. Teil		2. Teil		3. Teil		4. Teil			
i. ganzen kg/St	kg/qm-St	Druck mm WS	kg/St	kg/qm-St	kg/St	kg/qm-St	kg/St	kg/qm-St	kg/St	kg/qm-St	kg/St	kg/qm-St	kg/St	kg/qm-St
216	244	20	821	114,9	438	26,3	202	12,18	109	6,6	67	4,1	1638	22,2
337	380	40	1071	150,0	623	37,4	334	20,09	176	10,6	120	7,2	2324	31,6
419	473	60	1333	186,8	895	53,8	467	28,10	293	17,6	193	11,6	3182	43,2
465	525	80	1496	209,5	808	48,6	418	25,20	263	15,8	192	11,5	3178	43,1
536	605	100	1707	239,1	978	58,9	585	35,22	358	21,5	246	14,8	3875	52,6

[1]) Couche: Voie matériel roulant. Bd. 3, S. 34 u. 35. — Brückmann: Eisenbahn-Maschinenwesen der Gegenwart, S. 680 u. 681. — Meyer: Grundzüge des Eisenbahn-Maschinenbaus, S. 25.

Zahlentafel 20 (Fortsetzung).

Versuchsreihe II (die Hälfte der Siederohre offen; Kesselüberdruck 6,0 at).

Kohlen-Verbrauch B		Rauch-kammer Druck	Feuerbüchs-heizfläche		Erzeugte Dampfmenge D der Siederohrheizfläche H_r								Kessel-heizfläche gesamt	
					1. Teil		2. Teil		3. Teil		4. Teil			
i.ganzen kg/St	kg/qm-St	mm WS	kg/St	kg/qm-St	kg/St	kg/qm-St	kg/St	kg/qm-St	kg/St	kg/qm-St	kg/St	kg/qm-St	kg/St	kg/qm-St
176	199	20	823	129,3	365	43,9	162	19,4	87	10,5	53	6,3	1490	37,6
277	313	40	935	146,7	517	62,3	250	30,1	140	16,8	85	10,2	1927	48,6
321	363	60	1232	193,4	658	79,2	328	39,5	204	24,5	132	15,8	2560	64.5
360	406	80	1354	212,5	736	88,5	384	46,2	216	25,9	152	18,3	2842	71,8
415	468	100	1380	216,6	824	99,2	422	50,8	262	31,5	206	24,8	3094	78,1

Zahlentafel 21 enthält die durch Interpolation gefundenen Werte für Rostanstrengungen B/R von 150 bis 450 kg/qm-St, um für die Berechnung handliche Zahlen zu erhalten.

Zahlentafel 21.

Versuchsreihe I (alle Siederohre offen).

Kohlen-Verbrauch B		Feuerbüchs-heizfläche		Erzeugte Dampfmenge D der Siederohrheizfläche H_r								Kessel-heizfläche gesamt	
				1. Teil		2. Teil		3. Teil		4. Teil			
im ganzen kg/St	kg/qm-St	kg/St	kg/qm-St	kg/St	kg/qm-St	kg/St	kg/qm-St	kg/St	kg/qm-St	kg/St	kg/qm-St	kg/St	kg/qm-St
133	150	790	110,5	250	15,05	120	7,23	62	3,73	48	2,89	1270	17,25
221	250	880	123,1	410	24,65	210	12,62	110	6,62	70	4,22	1680	22,80
310	350	1035	145,0	570	34,30	300	18,05	155	9,32	100	6,20	2160	29,40
399	450	1250	175,0	735	44,20	405	24,40	220	13,22	160	9,62	2770	37,60
Versuchsreihe II (die Hälfte der Siederohre offen).													
133	150	790	124,0	270	32,5	120	14,45	62	7,46	48	5,78	1290	32,6
221	250	880	138,1	460	55,4	210	25,30	110	13,25	70	8,44	1730	43,7
310	350	1050	165,0	630	75,8	315	37,90	170	20,45	115	13,85	2280	57,0
399	450	1370	215,0	800	96,3	420	50,50	240	28,90	170	20,45	3000	75,7

Die erwähnte Unterteilung des Langkessels ermöglicht es, die Dampferzeugung gleichsam an acht einzelnen Kesseln von verschiedenen Rohrheizflächen zu betrachten, deren Abmessungen in Zahlentafel 22 angegeben sind.

Zahlentafel 22.

Abmessungen der einzelnen Kessel 1 bis 8.

Lfd. Nr.	Rostfläche R qm	Heizfläche der Feuerbüchse H_f qm	Heizfläche der Siederohre H_r qm	H_{ges} qm	$\frac{H_r}{R}$	$\frac{H_{ges}}{R}$	Rohrlänge mm
1	0,886	7,14	16,62	23,76	18,8	26,8	920
2	0,886	7,14	33,24	40,38	37,5	45,6	1840
3	0,886	7,14	49,86	57,00	56,2	64,3	2760
4	0,886	7,14	66,48	73,62	75,0	83,1	3680
5	0,886	6,37	8,31	14,68	9,4	16,6	920
6	0,886	6,37	16,62	22,99	18,8	25,9	1840
7	0,886	6,37	24,93	31,30	28,1	35,3	2760
8	0,886	6,37	33.24	39,61	37,5	44,7	3680

Die Verdampfungsverhältnisse der acht Kessel sind aus Zahlentafel 23 ersichtlich.

Die Schaulinien der Abb. 28 zeigen die durch die Feuerbüchsheizfläche und durch die Gesamtheizfläche erzeugte Dampfmenge in Abhängigkeit von der Rostanstrengung.

Aus Abb. 29 ist die Dampfentwicklung auf 1 qm der unmittelbaren Feuerbüchsheizfläche bei verschiedenen Rostanstrengungen ersichtlich.

Aus der Zahlentafel 20 und 21 ergibt sich zunächst die wichtige Tatsache, daß die Verkleinerung der mittelbaren Rohrheizfläche des Langkessels durch Verschließen der Hälfte der Siederohre auf die Dampferzeugung der unmittelbaren Heizfläche der Feuerbüchse keinen wesentlichen Einfluß besitzt.

Dagegen hat die Verringerung der Siederohrzahl auf die Dampfentwicklung der Rohrheizfläche einen überraschenden Einfluß.

Die Schaulinien der Abb. 30 zeigen die stündlich erzeugte Dampfmenge in Abhängigkeit von der

$$\frac{\text{Rohrheizfläche}}{\text{Rostfläche}} = \frac{H_r}{R}$$

bei den verschiedenen Rostanstrengungen.

Es ergibt sich, daß trotz Verkleinerung der Rohrheizfläche auf die Hälfte die Dampferzeugung nicht geringer geworden ist, vielmehr bei höheren Rostanstrengungen sogar noch zugenommen hat.

In welcher Weise die Dampfentwicklung auf 1 qm der mittelbaren Heizfläche hierbei gesteigert wird, ist durch die Schaulinien der Abb. 31 dargestellt. Die gestrichelten Linien stellen den Verlauf der Werte der Versuchsreihe II dar.

Dabei erreicht die Anstrengung der mittelbaren Rohrheizfläche bei weitem noch nicht die der unmittelbaren Feuerbüchsheizfläche.

Der Vergleich beider Versuchsreihen beweist, daß die Größe der Heizfläche die Leistungsfähigkeit eines Lokomotivkessels nicht vorwiegend bestimmt[1]).

Zahlentafeln 23 und 24 lassen deutlich erkennen, daß die Kessel der Versuchsreihe I mit doppelt so großer Rohrheizfläche bei gleicher Rostanstrengung nicht mehr, sondern sogar weniger Dampf erzeugen als die halb so großen Rohrheizflächen der Versuchsreihe II.

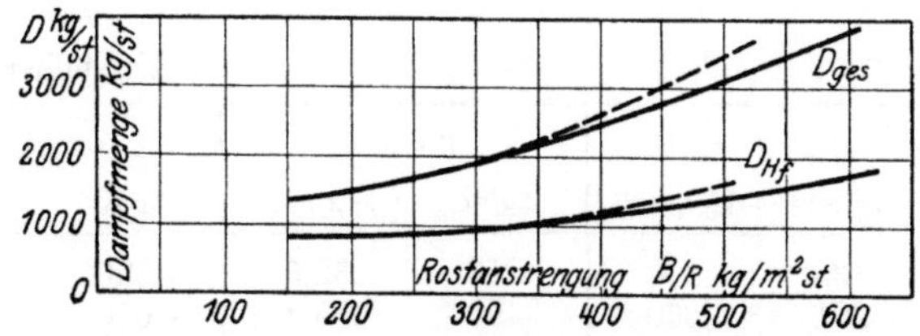

Abb. 28. Durch die Feuerbüchsheizfläche und Gesamtheizfläche erzeugte Dampfmenge bei verschiedenen Rostanstrengungen.

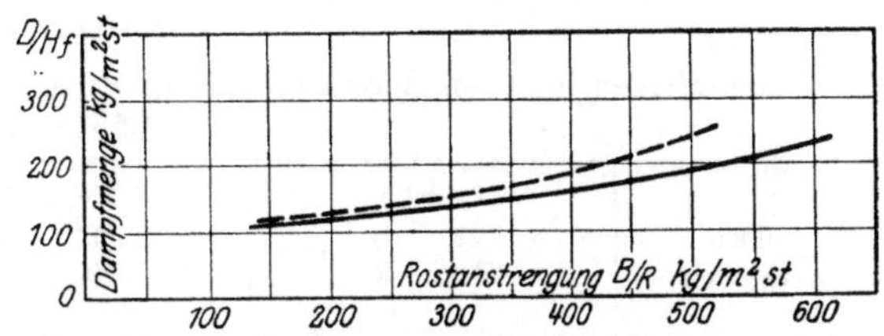

Abb. 29. Anstrengung der Feuerbüchsheizfläche bei verschiedenen Rostanstrengungen.

In Zahlentafel 24 sind in Verbindung mit Zahlentafel 22 die Kessel 1 und 6 sowie 2 und 8 von gleich großer Rost- und Rohrheizfläche, also gleichem $\frac{H_r}{R}$, gegenübergestellt.

Bei gleichen Rostanstrengungen und gleicher Beschaffenheit des Brennstoffs braucht die erzeugte Dampfmenge nicht immer im gleichen Verhältnis zur Rostfläche zu stehen.

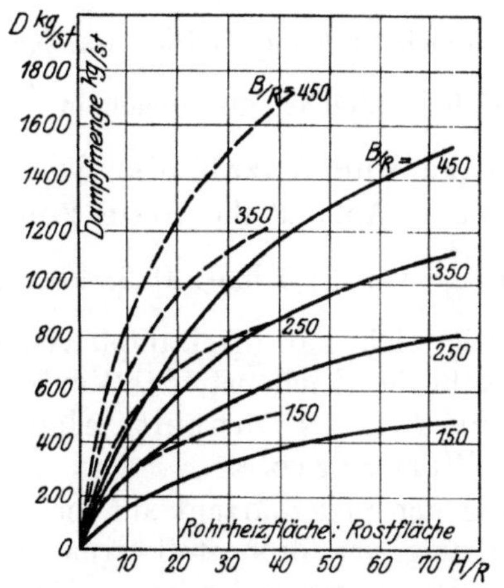

Abb. 30. Auf der Rohrheizfläche erzeugte Dampfmenge in Abh. von $\frac{H_r}{R}$.

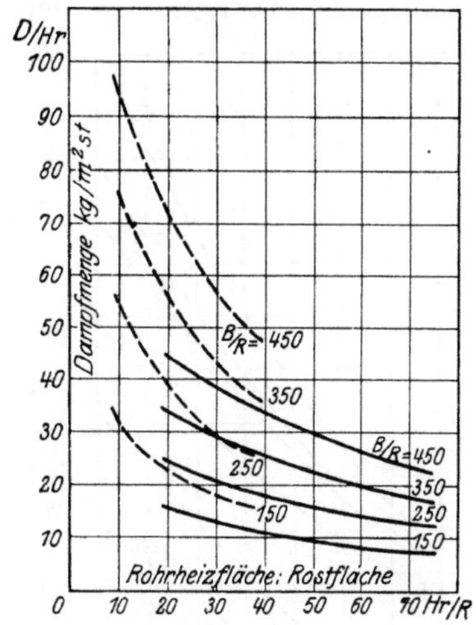

Abb. 31. Anstrengung der Rohrheizfläche in Abh. von $\frac{H_r}{R}$.

Abb. 32 veranschaulicht die bei gleicher Rostanstrengung, also auch gleicher stündlicher Brennstoffmenge erzeugten verschiedenen Dampfmengen.

---

[1]) Strahl: Z. V. d. I. 1905, S. 772. Der Wert der Heizfläche für die Verdampfung und Überhitzung im Lokomotivkessel.

Zahlentafel 23.

Versuchsreihe I.

Erzeugte Dampfmenge der Rohrheizfläche H_r.

B	B/R	Kessel 1		Kessel 2		Kessel 3		Kessel 4	
kg/St	kg/qm-St	kg/St	kg/qm-St	kg/St	kg/qm-St	kg/St	kg/qm-St	kg/St	kg/qm-St
133	150	250	15,05	370	11,12	432	8,66	480	7,23
221	250	410	24,7	620	18,65	730	14,63	800	12,04
310	350	570	34,3	870	26,2	1025	20,55	1125	16,95
399	450	735	44,2	1140	34,3	1360	27,3	1520	22,9

Versuchsreihe II.

B	B/R	Kessel 5		Kessel 6		Kessel 7		Kessel 8	
kg/St	kg/qm-St	kg/St	kg/qm-St	kg/St	kg/qm-St	kg/St	kg/qm-St	kg/St	kg/qm-St
133	150	270	32,5	390	23,45	452	18,15	500	15,05
221	250	460	55,4	670	40,3	780	31,3	850	25,6
310	350	630	75,8	945	56,8	1115	44,7	1230	37,0
399	450	800	96,3	1220	73,4	1460	58,6	1630	49,0

Zahlentafel 24.

Dampferzeugung von 2 Kesseln mit gleich großen Heizflächen H_r, aber verschiedener Anzahl und Länge der Siederohre.

Kohlen-Verbrauch		Kessel 1 $H_r = 16{,}62$, $l = 920$, $\frac{H_r}{R} = 18{,}8$			Kessel 6 $H_r = 16{,}62$, $l = 1840$, $\frac{H_r}{R} = 18{,}8$			Kessel 2 $H_r = 33{,}24$, $l = 1840$, $\frac{H_r}{R} = 37{,}5$			Kessel 8 $H_r = 33{,}24$, $l = 3680$, $\frac{H_r}{R} = 37{,}5$		
		Verdampfte Wassermenge											
B kg/St	B/R kg/qm-St	H_f kg/St	H_r kg/St	H_{ges} kg/St	H_f kg/St	H_r kg/St	H_{ges} kg/St	H_f kg/St	H_r kg/St	H_{ges} kg/St	H_f kg/St	H_r kg/St	H_{ges} kg/St
133	150	790	250	1040	790	390	1180	790	370	1160	790	500	1290
221	250	880	410	1290	880	670	1550	880	620	1500	880	850	1730
310	350	1035	570	1605	1050	945	1995	1035	870	1875	1050	1230	2280
399	450	1230	735	1965	1370	1220	2590	1230	1140	2370	1370	1630	3000

Es zeigt sich z. B., daß Kessel 1 bei einer Rostanstrengung von 300 kg/qm-St 480 kg Dampf erzeugt; die gleiche Dampfmenge liefert der Kessel 6 schon bei einer Rostanstrengung von 195 kg/qm-St.

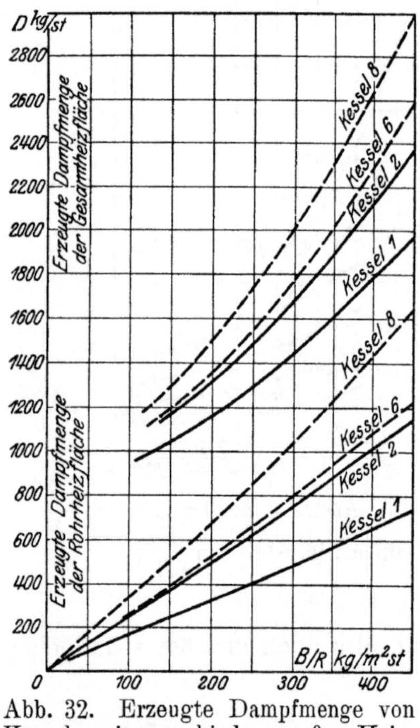

Abb. 32. Erzeugte Dampfmenge von Kesseln mit verschieden großen Heizflächen in Abh. von der Rostanstrengung.

Dabei handelt es sich in beiden Fällen um Kessel mit gleicher Rost- und Rohrheizfläche, also gleichem $\frac{H_r}{R}$, aber abweichender Länge und Anzahl der Siederohre.

Werden weiterhin in Abb. 32 die Kessel 2 und 6 betrachtet mit einem $\frac{H_r}{R}$ von 37,5 bzw. 18,8, aber gleicher Siederohrlänge, so zeigt sich, daß die Dampferzeugung bei beiden Kesseln ungefähr die gleiche ist, die Vermehrung der Rohrheizfläche auf das Doppelte also keinen wirtschaftlichen Wert ergab.

Die Verringerung der Siederohrzahl auf die Hälfte ist also auf die Ausnutzung der Brennstoffwärme, demnach auf die stündliche Dampferzeugung ohne Einfluß geblieben.

Allerdings ist der Widerstand für den Durchgang der Heizgase infolge Verringerung des Durchgangsquerschnitts größer, er erfordert stärkere Luftverdünnung durch kräftigere Blasrohrwirkung.

Einer geringen Vermehrung der Löschmengen sowie einer Vergrößerung des Gegendrucks auf die Dampfkolben stehen aber erhebliche Vorteile gegenüber.

Es sei hier nur darauf hingewiesen, was an Rohrgewicht erspart, und wie erheblich die Haltbarkeit der kostbaren kupfernen Rohrwände durch Vergrößerung der Stege gesteigert werden kann.

Um die Vorteile aus der gewonnenen Erkenntnis möglichst groß zu gestalten, wird es also darauf ankommen, zunächst die Theorie der Wärmeübertragung beim Lokomotivkessel zu betrachten.

III. Theorie der Wärmeübertragung bei Lokomotivkesseln.

A. Wärmeübertragung an das Kesselwasser.

Die durch Verfeuerung des Brennstoffs auf dem Rost erzeugte Wärmemenge wird abzüglich

der Aschkastenverluste	etwa 3—7%
der Strahlungsverluste nach dem Aschkasten	„ 2%
der Strahlungsverluste des Kessels	„ 1%
der Verluste durch Lösche und unvollkommene Verbrennung . .	„ 7%

sowie der Abgasverluste, die in weiten Grenzen schwanken, an das Kesselwasser abgeführt.

Der Übergang der Heizgaswärme erfolgt hierbei an der unmittelbaren Heizfläche der Feuerbüchse durch Berührung und durch Strahlung glühender Kohlenstoffteilchen, an der mittelbaren Heizfläche der Rohre zumeist durch Berührung.

1. Wärmeübertragung durch die Heizfläche der Feuerbüchse.

Die gesamte in der Feuerbüchse übertragene Wärmemenge Q_F zerfällt in die Wärmeabgabe durch Strahlung Q_s und durch Berührung Q_b. Somit ist

$$Q_F = Q_s + Q_b = K \cdot H_F \cdot (T_o - t_o),$$

worin bedeutet

H_F qm die feuerberührte Heizfläche in der Feuerbüchse,
T_o °C die Temperatur der Heizgase in der Feuerbüchse,
t_o °C die Temperatur des Kesselwassers,
K WE/qm-St °C die Wärmedurchgangszahl.

Für die Wärmedurchgangszahl besteht die Beziehung

$$K = \varkappa + k,$$

hierin ist

$\varkappa$ die Wärmedurchgangszahl bei Strahlung,
k die Wärmedurchgangszahl bei Berührung.

Unter Annahme kesselsteinfreier Heizflächen und demzufolge gleichbleibender Temperaturen an den Feuerbüchswänden ergibt sich unter Zugrundelegung der durch Erfahrung bestätigten Rosettischen Gleichung[1]) die Wärmedurchgangszahl

$$\varkappa = C \cdot \varphi \left(\frac{(T_o + 273)^2}{100} - 10 \right).$$

Hierin kann praktisch $\varphi = 1$ gesetzt werden, da nahezu alle von der Brennschicht ausgehenden Wärmestrahlen die Feuerbüchsheizfläche H_F treffen.

Der Wert C in obiger Grundgleichung hingegen ist, wie bewiesen werden soll, bei Lokomotivfeuerbüchsen veränderlich. Er hängt von der Größe der Feuerbüchsheizfläche und Größe und Form der Roste ab.

Breite, kurze Roste ergeben verhältnismäßig kleinere Heizflächen als schmale, lange Roste. Dementsprechend ist auch das Verhältnis $\frac{H_F}{R}$ bei breiten, kurzen Rosten kleiner als bei schmalen, langen Rosten[2]).

Nach Abb. 33, in der die Größe der Heizflächen in Abhängigkeit von der Größe der Rostflächen dargestellt ist, wobei die Schaulinien aus Abmessungen ausgeführter Lokomotivkessel

[1]) Z. V. d. I. 1897, S. 201. [2]) Garbe: Dampflokomotiven der Gegenwart 2. Aufl., S. 837.

entwickelt sind[1]), kann man die Größe der unmittelbaren Feuerbüchsheizfläche gegenüber beiden Rostformen ermitteln. Für schmale, lange Feuerbüchsen ergibt sich

$$H_{F_s} = 6{,}4\,R - 2{,}2\,,$$

für breite Feuerbüchsen ist die entsprechende Beziehung

$$H_{F_b} = 3{,}2\,R + 1\,.$$

Hieraus ist zu ersehen, daß bei 1,0 qm Rost die dazugehörigen Heizflächen bei schmalen und breiten Feuerbüchsen gleich groß sind; hierbei wird $H_F = 4{,}2$ qm.

Wächst die Rostfläche, so nimmt die unmittelbare Heizfläche im Verhältnis $\frac{H_F}{R}$ zu, aber bei schmalem, langem Rost schneller als bei kurzem, breitem Rost.

Diese Vergrößerung der unmittelbaren Heizfläche durch den langen, schmalen Rost ist von großer Bedeutung auch für die Schonung der Feuerbüchse, da die spezifische Belastung bei der Wärmeübertragung durch Strahlung erheblich abnimmt.

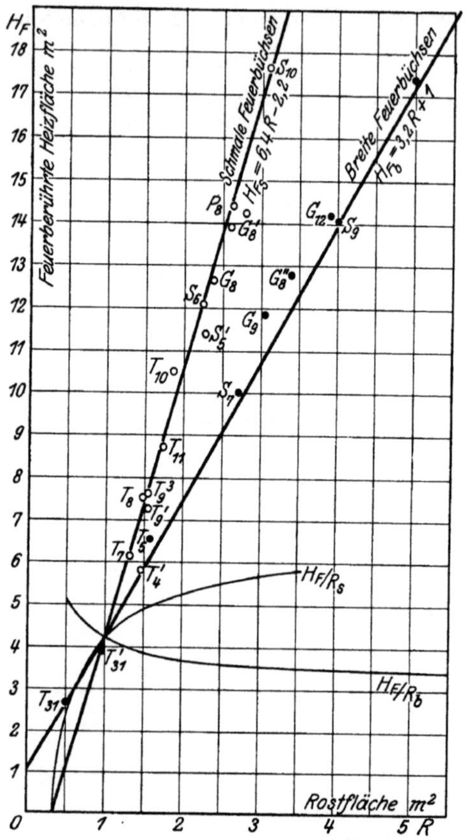

Abb. 33. Größe der Feuerbüchsheizflächen bei verschiedenen Rostflächen.

Aus dem Gesagten ergibt sich, daß die Veränderlichkeit von C abhängt von dem Verhältnis $\frac{H_F}{R}$. Nach Mollier[2]) ist $C = 0{,}4$. Demnach ist für Lokomotivfeuerungen

$$\frac{H_F}{R}\,C = c\,,$$

worin c noch errechnet werden muß.

Für die Einheit der Rostfläche, bei der die Größe der Feuerbüchsheizfläche für lange und breite Roste 4,2 qm beträgt (vgl. Abb. 33), ist

$$c = 0{,}4\,\frac{4{,}2}{1} = 1{,}68\,.$$

C ist also, wie bereits erwähnt, ein veränderlicher Wert und abhängig von der Form der Rostfläche und bei schmaler, langer Feuerbüchse kleiner als bei breiter, kurzer Feuerbüchse.

Nach Einsetzen des Werts für C ist die Wärmedurchgangszahl

$$\varkappa = 1{,}68\,\frac{R}{H_F}\left(\left(\frac{T_o + 273}{100}\right)^2 - 10\right).$$

Für die Wärmedurchgangszahl k bei Berührung besteht nach Hütte, Aufl. XXIII, Bd. 1, S. 385, folgende Gleichung:

$$k\,\text{WE/qm-St}\,^\circ\text{C} = \frac{1}{\frac{1}{\alpha_1} + \frac{\delta}{\lambda} + \frac{1}{\alpha_2}}\,.$$

Für α_1, die Wärmedurchgangszahl zwischen den Heizgasen und Kesselwänden, also die Wärmemenge, die von dem heizenden Wärmeträger auf 1 qm Wandfläche bei 1° Temperaturunterschied stündlich übertragen wird, besteht nach der gleichen Quelle die Beziehung

$$\alpha_1 = 2 + 10\sqrt{w}\,,$$

worin für w die Heizgasgeschwindigkeit in m/Sek zu setzen ist,

δ ist die Wandstärke der Feuerbüchse in m,

λ die Wärmedurchgangszahl der Wand,

$\frac{\delta}{\lambda}$ ist bei 16 mm starken Feuerbüchswänden

aus Kupfer als Baustoff mit einem Leitwert von $330\colon\ \frac{0{,}016}{330} = 0{,}0000485$;

bei Verwendung von Eisen und $\lambda = 50\colon\ \frac{0{,}016}{50} = 0{,}00032$.

[1]) Lokomotiven der Reichsbahn. [2]) Z. V. d. I. 1897, S. 162 und 200.

Die Wärmedurchgangszahl α_2 zwischen Wand und siedendem Wasser kann ungefähr zu 4000 bis 6000 WE/qm-St °C angenommen werden. $\frac{\delta}{\lambda}$ bzw. $\frac{1}{\alpha_2}$ sind im Verhältnis zu $\frac{1}{\alpha_1}$ sehr klein, so daß sie praktisch vernachlässigt werden können[1]), mithin ergibt die Formel

$$k = \frac{1}{\frac{1}{\alpha_1}} = 2 + 10\sqrt{w}$$

hinreichend genaue Werte.

Die Wärmedurchgangszahl k in der Feuerbüchse ist demnach in erster Linie abhängig von der Heizgasgeschwindigkeit.

Mollier[2]) setzt

$$k = 2 + 2\sqrt{B/R}\,.$$

Bei gleicher Rostfläche wächst somit die Wärmedurchgangszahl k mit zunehmender Rostanstrengung.

Für die Beanspruchung der Feuerbüchsheizfläche ist dies von grundlegender Bedeutung.

In Abb. 34 sind die Wärmedurchgangszahlen $\varkappa$ und k in Abhängigkeit von verschiedenen Rostanstrengungen aufgetragen.

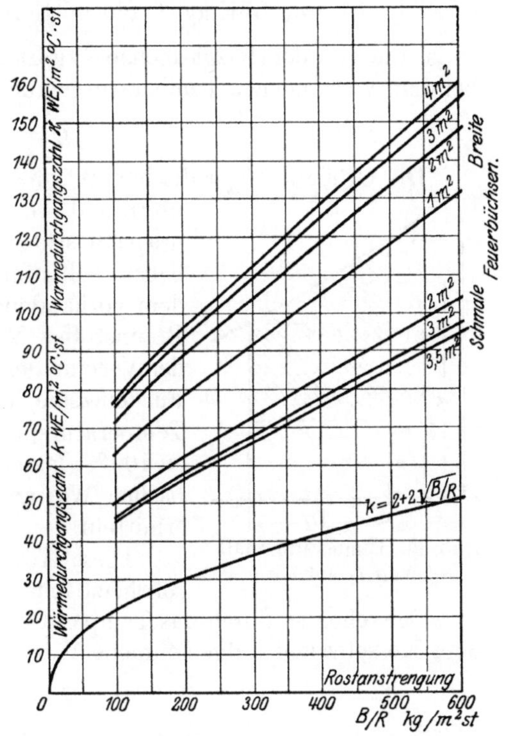

Abb. 34. Wärmedurchgangszahlen bei verschiedenen Rostanstrengungen.

Ein Zahlenbeispiel mag hier zeigen, in welcher Weise bei gegebenen gleich großen Rostflächen von verschiedener Rostform und gleicher Rostanstrengung, z. B. 450 kg/qm, die stündliche Wärmeübertragung durch Strahlung und Berührung $K = \varkappa + k$ auf 1 qm Feuerbüchswand und 1° Temperaturunterschied sich ändert.

Bei langer Feuerbüchse von 3 qm ist

$$K = 83 + 44 = 127,$$

bei breiter Feuerbüchse von 3 qm wird

$$K = 133 + 44 = 177,$$

die Beanspruchung der Flächeneinheit breiter Feuerbüchsen ist demnach 39,3% größer. Beträgt in einem anderen Fall die verfeuerte stündliche Brennstoffmenge $B = 900$ kg/St, so ist bei langer Rostfläche von

2 qm Rostfläche $\quad B/R = \frac{900}{2} = 450$

und $\quad K = 83 + 44 = 127,$

bei breiter Feuerbüchse von

3 qm Rostfläche $\quad B/R = \frac{900}{3} = 300$

und $\quad K = 109 + 36 = 145.$

Durch die Vergrößerung der Rostfläche um die Hälfte wird die Feuerbüchsheizfläche trotzdem noch 14% stärker beansprucht, obwohl B/R um ein Drittel kleiner geworden ist.

Die gesamte durch die Feuerbüchsheizfläche an das Kesselwasser hierbei abgegebene Wärmemenge

$$Q_F = K \cdot H_F (T_o - t_o)$$

errechnet sich für die schmale Feuerbüchse zu

$$Q_{F_s} = 127 \cdot 10{,}6\ (1425 - 190) = 1665000\ \text{WE}\,,$$

für die breite Feuerbüchse zu

$$Q_{F_b} = 145 \cdot 10{,}1\ (1275 - 190) = 1590000\ \text{WE}\,.$$

Bei der breiten Feuerbüchse ist demnach trotz vergrößertem Rost von 2 auf 3 qm die übertragene Gesamtwärmemenge immer noch kleiner als bei schmaler Feuerbüchse mit nur 2 qm Rost.

Aus den vorstehenden Ausführungen ist die hohe Wichtigkeit großer bestrahlter unmittelbarer Heizflächen, die lange, schmale Feuerbüchsen gewähren, ersichtlich.

---

[1]) Münzinger: Hochdruckdampf S. 30. [2]) Z. V. d. I. 1897, S. 201.

2. Wärmeübertragung durch die Heizfläche des Langkessels.

a) Wärmeübertragung durch die Siederohrheizfläche. Während die Flächen der Feuerbüchse wesentlich durch Strahlung beheizt werden, verringert sich diese bei Eintritt der Heizgase in die Siederohre durch Abtötung der Flammenbildung sehr schnell, und die Wärmeabgabe der Heizgase erfolgt beim Durchgang durch die Siederohre hauptsächlich durch Berührung der Gase mit den Heizflächen.

Bei Berechnung der mittelbaren Heizfläche ist daher wesentlich der Einfluß der Wärmeübertragung durch Berührung der Heizgase von Bedeutung.

Die geringe Einwirkung, die kurz nach Eintritt der noch flammenden Heizgase in die Rohre durch Strahlung stattfindet, sowie etwa vorhandene Wärmeeinstrahlung bei Rauch- und Überhitzerrohren, ist rechnerisch kaum zu bestimmen und in ihrer Wirkung gegenüber der gesamten mittelbaren Heizfläche auch so gering, daß sie bei nachfolgender Untersuchung vernachlässigt werden kann.

Bezeichnet:

t_e die Anfangstemperatur der Heizgase bei Eintritt in die Rohre,
t_a die Endtemperatur der Heizgase bei Austritt aus den Rohren,
c_m WE/kg °C die mittlere spezifische Wärme der Heizgase,

so ist die von der Heizgasmenge G kg/St an das Kesselwasser abgegebene Wärmemenge Q WE/St bei dem vorhandenen Temperaturgefälle von t_e auf t_a

$$Q = G \cdot c_{m_e} t_e - G \cdot c_{m_a} t_a .$$

Die Größe der spezifischen Wärme der Heizgase ist nach den Untersuchungen von Holborn und Henning, auf die sich nachfolgende Angaben von Brückmann[1]) stützen, veränderlich und abhängig von der zu einer möglichst vollkommenen Verbrennung erforderlichen Luftmenge, von dem vorhandenen Luftüberschuß und von der Zusammensetzung des Brennstoffs. Wegen der Veränderlichkeit der spezifischen Wärme ist der Verlauf des Temperaturabfalls in den Siederohren nicht bekannt. Für einzelne Temperaturgefälle von t_1 auf t_2 — bei Brückmann Temperatursprünge genannt — etwa von 50 zu 50 bzw. von 100 zu 100 °C, lassen sich jedoch bei Berücksichtigung der jeweiligen spezifischen Wärme die einzelnen Wärmemengen $\triangle Q = G(c_{m1} t_1 - c_{m2} t_2)$ ermitteln.

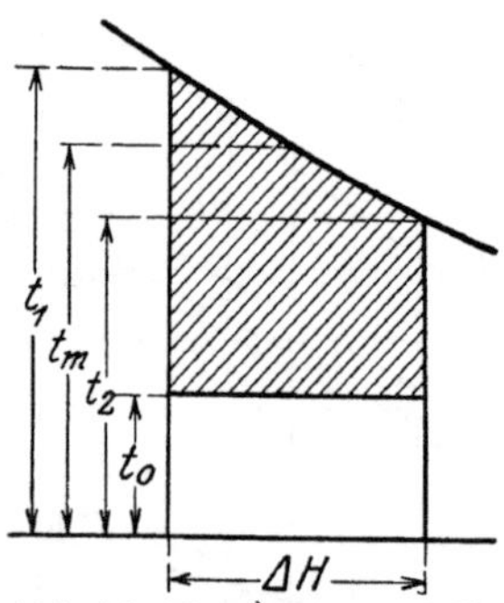

Abb. 35. Temperaturgefälle von t_1 auf t_2.

Diese Wärmemenge wird restlos durch die Heizgase an die Siederohrheizfläche des Lokomotivkessels übertragen.

Beistehende, durch das Temperaturgefälle $t_1 - t_2$ begrenzte Fläche (Abb. 35) stellt die von dem Kesselwasser aufgenommene Wärmemenge dar und ermittelt sich zu

$$\triangle Q = k \cdot \triangle H \cdot (t_m - t_o),$$

worin

k WE/qm-St °C der Wärmewert bei Berührung,
t_m °C die mittlere Temperatur der Heizgase,
t_o °C die Temperatur des siedenden Kesselwassers,
H qm die Rohrheizfläche

bedeutet.

Dann ist

$$\triangle H = \frac{G}{k}\left(\frac{c_{m1} \cdot t_1 - c_{m2} \cdot t_2}{t_m - t_o}\right),$$

$$H = \frac{G}{k} \sum_{t_e}^{t_a} \frac{c_{m1} \cdot t_1 - c_{m2} \cdot t_2}{t_m - t_o}.$$

Bevor nun die Größenverhältnisse von H festgelegt werden können, ist zu untersuchen, inwiefern die einzelnen Glieder der Gleichung auf die Dampferzeugung des Kessels von Einfluß sind.

Zunächst werde die Wärmedurchgangszahl k näher bestimmt. Wie Versuche von Nusselt und Holmboe[2]) zeigen, ist die Wärmedurchgangszahl k unter Voraussetzung reiner Oberfläche hauptsächlich von der Geschwindigkeit w und Dichte γ der Heizgase abhängig.

[1]) Brückmann: Eisenbahntechnik der Gegenwart, S. 665.

[2]) Holmboe: Heißdampf-Schiffsmaschine, II. Teil. Ernst & Sohn 1912. — Nusselt: Der Wärmeübergang in Rohrleitungen. Z. d. V. d. I. 1909.

Nach Holmboe lautet die Gleichung:

$$k = 2 + 5{,}5 \sqrt[1{,}3]{w \cdot \gamma}.$$

Setzt man für das stündliche Heizgasgewicht

$$G^{\frac{\text{kg}}{\text{St}}} = V^{\frac{\text{cbm}}{\text{St}}} \cdot \gamma^{\frac{\text{kg}}{\text{cbm}}}$$

und

$$V^{\frac{\text{cbm}}{\text{St}}} = q^{\text{qm}} \cdot w^{\frac{\text{m}}{\text{Sek}}} \cdot 3600\,,$$

wobei q den mittleren Gesamtquerschnitt aller Rohre in qm bezeichnet, so folgt

$$G = 3600\, q \cdot w \cdot \gamma$$

und

$$w \cdot \gamma = \frac{G}{3600 \cdot q}.$$

Für ein bestimmtes Heizgasgewicht G kg/St und einen bestimmten Rohrquerschnitt q in qm ist demnach der Wert für $w \cdot \gamma$ unveränderlich. Es ist

$$k = 2 + 5{,}5 \sqrt[1{,}3]{\frac{G}{3600 \cdot q}}\,.$$

Die Wärmedurchgangszahl in den Rohren ist also unabhängig von den einzelnen Temperaturunterschieden der Heizgase in den Rohren sowie von deren Baustoff und Stärke, lediglich abhängig vom Verhältnis:

Rohrquerschnitt q in qm : Heizgasgewicht G in kg/St.

Hiernach ist die Rohrheizfläche

$$H = \frac{G}{2 + 5{,}5 \sqrt[1{,}3]{\frac{G}{3600 \cdot q}}} \sum_{t_e}^{t_a} \frac{c_{m\,1} \cdot t_1 - c_{m\,2} \cdot t_2}{t_m - t_o}\,.$$

Dividiert man beide Seiten der Gleichung durch den mittleren Gesamtheizrohrquerschnitt q, so ist

$$\frac{H}{q} = \frac{1}{2 + 5{,}5 \sqrt[1{,}3]{\frac{G}{3600 \cdot q}} \cdot \frac{q}{G}} \sum_{t_e}^{t_a} \frac{c_{m\,1} \cdot t_1 - c_{m\,2} \cdot t_2}{t_m - t_o}\,.$$

Wird

$$\frac{1}{2 + 5{,}5 \sqrt[1{,}3]{\frac{G}{3600 \cdot q}} \cdot \frac{q}{G}}$$ mit U (Wärmeübertragungswert)

und

$$\sum_{t_e}^{t_a} \frac{c_{m\,1} \cdot t_1 - c_{m\,2} \cdot t_2}{t_m - t_o}$$ mit W (mittlerer Wärmewert)

bezeichnet, so lautet die obige Gleichung

$$\frac{H}{q} = U \cdot W.$$

Da andererseits

$$H = d \cdot \pi \cdot n \cdot l$$

ist, worin

d der lichte Rohrdurchmesser,
l die Rohrlänge,
n die Anzahl der Rohre

bedeutet, ergibt unter Einführung des Rohrquerschnitts

$$q = \frac{d^2 \cdot \pi \cdot n}{4}$$ das Verhältnis $$\frac{H}{q} = \frac{4 \cdot l}{d}$$

einen Festwert, der sich beim Entwurf eines Lokomotivkessels je nach den Abmessungen der zu verwendenden Heizrohre bestimmt.

Bei Betrachtung gebräuchlicher Rohrabmessungen[1]) ausgeführter Lokomotivkessel ergeben sich für $\frac{H}{q}$ nachstehende Festwerte:

Zahlentafel 25.
Ausgeführte Rohrabmessungen.

Lichter Rohrdurchmesser d in mm	Rohrlängen l in mm	$\frac{\text{Rohrlänge}}{\text{Rohrdurchm.}} = \frac{l}{d}$	$\frac{H}{q} = \frac{4 \cdot l}{d}$
39—40	2700—3200	70— 80	280—320
40—41	3200—3700	80— 90	320—360
41—45	3700—4500	90—100	360—400
45—50	4500—5500	100—110	400—440
50—51	5500—6600	110—130	440—520

Es bleibt noch zu untersuchen, wie groß der Wärmeübertragungswert U und der mittlere Wärmewert W praktisch zu wählen ist, um die bestmögliche Führung und Wärmeausnutzung der Heizgase in den Rohren zu gewährleisten.

b) Mittlerer Wärmewert. Wie auf S. 39 bereits ermittelt wurde, wird der mittlere Wärmewert

$$W = \sum_{t_e}^{t_a} \frac{c_{m1} \cdot t_1 - c_{m2} \cdot t_2}{t_m - t_o} = \frac{\frac{\text{WE}}{\text{kg}\,^\circ\text{C}} \cdot {}^\circ\text{C}}{{}^\circ\text{C}} = \frac{\text{WE}}{\text{kg}\,^\circ\text{C}}$$

bedingt durch die Größen

t_1 °C der Anfangstemperatur der Heizgase,
t_2 °C der Endtemperatur der Heizgase,
t_m °C der mittleren Temperatur der Heizgase,
c_m WE/kg °C der veränderlichen mittleren spezifischen Wärme.

Der Wärmewert W in WE/kg °C entspricht somit der Wärmemenge, die bei mittlerem Temperaturunterschied von den Heizgasen an das Kesselwasser abgegeben werden kann.

Das Temperaturgefälle wird durch die der Anfangstemperatur t_1 entsprechenden Eintrittstemperatur t_e der Heizgase in die Rohre bestimmt. Diese ist abhängig von der durch die Verbrennung erzeugten Temperatur des Heizstoffs, dabei in weitem Maß von dem wechselnden Luftüberschuß bei der jeweiligen Brenngeschwindigkeit, d. h. der in kg auf 1 qm Rostfläche und Stunde möglichst vollkommen verbrannten Brennstoffmenge.

In bezug auf die wirtschaftlich günstigste Brenngeschwindigkeit geht das Urteil eines Teils berufener Lokomotivfachmänner zur Zeit dahin, daß die Rostanstrengung in mäßigen Grenzen zu halten sei, um wärmewirtschaftlich so günstig wie möglich zu arbeiten.

Allgemein wird also zur Erzielung gleicher stündlicher Wärmemengen unter sonst gleichen Verhältnissen bei großen Rostflächen mit kleinen Rostanstrengungen und niedrigen Eintrittstemperaturen der Heizgase, bei kleinen Rostflächen mit größeren Rostanstrengungen und höheren Eintrittstemperaturen der Heizgase zu rechnen sein.

Für die Berechnung des Wärmewerts der wasserverdampfenden Heizfläche liefern die von Brückmann[2]) für verschiedene Temperaturen gemachten Angaben von $c_m \cdot t$ westfälischer Steinkohle bei 0,6fachem Luftüberschuß praktisch hinreichend genaue Werte (vgl. Zahlentafel 35).

In Abb. 36 sind die Wärmewerte W, in Abb. 37 ist der Unterschied der mittleren Heizgas- und Kesselwassertemperaturen für verschiedene Eintrittstemperaturen t_e in Abhängigkeit von den sich ergebenden Austrittstemperaturen t_a dargestellt.

c) Wärmeübertragungswert. Der Wärmeübertragungswert

$$U = \frac{1}{k \cdot \frac{q}{G}} = \frac{1}{2 + 5{,}5 \sqrt[1{,}3]{\frac{G}{3600\,q}} \cdot \frac{q}{G}}$$

ist abhängig von $\frac{q}{G}$ und errechnet sich auf Grund der auf S. 39 behandelten Wärmedurchgangszahl k, die lediglich von dem Verhältnis Rohrquerschnitt q qm : Heizgasgewicht G kg/St abhängig ist.

[1]) Nach den Beschlüssen des Ausschusses zur Vereinheitlichung der Lokomotiven sollen die Heizrohre bis 4500 mm Länge 40/45 ∅, die Heizrohre über 4500 mm Länge 45/50 ∅, die Rauchrohre für alle Längen 125/133 mm ∅ erhalten.

[2]) Brückmann: Eisenbahntechnik der Gegenwart, S. 639.

Diese Tatsache wird bei späteren Berechnungen von ausschlaggebender Bedeutung sein.

Unter Annahme verschiedener im Lokomotivbetrieb vorkommenden Werte für $\frac{q}{G}$ zeigt die durch die Wärmedurchgangszahl k beeinflußte Schaulinie in Abb. 38 einen hyperbolischen Verlauf. Sie läßt erkennen, wie mit abnehmendem Verhältnis $\frac{q}{G}$ eine Steigerung der Wärmedurchgangszahl k der Heizgase in den Rohren in bestimmten Grenzen zu erreichen ist.

Die Abnahme von $\frac{q}{G}$ kann erfolgen

1. bei gegebenem Rohrquerschnitt durch Zunahme des Heizgasgewichts,
2. bei gegebenem Heizgasgewicht durch Verkleinerung des Rohrquerschnitts.

Zur Erzielung gleicher Wirksamkeit der Heizfläche, also gleich großer Wärmeübertragung an das Kesselwasser, ist demnach bei kleiner Wärmedurchgangszahl die Heizfläche entsprechend zu vergrößern, bei großer Wärmedurchgangszahl dagegen entsprechend zu verkleinern.

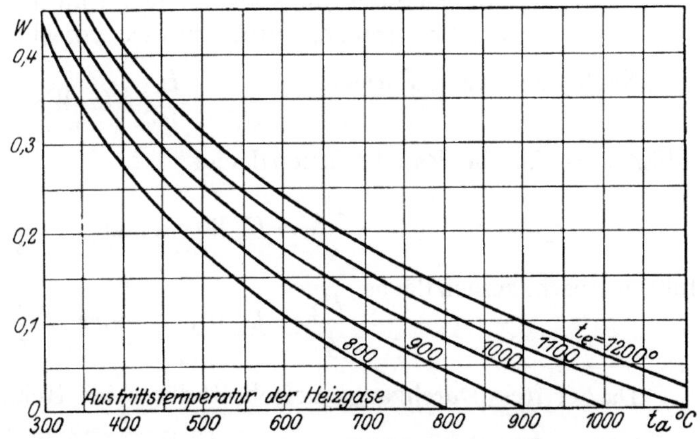

Abb. 36. Wärmewert W bei verschiedenen Eintrittstemperaturen t_e für verschiedene Austrittstemperaturen t_a der Heizgase.

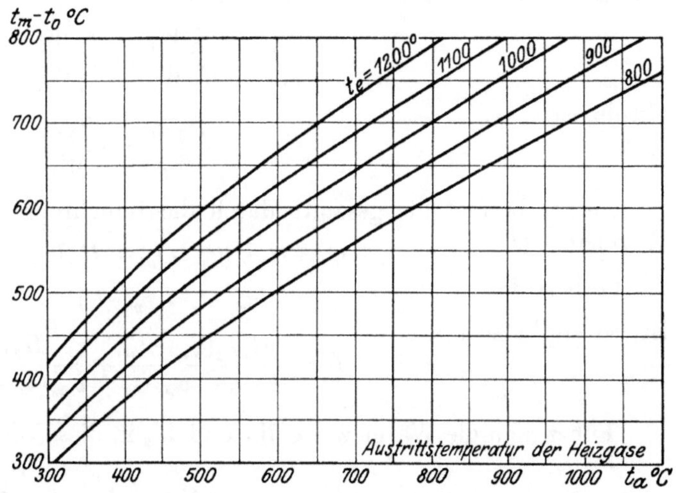

Abb. 37. Unterschied mittlerer Heizgas- und Kesselwassertemperaturen t_m—t_0 bei verschiedenen Eintrittstemperaturen t_e in Abh. von der Austrittstemperatur t_a.

3. Wärmeübertragung durch die Rauchrohr- und Überhitzerheizflächen an das Kesselwasser und den Dampf.

a) Mittlerer Wärmewert. Nach den Ausführungen auf S. 39, wonach

$$\frac{H}{q} = U \cdot W$$

ist, ergeben sich die entsprechenden Beziehungen für die Rauchrohr- und die darin gelagerte Überhitzerheizfläche nach Einsetzung nachfolgender Werte:

H_1 die die Überhitzerelemente umschließende Rauchrohrheizfläche,

H_2 die in den Rauchrohren liegende Überhitzerheizfläche,

$U_1 = \frac{1}{k_1 \cdot \frac{q}{G}}$ der Wärmeübertragungswert der Rauchrohrheizflächen H_1,

$U_2 = \frac{1}{k_2 \cdot \frac{q}{G}}$ der Wärmeübertragungswert der Überhitzerheizfläche H_2,

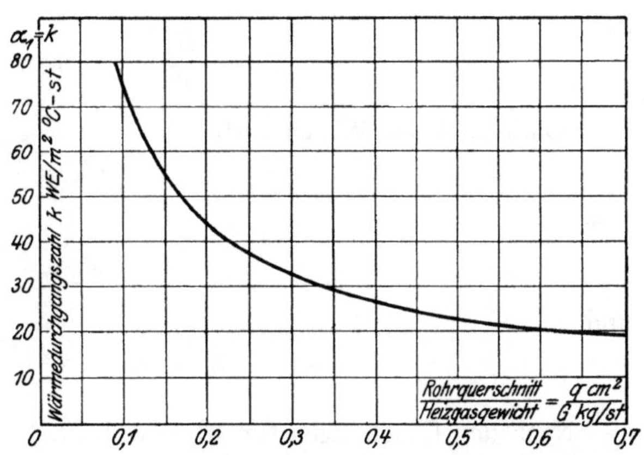

Abb. 38. Wärmedurchgangszahl k zwischen Heizgasen und Kesselwasser in Abh. vom Verhältnis $\frac{q}{G} = \frac{\text{Rohrquerschnitt qcm}}{\text{Heizgasgewicht kg/St}}$.

$W_1 = \frac{c_{m_e} \cdot t_e - c_{m_a} \cdot t_a}{t_m - t_0}$ der Wärmewert der Rauchrohrheizfläche,

$W_2 = \frac{c_{m_e} \cdot t_e - c_{m_a} \cdot t_a}{\tau}$ der Wärmewert der Überhitzerheizfläche,

k_1 die Wärmedurchgangszahl an das Kesselwasser,
k_2 die Wärmedurchgangszahl an den Dampf,
τ der mittlere Temperaturunterschied zwischen Heizgasen und Dampf (vgl. S. 44).

Nach der obigen Formel
$$\frac{H}{q} = U \cdot W$$
erhält man für die Rauchrohrheizfläche
$$\frac{H_1}{q} = U_1 W_1 \quad \text{oder} \quad \frac{1}{q} = \frac{U_1 W_1}{H_1},$$
für die Überhitzerheizfläche
$$\frac{H_2}{q} = U_2 W_2 \quad \text{oder} \quad \frac{1}{q} = \frac{U_2 W_2}{H_2}.$$

Da der freie Durchgangsquerschnitt für beide Heizflächen gleich ist, folgt
$$\frac{U_1 W_1}{H_1} = \frac{U_2 W_2}{H_2},$$
demnach verhalten sich die Heizflächen
$$\frac{H_1}{H_2} = \frac{U_1 W_1}{U_2 W_2} = \frac{k_2 W_1}{k_1 W_2}.$$
Mithin ist:
$$\frac{H_1 k_1}{W_1} = \frac{H_2 k_2}{W_2}.$$

Ferner beträgt die gesamte durch die Rauchrohr- und Überhitzerheizfläche übertragene Wärmemenge
$$Q = H_1 k_1 (t_m - t_o) + H_2 k_2 \tau.$$
Da nach S. 38
$$Q = G (c_{m_e} \cdot t_e - c_{m_a} \cdot t_a)$$
ist, so ergibt sich
$$G = \frac{H_1 k_1 (t_m - t_o)}{c_{m_e} t_e - c_{m_a} \cdot t_a} + \frac{H_2 k_2 \tau}{c_{m_e} \cdot t_e - c_{m_a} t_a}.$$

Führt man die Wärmewerte W_1 und W_2 in diese Gleichung ein, so folgt
$$G = \frac{H_1 k_1}{W_1} + \frac{H_2 k_2}{W_2},$$
und da
$$\frac{H_1 k_1}{W_1} = \frac{H_2 k_2}{W_2},$$
ist
$$G = \frac{2 H_1 k_1}{W_1} \quad \text{bzw.} \quad G = \frac{2 H_2 k_2}{W_2}.$$

Somit sind die Wärmewerte:
$$W_1 = \frac{2 H_1 k_1}{G}$$
bzw.
$$W_2 = \frac{2 H_2 k_2}{G}$$
und
$$W_1 + W_2 = 2 \cdot \left[\frac{H_1 k_1}{G} + \frac{H_2 k_2}{G}\right].$$

Nach den Gleichungen für W_1 und W_2 auf S. 41 u. 42 ist andererseits
$$W_1 + W_2 = \frac{c_{m_e} t_e - c_{m_a} t_a}{t_m - t_o} + \frac{c_{m_e} t_e - c_{m_a} t_a}{\tau} = (c_{m_e} t_e - c_{m_a} t_a) \left(\frac{1}{t_m - t_o} + \frac{1}{\tau}\right).$$

Danach ist die Gleichung für den Wärmewert der Rauchrohr- und Überhitzerheizfläche
$$\frac{W_1 + W_2}{2} = \frac{H_1 k_1}{G} + \frac{H_2 k_2}{G} = \frac{c_{m_e} t_e - c_{m_a} t_a}{2} \left[\frac{1}{t_m - t_o} + \frac{1}{\tau}\right].$$

Bei gegebenen Abmessungen der Heizflächen und dem jeweilig erzeugten Heizgasgewicht liegen die Wärmeübertragungswerte W_1 und W_2 fest und bestimmen somit den gesuchten Wärmewert. Er zeigt gewisse Ähnlichkeit mit dem Wärmewert der Siederohrheizfläche, der auch für die unbesetzten Rauchrohrenden in Anwendung kommt.

Die Gleichung läßt erkennen, daß außer der mittleren Temperatur zwischen den Heizgasen und dem Kesselwasser, sowie der mittleren Temperatur zwischen den Heizgasen und dem Dampf, bei gegebener Eintrittstemperatur auch die Höhe der Austrittstemperatur von Einfluß ist.

Da der mittlere Temperaturunterschied τ nach den auf S. 44 und 45 folgenden Ausführungen unmittelbar von der Eintrittstemperatur t_e und der Austrittstemperatur t_a abhängig ist, kann der Wärmewert für die Rauchrohr- und Überhitzerheizfläche $\frac{W_1 + W_2}{2}$ für verschiedene Eintrittstemperaturen t_e in Abhängigkeit von den sich ergebenden Austrittstemperaturen t_a nach Abb. 39 bildlich dargestellt werden.

b) Wärmedurchgangszahl für Heißdampf. Nach S. 42 beträgt die gesamte durch die Rauchrohr- und Überhitzerheizfläche übertragene Wärmemenge

$$Q = H_1 \cdot k_1 (t_m - t_0) + H_2 k_2 \tau .$$

Es bedeutete

H_1 die die Überhitzerelemente umschließende Rauchrohrheizfläche,
H_2 die in den Rauchrohren liegende Überhitzerheizfläche,
k_1 die Wärmedurchgangszahl an das Kesselwasser,
k_2 die Wärmedurchgangszahl an den Heißdampf,
$t_m - t_0$ den mittleren Temperaturunterschied zwischen Heizgasen und Kesselwasser,
τ den mittleren Temperaturunterschied zwischen Heizgasen und Dampf.

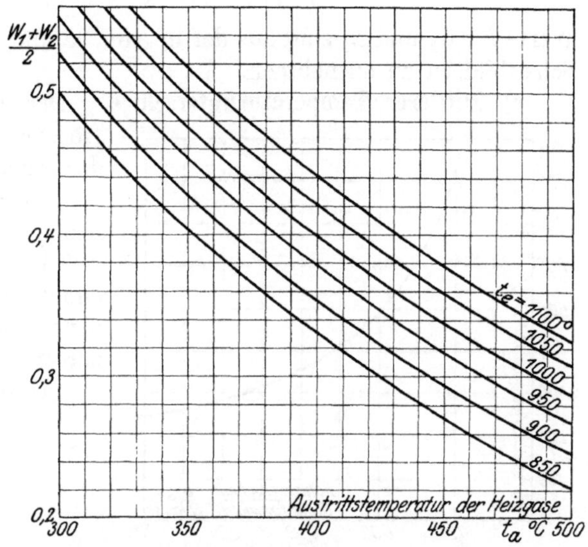

Abb. 39. Wärmewerte $\frac{W_1 + W_2}{2}$ bei verschiedenen Eintrittstemperaturen t_e in Abh. von der Austrittstemperatur t_a der Heizgase.

Die Wärmedurchgangszahl an das Kesselwasser ist nach den Ausführungen auf S. 41 und 42 bekannt. Unter Voraussetzung reiner Oberfläche und Vernachlässigung der Übergangswiderstände der Metallwand $\frac{\delta}{\lambda}$ sowie des Übergangswiderstands zwischen Wand- und Kesselwasser $\frac{1}{\alpha_2}$ war auf Grund der Untersuchungen von Holmboe

$$\alpha_1 = 2 + 5{,}5 \sqrt[1{,}3]{w \cdot \gamma}$$

und bei Einführung eines bestimmten Heizgasgewichts G in kg und bestimmtem Rohrquerschnitt q in qm

$$\alpha_1 = 2 + 5{,}5 \sqrt[1{,}3]{\frac{G}{3600 \cdot q}} .$$

Bei Übergang der Wärme von der Wandfläche der Überhitzerrohre an Dampf hat dagegen Holmboe[1]) eine merkbare Abnahme der Wärmedurchgangszahl ermittelt. Auf Grund seiner Versuche, die mit den Versuchswerten von Nusselt[2]) gut übereinstimmen, fand er für die Wärmedurchgangszahl die Beziehung:

$$\alpha_2 = 10{,}92 \sqrt[1{,}3]{w \cdot \gamma} ,$$

worin für

w die Dampfgeschwindigkeit und

γ die Dampfdichte

zu setzen ist.

[1]) Holmboe: Die Wärmeleitzahl von Gasen und Dämpfen. Dingl. Polyt. Journal 1909/1910.
[2]) Nusselt: Der Wärmeübergang in Rohrleitungen. Z. V. d. I. 1909.

Da $w \cdot \gamma$ für ein bestimmtes Dampfgewicht D in kg/St und einen bestimmten Überhitzerrohrquerschnitt q_D in qm unveränderlich ist, folgt bei Einführung dieser Werte

$$\alpha_2 = 10{,}92 \sqrt[1{,}3]{\frac{D}{3600 \cdot q_D}} \quad \text{in WE/qm-St °C.}$$

Die Wärmedurchgangszahl zwischen Heizgasen und Dampf errechnet sich somit unter Vernachlässigung der Übergangswiderstände der Metallwand aus der Gleichung[1])

$$k_2 = \frac{1}{\frac{1}{\alpha_1} + \frac{1}{\alpha_2}} = \frac{1}{\frac{1}{2 + 5{,}5 \sqrt[1{,}3]{\frac{G}{3600 \cdot q}}} + \frac{1}{10{,}92 \sqrt[1{,}3]{\frac{D}{3600 \cdot q_D}}}}.$$

Werte für α_1 und α_2 sind aus der in Abb. 38 und 40 in Abhängigkeit von $\frac{q}{G}$ bzw. $\frac{q_D}{D}$ gegebenen Schaubildern zu entnehmen.

c) Mittlerer Temperaturunterschied. Der mittlere Temperaturunterschied τ gegebener Heizgas- und Dampftemperaturen ist abhängig von der gegenseitigen Strömungsrichtung der Wärmeträger.

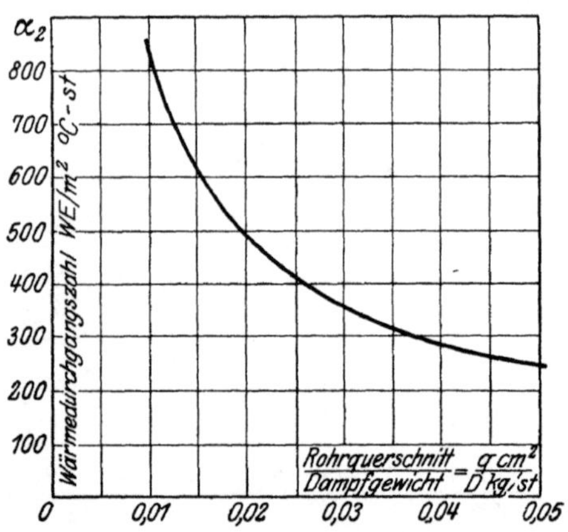

Abb. 40. Wärmedurchgangszahl α_2 zwischen Rohrheizflächen und Heißdampf in Abh. vom Verhältnis $\frac{q}{D} = \frac{\text{Rohrquerschnitt qcm}}{\text{Dampfgewicht kg/St}}$.

Die bei Heißdampflokomotiven allgemein gebräuchlichen Schmidtschen Überhitzerbauarten:

Rauchrohr- und Kleinrohrüberhitzer sind vereinigte Gleichstrom- und Gegenstromüberhitzer, bei denen die Heizfläche zur einen Hälfte im Gleichstrom, zur anderen Hälfte im Gegenstrom liegt.

Unter Annahme von

t_o = 190 °C Kesselwassertemperatur bei rund 12 at Überdruck,

t_1 °C Heizgastemperatur beim Eintritt in den Überhitzer,

t_2 °C Heizgastemperatur beim Austritt aus dem Überhitzer und

$t_ü$ °C als Heißdampftemperatur

errechnet sich der mittlere Temperaturunterschied[2])

$$\tau = \frac{\left(t_1 - \frac{t_ü + t_o}{2}\right) - \left(t_2 - \frac{t_ü + t_o}{2}\right)}{\ln\left(\frac{t_1 - \frac{t_ü + t_o}{2}}{t_2 - \frac{t_ü + t_o}{2}}\right)}.$$

In dieser Gleichung liegen Ein- und Austrittstemperatur t_1 und t_2 der bei irgendeiner Leistung erzeugten Heizgasmenge fest.

Wird der Logarithmenwert der Gleichung

$$\tau = \frac{t_1 - t_2}{\ln\left(\frac{t_1 - \frac{t_ü + t_o}{2}}{t_2 - \frac{t_ü + t_o}{2}}\right)}$$

[1]) Hütte Aufl. XXI, Bd. 1, S. 404.

[2]) Mollier: Z. V d. I. 1887, S. 133. — Brückmann: Eisenbahn-Maschinenwesen der Gegenwart S. 643. — Holmboe: Heißdampf-Schiffsmaschine II. Teil, S. 3.

nach einer Reihe entwickelt, so folgt unter Vernachlässigung der zweiten und folgenden Glieder der Reihe

$$\tau \simeq \frac{t_1 - t_2}{2\left(\dfrac{\dfrac{2t_1 - t_{ü} - t_o}{2t_2 - t_{ü} - t_o} - 1}{\dfrac{2t_1 - t_{ü} - t_o}{2t_2 - t_{ü} - t_o} + 1}\right)} = \frac{t_1 - t_2}{\dfrac{2(t_1 - t_2)}{t_1 + t_2 - t_o - t_{ü}}},$$

also

$$\tau \simeq \frac{t_1 + t_2 - t_o - t_{ü}}{2}$$

oder

$$\tau \simeq \text{const} - \frac{t_{ü}}{2}.$$

Hiernach wird der Temperaturunterschied bei gegebenem Temperaturgefälle der Heizgase

mit abnehmender Überhitzung größer,
mit zunehmender Überhitzung kleiner.

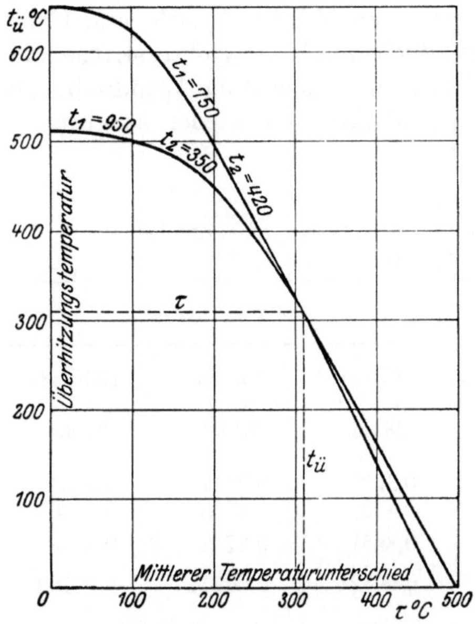

Abb. 41. Überhitzungstemperatur $t_{ü}$ in Abh. vom mittleren Temperaturunterschied τ.

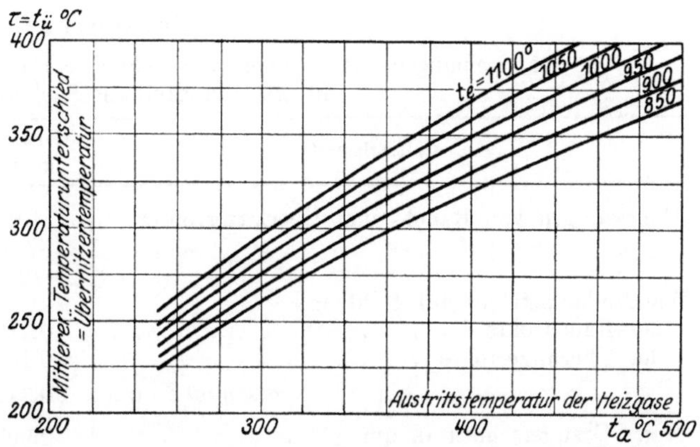

Abb. 42. Überhitzungstemperatur $t_{ü}$ bei verschiedenen Eintrittstemperaturen t_e in Abh. von der Austrittstemperatur t_a der Heizgase.

Die gegenseitige Abhängigkeit von τ und $t_{ü}$ zeigt der Verlauf der Schaulinien der Abb. 41, die nach obiger Gleichung für Heizgastemperaturen von

$t_1 = 750°$ bzw. $950\,°C$,
$t_2 = 420°$ „ $350\,°C$

entwickelt wurden.

Die Größe von τ ist für die in dem Überhitzer ausgetauschte Wärme maßgebend. Sie soll bei

möglichst kleinem Ausmaß der Überhitzerheizfläche
größtmögliche Wärmeübertragung bei
guter Überhitzung gewährleisten.

Da τ und $t_{ü}$ sich gegenseitig beeinflussen, so ist größtmögliches τ bei größtmöglichem $t_{ü}$ nur in dem Sonderfall erreichbar, bei dem

$$\tau = t_{ü}$$

wird.

Ein Lokomotivüberhitzer ist daher so zu bemessen, daß die mittlere Temperatur τ zwischen den Heizgasen und dem Dampf der im Überhitzerkasten gemessenen Dampftemperatur $t_{ü}$ entspricht. Sie soll aus Gründen der Kohlenersparnis nach Garbe[1]) 350—360 °C betragen.

Abb. 42 veranschaulicht die mit Hilfe vorstehender Gleichung für verschiedene Überhitzertemperaturen ermittelten Heizgastemperaturen beim Eintritt in den Überhitzer und beim Austritt in die Rauchkammer. Die Schaulinien lassen erkennen, daß bei gegebenen Eintrittstemperaturen in die Überhitzer möglichst hohe Austrittstemperaturen auf die Höhe der Dampfüberhitzung von ausschlaggebender Bedeutung sind.

[1]) Garbe: Heißdampflokomotiven der Gegenwart 2. Aufl., S. 843.

4. Verteilung der Heizgase auf Siede- und Rauchrohre.

Bei den mit Schmidt-Überhitzern ausgerüsteten Lokomotivkesseln strömen die in der Feuerbüchse erzeugten Heizgase teils durch die Siederohre, teils durch die mit Überhitzerelementen besetzten Rauchrohre.

Hier besteht die Möglichkeit, daß Länge, Schräglage und Höhenstellung des Feuerschirms, deren richtige Wahl eine möglichst vollkommene Verbrennung außerordentlich günstig zu beeinflussen imstande ist, die Führung der Heizgase so beeinträchtigen kann, daß sie zuviel nach oben hin abgelenkt werden. Eine etwaige Annahme, daß auf diese Weise zu viel Heizgase durch die Rauchrohre und zu wenig durch die tiefer liegenden Siederohre abgezweigt werden, ist aber dann nicht mehr zutreffend, wenn größere Strömungswiderstände in den Rauchrohren diesen Einflüssen entgegenstehen.

Als Maßstab für die Strömungswiderstände können die Wandreibungsflächen von 1 lfd. m Siede- bzw. Rauch- und Überhitzerrohr bei gleichem Durchgangsquerschnitt von 1 qm zugrunde gelegt werden.

In Zahlentafel 26 sind die Wandreibungsflächen einiger gebräuchlicher Rauch- und Überhitzerrohre mit denen der Siederohre verglichen. Die stündlich durch die Rohre strömenden Heizgasmengen werden hiernach im umgekehrten Verhältnis zur Größe ihrer Wandreibungsflächen stehen und so etwaige Einflüsse des Feuerschirms entsprechend wieder ausgleichen.

Zahlentafel 26.

Wandreibungsflächen einiger gebräuchlicher Rauch- und Überhitzerrohre verglichen mit den Wandreibungsflächen der Siederohre.

Überhitzerbauart	Kleinrohrüberhitzer	Großrohrüberhitzer		
Abmessungen von Rauch- und Überhitzerrohren	70/76 2 × 19/24	125/133 4 × 28/36	125/133 4 × 30/38	125/133 4 × 32/40
Wandreibungsfläche auf 1 lfd. m				
der Rauchrohre	0,2199	0,3927	0,3927	0,3927
der Überhitzerrohre	0,1508	0,4524	0,4775	0,5026
zusammen qm	0,3707	0,8451	0,8702	0,8953
Freier Gasquerschnitt in qm	0,00293	0,00821	0,00774	0,00722
Wandreibungsfläche in qm auf 1 qm freien Rohrquerschnitt bezogen	126,5	102,8	112,1	123,9

Einem freien Durchgangsquerschnitt von 1 qm entsprechen:	Siederohre von		qm Wandfläche
760	41/46 ∅	und	97,7
630	45/50 ∅	und	98,0
510	50/55 ∅	und	80,0

Bei gleichem freien Durchgangsquerschnitt sind hiernach die Wandreibungsflächen der Rauch- und Überhitzerrohre sogar größer als die der kleinen Siederohre von 41/46 ∅.

Überhitzerbauart	Kleinrohrüberhitzer	Großrohrüberhitzer		
Wandflächen				
der Rauch- und Überhitzerrohre	126,5	102,8	112,1	123,9
der Siederohre	97,7	97,7	97,7	97,7
Mehrbetrag in qm	28,8	5,1	14,4	26,2
Mehrbetrag in %	29,5	5,22	14,75	26,8

Da ohnehin bei den großen Rauchkammerabmessungen neuerer Lokomotiven mit einer ziemlich gleichmäßigen Zugwirkung an allen Teilen der vorderen Rohrwand zu rechnen ist, kann mit genügender Genauigkeit die Teilung des Gasstroms im Verhältnis der freien mittleren Rohrquerschnitte der Rechnung zugrunde gelegt werden[1]).

5. Wärmeabgabe an die Rauchrohr- und Überhitzerheizfläche.

Die Wärmeabgabe der die Rauchrohre durchströmenden Heizgase erfolgt einerseits an den Dampf, andererseits an das Kesselwasser nach der auf S. 43 angeführten Gleichung

$$Q = H_1 \cdot k_1 \cdot (t_m - t_o) + H_2 \cdot k_2 \cdot \tau .$$

[1]) Vgl. hierzu Brückmann: Eisenbahn-Maschinenwesen der Gegenwart, S. 732.

Die Wärmeabgabe an den Heißdampf ist jedoch durch den bei der Überhitzung des Dampfs auftretenden Gleichgewichtszustand beider Wärmeträger begrenzt. Nach den Darlegungen auf S. 45 ist dieser Zustand erreicht, wenn der mittlere Temperaturunterschied der Heizgase der Höchsttemperatur des Dampfs entspricht.

In Abb. 43 wurde versucht, die verschiedenartigen Übertragungsmöglichkeiten der Heizgaswärme bei einem Rauchrohr und einem Überhitzerelement in Abhängigkeit von der an die Rauchrohrheizfläche übertragenen Wärmemenge bildlich darzustellen.

Im Betrieb würde sich dieser Fall veränderlicher Wärmeabgabe durch die Rauchrohrheizfläche bei Kesselsteinbelag der Rauchrohre ergeben.

Zunächst sei angenommen

ein Heizgasgewicht . . . . . $G = 350$ kg/St,
ein Dampfgewicht . . . . . $D = 300$ kg/St,
ein freier Gasquerschnitt . . $q_1 = 72{,}2$ qcm.
ein freier Dampfquerschnitt . $q_2 = 8{,}05$ qcm,
eine Rauchrohrheizfläche . . $H_1 = 1{,}61$ qm,
eine Überhitzerheizfläche . . $H_2 = 2{,}06$ qm,
eine Eintrittstemperatur . . $t_e = 1000\,°$C.

Für den Beginn der Wärmeübertragung von Q_1 der an das Wasser übertragenen Wärmemenge wurde ein Höchstwert von 29000 WE/St, für den Endpunkt eine Wärmemenge von 31 000 WE/St gewählt. Aus den Abszissenwerten lassen sich die übrigen Schaulinien entwickeln.

Der Verlauf der Schaulinien für die mittlere Heizgastemperatur ergibt sich aus der Beziehung

$$t_m - t_o = \frac{Q_1}{H_1 \cdot k_1},$$

da die Wärmedurchgangszahl k_1 nach Abb. 38 bekannt und für H_1 die gemachte Angabe gilt.

Die Lage der Schaulinie für die Größe der Austrittstemperatur t_a ist nach Abb. 37 zu ermitteln, die bei gegebener Anfangstemperatur die zugehörigen Austrittstemperaturen für verschiedene $t_m - t_o$ nachweist.

Um nun zu den Wärmemengen Q_2 zu gelangen, die an die Überhitzerheizfläche und somit an den Dampf zu übertragen sind, ist zunächst die Bestimmung der gesamten an die Heizflächen abgegebenen Wärmemenge Q erforderlich. Unter Annahme einer Eintrittstemperatur $t_e = 1000\,°$C und den verschiedenen Austrittstemperaturen, wie sie sich aus der Schaulinie Abb. 36 für t_a ergeben, folgt unter Benutzung der Werte $c_m \cdot t$ in Zahlentafel 35 Spalte 3

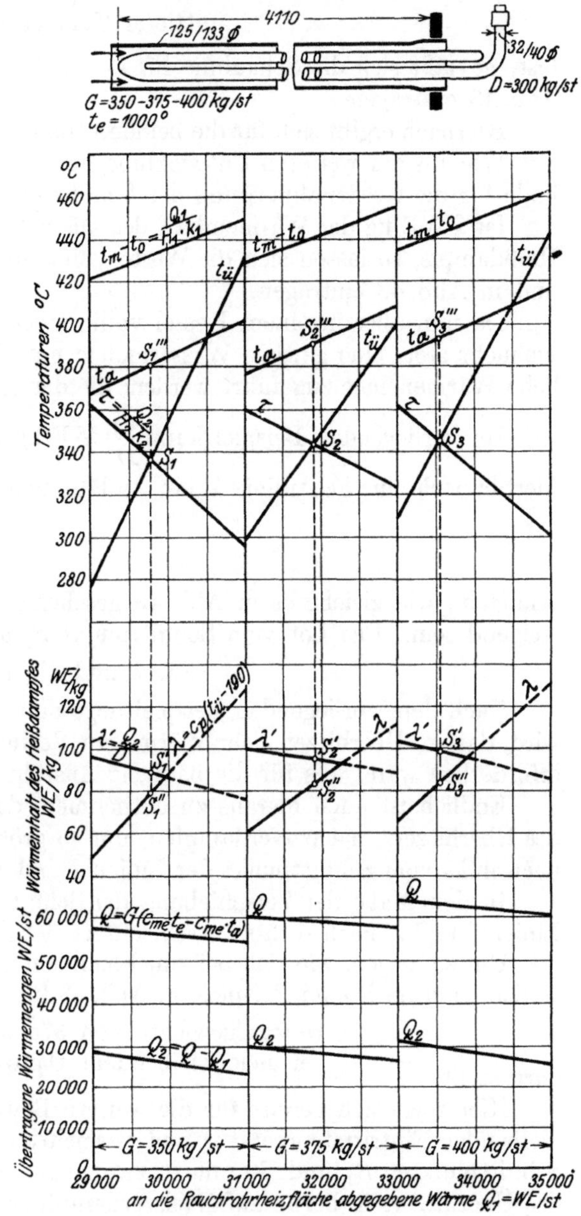

Abb. 43. Verschiedenartige Übertragungsmöglichkeiten der Heizgaswärme durch die Rauchrohr- und Überhitzerheizfläche.

$$Q = G\,(c_{m_e} t_e - c_{m_a} t_a)\,.$$

Die durch die Überhitzerheizfläche an den Dampf übertragene Wärmemenge ist somit

$$Q_2 = Q - Q_1,$$

wonach die Schaulinie für Q_2 eingetragen wurde, die auf Grund der Annahme von Q_1 nach rechts absteigend ist.

Die Lage für den mittleren Temperaturunterschied τ ergibt sich aus der Beziehung

$$\tau = \frac{Q_2}{H_2 k_2},$$

wobei k_2 nach Abb. 38 bzw. 40 in Abhängigkeit von

$$\frac{q_1}{G} \quad \text{bzw.} \quad \frac{q_2}{D}$$

gegeben ist, während für H_2 die oben gemachte Annahme gilt.

Liegt somit jetzt
Eintrittstemperatur t_e,
Austrittstemperatur t_a und
mittlerer Temperaturunterschied τ

fest, so läßt sich die Schaulinie für $t_ü$ aus der auf S. 44 gegebenen Gleichung ermitteln und in Abb. 43 eintragen.

Hiernach ergibt sich für die beiden τ- und $t_ü$-Schaulinien ein Schnittpunkt S_1.

Wie aus der weiteren Entwicklung hervorgehen wird, ist dieser Schnittpunkt S_1 im Schaubilde für die Größenabmessung der Überhitzerheizfläche von erheblicher Bedeutung.

Ist λ WE/kg der Wärmeinhalt des aus Sattdampf, d. h. völlig trockenem Dampf, erzeugten Heißdampfs, so lassen sich die Werte von λ für verschiedene Überhitzertemperaturen ermitteln und in Abb. 43 eintragen.

Da nun aber in einem Kessel völlig trockener Dampf nicht erzeugt werden kann, dieser vielmehr stets eine gewisse Wassermenge mit sich führt, so muß dem Überhitzer eine zusätzliche Wärmemenge zugeführt werden, die das jeweilige Wasser in Sattdampf verwandeln kann.

Im vorliegenden Beispiel kann $\frac{Q_2}{D}$ WE/kg an den Dampf übertragen werden. Führt man hierfür noch eine Schaulinie λ' ein, so läßt sich diese aus der Beziehung

$$\lambda' = \frac{Q_2}{D}$$

ermitteln, wie gleichfalls in Abb. 43 geschehen ist; sie muß entsprechend Q_2 nach rechts absteigend sein. Das Lot vom Schnittpunkt S_1 auf die Abszissenachse schneidet die Schaulinie

für λ und λ' in S_1'' und S_1'.

Nach dem vorliegenden Beispiel liegt nun der Punkt S_1 derartig, daß zunächst ersichtlich wird, daß im Überhitzer mehr Wärme zur Verfügung steht als theoretisch für trockenen Dampf erforderlich wäre, was für die bauliche Ausführung unerläßlich ist.

Endlich ist auch hieraus zu entnehmen, daß für jedes praktische Beispiel das Vermögen des Überhitzers, nachzuverdampfen, um so größer wird, je mehr die Schnittpunkte S_1'' und S_1' nach links vom Schnittpunkt der Linien λ und λ' liegen.

In dem Maße der Verschiebung der Schnittpunkte $S_1 S_1'$ und S_1'' zu den Schnittpunkten der Linien λ und λ' nach rechts verschlechtert sich die Leistung des Überhitzers.

Um zu zeigen, wie sich bei zunehmendem Heizgasgewicht G die besprochenen Verhältnisse stellen, sind noch zwei Beispiele in Abb. 43 für

Heizgasgewichte von 375 und 400 kg/St
bei gleichbleibendem Dampfgewicht von 300 kg/St

dargestellt.

Hier zeigt sich bereits für die weitere Beweisführung ein wichtiges Ergebnis. Bei gleichbleibender Eintrittstemperatur und vermehrter Gewichtsmenge zeigen die Schaulinien in den Schnittpunkten S_2' und S_3' mit λ' zwar eine entsprechende Zunahme der Leistungsfähigkeit des Überhitzers in bezug auf Nachverdampfung. Dagegen liegen die Schnittpunkte $S_1 S_2 S_3$ für die Überhitzung fast in gleicher Höhe; die Überhitzung ist trotz der als gleichbleibend angenommenen Dampfmenge nicht nennenswert gestiegen. Die Austrittstemperatur, die aus der Lage der Schnittpunkte $S_1''' S_2''' S_3'''$ mit t_a sich ergibt, steigt gleichfalls mit zunehmendem Heizgasgewicht bei gleichbleibender Dampfmenge an.

Welchen Einfluß die Steigerung der Ein- und Austrittstemperatur der Heizgase auf die Höhe der Überhitzung hat, soll weiterhin gezeigt werden.

Hervorzuheben ist noch, daß zu leichterer Übersicht nur die Verhältnisse an einem einzigen Rauchrohr betrachtet werden.

6. Erzeugung hoher Überhitzungstemperaturen.

a) Abhängigkeit der Heißdampftemperatur von verschiedenen Eintrittstemperaturen und Heizgasgewichten. Dem in Zahlentafel 27 durchgerechneten Beispiel ist ein Rauchrohr von 125/133 mm ∅ mit einer wirksamen Heizfläche $H_1 = 1{,}61$ qm und ein Überhitzerelement aus 4 Rohren von 32/40 mm ∅ mit einer Heizfläche $H_2 = 2{,}06$ qm zugrunde gelegt.

Um zu zeigen, welchen Einfluß die Erhöhung der Heizgasgewichte G kg/St auf die Höhe der Überhitzungstemperatur hat, kann nach den auf S. 42 entwickelten Gleichungen geschrieben werden

$$\frac{1}{G}(H_1 k_1 + H_2 k_2) = \frac{1}{G}(1{,}61\, k_1 + 2{,}06\, k_2) = \frac{W_1 + W_2}{2}.$$

Für verschiedene Heizgasgewichte und eine Heizgastemperatur $t_e = 1000\,^\circ$C ist in Zahlentafel 27 zunächst die Austrittstemperatur t_a der Heizgase nach Abb. 36, und die Überhitzung des Dampfs nach Abb. 42 bestimmt.

Durch Steigerung des Heizgasgewichts von 300 auf 450 kg/St erhöht sich die Austrittstemperatur t_a zu 371° auf 406 °C; dabei steigt die Überhitzungstemperatur $t_ü$ nur von 332 auf 352 ° C. Die Steigerung des Heizgasgewichts hat also auf die Höhe der Überhitzung einen verhältnismäßig geringen Einfluß.

Der Vollständigkeit wegen sind in Zahlentafel 27 noch die durch die gegebene Rauchrohr- und Überhitzerheizfläche übertragenen Wärmemengen angegeben.

Zahlentafel 27.

Wärmeabgabe an die Rauchrohr- und Überhitzerheizfläche.

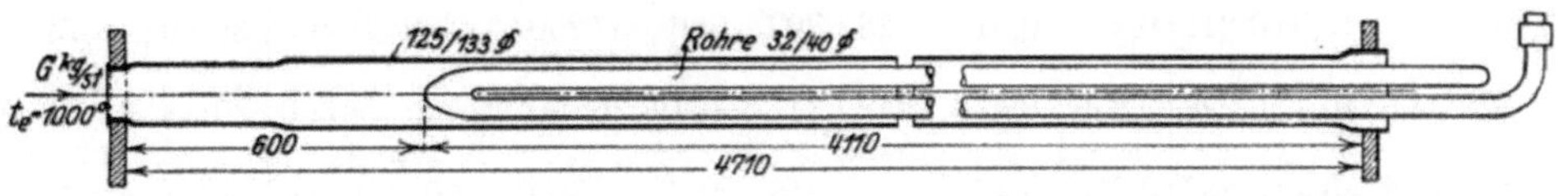

Nr.	G kg/St	q/G	k_1	k_2	$\frac{H_1 k_1}{G}$	$\frac{H_2 k_2}{G}$	$\frac{W_1 + W_2}{2}$	t_a	t_u	$t_m - t_o$	$Q_1 = H_1 k_1 (t_m - t_o)$	$Q_2 = H_2 k_2 t_ü$	$Q_1 + Q_2$	$c_{m\,e} t_e - c_{m\,a} t_a$	$Q = G(c_{m\,e} t_e - c_{m\,a} t_a)$
1	300	0,241	38,0	34,6	0,204	0,238	0,442	371	332	424	25900	23700	49600	164,2	49300
2	350	0,206	42,7	38,4	0,197	0,226	0,423	384	340	435	29900	26900	56800	161,0	56400
3	400	0,181	47,2	42,0	0,190	0,216	0,406	395	346	445	33900	29900	63800	158,1	63300
4	450	0,160	51,5	45,5	0,184	0,208	0,392	406	352	453	37600	33000	70600	155,4	70000

Der geringe Unterschied

der übertragenen Wärmemenge $Q = H_1 k_1 (t_m - t_o) + H_2 k_2 t_ü$

und der Wärmemenge der Heizgase $Q = G(c_{m_e} t_e - c_{m_a} t_a)$

liegt an den Näherungswerten für k_1 und k_2 und in der Ungenauigkeit bei der Abgreifung der Schaulinienwerte.

Hiergegen ist die Steigerung der Eintrittstemperatur der Heizgase auf die Überhitzung des Dampfs von wesentlichstem Einfluß.

In Abb. 44 sind unter Berücksichtigung verschiedener Eintrittstemperaturen $t_e = 850$ bis 1100 ° C und Heizgasgewichte von 200–500 kg/St die entsprechenden Schaulinien für die Überhitzertemperaturen eingetragen. Z. B. hat bei einem Heizgasgewicht von 400 kg/St die Erhöhung der Eintrittstemperatur von 850 auf 1050 ° C, also um 23,5%, eine Steigerung der Überhitzungstemperatur von 291 auf 366, also um 35,8%, zur Folge.

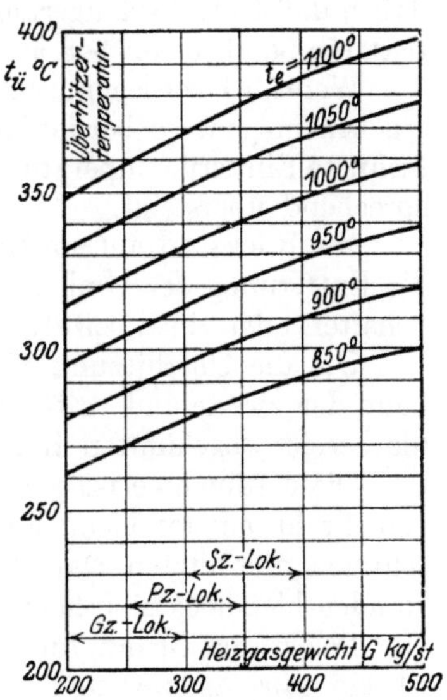

Abb. 44. Überhitzungstemperaturen bei verschiedener Eintrittstemperatur in Abh. von den auf ein Rauchrohr entfallenden Heizgasen.

Die Grenzen der stündlich durch ein Rauchrohr strömenden Heizgasmenge für den praktischen Lokomotivbetrieb liegen, wie in Abb. 44 gezeigt ist, für

Sz-Lok.	bei etwa	400 kg/St,
Pz-Lok.	,, ,,	350 ,,
Gz-Lok.	,, ,,	300 ,,

b) Abhängigkeit der Überhitzungstemperatur von verschiedenen Rohrabmessungen.

Auf breiten großen Rosten und nicht ausreichend tiefen kurzen Feuerbüchsen lassen sich hohe Eintrittstemperaturen der Heizgase, besonders bei leichteren und mittleren Anstrengungen der Lokomotive, nicht erreichen. Besteht aus diesen oder anderen Gründen keine Möglichkeit genügender Erhöhung der Eintrittstemperatur der Heizgase, so sind zur Erzielung guter Überhitzung entsprechend hohe Austrittstemperaturen der Heizgase anzustreben, was bis zu einem gewissen Grad durch geeignete Wahl der Rohrabmessungen zu erreichen ist.

Der Untersuchung sollen die in Zahlentafel 28 gegebenen Rohrabmessungen und Überhitzeranordnungen bei gleichem stündlichen Heizgasgewicht von 400 kg/St und 1000°C Eintrittstemperatur zugrunde gelegt werden. Die verschiedenen Überhitzerrohranordnungen sind im gegebenen Beispiel ausgezogen und punktiert angegeben.

Zahlentafel 28.

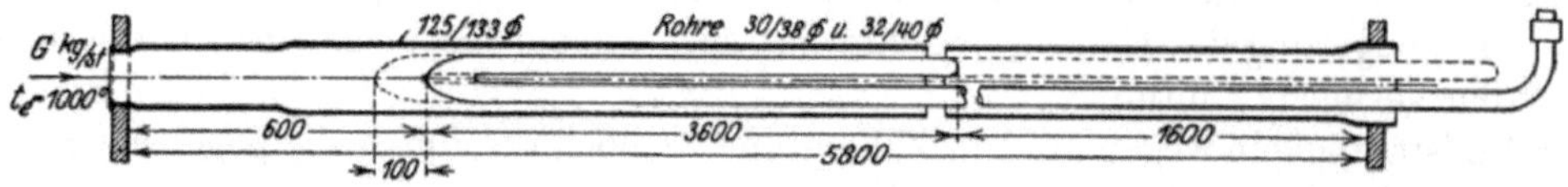

Nr.	G kg/St	q/G	k_1	k_2	$\frac{H_1 k_1}{G}$	$\frac{H_2 k_2}{G}$	$\frac{W_1+W_2}{2}$	t_a	$t_ü$	$t_m - t_o$	$Q_1 = H_1 k_1 \cdot (t_m - t_o)$	$Q_2 = H_2 k_2 t_ü$	Q_1+Q_2	Überhitzerrohr ∅	Rohrlänge	Rauchrohrüberh.-Hzfl.
1	400	0,181	47,2	42,0	0,241	0,274	0,515	328	303	386	37 200	33 200	70 400	32/40	4×5200	2,04 2,61
2	400	0,194	44,6	40,4	0,228	0,250	0,478	348	317	404	36 800	31 700	68 500	30/38	4×5200	2,04 2,48
3	400	0,194	44,6	40,4	0,232	0,255	0,478	346	318	406	37 800	32 500	70 300	30/38	4×5300	2,08 2,53
4	400	0,194	42,3	40,0	0,216	0,210	0,426	381	338	433	37 500	28 400	65 900	30/38	4×3600 2×1600	2,04 2,10
5	400	0,194	44,6	40,4	0,188	0,207	0,395	404	351	452	34 000	29 000	63 000	30/38	4×4300	1,69 2,05

Die Verhältnisse nach Nr. 1 lassen erkennen, daß bei Verwendung eines gewöhnlichen vierreihigen Überhitzers von 32/40 mm Rohrdurchmesser und 5200 mm Rohrlänge die Austrittstemperatur der Heizgase und damit die Höhe der Überhitzung gegenüber dem in Zahlentafel 27 unter 3 behandelten Fall bei der gleichen Annahme von 400 kg stündlichem Heizgasgewicht stark sinkt.

Durch Verkleinerung der Überhitzerrohre von 32/40 auf 30/38 mm ∅ unter Nr. 2 tritt eine Erhöhung der Austrittstemperatur von 328 auf 348 und damit eine Steigerung der Überhitzungstemperatur von 303 auf 317° C ein.

Um die Überhitzung zu erhöhen, liegt es nahe, die hinteren Umkehrenden näher an die Feuerbüchsrohrwand hin zu verlegen, was den Verhältnissen in Nr. 3 entspricht. Es zeigt sich dabei, daß trotz Verlängerung der Rohre um 100 mm die Überhitzung infolge Sinkens der Austrittstemperatur von 348 auf 346° C fast unverändert geblieben ist.

Wenn bei vorliegender Anordnung praktische Versuche für kurze Zeit höhere Überhitzung ergeben mögen, so beruht dies auf dem Einfluß der strahlenden Flammenwärme, die die errechnete Eintrittstemperatur von 1010° C durch Verlängerung der Rohre in die heißere Zone entsprechend übersteigt.

Mit Rücksicht auf ein Erglühen der Rohre bei Abschluß des Reglers erscheint es angezeigt, die Entfernung der Umkehrenden von der Feuerbüchsrohrwand von 600 mm möglichst beizubehalten oder einen selbsttätigen Klappenschluß bei Abstellung des Dampfs vorzusehen.

Um die Überhitzung wirksamer zu gestalten, wird bei neueren Lokomotiven der Reichsbahn der zweite und dritte Strang des Überhitzerelements gekürzt in der Annahme, daß durch die bereits abgekühlten Heizgase eine Rückkühlung des überhitzten Dampfs stattfindet[1]).

Diese Annahme ist jedoch irrig; auf dem durch die Verlegung der Umkehrschleife in das Rauchrohr entstandenen kurzen Wege ist ein Rückwandern der Dampfwärme aus der nur schwach überhitzten Dampfmenge nicht möglich, denn die Heizgase haben unter allen Umständen hier noch eine höhere Temperatur als der Dampf in dieser Zone.

Der wahre Grund für die Erhöhung der Überhitzungstemperatur bei dieser Anordnung ist ein ganz anderer und liegt nur in der namhaften Erhöhung der Austrittstemperatur der Heizgase.

---

[1]) Hammer: F. C. Glaser: Neuerungen an Lokomotiven der Preußisch-Hessischen Staatseisenbahnen 1916, S. 40.

Durch Kürzung der Umkehrenden — Zahlentafel 28 — unter Nr. 4 wird nämlich der freie Durchgangsquerschnitt der Heizgase vergrößert und damit die Wärmedurchgangszahl verkleinert.

Dabei ergeben sich bei den einzelnen Heizflächen und Querschnitten die Wärmedurchgangszahlen nach Zahlentafel 29.

Zahlentafel 29.

Bestimmung der mittleren Wärmedurchgangszahl k bei Zurückverlegung der Umkehrschleife der Überhitzerrohre.

	Hintere Rauchrohrheizfläche	Vordere Rauchrohrheizfläche	Hintere Überhitzerheizfläche	Vordere Überhitzerheizfläche
Rohrlänge . . . . mm	3600	1600	4 × 3600	2 × 1600
Heizfläche . . . . qm	1,41	0,63	1,72	0,38
Gesamtheizfläche . . . . qm	2,04		2,1	
Heizgasquerschnitt . . . . qcm	77,4	100	77,4	100
Dampfquerschnitt . . . . qcm	—	—	7,06	
q/G	0,194	0,25	0,0235	
Wärmedurchgangszahl	44,6	37	40,4	34,1
Mittlere Wärmedurchgangszahl . . k	42,3		40,0	

Infolge geringerer Wärmeübertragung in den Rohren ist die Austrittstemperatur entsprechend gestiegen und damit auch die Höhe der Dampftemperatur.

Mit der Verkürzung der Rohre ist die Überhitzerheizfläche verkleinert worden und gleichzeitig eine Abnahme der übertragenen Wärmemenge eingetreten.

Es entfallen auf 1 kg Dampf nach Nr. 4 nur noch

$$\frac{28400}{300} = 95 \text{ WE/kg} \quad \text{gegenüber} \quad \frac{31700}{300} = 106 \text{ WE/kg nach Nr. 2.}$$

Schon ein geringer Feuchtigkeitsgehalt des Dampfs wird daher die Höhe der errechneten Überhitzungstemperatur bei der Ausführung nach Nr. 4 in Frage stellen.

Gute Überhitzung von 351 °C wurde nach Nr. 5 durch Kürzung der gleich langen Überhitzerrohre auf 4300 mm bei 4900 mm Rauchrohrlänge erzielt.

B. Verdampfungsfähigkeit der Siederohrheizfläche.

Die Theorie der Wärmeübertragung durch die Siederohrheizfläche auf S. 38 ergab, daß der Wärmewert W bei dem jeweiligen Temperaturgefälle und die Wärmedurchgangszahl k des Heizgasgewichts maßgebend ist für die Sattdampferzeugung eines Lokomotivkessels.

Zum Vergleich mögen in Zahlentafel 30 fünf verschieden große Sattdampfkessel dienen, von denen drei zwar verschieden schweren, aber etwa gleich leistungsfähigen D-Güterzuglokomotiven der Gattung G_7^2, G_7^1 und G_9 (Spalte 1, 3 und 5 der Zahlentafel 30) entnommen sind.

Die G_7^2 und G_7^1 ist mit langem, schmalem, die G_9 mit breitem Rost ausgeführt.

Um die Wirkung kurzer, breiter Roste gegenüber schmalen, langen Rosten bei gleichen Siederohrheizflächen noch beweiskräftiger darzustellen, sind in Spalten 2 und 4 außerdem zwei weitere Kessel mit den gleichen Siederohrheizflächen der ausgeführten Kessel unter 1 und 3 angenommen.

Wird die Siederohrheizfläche des G_7^2-Kessels in Spalte 1 als Einheit gesetzt, so ist die des G_7^1-Kessels um 9,5%, die des G_9-Kessels um 44,4% größer.

Angenommen wurde bei jedem Kessel eine stündlich verfeuerte Brennstoffmenge von $B = 900$ kg/St mittlerer westfälischer Steinkohle mit einem Heizwert von rund 6700 WE/kg.

Die in Zahlentafel 30 zusammengestellten Rechnungsergebnisse zeigen, daß bei einer Rostanstrengung von 400 kg/qm-St bei den langen, schmalen Rosten und einer dieser entsprechenden Verringerung der Rostanstrengung beim breiten Rost auf 295 kg/qm-St, also um 26,2%, die Wärmedurchgangszahl bei allen Kesseln fast die gleiche blieb, was für die Beanspruchung der Feuerbüchsheizfläche bedeutsam ist. Vergl. S. 84, 3. Abschn.

Unter Berücksichtigung der bei verschiedenen Rostanstrengungen erzeugten Heizgasgewichte (Abb. 49) läßt sich die Eintrittstemperatur der Heizgase in die Siederohre ermitteln, die nach den Ausführungen in Zahlentafel 30 bei 295 kg/qm-St Rostanstrengung 987 °C, bei 400 kg/qm-St Rostanstrengung 1100 °C beträgt.

Zahlentafel 30.

Kesselabmessungen.

Kessel	1	2	3	4	5
Gattung	G_7^2	—	G_7^1	—	G_9
Rostfläche . . . . qm	2,25	3,053	2,25	3,053	3,053
Feuerbüchsheizfläche . . . . . qm	10,5	11,82	10,5	11,82	11,82
Siederohrheizfläche . . . . . . qm	128,67	128,67	140,86	140,86	185,76
Siederohrheizfläche in . . . . . %	—	—	+9,5	+9,5	+44,4
Gesamte Kesselheizfläche. . . . qm	139,17	140,49	151,36	152,68	197,58
H/R.	62	46,1	67,3	50	64,8
Rohr-∅ 45/50, Länge . . . . . mm	4100	4100	4500	4500	4500
Rohranzahl.	222	222	222	222	292
Kesselgewicht . . . . t	14,1	—	14,5	—	16,5

Wärmeübertragung der Feuerbüchsheizfläche bei einer Brennstoffmenge von $B = 900$ kg/St.

Rostanstrengung B/R . . kg/qm-St	400	295	400	295	295
Verbrennungstemperatur T_0 . . °C	1375	1265	1375	1265	1265
Temperaturunterschied $T_0 - t_0$. °C	1185	1075	1185	1075	1075
Heizgasgewicht G/R . . . kg/qm-St	6870	5660	6870	5660	5660
„ gesamt G . . . kg/qm-St	15420	17250	15420	17250	17250
Wärme- . . . . k	42	36,4	42	36,4	36,4
Durchgangszahl . . . . $\varkappa$	94	98	94	98	98
K WE/qm-St °C	136	134,4	136	134,4	134,4
Erzeugte Wärmemenge Q. . WE/St	6040000	6040000	6040000	6040000	6040000
$Q_F = H_F K \cdot (T_0 - t_0)$ . . . WE/St	1690000	1710000	1690000	1710000	1710000
$Q - Q_F$ . . . . WE/St	4350000	4330000	4350000	4330000	4330000
$c_{m_e} \cdot t_e = \frac{Q - Q_F}{G}$	282	251	282	251	251
Eintrittstemperatur t_e . . . . . °C	1100	987	1100	987	987

Wärmeübertragung der Siederohrheizfläche.

Siederohrquerschnitt q . . . . qcm	3525	3525	3525	3525	4650
q/G	0,228	0,204	0,228	0,204	0,27
Wärmedurchgangszahl k WE/qm-St °C	39,6	43	39,6	43	35,1
Wärmewert $W = \frac{H_S k}{G}$	0,33	0,321	0,361	0,351	0,378
Austrittstemperatur t_a . . . . . °C	448	422	418	395	374
Temperaturunterschied $t_m - t_0$ . . .	522	462	498	438	423
$Q_S = H_S \cdot k (t_m - t_0)$ . . . . WE/St	2660000	2550000	2790000	2670000	2760000
Wärmeübertragung in . . . . . %	—	—4,3	+5,08	+0,4	+3,9

Wärme-Bilanz.

Wärmeabgabe an den Kessel WE/St	4350000	4260000	4480000	4380000	4470000
$C_{m_a} t_e$	109,6	103	101	96,2	91
Abdampfwärme $c_{m_a} t_a \cdot G$	1690000	1780000	1560000	1660000	1570000
Kesselgütegrad η . . . . %	72	70,5	74,5	72,6	74

Es zeigt sich also zunächst, daß die Eintrittstemperatur der Heizgase in die Siederohre bei Anwendung breiter Rostflächen erheblich niedriger ist als bei Anwendung langer, schmaler Feuerbüchsen.

Welchen Einfluß die Höhe der Eintrittstemperatur der Heizgase in die Siederohre hat, wird sich aus den weiteren Betrachtungen ergeben.

Aus den Rohrabmessungen und angenommenen Heizgasgewichten errechnen sich die Verhältniswerte $\frac{q}{G}$, hieraus die aus Abb. 38 ersichtlichen Wärmedurchgangszahlen k und die Wärmewerte W.

Nach Abb. 36 betragen die Austrittstemperaturen t_a der Heizgase bei Kessel 1 und 3 448 und 418 °C, bei Kessel 2, 4 und 5 422, 395 und 374 °C.

Die Abgastemperaturen t_a, die bei den Kesseln 2, 4 und 5 mit breiter Rostfläche niedriger sind als bei den Kesseln 1 und 3 mit schmaler Rostfläche, berechtigen jedoch keinesfalls zu der Annahme, daß die Wärmeübertragung bei Kesseln mit großer, breiter Rostfläche und niedriger Rostanstrengung günstiger sei als bei Kesseln mit langer, schmaler Rostfläche und höherer Rostanstrengung.

Wird die von den Siederohren übertragene Wärmemenge nach der Gleichung

$$Q_S = H_S k (t_m - t_o)$$

berechnet und die in Kessel 1 übertragene Wärmemenge als Einheit angenommen, so überträgt die 9,5% größere Rohrheizfläche des Kessels Nr. 3 nur 5,08%, die 44,4% größere Rohrheizfläche des Kessels Nr. 5 sogar nur 3,9% mehr Wärme als die des Kessels 1.

Schon die rein theoretische Ermittlung zeigt, daß die Rohrheizfläche der Kessel 2 und 4 mit großer, breiter Rostfläche in der Wärmeübertragung ungünstiger dastehen als die der entsprechenden Kessel 1 und 3 mit langer, schmaler Feuerbüchse.

In Wirklichkeit wird die Dampferzeugung der Kessel mit breiten Rosten noch ungünstiger sein, da die an sich verminderte Verbrennungstemperatur durch die bei niedriger Brennstoffschicht leichter einströmende kalte Luft noch weiter herabgezogen wird. Ähnlich ist die Dampferzeugung auch bei dem Kessel 5 der G_9.

Dementsprechend ist die Forderung, die seinerzeit beim Entwurf dieser Bauart G_9 gestellt wurde, „mit der Vergrößerung des Kessels eine geringere Beanspruchung der Kesselheizfläche zu verbinden“[1]), in Wirklichkeit nicht zu erreichen.

Wohl ist bei Kessel 5 die Wärmedurchgangszahl der Rohrheizfläche etwas geringer geworden, sie erniedrigt sich von 39,6 bei Kessel 1 auf 35,1. Dieser Umstand hat aber der weit höheren Wärmedurchgangszahl der Feuerbüchse gegenüber keine praktische Bedeutung.

Allgemein läßt der Vergleich der 5 Kessel erkennen, daß bei gleicher Kesselheizfläche und langer, schmaler Feuerbüchse der Gütegrad besser ist als bei großer, breiter Rostfläche, vorausgesetzt, daß sich die Höhe der bei Höchstleistungen der Lokomotiven nötig werdenden höheren Rostanstrengungen noch in zulässigen Grenzen bewegt.

In wirtschaftlicher Hinsicht gebührt dem Kessel 1 der Vorzug.

Bei seiner Größe besitzt er einen Gütegrad von 72%, der um 9,5% größere Kessel Nr. 3 besitzt einen Gütegrad von 74,5%, der um 44,5% größere Kessel Nr. 5 besitzt einen Gütegrad von 74%.

Wird berücksichtigt, daß Kessel 5 mit der 44,4% größeren Rohrheizfläche und dem 17% größeren Gewicht zu einer Lokomotive gehört, die 12% schwerer ist als die Lokomotive mit dem Kessel 1, so ist leicht einzusehen, daß der etwas bessere Gütegrad wegen des erhöhten Eigenwiderstands der schweren Lokomotive praktisch nicht in Erscheinung treten kann[2]). Tatsächlich konnte die erhoffte Mehrleistung nicht erzielt werden, so daß seinerzeit bei Neubeschaffung von Sattdampf-Güterzug-Lokomotiven während des Kriegs der G_7 mit dem kleineren Kessel der Vorzug gegeben wurde, von denen etwa 1000 Stück beschafft wurden.

Die Richtigkeit dieser theoretischen Erwägung wird auch durch die Ergebnisse der Coucheschen Verdampfungsversuche auf S. 34 erwiesen.

Sie schränken die Behauptung Strahls[3]) stark ein, daß die Länge der Siederohre einen wesentlichen Einfluß auf die wirtschaftliche Ausnutzung des Brennstoffs hat, und kurze und weite Kessel für die Ausnutzung des Brennstoffs vorteilhafter seien als lange und enge Kessel.

Auch bestätigen die Ergebnisse, daß das uneingeschränkte Verhältnis $\frac{H}{R}$, entgegen der Ansicht Sanzins[4]), kein grundlegendes Maß für die Dampferzeugung eines Lokomotivkessels sein kann, wenn nicht dabei für H die Form der Feuerbüchse und die Siederohrverhältnisse und für R die Ausführung des Rostes berücksichtigt wird.

C. Verdampfungsfähigkeit der Rauchrohrheizfläche und Leistungsfähigkeit der Überhitzerheizfläche.

In Fachkreisen ist noch zuweilen die Ansicht vertreten, daß die großen Ersparnisse, die sich aus der wirtschaftlichen Verarbeitung des Heißdampfs in der Maschine ergeben, zum Teil durch die schlechtere Wärmeausnutzung im Heißdampfkessel wieder herabgezogen werden. Bei der Behandlung der Verdampfungsverhältnisse eines Heißdampfkessels erscheint daher der Vergleich mit einem gleich großen Sattdampfkessel geboten.

[1]) Hammer: Z. V. d. I. 1910, S. 2001.

[2]) Nach Hammer (Glaser, F. C.: Die Entwicklung des Lokomotivparkes bei den preußisch-hessischen Staatseisenbahnen S. 53) stand die G_9- hinsichtlich der Wirtschaftlichkeit bei schwerer Belastung der G_7-Lokomotive „nicht nach“.

[3]) Strahl: Z. V. d. I. 1905, S. 772.

[4]) Sanzin: Forschungsarbeiten: Versuchsergebnisse mit Dampflokomotiven S. 34.

Den folgenden Betrachtungen wurden die in Abb. 45 wiedergegebenen Kesselabmessungen mit gleich großer Rostfläche von $R = 1{,}73$ qm und gleich großer Feuerbüchsheizfläche von $H_F = 9{,}0$ qm zugrunde gelegt, wie sie bei der Tenderlokomotive der Reichsbahn der Gattung T 11, T 12 und T 13 in ähnlicher Weise zur Ausführung gelangten.

Abb. 45.

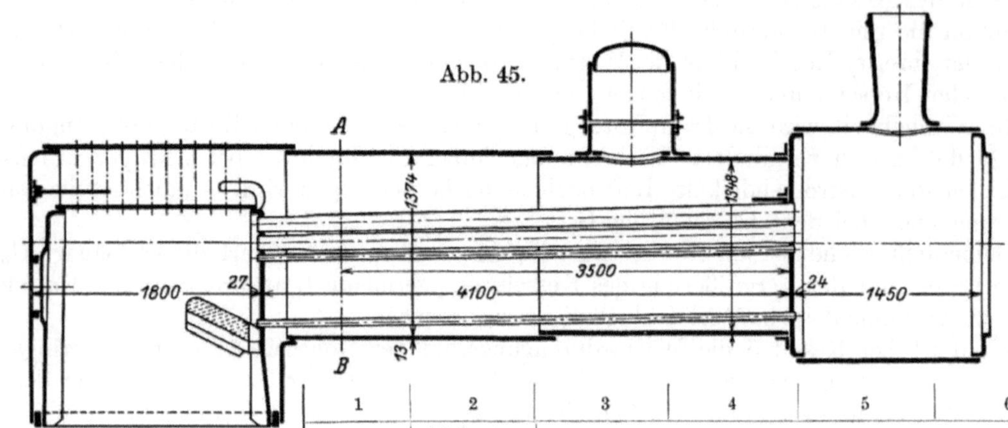

	1	2	3	4	5	6
	Sattdampf-kessel	Kleinrohr-Überhitzer-kessel	Großrohr-Überhitzerkessel			
Anzahl u. Durchm. d. Siederohre	209 41/46	6 41/46	120 41/46	120 41/46	120 41/46	120 41/46
„ „ „ „ Rauchrohre	—	92 70/76	18 125/133	18 125/133	18 125/133	18 125/133
„ „ „ „ Überhitzerr.	—	2×92 19/24	4×18 28/36	4×18 30/38	4×18 32/40	4×18 32/40
Rohrlänge . . . . mm	3500	3500	3500	3500	3500	3500
Heizflächen d. Siederohre H qm	94	2,7	54	54	54	54
„ „ Rauchrohre H_1 qm	—	70,8	24,7	24,7	24,7	24,7
Wasserverdampf. Rohrheizfl. qm	94	73,5	78,7	78,7	78,7	78,7
Überhitzerheizfläche H_2 . . qm	—	48,5	28,4	30,0	31,6	28
						Umkehrschleife um 500 mm gek.

Bei gleicher Rostanstrengung von etwa $B/R = 300$ kg/St ergibt sich bei Verfeuerung von Steinkohle nach Abb. 49 ein stündliches Heizgasgewicht von $G = 10\,000$ kg/St. Die Verdampfungsverhältnisse in der Feuerbüchse des Sattdampf- und Heißdampfkessels sind gleich. Die Wärmeübertragung der Heizgase in den Siederohr- bzw. Siede- und Rauchrohrenden bis zum Eintritt der Heizgase in den Überhitzer kann der Einfachheit halber auch als gleichbleibend angenommen werden, um so mehr, da die an den kurzen Rohrenden abgegebene Wärmemenge im Vergleich zur erzeugten Gesamtwärmemenge klein ist.

Da nun die Kessel in betrieblicher Hinsicht nicht die gleichen Ergebnisse hatten, so müssen die Langkesselheizflächen der einzelnen Kessel in erster Linie hierbei von Einfluß gewesen sein.

Es sei angenommen, daß in dem 600 mm von der Feuerbüchsrohrwand entfernten Langkesselquerschnitt $A-B$ Abb. 45 die Heizgase bei allen Kesseln noch eine Temperatur von 900° C besitzen. Hiermit lassen sich die Verdampfungsverhältnisse der einzelnen Langkessel errechnen (vgl. Zahlentafel 31).

1. Sattdampfkessel.

Unter Zugrundelegung des Verhältniswerts

$$\frac{\text{Rohrquerschnitt}}{\text{Heizgasgewicht}} = \frac{q \text{ qcm}}{G \text{ kg/St}} = 0{,}275$$

ergibt sich nach Abb. 38 die Wärmedurchgangszahl in den Siederohren

$$k = 34{,}6 \text{ WE/qm-St °C}$$

und die Größe des Wärmewerts

$$W = \frac{H \cdot k}{G} = \frac{94 \cdot 34{,}6}{10\,000} = 0{,}325 \text{ WE/kg °C}.$$

Somit beträgt bei der Eintrittstemperatur der Heizgase

$$t_e = 900 \text{ °C}$$

nach Abb. 36 die Austrittstemperatur der Heizgase

$$t_a = 391 \text{ °C}$$

Zahlentafel 31.

Verdampfungsfähigkeit der Rohrheizflächen bei Satt- und Heißdampflokomotivkesseln.

	1	2	3	4	5	6
	Sattdampf-Kessel	Kleinrohr-Überh.-Kessel	Großrohr-Überhitzerkessel			Umkehrschleife um 500 gekürzt
Abmessungen der						
Siederohre	209 41/46	6 41/46	120 41/46	120 41/46	120 41/46	120 41/46
Rauchrohre	—	92 70/76	18 125/133	18 125/133	18 125/133	18 125/133
Überhitzerrohre	—	2×92 19/24	4×18 28/36	4×18 30/38	4×18 32/40	4×18 32/40
Rohrlängen mm	3500	3500	3500	3500	3500	3500
Heizfläche der						
Siederohre H	94	2,7	54	54	54	54
Rauchrohre H_1	—	70,8	24,7	24,7	24,7	19,05 5,65
Wasser- u. Rohrheizfläche	94	73,5	78,7	78,7	78,7	78,7
Überhitzerrohre H_2	—	48,5	28,4	30,0	31,6	$\underbrace{24{,}4\quad 3{,}6}_{28}$
Freier Querschnitt qm						
Siederohre q	0,275	0,0079	0,158	0,158	0,158	0,158
Rauchrohre q_1	—	0,269	0,148	0,139	0,131	0,131 0,176
Überhitzerrohre q_2	—	0,026	0,01108	0,0127	0,0145	0,0145
Gasgewicht in kg/St in den						
Siederohren G	10000	285	5170	5320	5480	5480
Rauchrohren G_1	—	9715	4830	4680	4520	4520
Beziehungen der Siederohrhzfl.						
q/G qcm/kg-St	0,275	0,277	0,306	0,297	0,288	0,288
k WE/qm-St °C (n. Abb. 38)	34,6	34,4	32,0	32,8	33,5	33,5
$W = \frac{H \cdot k}{G}$	0,325	0,326	0,334	0,333	0,33	0,33
Eintrittstemperatur t_e °C	900	900	900	900	900	900
Austrittstemperat. t_a n. Abb. 36	391	390	384	385	387	387
$t_m - t_o$ (nach Abb. 37)	407	406	401	402	404	404
Beziehungen der Rauchrohr- u. Überhitzerheizfläche						
q_1/G_1 qcm/kg-St	—	0,277	0,306	0,297	0,288	0,288 0,39
q_2/D qcm/kg-St; $D = 3500$ kg/St	—	0,0743	0,0317	0,0363	0,0414	0,0414
k_1 WE/qm-St °C	—	34,4	32,0	32,8	33,5	$\underbrace{33{,}5\quad 26{,}9}_{32{,}0}$
k_2 WE/qm-St °C	—	28,8	29,3	29,6	30,0	$\underbrace{30{,}0\quad 27{,}1}_{29{,}6}$
$W_1/2$	—	0,251	0,1635	0,173	0,184	0,175
$W_2/2$	—	0,144	0,172	0,1895	0,21	0,183
$\frac{W_1 + W_2}{2}$	—	0,395	0,3355	0,3625	0,394	0,358
Eintrittstemperatur t_e °C	—	900	900	900	900	900
Austrittstemperat. t_a n. Abb. 39	—	370	414	393	371	396
$t_m - t_o$ (nach Abb. 37) °C	—	390	424	408	391	411
$t_ü$ (nach Abb. 42) °C	—	313	337	326	314	328
Wärmeübertragung der						
Siederohrheizfläche Q_s WE/St	1321000	37800	692000	712000	732000	732000
Rauchrohrheizfläche Q_1 WE/St	—	950000	335000	331000	324000	325000
Verdampfungswärme Q_w WE/St	1321000	987800	1027000	1043000	1056000	1057000
Verdampfung in %	+33,6	—	+3,97	+5,6	+6,92	+7,1
Überhitzerheizfläche Q_2 WE/St	—	437000	280000	289000	298000	272000
Wärmeinhalt $\lambda' = Q_2/D$ WE/kg	—	125	80	82,5	85,1	77,6
Wärmeinhalt λ WE/kg	—	67,5	80	74,5	68,5	75,5
Ges. erzeugte Wärmemenge Qges WE/St	1321000	1424800	1307000	1332000	1354000	1329000

und nach Abb. 37 der mittlere Temperaturunterschied zwischen den Heizgasen und dem Kesselwasser

$$t_m - t_o = 407\,°\text{C}.$$

Nach den Ausführungen auf S. 38 wird daher durch die Siederohrheizfläche an das Kesselwasser die Wärmemenge

$$Q = H \cdot k\,(t_m - t_o) = 94 \cdot 34{,}6 \cdot 407 = 1\,321\,000 \text{ WE/St}$$

übertragen.

2. Heißdampfkessel.

Kessel 2 ist mit einem Kleinrohrüberhitzer, Kessel 3—6 sind mit Großrohrüberhitzern in Rauchröhren von 125/133 mm, jedoch mit verschiedenen Überhitzerrohren von 28/36, 30/38, 32/40 mm Durchmesser ausgerüstet.

Bei Kessel 6 ist der zweite und dritte Strang jedes Elements um 500 mm gekürzt.

Der Berechnung der Heizdampfkessel liegen die gleichen Annahmen für Heizgasgewicht und Eintrittstemperatur wie der des Sattdampfkessels zugrunde, das stündliche Heizgasgewicht ist also $G = 10\,000$ kg/St, die Eintrittstemperatur der Heizgase $t_e = 900\,°$C. Die Berechnung der Wärmeübertragung für die Rauchrohr- und Überhitzerheizflächen ist nach der auf S. 41 f. entwickelten Theorie durchgeführt. Die Ergebnisse sind in Zahlentafel 31 unter 2—6 zusammengestellt.

Wird die bei Kessel 2 an das Wasser übertragene Wärmemenge als Einheit angenommen, so zeigt sich eine nennenswerte Zunahme der Verdampfungsleistung bei Kessel 3—6, was in der Hauptsache durch die um 7% größere wasserverdampfende Heizfläche bedingt ist.

Bei den verschieden großen Überhitzerheizflächen liegen die Verhältnisse ähnlich. Wegen der größeren Überhitzerheizfläche des Kleinrohrüberhitzers ist hierbei die ausgetauschte Wärme und somit die zusätzliche Verdampfungswärme des Überhitzers erheblich größer. Da zur Überhitzung von 1 kg Sattdampf von 12 at auf 313 °C rund 67,5 WE/kg notwendig sind, kann bei dem Kleinrohrüberhitzer somit der Wassergehalt des Dampfs

$$\frac{125 - 67{,}5}{475{,}3} \cdot 100 = 12{,}1\%$$

betragen.

Die gesteigerte Leistungsfähigkeit der Überhitzer der Kessel 3—5 ist durch die Vergrößerung der Überhitzerrohre und der damit vergrößerten Überhitzerheizflächen begründet.

Mit der Kürzung der Umkehrenden bei Kessel 6 und der damit verbundenen Verkleinerung der Überhitzerheizfläche nimmt die Überhitzerleistung ab, so daß die an den Überhitzer abgegebene Wärme nur zur Überhitzung trocken gesättigten Dampfs hinreicht. Ein geringer Feuchtigkeitsgehalt des Dampfs wird bei diesem Überhitzer schon die Höhe der Überhitzung beeinträchtigen.

Beim Kleinrohrüberhitzer wird fast das ganze, beim Großrohrüberhitzer etwa die Hälfte des Heizgasgewichts zur Überhitzung der angenommenen stündlichen Dampfmenge von $D = 3500$ kg/St herangezogen.

Wie auf S. 50 f. bereits festgestellt wurde, zeigt sich auch hier, daß die Höhe der errechneten Heißdampftemperatur bei den einzelnen Überhitzern verschieden und unabhängig von deren Größe, lediglich durch die jeweilige Höhe der Austrittstemperatur der Heizgase bedingt ist.

Die Überhitzertemperaturen des Kleinrohrüberhitzers liegen nach der Rechnung verhältnis mäßig niedrig. Dies erklärt sich daraus, daß bei der Rechnung der Einfluß erhöhter Eintrittstemperaturen der noch flammenden Heizgase bei dem größeren Heizgasquerschnitt unberücksichtigt bleiben mußte.

Die Tatsache, daß die gesamte an den Dampf und an das Wasser übertragene Wärmemenge bei allen Kesseln annähernd gleich groß ist, vgl. Zahlentafel 31, erweist, daß der Heißdampfkessel dem Sattdampfkessel in bezug auf die Wärmeausnutzung nicht nachsteht.

IV. Bestimmung der Hauptabmessungen von Lokomotivkesseln.

Wie die Zylinder einer Lokomotive im allgemeinen so berechnet werden, daß die meistgebrauchte Zugkraft unter günstigster Dampfausnutzung erreicht wird, so ist die bei der meistgebrauchten Zugkraft und Geschwindigkeit sich ergebende Durchschnittsleistung

$$N_i = \frac{Z_i V'}{270}$$

maßgebend für die Größenabmessung des Kessels.

A. Bestimmung der Rostfläche.

Unter Zugrundelegung einer Rostanstrengung[1] $\frac{B}{R}$, d. h. der in der Stunde auf 1 qm Rostfläche zu verbrennenden Kohlenmenge, über deren jeweilig zweckmäßige Größe Angaben folgen, ergibt sich je nach Beschaffenheit des Brennstoffs, der Bauart und Größe des Rostes und der Feuerbüchse die Rostgröße

$$R\,\text{qm} = \frac{N_i^{\text{PSi}} \cdot B/N_i^{\text{kg/PSi-St}}}{B/R^{\text{kg/qm-St}}}.$$

Nach Strahl[2]) bedeutet die spezifische Rostanstrengung einen Wärmewert

$$A = \frac{B/R \cdot h}{10^6},$$

worin für

B/R das Gewicht der stündlich auf 1 qm Rostfläche verbrannten Kohle in kg, und
h der Heizwert der Kohle in WE/kg zu setzen ist.

Auf Grund einwandfreier Ergebnisse von Versuchsfahrten mit Lokomotiven ist nach Strahl bei Verwendung mittelguter Steinkohle von etwa 6700 WE/kg dauernd eine günstigste spez. Rostanstrengung

$$A = \frac{B/R \cdot 6700}{10^6} = 4$$

zulässig.

Strahl empfiehlt bei Lokomotivfeuerungen

	A	B/R kg/qm-St
für gute Durchschnittsleistungen	3	450
für größte Dauerleistungen	4	600
für vorübergehende Höchstleistungen	5,3	790

Die in Fachkreisen fast allgemein verbreitete Annahme, daß minderwertige Brennstoffe durchaus niedrige Rostanstrengungen erfordern, kann nach Sanzin[3]) nicht derartig verallgemeinert werden, daß dabei gleichzeitig übergroße Rostflächen angewandt werden müßten. Die bei österreichischen Lokomotiven vielfach verwendete leicht backende und schlackende Schwarzkohle von 6000—6500 WE/kg läßt bei sachgemäßer Haltung eines Muldenfeuers, vgl. 3. u. 4. Abschn., verhältnismäßig sehr hohe Rostanstrengungen von

$$B/R = 600-650\ \text{kg/qm-St}$$

ohne Schwierigkeiten zu, so daß der geringere Heizwert der Kohle hier durch hohe Rostanstrengungen ausgeglichen werden kann.

Auch die Veröffentlichung von Basford[4]) über amerikanische Lokomotiven zeigt, daß bei noch erheblich minderwertigen Brennstoffen (Lignit) Rostanstrengungen von gleichfalls

$$B/R = 600-650\ \text{kg/qm-St}$$

zur Erzielung größtmöglicher Verdampfungsleistung als unbedingt zulässig angesehen werden können.

Die in Zahlentafel 32 zusammengestellten Rostanstrengungen bei Steinkohlenfeuerung sind durch Auswertung zahlreicher Versuchsergebnisse gefunden, die bei Lokomotiven der Reichsbahn im Dauerbetrieb sich ergeben haben.

Zahlentafel 32.
Rostanstrengungen bei verschiedenen Lokomotivgattungen und Feuerbüchsbauarten.

Lokomotivgattung	Güterzug-Lokomotiven	Personenzug-Lokomotiven	Schnellzug-Lokomotiven
Triebrad . . . . ⌀ mm	1100—1400	1400—1700	1700—2000
Große, breite Roste . .	150—250	250—350	350—450
Schmale, lange Roste . .	250—350	350—450	450—550

Diese Zahlenangaben können als Unterlage für die Ermittlung zweckmäßiger Größen der Rostflächen gelten; vgl. 4. Abschn.

[1]) Garbe: Dampflokomotiven der Gegenwart, 2. Aufl., S. 61.

[2]) Strahl: Die Kohlenersparnis oder größere Leistungsfähigkeit der Lokomotiven durch Vorwärmung des Speisewassers. Glaser 1915, Nr. 914, S. 23.

[3]) Sanzin: Forschungsarbeiten auf dem Gebiete des Ingenieurwesens. Versuchsergebnisse mit Dampflokomotiven, S. 26.

[4]) Basford, G. H.: Railway Age 1923, Heft 10, S. 553.

B. Bestimmung der Feuerbüchsheizfläche.

Die angenäherte Größe der Feuerbüchsheizfläche H_F läßt sich durch die auf S. 36 gegebenen Beziehungen ermitteln.

Sie ist

bei schmalen, langen Feuerbüchsen $H_{F_s} = 6{,}4\,R - 2{,}2\,,$

bei breiten Feuerbüchsen $H_{F_b} = 3{,}2\,R + 1\,.$

C. Bestimmung der Rohrheizfläche.

Das auf dem Rost entsprechend der günstigsten Rostanstrengung erzeugte stündliche Heizgasgewicht G kg/St bestimmt das Ausmaß der Rohrheizfläche. Hinsichtlich der Wärmeübertragungsmöglichkeit der Heizfläche ist nach S. 38 die auf 1 kg Heizgasgewicht entfallende Heizfläche

$$\frac{H}{G} = \frac{W}{k}.$$

Weiter ergibt sich für die Heizfläche in bezug auf den Rohrquerschnitt

$$\frac{H}{q} = \frac{4 \cdot l}{d}$$

ein Festwert, dessen jeweilige Größe durch die Rohrabmessungen bestimmt ist. Andererseits ist

$$\frac{H}{q} = U \cdot W,$$

worin

$$U = \frac{1}{\frac{q}{G}k} = \frac{1}{\frac{q}{G} \cdot f\left(\frac{q}{G}\right)} \text{ den Wärmeübertragungswert der Heizfläche,}$$

$$W = \frac{H\,k}{G} = \frac{H}{G} \cdot f\left(\frac{q}{G}\right) \qquad \text{den mittleren Wärmewert der Heizgase}$$

bedeutet. Beide Werte sind wechselseitig vom Verhältnis $\frac{q}{G}$ voneinander abhängig. Ihre Größen sind demnach bei der Wahl von

$$\frac{H}{q} = \frac{4 \cdot l}{d}$$

schon bestimmt, da hiermit die Größe der Heizfläche H in bezug auf den Rohrquerschnitt q festgelegt ist. Es bleibt nur noch das günstigste Verhältnis der Rohrabmessungen, also $\frac{H}{q}$, zu ermitteln.

Wie bereits aus dem Vergleich der Wärmeübertragung verschiedener Kesselbauarten, S. 51, hervorging, ist es weder vorteilhaft, die Rohre für einen bestimmten Heizgasquerschnitt q zu lang, noch bei angenommener Länge der Rohre den Heizgasquerschnitt zu groß zu wählen, da hierdurch die Wärmeübertragung des Kessels praktisch nicht verbessert, das Kesselgewicht dagegen zwecklos gesteigert, und bei zu großer Rohrzahl und gleichbleibendem Kesseldurchmesser die Stegstärke in schädlicher Weise geschwächt wird.

Wird als Einheit der Rohrheizfläche $H = 100$ qm, als Einheit des Heizgasgewichts $G = 10\,000$ kg/St angenommen, so ist

$$\frac{H}{G} = \frac{100}{10\,000} = \frac{W}{k}, \qquad H = \frac{1}{100} \cdot G,$$

und da

$$H = q \cdot \left(\frac{4 \cdot l}{d}\right),$$

folgt

$$q\left(\frac{4 \cdot l}{d}\right) = \frac{1}{100} \cdot G, \qquad \frac{q}{G} = \frac{1}{100\left(\frac{4 \cdot l}{d}\right)}.$$

Für die Einheit der Rohrheizfläche und des Heizgasgewichts errechnet sich somit

$$U = \frac{1}{\dfrac{1}{100\left(\dfrac{4\cdot l}{d}\right)}\left(2+5{,}5\sqrt[1{,}3]{\dfrac{100\left(\dfrac{4\cdot l}{d}\right)}{3600}}\right)} = \frac{100\left(\dfrac{4\cdot l}{d}\right)}{2+0{,}348\sqrt[1{,}3]{\dfrac{4\cdot l}{d}}}$$

und

$$W = \frac{1}{100}\left(2+0{,}348\sqrt[1{,}3]{\frac{4\cdot l}{d}}\right).$$

U und W sind somit nur abhängig von dem Verhältnis der Rohrabmessungen, wie aus dem Verlauf der Schaulinien in Abb. 46 ersichtlich ist, wobei die Ordinaten von W in 1000-facher Größe der Ordinaten von U aufgetragen wurden.

Die Bauart einer Lokomotive bestimmt in gewissen Grenzen die Rohrlänge.

Mit kleiner werdendem Rohrdurchmesser d, bei gleichbleibender Heizfläche H, nimmt das Verhältnis der Rohrabmessungen $\frac{4\cdot l}{d}$ und damit U und W stetig zu.

Die Zunahme des mittleren Wärmewerts W begünstigt die Ausnutzung der Heizgaswärme. Die damit verbundene Zunahme des Wärmeübertragungswerts U der Heizfläche ist dagegen nicht erstrebenswert, da die übermäßige Verringerung des freien Heizgasquerschnitts erhöhte Blasrohrwirkung erfordert.

Demzufolge ist der mittlere Wärmewert W so groß wie möglich, der Wärmeübertragungswert U so klein wie möglich zu wählen.

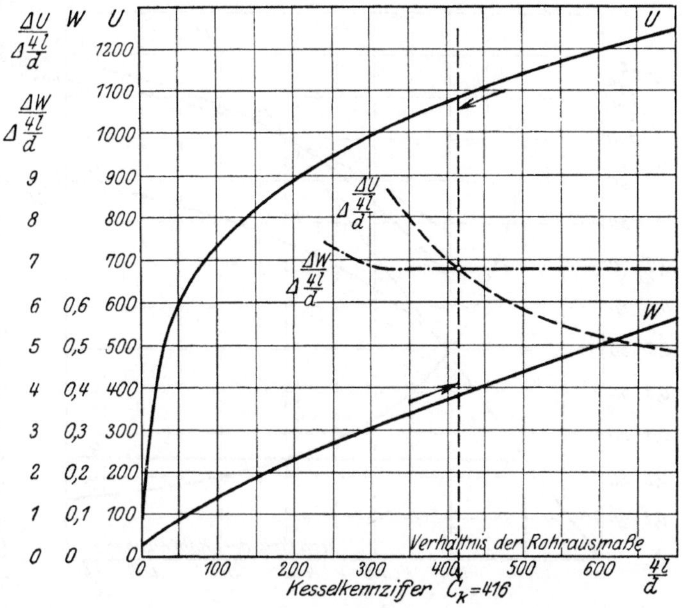

Abb. 46. Veränderlichkeit des Wärmeübertragungswerts U und Wärmewerts W bei verschiedenen Rohrausmaßen.

Werden die Schaulinien in Abb. 46 in der beigezeichneten Pfeilrichtung verfolgt, so ergibt sich bei einer bestimmten Ordinate von U und W der günstigste Wert für $\frac{4\cdot l}{d}$. Es ist dies diejenige Ordinate, bei der nach den Maßstäben für U und W in der Abb. 46

$$\frac{\triangle U}{\triangle\left(\dfrac{4\cdot l}{d}\right)} = \frac{\triangle W}{\triangle\left(\dfrac{4\cdot l}{d}\right)}$$

wird, d. h. die beiden Schaulinien für U und W parallel verlaufen.

Der Fußpunkt dieser Ordinate liegt bei

$$\frac{4\cdot l}{d} = 416\,.$$

Es wird also

$$\frac{l}{d} = 104\,.$$

Das günstigste Verhältnis der Rohrabmessungen, wie es bei Kesseln regelspuriger Lokomotiven mit Rücksicht auf die Wärmeausnutzung der Heizgase angestrebt werden sollte, ist somit eindeutig festgelegt[1]).

---

[1]) Garbe: Dampflokomotiven der Gegenwart, 2. Aufl., S. 634. — Bauer u. Stürzer: Einführung in die Berechnung und Konstruktion von Dampflokomotiven, S. 49.

Bei gegebenem Heizgasgewicht von 10000 kg/St ist die Siederohrheizfläche von 100 qm Größe bezüglich der Heizgasmenge, der Schnelligkeit der Dampferzeugung und des Gütegrads am günstigsten, wenn entsprechend

$$\frac{4 \cdot l}{d} = 416$$

der mittlere freie Heizgasquerschnitt

$$q = \frac{G}{100 \cdot \left(\frac{4 \cdot l}{d}\right)} = \frac{10000}{100 \cdot 416} = 0{,}24 \text{ qm}$$

gewählt ist.

Ist das stündlich erzeugte Heizgasgewicht G ein Vielfaches von 10 000 kg/St, so ändert sich der erforderliche freie Heizgasquerschnitt q und damit die Größe der Rohrheizfläche in dem entsprechenden Verhältnis.

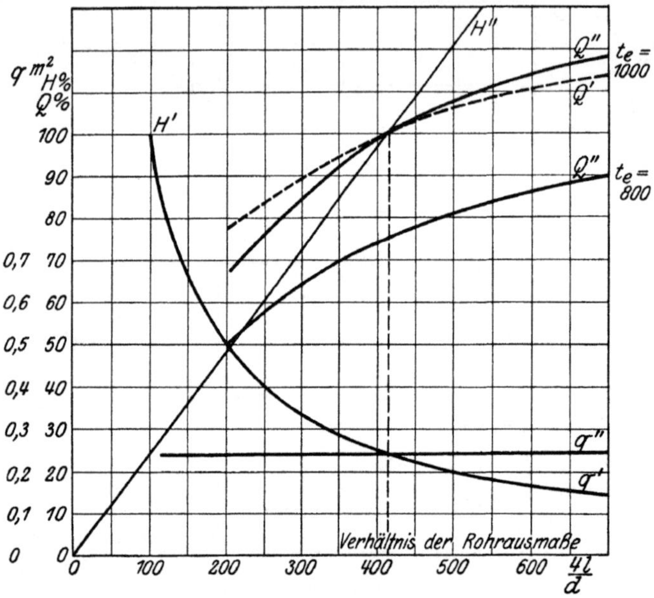

Abb. 47. Wärmeübertragung bei verschiedenen Rohrausmaßen.

Das Verhältnis der Länge zum Durchmesser der Siederohre

$$\frac{4 \cdot l}{d} = 416$$

stellt somit einen für die Größenabmessung des Lokomotivkessels wichtigen Festwert dar, der für die Folge als

Kesselkennziffer C_K

bezeichnet werden soll.

In diesem Zusammenhang sind die von M. A. Henry auf der P.-L.-M.-Bahn und die auf dem amerikanischen Prüfstand in Altoona angestellten Versuche an Lokomotivkesseln mit gleichem Durchmesser und verschieden langen Rohren bemerkenswert [1]). Sie bestätigen den Verlauf der Schaulinie für Q in Abb. 47, die sich aus

$$Q = H\,k\,(t_m - t_o)$$

ermittelt und in Prozent in Abhängigkeit von $\frac{4 \cdot l}{d}$ aufgetragen ist. Dabei wurde

1. gleichbleibende Heizfläche $H = 100$ qm und veränderlicher Rohrquerschnitt,
2. gleichbleibender Rohrquerschnitt $q = 0{,}24$ qm und veränderliche Rohrheizfläche und Eintrittstemperatur der Heizgase angenommen.

Aus den mittleren Wärmewerten $W = \frac{H}{G} \cdot k$ ergeben sich für eine Eintrittstemperatur der Heizgase von $t_e = 1000°$ bzw. $800°$ C nach Abb. 36 die Austrittstemperaturen t_a und nach Abb. 37 die mittleren Heizgastemperaturen $t_m - t_o$.

Es zeigt sich, daß über die Kesselkennziffer $C_K = 416$ hinaus die Zunahme der Wärmeübertragung nur noch gering ist und in keinem Verhältnis zur Vergrößerung der Rohrheizfläche steht. Es ist daher nicht empfehlenswert, bei regelspurigen Lokomotiven über die Grenze der angegebenen Kesselkennziffer hinauszugehen, da mit der Vergrößerung der Wandreibungsflächen erhöhte Blasrohrverluste verbunden sind, die einer nur um ein geringes vermehrten Verdampfung entgegenstehen.

Bei Kleinbahnlokomotiven ist die Einhaltung der Kesselkennziffer nicht immer möglich, da die selbst bei Anwendung engster Rohrdurchmesser von $d = 0{,}0335$ m sich ergebende Rohrlänge

$$l = 104 \cdot 0{,}0335 = 3{,}5 \text{ m}$$

aus baulichen Gründen vielfach noch unterschritten werden muß. Auch setzen sich zu enge Siederohre leicht zu, da die zu starke Wirkung des Blasrohrs bei zu kurzen Rohren sowie das Fehlen des Feuerschirms ein Mitreißen glühender Kohlenteilchen begünstigt.

[1]) Garbe: Dampflokomotiven der Gegenwart, 2. Aufl., S. 634 u. 635.

Gleichzeitig zeigen die Ausführungen, daß bei gleichbleibendem Heizgasgewicht und verschiedenen Ein- und Austrittstemperaturen

z. B. $t_e = 1000°$ und $t_a = 375°\,C$

der mittlere Wärmewert nach Zahlentafel 35 und Abb. 38

$$W = \frac{254{,}4 - 91{,}2}{428} = \frac{163{,}2}{428} = 0{,}382$$

und bei $t_e = 800°$ und $t_a = 326°\,C$

$$W = \frac{200{,}9 - 79}{320} = \frac{121{,}9}{320} = 0{,}382\,,$$

d. h. unverändert bleibt, die übertragene Wärmemenge infolge Verminderung der mittleren Heizgastemperatur bei gleicher Heizfläche dagegen erheblich abnimmt.

Die Erzielung größtmöglicher Wärmeübertragung eines Kessels besteht daher bei gleichbleibendem Rohrquerschnitt nicht in der Verlängerung der Rohre, sondern allein in der Erhöhung der Eintrittstemperatur der Heizgase.

Vielfach ist bei den Rohrheizflächen das Verhältnis der Rohrabmessungen $\frac{l}{d} = 104$ zwar richtig angenommen, die Rohrzahl und somit der freie Heizgasquerschnitt q jedoch zu groß und nicht nach dem bei mittleren Betriebsverhältnissen erzeugten stündlichen Heizgasgewicht G bemessen. So erklärt sich, daß z. B. die Verringerung der Siederohrzahl der $S_5\,2B - SL$ um 10 Stück keine nachweisbare Minderleistung ergab[1]).

D. Bestimmung der Rauchrohr- und Überhitzerheizfläche.

Für die nachfolgenden Betrachtungen ist

H_1 qm Größe der Rauchrohrheizfläche,
H_2 qm Größe der Überhitzerheizfläche,
q_1 qm Rauchrohrquerschnitt,
q_2 qm Querschnitt des Überhitzerelements,
q qm $= q_1 - q_2$ der mittlere freie Heizgasquerschnitt,
D m lichter Rauchrohrdurchmesser,
d m äußerer Überhitzerrohrdurchmesser,
l m Länge der Überhitzerelemente und der sie umschließenden Rauchrohre,
n Anzahl der Rauchrohre und Überhitzerelemente.

Nach Wahl der aus baulichen Rücksichten zulässigen Rohrabmessungen sind die Beziehungen für die Rauchrohrheizfläche

$$H_1 = D\pi l \cdot n \quad \text{und} \quad q_1 = \frac{d^2\pi}{4} \cdot n\,,$$

für das 4reihige Überhitzerelement

$$H_2 = 4\,d\pi l \cdot n \quad \text{und} \quad q_2 = \frac{4 \cdot d^2\pi}{4} \cdot n\,,$$

für das 2reihige Überhitzerelement

$$H_2 = 2\,d\pi l \cdot n \quad \text{und} \quad q_2 = \frac{2 \cdot d^2\pi}{4} \cdot n\,.$$

Mithin ist

$$\frac{H_1}{q_1} = \frac{4 \cdot l}{D} \quad \text{bzw.} \quad \frac{H_2}{q_2} = \frac{4 \cdot l}{d}\,,$$

$$\frac{H_1}{\frac{4l}{D}} - \frac{H_2}{\frac{4l}{d}} = q_1 - q_2 = q\,,$$

$$\frac{DH_1 - dH_2}{4l} = q\,.$$

[1]) Hammer: F. C. Glaser: Die Entwicklung des Lokomotivparkes bei den preußisch-hessischen Staatseisenbahnen. 1912.

Drückt man D durch $x \cdot d$ und H_2 durch $y H_1$ aus, so ergeben sich die baulichen Festwerte ausgeführter Überhitzer aus nachfolgender Zahlentafel 33.

Ferner errechnete sich der Wärmewert der Rauchrohr- und Überhitzerheizfläche nach S. 42 zu

$$\frac{H_1 k_1}{G} + \frac{H_2 k_2}{G} = \frac{W_1 + W_2}{2}.$$

Die Beispiele der Wärmeübertragung durch die Rauchrohr- und Überhitzerheizfläche lassen erkennen, daß mit hinreichender Genauigkeit für die Wärmedurchgangszahl $k_2 = 0{,}9\ k_1$ gesetzt werden kann.

Führt man noch nach Zahlentafel 33 für $H_2 = y \cdot H_1$ ein, so lautet die Gleichung

$$H_1 (1 + 0{,}9 y) = G \frac{W_1 + W_2}{2 k_1}$$

bzw. unter Benutzung des Verhältnisses der Rohrabmessungen

$$H_1 (x - y) = q \left(\frac{4 \cdot l}{d}\right).$$

Wie bei der Siederohrheizfläche ist auch hier als Einheit der Rauchrohr- und Überhitzerheizfläche $H_1 + 0{,}9 H_2 = 100$ qm und als Einheit des Heizgasgewichts $G = 10000$ kg/St angenommen.

$$\frac{H_1 + 0{,}9 H_2}{G} = \frac{100}{10000} = \frac{W_1 + W_2}{2 k_1}$$

oder

$$H_1 (1 + 0{,}9 y) = 0{,}01 G$$

und

$$H_1 (x - y) = q \left(\frac{4 \cdot l}{d}\right).$$

Somit ist der freie Heizgasquerschnitt q bei dem durchschnittlich erzeugten Heizgasgewicht G nach der Gleichung

$$\frac{q}{G} = \frac{0{,}01}{\frac{4 l}{d}}$$

richtig gewählt, wenn das Verhältnis der Rohrabmessungen $\frac{4 \cdot l}{d}$ im Bereich der Kesselkennziffer $\frac{4 \cdot l}{d} = 416$ liegt. Anderenfalls ändert sich q bzw. $\frac{4 \cdot l}{d}$ entsprechend der Größe des Ausgleichwerts $\psi = \frac{x - y}{1 + 0{,}9 y}$.

Somit ergeben sich für die verschiedenen Überhitzerbauarten bei einem stündlichen Heizgasgewicht $G = 10000$ kg/St, z. B. $t_e = 950°$ C Eintrittstemperatur die in Zahlentafel 33 angegebenen theoretischen Vergleichsergebnisse, aus denen die günstigsten Überhitzerbauarten unter 3 und 9 erkenntlich sind.

Hierbei entspricht das Verhältnis der Rohrabmessungen $\frac{4 \cdot l}{d} = 416$ und der günstigste Heizgasquerschnitt

$$q = \frac{0{,}01}{416} \cdot G = \frac{0{,}01}{416} \cdot 10000 = 0{,}24 \text{ qm}$$

der vorliegenden Theorie.

Bei kleinstmöglicher Rauchrohrheizfläche und größtmöglicher Überhitzerheizfläche gewährleisten diese Bauarten die größte Wärmeübertragungsmöglichkeit, ohne daß damit, wie unter 2 und 6, übermäßige Verringerung des freien Rohrquerschnitts verbunden ist. Dabei ist von Wichtigkeit, daß bei der durch die Größe des freien Heizgasquerschnitts bestimmten Höhe der Austrittstemperatur bei der absichtlich niedrig angenommenen Eintrittstemperatur der Heizgase von $t_e = 950°$ C noch hinreichende Dampfüberhitzung erzielbar ist.

In baulicher Hinsicht ergibt sich hiernach eine wirksame Rohrlänge bei dem Großrohrüberhitzer von $l_2 = 3960$ rund 4000 mm, bei dem Kleinrohrüberhitzer von l_2 rund 2500 mm.

Unter Berücksichtigung des um etwa 200 mm verlängerten einen Rohrstrangs und 500 mm Abstand der verlängerten Umkehrschleife bis zur Feuerbüchsrohrwand ergibt sich als erforderliche Länge der Rauch- und Siederohre:

$$l_1 = 500 + 200 + 4000 = 4700 \text{ mm},$$

Zahlentafel 33.

Vergleich verschiedener Überhitzer hinsichtlich der Bauart und Wärmeübertragung.

	1	2	3	4	5	6	7	8	9	10	11	12
Rohrdurchmesser D u. d mm	$\frac{132}{140}\,4\times\frac{30}{38}$	$\frac{125}{133}\,4\times\frac{32}{40}$	$\frac{125}{133}\,4\times\frac{30}{38}$	$\frac{125}{133}\,4\times\frac{28}{36}$	$\frac{119}{127}\,4\times\frac{26}{31}$	$\frac{100}{107}\,4\times\frac{27}{34}$	$\frac{70}{76}\,2\times\frac{19}{24}$	$\frac{64}{70}\,2\times\frac{17}{22}$	$\frac{60}{65}\,2\times\frac{19}{24}$	$\frac{57,5}{67,5}\,2\times\frac{15}{20}$	$\frac{54}{60}\,2\times\frac{15}{20}$	$\frac{54}{60}\,2\times\frac{15}{18}$
Freier Rohrquerschnitt . . . . . qcm	91,49	72,45	77,35	82,00	74,91	70,99	29,44	24,57	19,23	19,68	16,62	17,81
Rauchrohrheizfläche h_1 . . qm/lfd. m	0,4147	0,3927	0,3927	0,3927	0,3739	0,3142	0,2199	0,201	0,1885	0,1806	0,1697	0,1697
Überhitzerheizfläche h_2 . . qm/lfd. m	0,4775	0,5026	0,4775	0,4524	0,4272	0,3896	0,1508	0,1322	0,1508	0,1257	0,1257	0,113
$x = D:d$	3,474	3,125	3,291	3,472	3,50	3,225	2,917	2,91	2,50	2,875	2,70	3,0
$y = h_2:h_1$	1,151	1,28	1,215	1,15	1,143	1,239	0,684	0,658	0,80	0,697	0,741	0,666
$x - y$	2,323	1,845	2,076	2,322	2,357	1,986	2,233	2,252	1,70	2,178	1,959	2,334
$1 + 0,9\,y$	2,036	2,152	2,094	2,035	2,028	2,115	1,616	1,592	1,72	1,627	1,667	1,599
Ausgleichwert $\psi = \frac{x-y}{1+0,9\,y}$	1,142	0,859	1	1,142	1,16	0,94	1,38	1,413	1	1,34	1,175	1,46
Verhältnis der Rohrabmessungen $\frac{4\,l}{d} = 416$ gleichbleibend.												
$q = 0,24\,\psi$ . . . . qm	0,275	0,206	0,24	0,275	0,279	0,226	0,332	0,339	0,24	0,321	0,282	0,351
Wirks. Rohrlänge $l = 416\frac{d}{4}$ . . . mm	3960	4160	3960	3750	3540	3230	2500	2290	2500	2080	2080	1880
Heizgasquerschnitt $q = 0,24$ qm gleichbleibend.												
$4\,l/d = 416\,\psi$	476	357	416	476	483	392	575	589	416	558	491	609
Wirks. Rohrlänge $l = \left(\frac{4\,l}{d}\right)\frac{d}{4}$	4520	3570	3960	4290	4100	3040	3450	3240	2500	2800	2460	2740
Rauchrohrheizfläche H_1 . . . . . qm	49,1	46,5	47,8	49,2	49,2	47,3	61,9	62,8	58,2	61,5	60,1	62,7
Überhitzerheizfläche H_2 . . . . . qm	56,6	59,5	58,1	56,6	56,4	58,6	42,3	41,4	46,5	42,8	44,5	41,7
Wärmeübertragung bei gleichbleibendem $\frac{4\,l}{d} = 416$, gleichem Heizgasgewicht $G = 10\,000$ kg/St von gleicher Temp. $t_e = 950°$.												
k_1 . . . . WE/qm °C-St	34,6	42,7	38,2	34,6	34,3	39,9	30,2	29,8	38,2	30,9	34,0	29,0
$k_2 = 0,9\,k_1$ . . . . . . WE/qm °C-St	31,3	38,4	34,4	31,1	30,8	35,9	27,2	26,8	34,4	27,8	30,6	26,1
$\frac{W_1 + W_2}{2} = \frac{1}{G}(H_1 k_1 + H_2 k_2)$	0,346	0,427	0,382	0,346	0,343	0,399	0,302	0,298	0,382	0,309	0,340	0,290
Austrittstemperatur t_a . . . . . . °C	424	365	396	424	427	383	465	468	396	458	430	476
Temperatur-Unterschied $(t_m - t_o)$. °C	450	403	428	450	452	418	479	481	428	474	454	487
Überhitzungstemperatur $t_ü$ . . . . °C	353	319	337	353	354	330	375	376	337	371	356	381
$Q_1 = H_1 k_1 (t_m - t_o)$ . . . . . WE/St	764 000	800 000	783 000	766 000	763 000	790 000	895 000	900 000	951 000	900 000	925 000	885 000
$Q_2 = H_2 k_2 t_ü$ . . . . WE/St	620 000	730 000	672 000	620 000	615 000	694 000	432 000	417 000	540 000	442 000	483 000	414 000

der bei Einhaltung der Kesselkennziffer von $C_K = 416$ einem lichten Siederohrdurchmesser von

$$d = \frac{4 \cdot 4700}{416} = 45 \text{ mm}$$

entspricht[1]).

Beim Kleinrohrüberhitzer beträgt die Rauch- und Siederohrlänge etwa

$$500 + 2500 = 3000 \text{ mm},$$

was bei 33,5 mm Durchmesser der unbesetzten Heizrohre ein Verhältnis der Siederohrabmessungen von

$$\frac{4\,l}{d} = \frac{4 \cdot 3000}{0{,}0335} = 358$$

ergibt, wobei nach Abb. 47 allerdings eine gewisse Verringerung der Verdampfungsfähigkeit der wasserverdampfenden Heizfläche in Kauf genommen werden muß.

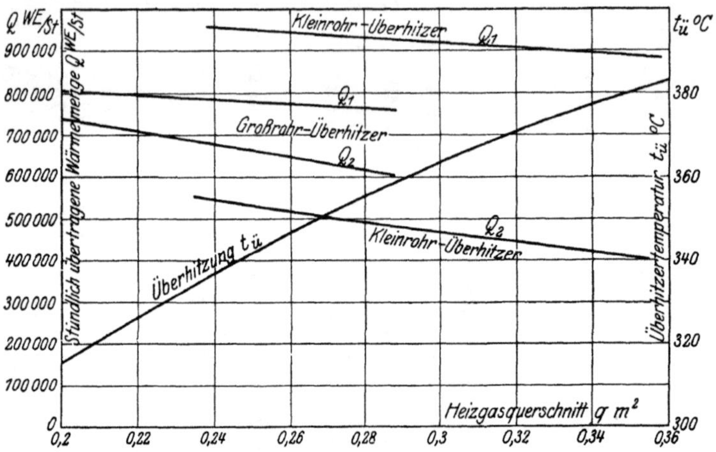

Abb. 48. Wärmeübertragung von Großrohr- und Kleinrohrüberhitzer verschiedener Bauart.

Die so ermittelten Grenzwerte der Rohrausmaße lassen erkennen, daß der Großrohrüberhitzer 3 für Lokomotiven der Regelspur, der Kleinrohrüberhitzer 9 mehr für Kleinbahnlokomotiven hinsichtlich bester Wärmeübertragung und hinreichender Überhitzung am besten geeignet sind.

Weichen die Rohrausmaße von den errechneten Rohrlängen ab, so vermindert sich nach Abb. 48 bei Überschreitung des günstigen Heizgasquerschnitts $q = 0{,}24$ die übertragene Wärmemenge bei gleichzeitig steigender Überhitzung. Bei Unterschreitung von $q = 0{,}24$ nimmt zwar mit abnehmender Überhitzung die Wärmeübertragung noch zu; gleichzeitig verringert sich dabei jedoch damit in schädlicher Weise der freie Rohrquerschnitt, was leichteres Zusetzen der Rohre durch mitgerissene Kohlenteilchen begünstigt und das Reinigen erschwert. Ist statt des Verhältnisses der Rohrabmessungen

$$\frac{4 \cdot l}{d} = 416$$

der Heizgasquerschnitt $q = 0{,}24$ für alle Überhitzerbauarten gleich groß, so ist entsprechend gleicher Wärmewerte

$$\frac{W_1 + W_2}{2} = \frac{1}{10000}\,(38{,}2\,H_1 + 34{,}4\,H_2) = 0{,}382$$

bei gleichen Ein- und Austrittstemperaturen gleiche Heißdampftemperatur sowohl bei den Großrohrüberhitzern wie unter 3 und bei dem Kleinrohrüberhitzer wie unter 9 der Zahlentafel 33 zu erzielen.

Bei gleichbleibendem Heizgasquerschnitt q ändert sich jedoch das Verhältnis der Rohrabmessungen entspr. $\frac{4 \cdot l}{d} = 416 \cdot \frac{x - y}{1 + 0{,}9\,y}$. Werden hierbei die Rohrabmessungsverhältnisse $\frac{4 \cdot l}{d} > 416$, so sind damit erhöhte Reibungswiderstände der Heizgase in den Rohren verbunden.

Das Verhältnis der Rohrausmaße und die Anzahl der Überhitzerelemente bestimmen die Größe der Überhitzerheizfläche.

Es bleibt nunmehr das Querschnittsverhältnis der besetzten Rauchrohre sowie der Siederohre zu ermitteln, bei dem bei richtiger Teilung des gesamten Heizgasstroms gutes Dampfmachen bei höchster Überhitzung des Dampfs erreicht wird.

Unter Annahme, daß die in dem Überhitzer ausgetauschte Heizgaswärme restlos an den Sattdampf D kg/St übergeführt wird, besteht die Gleichung

$$H_2 k_2 \tau = D \cdot c_p\,(t_ü - t_o)\,.$$

[1]) Vgl. Rohrabmessungen der 2 C-HPL der Reichsbahn, Gattung P 8.

Nach den Ausführungen auf S. 45 erreicht die im Lokomotivüberhitzer ausgetauschte Wärmemenge und die Heißdampftemperatur ihren größtmöglichen Wert, wenn

$$\tau = t_{ü}$$

wird.

Bei diesem Sonderfall wird

$$\frac{D}{H_2} = \frac{k_2 \cdot t_{ü}}{c_p (t_{ü} - t_o)},$$

wobei

$t_o = 190°$ C die Sattdampftemperatur bei rund 12 at Überdruck,
$t_{ü} = 355°$ C die Heißdampftemperatur,
$c_p = 0{,}54$ WE/kg °C die spezifische Wärme des Dampfs,
$k_2 \cong 0{,}9\ k_1 = 34{,}8$ WE/qm-St °C die Wärmedurchgangszahl der Heizgase durch die Überhitzerrohre an den Dampf

bedeutet.

Hieraus folgt die Anstrengung der Überhitzerheizfläche:

$$\frac{D}{H_2} = \frac{34{,}8 \cdot 355}{0{,}54\,(355 - 190)} = 138 \text{ kg/qm-St.}$$

Voraussetzung ist hierbei, daß das Temperaturgefälle der Heizgase vor allen Dingen durch eine Eintrittstemperatur in den Überhitzer so hoch gehalten wird, daß τ der Höhe der Heißdampftemperatur $t_{ü} = 355°$ C entsprechen kann, was nur durch genügend hohe Rostanstrengungen bei durchschnittlichen Dauerleistungen, dann aber auch schon mit mittelguter Steinkohle als Brennstoff auf nicht zu großen Langrosten und bei richtiger Beschickung des Rostes erreicht werden kann.

Hierbei lassen sich erfahrungsmäßig

$$\frac{D}{H} = 46 \text{ kg/qm-St}$$

Wasser auf 1 qm einer richtig gebauten Kesselheizfläche verdampfen.

Das Verhältnis der wirksamen Überhitzerheizfläche: Kesselheizfläche ist dabei

$$\frac{H_2}{H} = \frac{46}{138} = \frac{1}{3},$$

wie Schmidt für den Bau von Kesseln mit Rauchrohrüberhitzern stets gefordert hat.

Da die günstigsten Rohrabmessungen beider Heizflächen nach S. 62 gegeben sind, lassen sich dementsprechend auch die freien Heizgasquerschnitte der besetzten Rauchrohre und der Siederohre ermitteln:

Beim Großrohrüberhitzer mit

125/133 Rauchrohrdurchmesser und
4 × 30/38 Überhitzerrohrdurchmesser

gelten entsprechend den Ausführungen auf S. 62 folgende Beziehungen für die baulichen Verhältnisse:

$$H_2 (3{,}291 \cdot 0{,}823 - 1) = 1{,}71\, H_2 = q \left(\frac{4 \cdot l}{d}\right),$$

für die Wärmeübertragungsverhältnisse:

$$H_2 (0{,}823 + 0{,}9) = 1{,}723\, H_2 = G \cdot \frac{W_1 + W_2}{2\,k_1}.$$

Die Übereinstimmung der Gleichungen zeigt, daß das Verhältnis der Rohrabmessungen

$$\frac{4 \cdot l}{d} = 416$$

entspricht. Dabei ist der freie Heizgasquerschnitt

$$q = 0{,}24 \text{ qm}$$

und in Anlehnung an gute bauliche Ausführungen bei

$$q_R = \frac{q}{2} = 0{,}12 \text{ qm}$$

die wirksame Überhitzerheizfläche

$$H_2 = \frac{0{,}12 \cdot 416}{1{,}723} = 29 \text{ qm}.$$

Nach Spalte 3 der Zahlentafel 34 beträgt

$$\text{die Kesselheizfläche } H = 87 \text{ qm},$$

$$\text{entsprechend } \frac{H_2}{H} = \frac{29}{87} = \frac{1}{3}.$$

Zahlentafel 34.

Die richtigen Ausmaße für Kessel mit Großrohr- und Kleinrohrüberhitzern gebräuchlicher Bauart für ein einheitliches Heizgasgewicht von 10000 kg/St.

		3	9	7
		Großrohr-überhitzer	Kleinrohrüberhitzer	
Rohrdurchmesser	mm	125/133 4×30/38	60/65 2×19/24	70:76 2×19:24
Überhitzerrohrlänge l_2	mm	3960	2500	3450
Rauch- und Siederohrlänge l_1	mm	4700	2950	3900
Verhältnis der Rohrabmessungen $\frac{4\,l_2}{d}$		416	416	575
Überhitzerheizfläche H_2	qm	29	29	29
Rauchrohrheizfläche H_1	qm	23,9	36,3	42,4
Rauchrohrenden $H_{1\,Re}$	qm	4,3	6,6	5,5
Siederohrheizfläche H_S	qm	50	37,5	31,7
Wasserverd. Rohrheizfläche H_W	qm	78,2	80,4	79,6
Kesselheizfläche $H = \frac{H_W}{0{,}9}$	qm	87	89,3	88,5
Heizflächenverhältnis $\frac{H_2}{H}$		1 : 3,0	1 : 3,08	1 : 3,05
Rauchrohrquerschnitt q_R	qm	0,12	0,15	0,164
Siederohrquerschnitt q_S	qm	0,12	0,09	0,076
Querschnittsverhältnis $\frac{q_R}{q_S}$		1 : 1	1,67 : 1	2,16 : 1
Rauchrohrquerschnitt q_R	qm	10,9 q_D	13,54 q_D	20,7 q_D
Überhitzerrohrquerschnitt q_D	qm	0,011	0,01108	0,00793
Bei $D = 4000$ kg/St ist $\frac{q_D \text{ cm}^2}{D \text{ kg/St}}$		0,0275	0,0277	0,0199
Nach Abb. 40 α_2		382	380	488
$k_2 = \frac{1}{\frac{1}{38{,}2} + \frac{1}{\alpha_2}}$ WE/qm-St	°C	34,8	34,7	35,4
$\frac{W_1 + W_2}{2} = \frac{H_1 \cdot k_1}{G_R} + \frac{H_2 \cdot k_2}{G_R}$		0,385	0,383	0,387

Beim Großrohrüberhitzer der Regelbauart sind somit die richtigen Ausmaße der Heizflächen gegeben, wenn das Verhältnis der freien Rohrquerschnitte

$$q_R : q_S = 1 : 1$$

wird.

In diesem Fall sichert die Teilung der Heizgase im Verhältnis der freien mittleren Rohrquerschnitte 1 : 1 bei genügend hoher Eintrittstemperatur gutes Dampfmachen des Kessels bei guter Überhitzung.

Bei der hierbei erzeugten Dampfmenge von

$$D = 46\,H = 46 \cdot 87 = 4000 \text{ kg/St}$$

und bei einem Dampfquerschnitt

$$q_D = \frac{q_R}{10{,}9}$$

ist

$$\frac{q_D}{D} = \frac{0{,}12}{10{,}9 \cdot 4000} = \frac{0{,}0275}{10^4},$$

was nach Abb. 40 einem α_2 von 382 und somit einer Wärmedurchgangszahl der Heizgase an den Dampf

$$k_2 = \frac{1}{\frac{1}{k_1} + \frac{1}{\alpha_2}} = \frac{1}{\frac{1}{38,2} + \frac{1}{382}} = 34,8 \text{ WE/qm-St °C}$$

entspricht. Bei mittlerer Durchschnittsleistung stimmt die ermittelte Wärmedurchgangszahl mit obiger Annahme

$$k_2 = 0,9\,k_1 = 0,9 \cdot 38,2 = 34,4 \text{ WE/qm-St °C}$$

gut überein.

Beim Kleinrohrüberhitzer mit

60/65 Rauchrohrdurchmesser und
2 · 19/24 Überhitzerrohrdurchmesser

gelten für die baulichen Verhältnisse

$$H_2(2,5 \cdot 1,25 - 1) = 2,13\,H_2 = q\left(\frac{4 \cdot l}{d}\right),$$

Wärmeübertragungsverhältnisse

$$H_2(1,25 + 0,9) = 2,15\,H_2 = G\,\frac{W_1 + W_2}{2\,k_1}.$$

Auch hier ist wegen Gleichheit der beiden Seiten der Gleichungen das Verhältnis der Rohrabmessungen $\frac{4 \cdot l}{d} = 416$ zu erreichen und die gleich große Überhitzerfläche von $H_2 = 29$ qm bei einem Heizgasquerschnitt $q_R = 0,15$ qm in den Rauchrohren unterzubringen.

Bei diesem Überhitzer in Spalte 9 der Zahlentafel 33 ist somit der freie Rohrquerschnitt $q = 0,24$ nach dem Verhältnis

$$\frac{q_R}{q_S} = \frac{0,15}{0,09} \approx \frac{1,7}{1}$$

auszubilden.

Wegen der kurzen Rohrlänge der Überhitzerelemente von

$$l = \frac{416 \cdot 24}{4} = 2500 \text{ mm}$$

ist diese Überhitzerbauart besonders gut für Kleinbahnlokomotiven geeignet.

Bei regelspurigen Lokomotiven sind neuerdings Kleinrohrüberhitzer mit

70/76 Rauchrohrdurchmesser und
19/24 Überhitzerrohrdurchmesser

in Anwendung. Hierbei sind die baulichen Verhältnisse

$$H_2(2,917 \cdot 1,46 - 1) = 3,26\,H_2 = q\left(\frac{4 \cdot l}{d}\right)$$

und die Wärmeübertragungsverhältnisse

$$H_2(1,46 + 0,9) = 2,36\,H_2 = G\,\frac{W_1 + W_2}{2\,k_1}.$$

Die Ungleichheit der linken Seiten der Gleichungen zeigt, daß in diesem Fall gleich günstige Wärmeübertragung wie bei den beiden anderen Überhitzerbauarten bei $q = 0,24$ qm Heizgasquerschnitt nur durch Überschreitung des günstigsten Rohrverhältnisses $\frac{4 \cdot l}{d} = 416$, also auf Kosten größerer Reibungswiderstände in den Rohren zu erzielen ist.

Die Wärmeübertragungsverhältnisse können jedoch gleich den baulichen Verhältnissen wie bei den Überhitzern Spalte 3 und 9 gemacht werden, wenn $\frac{3,26\,H_2}{1,38} = q\left(\frac{4 \cdot l}{d}\right) \cdot \frac{1}{1,38}$ gesetzt, somit $\frac{4 \cdot l}{d} = 416 \cdot 1,38 = 575$ wird.

Die wirksame Rohrlänge der Überhitzerelemente kann auf diese Weise auf

$$l = \frac{575 \cdot 24}{4} = 3450 \text{ mm}$$

gesteigert werden.

Einschließlich 450 mm Entfernung der Umkehrenden von der Feuerbüchsrohrwand ergibt sich die erforderliche Siederohrlänge zu

$$l_S = 3450 + 450 = 3900 \text{ mm}.$$

Bei dieser Länge ist eine 29 qm große Überhitzerheizfläche bei einem freien Heizgasquerschnitt der besetzten Rauchrohre von

$$q_R = \frac{2{,}36 \cdot 29 \cdot 1{,}38}{575} = 0{,}164 \text{ qm}$$

erforderlich. Hierbei entspricht nach Spalte 7 der Zahlentafel 34 das Verhältnis der Heizflächen ebenfalls

$$\frac{H_2}{H} = \frac{29}{88{,}5} \cong \frac{1}{3}.$$

Da die Wärmewerte $\frac{W_1 + W_2}{2}$ bei der richtigen Wahl der Heizflächen bei allen 3 Überhitzerbauarten einander gleich sind, ergeben sich bei gleichen Eintrittstemperaturen t_e der Heizgase gleiche Austrittstemperaturen t_a, gleiche Temperaturunterschiede $t_m - t_o$ und gleiche Heißdampftemperatur $t_ü$.

Die an die Heizflächen abgegebenen Wärmemengen entsprechen demnach der Größe der Heizflächen.

Vielfach zeigen Kessel mit Kleinrohrüberhitzern eine erhebliche Vergrößerung von H_2 gegenüber H. Diese Vergrößerung der Überhitzerheizfläche auf Kosten der Siederohrheizfläche kann unter gleichen Verhältnissen infolge gesteigerten Wärmeaustausches bei $\tau = t_ü$ größere Verdampfungsarbeit des Überhitzers bewirken.

Die Möglichkeit des Überhitzers, nachzuverdampfen, ist aber von größter Bedeutung bei allen Lokomotivkesseln, bei denen stärkeres Überreißen von Wasser eintritt, besonders also auch bei Verschiebelokomotiven.

V. Spezifische Wärme und Temperatur der Heizgase.

Die bei der Verbrennung erzeugte Heizgasmenge ist abhängig von der Zusammensetzung des Brennstoffs, von der Stärke der Feueranfachung, der hierdurch bedingten Größe der Rostanstrengung und des Luftüberschusses.

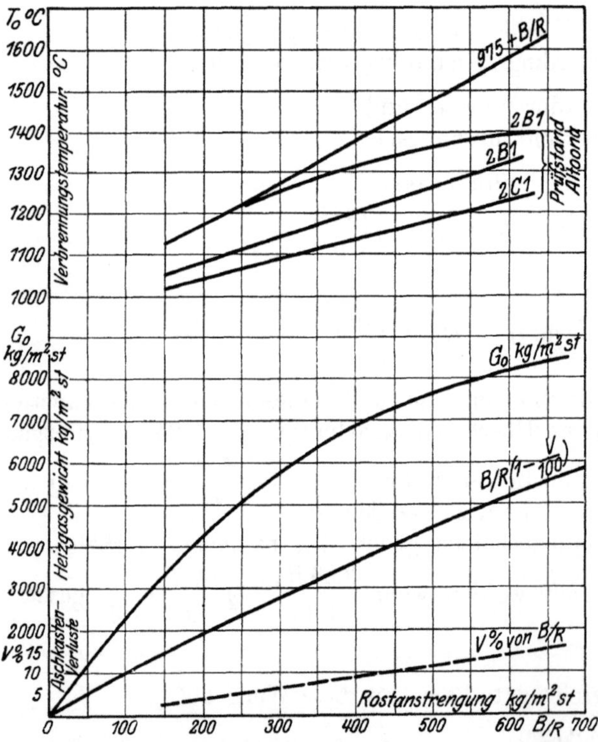

Abb. 49. Heizgasgewichte und Verbrennungstemperaturen bei verschiedenen Rostanstrengungen.

Trotz dieser Wechselwirkung ergeben sich für die gebräuchlichen Brennstoffe hinreichend genaue Werte für die Heizgasgewichte, wenn die mit gesteigerter Rostanstrengung zunehmenden Aschkastenverluste und Löscheverluste entsprechend berücksichtigt werden.

Von den in Abb. 49 aufgetragenen Rostanstrengungen von 150—650 kg/qm-St wurden nach Erfahrung $V = 3—15\%$ Verlustanteil in Abzug gebracht, um die aus dem Brennstoff entwickelte nutzbare Wärme

$$Q = \left(B/R - \frac{V}{100} \cdot B/R\right) h$$

zu ermitteln, dabei kann der untere Heizwert h westfälischer Steinkohle mittlerer Beschaffenheit zu 6700 WE/kg angenommen werden.

Diese Wärmemenge entspricht dem Wärmeinhalt der bei den verschiedenen Rostanstrengungen erzeugten Heizgase

$$Q = G_o \cdot c_{m_o} \cdot T_o,$$

worin G_0 kg/qm-St das stündliche Heizgasgewicht in bezug auf die Rosteinheit,
c_{m_0} WE/kg °C die mittlere spezifische Wärme der Heizgase,
T_0 °C die Temperatur der Heizgase in der Feuerbüchse

bedeutet.

Das Heizgasgewicht ist im voraus nicht ohne weiteres bestimmbar, da es in weitem Maß abhängig ist von der Rostanstrengung, der Stärke der Feueranfachung und der hierdurch bedingten Luftmenge zu möglichst vollkommener Verbrennung des Brennstoffs und dem hierzu nötigen Luftüberschuß.

Auf die Veränderlichkeit der spezifischen Wärme bezogen sich die Ausführungen der S. 38; die Angaben Brückmanns in Zahlentafel 35 enthalten die Werte $c_m \cdot t$ der Heizgase westfälischer Steinkohle bei verschiedenen Temperaturen und verschiedenem Luftüberschuß. Sie lassen erkennen, daß sich die spezifische Wärme im wesentlichen mit der Temperatur der Heizgase ändert. Bei einem mäßigen Temperaturgefälle $t_1 - t_2$ kann die spezifische Wärme c_m praktisch als gleichbleibend angenommen werden.

Zahlentafel 35.

Werte $c_m \cdot t$ für Heizgase westfälischer Steinkohle bei verschiedenen Temperaturen und verschiedenem Luftüberschuß.

1	2	3	4	1	2	3	4
Temperatur t	Luftüberschuß 0,5	Luftüberschuß 0,6	Luftüberschuß 0,7	Temperatur t	Luftüberschuß 0,5	Luftüberschuß 0,6	Luftüberschuß 0,7
1500	395,5	393,3	391,2	600	148,9	148,5	148,2
1450	381,5	379,2	377,0	550	135,7	135,6	135,5
1400	367,2	365,1	362,9	500	123,1	122,8	122,7
1350	352,9	351,0	349,4	475	116,8	116,6	116,3
1300	338,9	336,9	335,1	450	114,4	110,1	110,0
1250	324,7	322,9	321,4	425	107,0	103,8	103,6
1200	310,6	309,0	307,7	400	91,7	97,5	97,4
1150	296,8	295,3	293,9	375	95,3	91,2	91,1
1100	282,9	281,6	280,4	350	88,1	85,0	84,9
1050	269,1	268,0	266,8	325	78,9	78,8	78,7
1000	255,5	254,4	253,5	300	75,7	72,6	72,5
950	241,9	240,8	240,0	275	60,5	66,4	66,3
900	228,4	227,5	226,7	250	62,3	60,3	60,2
850	214,9	214,2	213,5	200	46,1	48,0	47,9
800	201,5	200,9	200,3	150	30,8	35,9	35,8
750	188,2	187,7	187,3	100	23,1	23,8	23,8
700	175,0	174,5	174,0	50	18,9	11,8	11,8
650	161,9	161,5	161,1				

Die bisher vorhandenen Versuchsergebnisse über die Feuerbüchstemperaturen bei verschiedenen Rostanstrengungen sind zwar noch lückenhaft, lassen jedoch schon die wichtige Tatsache erkennen, daß die Größe der Rostanstrengung auf die Höhe der Temperatur von ausschlaggebender Bedeutung ist, wie der Verlauf der Temperaturschaulinien in Abb. 49 zeigt[1]).

Werden bei der weiteren Betrachtung die sich ergebenden Werte der Verbrennungstemperatur T_0 nach der Formel $T_0 = 975 + B/R$ von Professor Goss, die auch Brückmann benutzt, zugrunde gelegt, so ergibt sich das bei Verbrennung von westfälischer Steinkohle auf 1 qm Rost erzeugte Heizgasgewicht zu

$$G_0 \text{ kg/qm-St} = \frac{B/R\,(1 - V/100) \cdot 6700}{c_{m_0} \cdot T_0}.$$

Der Verlauf der Schaulinie für G_0 ist gleichfalls aus Abb. 49 ersichtlich.

Aus der Abb. 49 läßt sich bei den angenommenen Werten in einfacher Weise das Heizgasgewicht G kg/St bestimmen, das bei Berechnung der Ausmaße der Rohrheizflächen eines Lokomotivkessels maßgebend ist.

[1]) Feuerbüchstemperaturen bei einer 2 B 1-HSLok, einer 2 B 1-HSLok, einer 2 C 1-HSLok, gemessen auf dem Prüfstand in Altoona. — Verbrennungstemperatur und Luftüberschuß vgl. auch Angaben von de Grahl (Glaser Bd. 91, S. 44). — Verbrennungstemperatur nach Strahl: Z. V. d. I. 1905, S. 717 (Glaser Bd. 77, S. 43). — Feuerbüchstemperaturen nach Brückmann: Eisenbahntechnik der Gegenwart, S. 633.

VI. Vergleich der Hauptabmessungen ausgeführter Lokomotivkessel mit den Ergebnissen vorliegender Theorie.

Nach den Ausführungen auf S. 62 ergab sich bei dem als Einheit angenommenen Heizgasgewicht $G = 10\,000$ kg/St und der Siederohrheizfläche $H = 100$ qm unter Einhaltung der Kesselkennziffer

$$C_K = 416$$

entsprechend einem Verhältnis der Rohrlänge zum Durchmesser

$$\frac{l}{d} = 104$$

der günstigste Siederohrquerschnitt

$$q = 0{,}24 \text{ qm}.$$

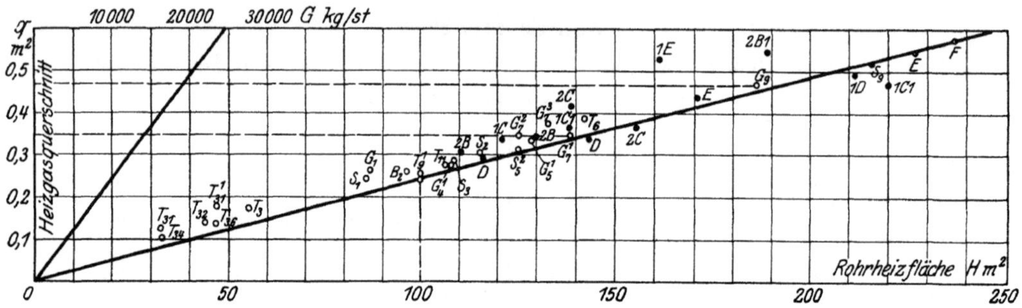

Abb. 50. Freier Siederohrquerschnitt in Abhängigkeit von der Rohrheizfläche bei Sattdampflokomotivkesseln.

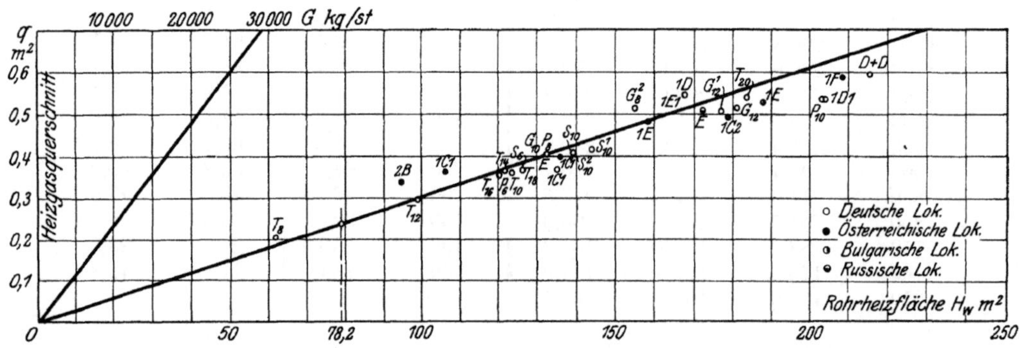

Abb. 51. Freier Siede- und Rauchrohrquerschnitt in Abhängigkeit von der Rohrheizfläche bei Heißdampflokomotivkesseln.

Form und Größe der Heizfläche hat sich dabei dem bei mittleren Betriebsverhältnissen erzeugten Heizgasgewicht möglichst anzupassen, also in dem gleichbleibenden Verhältnis $\frac{q}{H}$ nach der Gleichung

$$q = \frac{q}{H} \cdot H = \frac{0{,}24}{100} \cdot H = 0{,}0024\, H$$

zu ändern.

Für die wasserverdampfende Heizfläche der mit Großrohrüberhitzer ausgerüsteten Heißdampfkessel, bei denen der Heizgasstrom zur Hälfte durch die Siederohre, zur Hälfte durch die Rauchrohre geführt wird, ist bei 10 000 kg/St Heizgasgewicht nach Zahlentafel 34

der günstigste Siederohrquerschnitt	$q_S =$	0,12 qm,
„ „ Rauchrohrquerschnitt	$q_R =$	0,12 „
die Größe der Siederohrheizfläche	$H_S =$	50,0 „
„ „ „ Rauchrohrheizfläche	$H_R =$	23,9 „
die Größe der Rauchrohrheizfläche von den 700 mm langen Rauchrohrenden	$H_{Re} =$	4,3 „
	$H_S + H_R + H_{Re} = H_W$	$= 78{,}2$ qm.

Mithin ist der günstigste Rohrquerschnitt der wasserverdampfenden Rohrheizfläche H_W bei Heißdampfkesseln mit Großrohrüberhitzer durch das gleichbleibende Verhältnis $\frac{q}{H_W}$ nach der Gleichung:

$$q = \frac{q}{H_W} \cdot H_W = \frac{0{,}24}{78{,}2} = 0{,}00307\, H_W$$

bestimmt.

Abb. 50 zeigt die Größe der günstigsten Rohrquerschnitte in Abhängigkeit von den Rohrheizflächen für Sattdampfkessel, Abb. 51 für Heißdampfkessel.

Der Verlauf der auf Grund der vorher angegebenen Gleichungen entwickelten Geraden läßt die mehr oder weniger gute Übereinstimmung der Ausmaße der Kesselheizflächen ausgeführter deutscher und einiger fremdländischen Lokomotiven erkennen.

Aus der Größe der den Rohrquerschnitten entsprechenden Heizgasgewichte G kg/St ist zu entnehmen, ob Form und Größe der Heizflächen den mittleren Betriebsverhältnissen richtig angepaßt sind, und hiermit die Vorbedingung für gutes Dampfmachen bei kleinstem Ausmaß der Heizflächen auch bei den stark wechselnden Betriebslagen einer Lokomotive in weitesten Grenzen gegeben ist.

VII. Zusammenfassung.

Die vorstehend entwickelte Theorie über Lokomotivkesselausmaße entspricht gut den bestbewährten Ausführungen von Naß- und Heißdampflokomotiven. Damit ist ihre Anwendbarkeit für die Festsetzung der Kesselausmaße gegeben.

Bei allen bewährten Kesseln zeigt sich, daß ihre große Wirtschaftlichkeit sowohl hinsichtlich bester Dampferzeugung wie hoher Dampfüberhitzung bei kleinstmöglichen Ausmaßen wesentlich durch hohe Verbrennungstemperaturen bedingt ist.

Weil bei Lokomotivkesseln die Höhe der Abgastemperatur mit Rücksicht auf gute Überhitzung nach unten begrenzt ist, muß es daher das Bestreben jedes Lokomotivbauers sein, um die Verbrennungstemperatur t_1 so groß wie möglich zu erhalten, Rost und Heizflächen nach der gegebenen Theorie zu gestalten und nicht nach starren Verhältniswerten, wie dies im Lauf der Entwicklung üblich geworden ist.

Dritter Abschnitt.

Verbrennungsvorgänge in Lokomotivfeuerbüchsen und sachgemäße Beschickung des Rostes durch feste Brennstoffe.

Einleitung.

Das Fachschrifttum über die chemischen Vorgänge bei der Verbrennung aller Arten von festen, flüssigen und gasförmigen Brennstoffen ist umfangreich. Zahlreich sind auch die Schriften über Dampfkesselfeuerungsanlagen und die Mittel, die zu einer möglichst vollkommenen Verbrennung und damit wirtschaftlichsten Ausnutzung der kostbaren Brennstoffe bei diesen außerordentlich verschiedenartig gebauten Dampfkesselfeuerungsanlagen führen können.

Auffallend ist, daß dabei Ausgestaltung und Behandlung der Feuerungsanlagen für den hochwichtigen Lokomotivbetrieb nicht eingehend genug behandelt werden.

Selbst neuere, sehr wertvolle Veröffentlichungen über Verbrennungsvorgänge in Dampfkesselfeuerungen, z. B. von de Grahl: „Wirtschaftliche Verwertung der Brennstoffe". Berlin 1921; und Brückmann: „Eisenbahntechnik der Gegenwart" 3. Auflage 1920, I. Band, die Lokomotiven, vermitteln über beste Ausgestaltung und sachgemäßen Betrieb der Feuerungsanlagen für Lokomotiven nur einzelne unmittelbar praktisch verwendbare Angaben.

Vermutlich dürfte es zunächst die augenscheinlich so einfach erscheinende Feuerungsanlage der Lokomotiven an sich sein, die einen Teil der Fachschriftsteller die Frage nur streifen läßt. Viele besitzen auf dem eigenartigen, schwierigen Gebiet des Lokomotivbetriebs nicht ausreichende eigene Erfahrungen. Die wenigen wissenschaftlich gebildeten Persönlichkeiten aber, die im sehr wechselvollen Lokomotivbetrieb wirklich allseitige Erfahrungen zu gewinnen vermochten, diesen gründlich nachgegangen sind, sowie Befähigung und den Drang besitzen, ihre Erfahrungen für eine nach allen Richtungen befriedigende Ausgestaltung der Feuerungsanlage und einen jeweilig sachgemäßen Betrieb derselben der Fachwelt und der Lokomotivmannschaft so eingehend und so klar zu vermitteln, wie es bei der kaum zu überschätzenden Wichtigkeit des Gegenstands für einen gesunden Fortschritt im Lokomotivbau und -betrieb unerläßlich ist, fanden und finden neben einer großen Beanspruchung durch ihre amtliche Tätigkeit nicht die Zeit zu einer umfassenden Darstellung. So erging es u. a. auch seinerzeit mir.

Wohl benutzte ich in langen Jahren der Praxis viele der zahlreichen Veranlassungen bei Versuchsfahrten und im fahrplanmäßigen Betrieb, besonders den Heizern durch persönlichen Eingriff und durch Anweisungen die große Bedeutung einer bei verschiedenen Rostanstrengungen sachgemäßen Beschickung des Rostes klarzumachen, und stets habe ich dabei nicht nur Augenblickserfolge, sondern erfreuliches Verständnis, besonders auch der Lokomotivführer, gefunden.

Auch in meinem Handbuch: „Die Dampflokomotiven der Gegenwart", besonders in der zweiten Auflage, Berlin: Julius Springer 1920, war ich bemüht zu zeigen, wie wichtig die Ausgestaltung der Feuerungsanlage und ihres Betriebs ist. Aber auch diese Ausführungen bedürfen einer Ergänzung und manche meiner Ansichten einer noch gründlicheren Stützung, damit in den maßgebenden Fachkreisen die Beweisführung als unwiderleglich anerkannt wird, und meine Anregungen einen durchgreifenden, besonders in der Gegenwart sehr notwendigen praktischen Erfolg zu erlangen vermögen.

Gegenwärtig erwecken z. B. die Rostausmaße und die Roststabformen neuerer Lokomotivbauarten den Anschein, als ob hier eine wenig ersprießliche Anlehnung an Roste ortsfester Kesselfeuerungen vorliegt.

Planrostfeuerungen bei ortsfesten Dampfkesselanlagen und Lokomotiven.

Hier ist vor allem der grundsätzliche Unterschied der Planrostfeuerung für Lokomotiven allen ortsfesten Kesselfeuerungsanlagen gegenüber zu betonen.

Die ortsfesten Kesselfeuerungsanlagen sind bezüglich der Größe des Feuerungsraums, der Kesselheizfläche und der Rostfläche in weiten Grenzen unbeschränkt. Alle Abmessungen lassen sich für eine verlangte Dauerleistung nach der jeweiligen Kesselbauart und der in der Regel durch einen gegebenen Schornsteinzug möglichen Luftzuführung durch den Rost zum Feuerungsraum bestimmen.

Die Wandungen des Feuerungsraums und der Feuerzüge bestehen aus feuerfesten, schlechten Wärmeleitern, die beim Betrieb teilweise zum Erglühen kommen und im Beharrungszustand einen Wärmespeicher bilden, der die Erhaltung der erzeugten Verbrennungstemperatur im Feuerraum und in den Feuerzügen und damit die Regelung der Feuerhaltung zu einer möglichst vollkommenen Verbrennung außerordentlich begünstigt.

Die Rostbeschickung kann sowohl bei selbstätigen Beschickungseinrichtungen wie bei Beschickungen von Hand eine gleichmäßige sein, und nach dem Wert und der Körnung des Brennstoffs läßt sich entsprechend der Rostanlage und des Schornsteinzugs die dabei richtigste Höhe der im allgemeinen ziemlich niedrigen Brennschicht auf dem Rost leicht derart bestimmen, daß auch während der Entgasung nach der Beschickung ein Zuschuß von Oberluft nicht erforderlich wird. Bei selbsttätiger, ununterbrochener Beschickung ist besondere Einsteuerung von Oberluft in den Verbrennungsraum überhaupt kaum nötig.

Für volle Entwicklung und richtigen Ausbrand der Flammen ist bis in die Feuerzüge hinein genügender Raum, eine genügend hohe Temperatur und auch genügend erhitzte, sauerstoffhaltige Luft derartig im Gemisch aller Heizgase vorhanden, daß auch über der Brennschicht noch entweichendes Kohlenoxyd leicht verbrannt werden kann.

Die geringen Schwankungen in der Dampfentnahme während des Betriebs lassen sich durch Regelung des Schornsteinzugs durch den Schieber ohne nennenswerte Wärmeverluste ausgleichen.

Grundverschieden hiervon sind die Verhältnisse in der Anlage und im Betrieb einer Lokomotivfeuerung.

Feuerraum, Rost- und Heizflächen und Aschkasten sind in ihren Abmessungen sehr eingeschränkt. Von einer gewissen, diesen Verhältnissen gut angepaßten Dauerleistung, die eine gleich leicht erreichbare, vollkommene Verbrennung bei niedrigen Brennschichten, wie sie bei ortsfesten Anlagen vielleicht noch vorteilhaft sein können, zuließe, kann hier gar nicht die Rede sein. Die Beanspruchung des Kessels und damit der Feuerung wechselt im Zugbetrieb in weitesten Grenzen oft sehr schnell, und auch vorkommende kürzere Dauerleistungen sind keineswegs gleichartig, sondern in ihrer Größe außerordentlich verschieden, je nach den Steigungs- und Krümmungsverhältnissen der Bahn, den Zuglasten und Witterungseinflüssen.

Die Feuerbüchse, der Verbrennungsraum, meist aus Kupferplatten hergestellt, ist ringsum von Kesselwasser umgeben und bildet die wirksamste, unmittelbare Heizfläche des Dampfkessels. So vorzüglich aber die außerordentlich starke Wärmeabgabe der Wandungen der Feuerbüchse an das Kesselwasser für die Erhaltung der Feuerbüchse und für die Dampfbildung ist, so schädlich wirkt diese einer vollkommenen Verbrennung entgegen.

Hier sind viel größere Brenngeschwindigkeiten und außerordentlich hohe Verbrennungstemperaturen erforderlich, damit trotz der sehr starken Wärmeabgabe im Verbrennungsraum durch die Wandungen an das Kesselwasser dennoch der Verbrennungsvorgang (der sich ja vollständig in der Feuerbüchse abspielen muß) unter allen wechselnden Betriebsanforderungen ein möglichst vollkommener bleibe.

Hier ist es mit einer gemütlich vor sich gehenden, langsamen Verbrennung einer niedrigen Brennschicht durch den Schornsteinzug (der ja bei der Lokomotive auch äußerst gering ist) nicht getan. Hier kann allein durch künstliche Luftzuführung, hervorgebracht durch die den verschiedensten Anforderungen entsprechende Blasrohrwirkung, und dieser gemäßen und der Natur und Körnung des Brennstoffs angepaßten hohen und höchsten Brennstoffschichten auf dem Rost eine so schnelle und dabei gute Verbrennung herbeigeführt werden, wie sie die Erzeugung der oft erstaunlich großen und dabei hoch überhitzten Dampfmengen im schweren Zugbetrieb fordert.

Hier genügt schon bei ziemlich kleinen Beanspruchungen die alleinige Zuführung von Unterluft durch den Planrost nicht mehr zur sofortigen Verbrennung der nach jeder Beschickung sehr schnell sich entwickelnden, hochwertigen brennbaren Gase; es müssen vielmehr, mindestens in der jeweiligen Entgasungszeit, auch noch bedeutende Mengen Verbrennungsluft über der Brennschicht an der Hinterwand der Feuerbüchse in diese eingeführt werden.

Schon diese Andeutungen dürften genügen, um zu erkennen, daß eine gewisse Anlehnung an die Verhältnisse der ortsfesten Feuerungen für Dampfkesselbetrieb bei der Bestimmung der Feuerbüchs- und Rostabmessungen für den eigenartigen und wechselnden Lokomotivbetrieb nicht tunlich ist.

Die folgenden Ausführungen sollen, gestützt auf Erfahrungen und die im 2. Abschn. entwickelte Theorie, dazu dienen, zu zeigen, wie die Rost- und Heizflächen der Lokomotivkessel ausgebildet werden müssen, um den höchsten Ansprüchen an eine wirtschaftliche Verbrennung bei guter Dampfbildung in weitesten Grenzen des Lokomotivbetriebs zu genügen.

Zur Theorie der Verbrennungsvorgänge.

Zur Vereinfachung der Betrachtung soll die sehr umfangreiche und verwickelte Theorie der Verbrennungsvorgänge in Dampfkesselfeuerungen hier nur in den notwendigsten Grundzügen gestreift und die Ausführungen im wesentlichen auf die im allgemeinen schweren Personen- und Güterzugdienst vorwiegend zur Anwendung gelangende Steinkohle beschränkt werden.

Weitere Folgerungen zur Ausgestaltung der Feuerbüchse sowie des Rostes und die Art seiner Beschickung für Verfeuerung minderwertiger und grusförmiger Brennstoffe für Sonderbetrieb werden sich dann leicht ergeben.

Steinkohle enthält 60–80% Kohlenstoff neben wechselnden Mengen von Wasserstoff, Sauerstoff, Stickstoff, Schwefel, Wasser und Asche.

Der Verbrennungsvorgang besteht in einer Entgasung des Brennstoffs sowie der Verbrennung der entwickelten brennbaren Gase und daneben und nachfolgend der festen Bestandteile, des Kohlenstoffs in Koksform.

Die schon bei mäßiger Erhitzung des Brennstoffs zunächst entweichenden brennbaren Gase verbrennen nur bei genügend hoher Temperatur und unter reichlicher Oberluftzuführung in der Feuerbüchse unter Flammenbildung zu Wasserdampf und Kohlensäure, wobei mit dem Wasserstoffgehalt des Brennstoffs dessen Langflammigkeit wächst.

Das kostbarste Gas ist hierbei der Wasserstoff H, bei dessen Verbrennung zu Wasser nach der Formel

$$2\,H_2 + O_2 = 2\,H_2O$$

die hohe Zahl von 29 000 WE/kg nutzbar gemacht werden kann. Hierbei ist der Verlust, der im Verbrennungsvorgang durch die Abkühlung eintreten muß, die der entstehende Wasserdampf verursacht, schon in Abzug gebracht.

Da 1 kg H zu 9 kg Wasserdampf verbrennt und je 1 kg Wasserdampf 600 WE fortnimmt, so ist dieser Verlust mit $9 \cdot 600 = 5400$ WE berechnet.

Die während der Entgasung und Verbrennung neben geringen Mengen schwefliger Säure sich bildenden hochwertigen Kohlenwasserstoffe zerfallen bei höheren Temperaturen unter Ausscheidung fester Kohlenstoffteilchen, die bei hinreichendem Zutritt genügend heißer Luft leuchtend verbrennen. Ein starkes Leuchten der Flammen bei diesem wichtigen Verbrennungsvorgang zeigt bereits Luftüberschuß an.

Eine möglichst vollkommene Ausnutzung der Flammenbildung wird durch die Wahl schmaler, möglichst langer und tiefer Feuerbüchsen bei richtiger Anordnung eines langen Feuerschirms begünstigt.

Bei breiten, kurzen und flachen Feuerbüchsen stoßen die Flammen vorzeitig auf die stark abkühlende Rohrwand und ersticken vor genügender Verbrennung der mitgeführten kleinen Kohlenteilchen beim Eintritt in die Rohre, womit eine übermäßige Rußbildung begünstigt und ein erheblicher Verlust an Brennstoff herbeigeführt wird.

Die Verbrennung des entgasten festen Kohlenstoffs, des Koks, zu Kohlensäure vollzieht sich unter vorhergehender einfacher Verbindung des Kohlenstoffs mit Sauerstoff zu Kohlenoxyd.

Durch die höhere Verbindung des Kohlenstoffs bei genügender Menge von Sauerstoff zu Kohlensäure erfolgt eine vollkommene Verbrennung nach der Formel

$$C + O_2 = CO_2,$$

wobei 8080 WE/kg frei werden.

Durch die einfache Verbindung des Kohlenstoffs und Sauerstoffs zu Kohlenoxyd erfolgt eine unvollkommene Verbrennung nach der Formel

$$2C + O_2 = 2CO,$$

wobei nur 2480 WE/kg frei werden.

Schon aus diesen wenigen, aber wesentlichen Angaben aus der umfangreichen Theorie der Verbrennungsvorgänge ist klar zu erkennen, welche außerordentliche Bedeutung einer möglichst vollkommenen Verbrennung für eine wirtschaftliche Ausnutzung der Brennstoffe zukommt.

Eine unvollkommene Verbrennung zu CO tritt nur bei ungenügender Luftzuführung und zu niedriger Verbrennungstemperatur ein. Deshalb muß im praktischen Betrieb zu vollkommener Verbrennung alles Brennbaren stets Luftüberschuß im Feuerraum vorhanden sein, und möglichst hohe Erhitzung der zugeführten, gut verteilten Luft zum Brennstoff erstrebt werden.

Wichtig für vorliegende Betrachtung ist zunächst noch die Angabe der Sauerstoff- bzw. Luftmengen, die sowohl zur theoretisch vollkommenen wie zu einer durch Luftüberschuß praktisch erreichbaren, guten Verbrennung auf Planrosten erforderlich sind, sowie die Bestimmung der durch die Verbrennung entwickelten Menge der Heizgase.

Zahlentafel 36 enthält Angaben über die Luft- und Heizgasmengen sowie die Heizwerte verschiedener Kohlensorten.

Zahlentafel 36.

Art des Brennstoffs	Bestandteile des Heizstoffs in %						Theoretisch nötige Luftmenge zur vollkommenen Verbrennung von 1 kg Brennstoff		Heizgasmengen bei einer Luftüberschußzahl								Heizwert des Brennstoffs
	Kohlenstoff C	Wasserstoff H	Sauerstoff O und Stickstoff N	Schwefel S	Aufgesogenes Wasser H_2O	Asche			$n = 1$		$n = 1,5$		$n = 1,6$		$n = 1,7$		in WE/kg
							kg	cbm	kg	cbm	kg	cbm	kg	cbm	kg	cbm	
Westfälische Kohle .	80	4,7	6,0	1,5	1,3	6,5	10,6	8,2	11,9	8,8	17,2	12,9	18,3	13,7	19,3	14,5	7650
Schlesische Kohle . .	75	5,0	10,0	1,0	2,5	6,5	10,0	7,7	11,4	8,5	16,4	12,3	17,4	13,1	18,4	13,9	7100
Genäßte backende Gruskohle	67,18	5,0	3,33	1,25	18,34	5,0	9,4	7,2	10,5	7,9	15,2	11,5	16,1	12,3	17,0	13,0	6610
Belgische Gruskohle.	67,9	4,55	10,35		1,2	16,0	9,0	6,9	10,2	7,6	14,7	11,1	15,6	11,8	16,8	12,5	6500
Böhm. Braunkohle .	47,72	4,2	8,87	0,32	24,79	14,1	6,7	5,1	7,8	6,0	11,1	8,5	11,8	9,1	12,4	9,6	4425

Die zur Verbrennung von verschiedenen Mengen z. B. westfälischer Kohle in der Stunde erforderlichen Luftmengen bei verschiedenen Luftüberschußzahlen sind aus Zahlentafel 37 zu entnehmen.

Zahlentafel 37.

Stündlich verfeuerte Kohlenmenge kg/St	Anzusaugende Luftmenge bei einer Luftüberschußzahl										
	$n = 1$		$n = 1,5$			$n = 1,6$			$n = 1,7$		
	kg in der Stunde	cbm in der Stunde	kg in der Stunde	cbm in der Stunde	cbm in der Sekunde	kg in der Stunde	cbm in der Stunde	cbm in der Sekunde	kg in der Stunde	cbm in der Stunde	cbm in der Sekunde
2100	22 260	17 220	33 390	25 830	7,2	35 616	27 552	7,7	37 842	29 274	8,1
1800	19 080	14 760	28 620	22 140	6,15	30 528	23 616	6,6	32 430	25 092	7,0
1500	15 900	12 300	23 750	18 450	5,1	25 440	19 680	5,46	27 030	20 910	5,8
1200	12 720	9 840	19 080	14 760	4,1	20 352	15 744	4,38	21 624	16 728	4,65
900	9 540	7 380	14 310	11 070	3,02	15 264	11 808	3,28	16 218	12 546	3,48
600	6 360	4 920	9 540	2 380	2,05	10 176	7 872	2,19	10 812	8 364	2,32

Die hieraus sich ergebenden, dem Rost in einer Sekunde zuzuführenden Luftmengen sind in den Schaulinien der Abb. 52 in Abhängigkeit von der stündlich verfeuerten Kohlenmenge dargestellt.

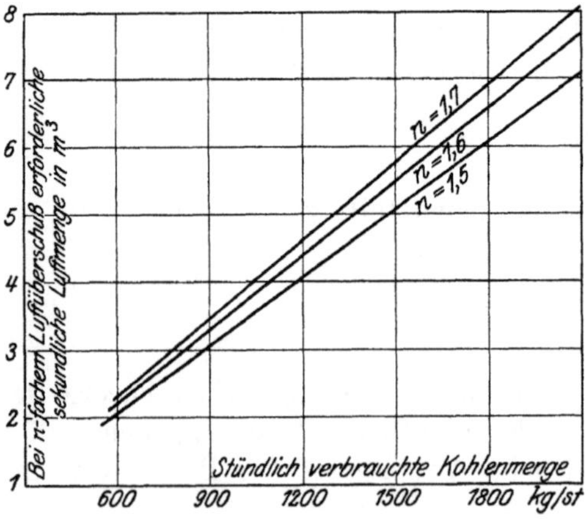

Abb. 52. Luftüberschuß in Abhängigkeit von der stündlichen Brennstoffmenge.

Hiermit ist bei Einführung der Größe der Aschkastenklappenöffnung eine einfache Berechnung der Luftgeschwindigkeit beim Eintritt in den Aschkasten gegeben.

Werden z. B. stündlich 2000 kg Kohle auf dem Rost einer Lokomotive verbrannt mit einem der Erfahrung entsprechenden 1,5 fachen mittleren Luftüberschuß, so müssen nach Abb. 52 dem Brennstoff in jeder Sekunde 6,75 cbm Luft zugeführt werden. Ist der Querschnitt an der Aschkastenklappe in voll geöffnetem Zustand 0,3 qm, so ist die hierbei erforderliche Luftgeschwindigkeit

$$v = \frac{6{,}75}{0{,}3} = 22{,}5 \text{ m/Sek}.$$

In derselben Weise kann auch die Luftgeschwindigkeit beim Durchstreichen der Luftquerschnitte, die durch die Rostspalten — die freie Rostfläche — sich ergeben, berechnet werden.

Der Verbrennungsraum der Lokomotive.

Es wird nun zu untersuchen sein, durch welche Mittel und in welcher Weise in einer Lokomotivfeuerbüchse trotz der wechselnden Beanspruchung in weiten Grenzen im praktischen Betrieb dennoch eine möglichst vollkommene Verbrennung erreicht werden kann.

Hier muß die Gestaltung der Feuerbüchse, in der sich der ganze verwickelte Verbrennungsvorgang abspielt, von großer Bedeutung sein.

Die Verbrennungsvorgänge in einer Lokomotivfeuerbüchse verlangen zunächst eine Grundbrennschicht. Diese besteht bei richtiger Beschickung und Feuerhaltung wesentlich aus entgaster glühender Kohle, d. h. aus koksartigem Kohlenstoff. Diese Koksschicht muß im Zugbetrieb stets in so großer Mächtigkeit vorhanden sein und in so hoher Glut erhalten werden, daß jede Beschickung auf dieser Grundbrennschicht in kürzester Zeit entgast und alle entwickelten brennbaren Gase sofort zu Kohlensäure verbrannt werden können.

Die Mächtigkeit dieser Grundbrennschicht ist aber nicht durch Ausbreitung der glühenden Koksmenge auf einem breiten Rost zu erreichen, da Koks in flachen Schichten nicht gut und schnell genug verbrennt. Die jeweils genügende Mächtigkeit der Grundbrennschicht ist daher nur durch Einschränkung der Rostbreite und durch angemessene Höhe der Brennschicht zu schaffen.

Grundbedingung ist daher eine möglichst große Tiefe des Rostes unterhalb der Rohre, die nur durch schmale, zwischen den Plattenrahmen eingebaute Feuerbüchsen erreicht werden kann. Über die Rahmen hinaus verbreiterte Feuerbüchsen können bei größeren Kesseln niemals tief genug gebaut werden. Die Feuerhaltung in einem flachgebauten Feuerraum muß stets minderwertig sein.

Endlich muß der Feuerraum einer Lokomotive so lang wie jeweils möglich ausgebildet werden, damit alles Brennbare, besonders auch die kleinsten Kohlenteilchen, im Fluge in langer Flugbahn möglichst vollkommen in der Feuerbüchse verbrennen können, bevor sie in die Rohre eintreten.

Die Grundforderungen der Vorgänge für eine wirtschaftliche Verbrennung decken sich also vollkommen mit der Erfahrung:

„Die größte Annäherung an eine vollkommene Verbrennung in weiten Grenzen der Rostbeanspruchung und bei sehr verschiedenwertigen Brennstoffen kann nur in einer schmalen, möglichst langen und möglichst tiefen Feuerbüchse, auf einem sachgemäß gebauten, nach vorn genügend schräg liegenden Planrost und einem genügend hoch über diesem angebrachten, möglichst langen Feuerschirm erreicht werden."

Eine der Natur des jeweilig zur Anwendung gelangenden Brennstoffs entsprechend angepaßte Beschickung des Rostes einer Lokomotivfeuerbüchse ist natürlich in noch viel höherem Maße als bei jeder wirtschaftlich betriebenen Planrostfeuerung ortsfester Kessel unerläßliche Voraussetzung, um auch in sehr weiten Grenzen der Rostbeanspruchung, die bei den stark wechselnden Leistungen einer Lokomotive im Zugbetrieb erforderlich werden, eine möglichst vollkommene Verbrennung in einfach praktischer Weise aufrechtzuerhalten.

Es ist weiter erwiesen, daß eine dauernd sachgemäße Beschickung durch tiefe, schmale Feuerbüchsen sehr erleichtert, durch breite Feuerbüchsen aber, besonders bei erheblichen Rostgrößen, bedeutend erschwert wird.

Ein Verlassen der schmalen und tiefen Feuerbüchse und der Ersatz einer solchen durch eine feuertechnisch minderwertige breite, flache Feuerbüchse sollte daher nur dort als Notbehelf zugelassen werden, wo erwiesenermaßen eine schmale Feuerbüchse zur Unterbringung einer genügend großen freien Rostfläche für notwendig größte Leistungen praktischer, einfach gebauter Zuglokomotiven nicht mehr ausreicht.

Nach den Ergebnissen Abschn. 4 und den Untersuchungen Abschn. 2 ist auch für den schwersten Personen- und Güterzugdienst im Hügelland und soweit, wie gegenwärtig auch in Deutschland, eine Achsbelastung von 20 t zugelassen ist, mit einfachst gebauten Zwillingslokomotiven die Beibehaltung der langen, schmalen Feuerbüchse in den weitaus meisten Fällen durchaus gerechtfertigt.

Wo besonders schwere Sonderlokomotivgattungen für ganz vereinzelte höchste Betriebsanforderungen im Gebirge dann etwa noch gebaut werden müßten, kann erst durch gründliche Versuche mit Personen- und Güterzuglokomotiven festgestellt werden, die unter Ausnutzung der Betriebsachsdrucke von 20 t mit schmaler Feuerbüchse und sachgemäß gebautem Rost, sowie in sonst bewährter einfachster Bauart in kürzester Zeit und mit geringsten Baukosten sich herstellen lassen.

Gegenwärtig sind solche einfachen, nach bewährten Gattungen — 2 B-, 2 C-, D- und E- — möglichst verstärkt gebauten Heißdampflokomotiven in Deutschland noch nicht vorhanden, und daher fehlt zur Zeit auch für eine beschleunigte, umfangreiche Vereinheitlichung des Lokomotivbaus hier noch eine unanfechtbare Grundlage.

Zur Rostfrage.

Zur vollen Erkenntnis der Richtigkeit vorstehender Darlegungen ist noch nötig, die Begriffe „totale Rostfläche“ und „freie Rostfläche“ scharf zu trennen, und für den Bau von Lokomotiven vorwiegend die freie Rostfläche und ihre Gestaltung sowie die zugehörigen Aschkastenverhältnisse in Betracht zu ziehen.

Unbestrittene Grundbedingung für eine praktisch vollkommene Verbrennung ist zunächst ein möglichst ungehinderter Zutritt der nötigen Verbrennungsluft und deren Verteilung durch die Rostspalten an die Brennschicht und durch sie hindurch in den Verbrennungsraum, damit möglichst jedes Kohlenteilchen von vorgewärmter Luft getroffen wird.

Diese wichtige Forderung bedingt eine große Anzahl von Rostspalten, d. h. eine möglichst feine Verteilung des gesamten Luftstroms über die ganze Rostfläche, ganz besonders bei feinkörnigem Brennstoff.

Die freie Rostfläche muß dabei so groß bemessen sein, daß die Luftmenge, die für die Verbrennung bei der Höchstleistung der Lokomotive gebraucht wird, noch bei nicht allzu hoher Geschwindigkeit die dabei nötige höchste Brennschicht durchströmen kann.

Auch gegenüber der beschränkten Größe der Gesamtoberfläche des Rostes einer Lokomotive kann hierbei aber doch — was von höchstem Wert für den Lokomotivbau und -betrieb ist — auch für schmale Feuerbüchsen der Rost in der Mehrzahl aller Fälle so lang gebaut werden, daß die wirksame, freie Rostfläche selbst in sehr weiten Grenzen hoher Beanspruchung im schwersten allgemeinen Personen- und Güterzugbetrieb noch vollkommen genügt.

Die Ausdehnung der freien Rostfläche findet ihre Grenze hier praktisch nur an der Möglichkeit der Herstellung genügend widerstandsfähiger, schmaler, aber hoch gebauter Roststäbe.

Nur bei übermäßig großen, breiten Gesamtoberflächen neuerer Lokomotiven mußte mehrfach sogar schon zu nachträglichen Abdeckungen der freien Rostfläche geschritten werden, um trotz viel zu stark gebauter und noch dazu kurzer Roststäbe mit zu langen Auflageköpfen bei den meist kleinen und mittleren Durchschnittsleistungen im wechselnden Zugbetrieb einen sehr schädlichen Luftüberschuß vermeiden zu können.

Daß die totale Rostfläche in allen Fällen, wo zu nachträglichen Abdeckungen breit gebauter Roste gegriffen werden mußte, um zu großen Luftüberschuß bei kleineren und mittleren Beanspruchungen, also bei kleineren Rostanstrengungen, zu vermeiden, erheblich zu groß bemessen worden ist, bedarf keiner weiteren Ausführung. Vgl. 4. Abschn.

Erwähnt mag hier noch werden, daß jede Verbreiterung einer Rostanlage über das Maß hinaus, das durch den Einbau der Feuerbüchse zwischen den Rahmenplatten jeweilig gegeben ist, die Wirkung der Rostanlage, wie sie eine möglichst gute Verbrennung naturgemäß verlangt, beeinträchtigen muß. Bei Übertreibungen dieser Verbreiterung entstehen sogar ganz beträchtliche Widerstände in der Luftzuführung, eine kunstgerechte, gute Feuerhaltung wird erschwert, und die bei schmalen Rostanlagen so einfachen wichtigen Aschkasten müssen durch Kunstbauten von meist sehr fragwürdiger Wirkung und öfter höchst unpraktischer Ausgestaltung ersetzt werden. Vgl. 5. Abschn., Abb. 71 u. 72.

Der Größe der totalen Rostfläche wird, wie schon angedeutet, in der Gegenwart leider mehr und mehr eine allzu große Bedeutung zugesprochen, sehr zum Schaden allseitiger Wirtschaftlichkeit.

Zum Teil scheinen hier die im Krieg entstandenen außerordentlichen Anforderungen an die Vermehrung der Zugkraft bei zugleich wesentlicher Erhöhung der Geschwindigkeit zur Beförderung schwerster Militärzüge noch nachzuwirken; auch amerikanische Beispiele mögen zur Nacheiferung Veranlassung gegeben haben; endlich wird auch wohl den Schwierigkeiten, die noch immer einer gesunden, vorkriegszeitlichen Kohlenförderung entgegenstehen, zu hohe Bedeutung eingeräumt.

Jedenfalls ist es eine schwerwiegende, wirtschaftlich bedauerliche Tatsache, daß zahlreiche Lokomotivbauer gegenwärtig die breite Feuerbüchse kaum noch als einen recht minderwertigen Ersatz der bewährten schmalen Bauart ansehen.

Der Bau breiter Feuerbüchsen scheint bei neuzeitlichen schweren Lokomotiven sogar bevorzugt zu werden, weil er Gelegenheit zu fast beliebiger Vergrößerung der Rostfläche gibt, von der nicht nur eine gewaltige Erhöhung der Leistungsfähigkeit, sondern auch eine viel größere wirtschaftliche Ausnutzung des Brennstoffs und sogar eine bedeutend geringere Beanspruchung der kostbaren Feuerbüchswände vorausgesetzt wird. Daß diese Voraussetzungen unzutreffenden Annahmen entspringen, soll weiterhin besprochen werden.

Es wird sich u. a. auch zeigen, daß nur durch die schmale, lange und tiefe Feuerbüchse in Verbindung mit einem richtig gebauten Rost ein unübertrefflich guter und leistungsfähiger Verbrennungsraum erreicht werden kann, der in seiner Leistungsfähigkeit noch lange nicht erschöpft ist und daher ohne zwingendste Gründe nicht verlassen werden sollte.

Die freie Rostfläche sollte der Berechnung zugrunde gelegt und stets so groß wie möglich gemacht werden. Sie hängt vorwiegend von der Wahl der Kronenbreite der Roststäbe und ihrer Länge ab.

Je schmaler die Roststabkronenbreite praktisch gehalten werden kann, desto kleiner kann die totale Rostfläche in der Breite ausfallen, und diese Verkleinerung findet erst ihre Grenze, wenn für den jeweiligen Brennstoff schon bei den meist vorkommenden Durchschnittsleistungen im schweren Lokomotivbetrieb eine zu hoch werdende Rostanstrengung, etwa über 400 kg/qm-St, erforderlich werden müßte.

Unter keinen Umständen darf eine für nur zeitweilig vorkommende Höchstleistungen erforderliche große Rostanstrengung maßgebend für die Bestimmung der totalen Rostfläche werden.

Für vorübergehende Höchstleistungen bis zur Reibungsgrenze darf auch eine hohe Rostanstrengung bis zu etwa 600 kg/qm-St, die eine lange, schmale und tiefe Feuerbüchse gestattet, zugelassen werden, ja sie ist hier, schon den stärkeren Blasrohrwirkungen gegenüber, in hohem Grade notwendig.

Feuerhaltung im Lokomotivbetrieb. Beschickungsverfahren bei schmalen Feuerbüchsen und langen Rostflächen. Geringere Anstrengung der Feuerbüchsheizflächen über schmalen, langen Rostflächen.

Ein verhängnisvoller Irrtum ist die vielverbreitete Annahme, daß durch höhere Rostanstrengungen die Verbrennung des der Oberfläche der Brennschichten entströmenden Kohlenoxyds zu Kohlensäure beeinträchtigt wird oder gar verhindert werden muß. Eine derart unvollkommene Verbrennung kann allerdings bei breiten, großen Rostflächen meist nur schwer und oft gar nicht vermieden werden.

Bei langen, schmalen und tiefen Feuerbüchsen kann eine unwirtschaftliche Verbrennung nur bei sehr fehlerhafter Beschickung unter Umständen eintreten.

Voraussetzung für eine möglichst vollkommene Verbrennung in jeder Art von Lokomotivfeuerbüchsen ist zunächst nicht nur eine gute, dauernd erhaltene Bedeckung der totalen Rostfläche durch den zur Anwendung gelangenden Brennstoff, sondern auch eine angemessene Höhe dieser Grundbrennschicht über eine an sich schon gute Bedeckung hinaus, die eine so große Menge gut glühenden Kohlenstoffs zuläßt, d. h. einen so großen Wärmespeicher bildet, daß die unvermeidlichen Abkühlungen bei Öffnung der Feuertür zum Beschicken keine schädlichen Temperaturschwankungen in der Feuerbüchse hervorrufen können.

Jede Beschickungsmenge muß durch eine möglichst hohe Temperatur in der Feuerbüchse, d. h. durch reichliche Wärmestrahlung und Berührung der glühenden Brennschicht, alsbald vergast, die entwickelten brennbaren Gase müssen unter Zuführung von genügender Oberluft sofort und vollkommen verbrannt, und der neu entstehende Koks muß schnellstens wieder zu starkem Glühen und Verbrennen gebracht werden.

Hierbei ist die Art der weiteren Rostbedeckung, d. h. nicht nur ihre Höhe, sondern auch die Form der Oberfläche der Gesamtbrennschicht von hoher Bedeutung.

Die Gestalt der Brennstoffschicht soll im Betrieb an ihrer Oberfläche im allgemeinen muldenförmig sein, und diese muldenförmige Oberfläche muß, besonders bei hohen und höchsten Beanspruchungen, vom Heizer sorgfältig aufrechterhalten werden.

An den Seitenwänden und an der hinteren Feuerbüchswand — unter der Feuertür und in beiden Ecken — soll der Brennstoff durch jede Beschickung über die jeweils ausreichend starke und klar durchgebrannte Grundbrennschicht hinaus erheblich höher geschichtet werden, aber derart, daß unter dem Feuerschirm und darüber hinaus rückwärts auch bei einem Teil der mittleren Rostfläche die geeignetste Grundbrennschicht nicht durch Aufwerfen von frischem Brennstoff, sondern wesentlich durch Nachrutschen des entgasten frischen Brennstoffs gebildet wird und gewahrt bleibt.

Dieses Nachrutschen wird durch die Erschütterung des Rostes bei der Fahrt, seine genügend starke Schräglage nach vorn, die überhöhte hintere Brennschicht und durch die Blasrohrwirkung bei einer schmalen Feuerbüchse derart entsprechend dem Abbrand der vorderen niedrigeren Grundbrennschichthälfte begünstigt, daß es verhältnismäßig nur selten einer kleinen Berichtigung bzw. Aufhöhung dieser schneller abbrennenden Schicht unter dem Feuerschirm und in der Rostmitte durch leichtes Überstreuen bedarf.

Dieses hier eingehender besprochene bewährte, von mir stets mit Erfolg geübte und empfohlene Beschickungsverfahren ist in praktischer Vollkommenheit nur bei langen, schmalen, tief und schräg liegenden Rosten ausführbar, erfordert aber auch bei den längsten Feuerbüchsen schmaler Bauart keine höhere Kraftanstrengung und nur größere Beweglichkeit und einige Geschicklichkeit des Heizers.

Im allgemeinen besteht dabei jede Beschickung während der Fahrt aus 5 Würfen mit der mehr oder minder gefüllten Kohlenschippe, entsprechend der jeweiligen Leistung der Lokomotive und der Art des Brennstoffs.

Der Inhalt der beiden ersten Würfe wird, vorwärtsstreuend, an die linke und rechte Seitenwand der Feuerbüchse bis unter den Feuerschirm auf eine vorher genügend hoch geheizte flache Grundbrennschicht mit einer gewissen Rückzugsbewegung der Kohlenschippe während ihres Entleerens so verteilt, daß zwei weitere, ähnlich ausgeführte Streuwürfe nach links und nach rechts die Grundbrennschicht an den beiden Seitenwänden und in den beiden hinteren Ecken zu erhöhen vermögen. Der Inhalt der fünften Schippe wird unterhalb der Feuertür an die Rückwand und nach den beiden Ecken hin verteilt.

Bei sehr langen Feuerbüchsen und stärkerer Beanspruchung können sieben Würfe (ja unter Umständen vereinzelt auch neun) zu einer regelrechten Beschickung erforderlich werden, wobei der sechste und siebente Wurf zu einer entsprechenden weiteren Überhöhung der hinteren Hälfte der Grundbrennschicht vorwiegend in den beiden hinteren Ecken und an der Rückwand dient.

Die Oberfläche einer derartig gebildeten Beschickungsschicht auf der Grundbrennschicht gleicht dann annähernd dem Bild der Kohlenschippe mit ihren seitlich von vorn nach hinten ansteigend verlaufenden Wandungen.

Entsprechend den wechselnden kleineren oder größeren Rostbeanspruchungen wird die Schippe weniger oder mehr gefüllt. und je nach der Natur des Brennstoffs und seiner Körnung muß dabei die Beschickung in größeren oder kleineren Pausen wiederholt werden. Bei feinkörnigem Brennstoff ist leichter streuend, mit zahlreichen schnellen Beschickungen zu arbeiten, damit die Gesamtbrennschicht in allen Teilen locker genug bleibt, die Verbrennungsluft zu allen Teilchen Zutritt behält, und Erstickung von Teilen der Brennschicht und backende Verschlackung vermieden wird.

Die vorhin erwähnten fünf oder sieben Beschickungswürfe, die bei diesem erprobten Beschickungsverfahren die Regel bilden, da besondere Brennstoffberichtigungen nur selten erforderlich werden, lassen sich sicher, leicht und sehr schnell bewirken. Die Beschickungszeit kann auf kürzeste Dauer gebracht, und dadurch viel Luftüberschuß und Abkühlung in der Feuerbüchse vermieden werden. Auch kann der Heizer die schmale Feuerbüchse viel schneller und leichter übersehen; er braucht nicht so oft und so genau in das Feuer zu blicken wie bei breitgebauten, großen Rostflächen und niedrigen, oft durchbrennenden Brennschichten. Er kann seine Augen schonen und kürzt auch die lästige und ermattende Wirkung der auf Kopf und Oberkörper bei jeder Beschickung ausstrahlenden Hitze erheblich ab.

Eine sogenannte Regelung des Feuers mit dem Feuerhaken ist bei vorschriftsmäßiger, der jeweiligen Natur des Brennstoffs und der Rostanstrengung angepaßter, genügend schnell wiederholter leichter Beschickung nicht nötig. Das Arbeiten mit dem Feuerhaken wirkt, besonders im Lokomotivbetrieb, stets sehr störend auf die Feuerhaltung ein. Es kann bei gewissenhafter Befolgung des angegebenen Beschickungsverfahrens und unter Anwendung von zeitweiligen kleinen Berichtigungen des niedrigen vorderen Teils der Brennschicht — im mittleren Teil der Rostfläche und unter dem Feuerschirm — durch leichtes Nachstreuen auch bei sehr geringwertigem bzw. grusförmigem oder feingekörntem Brennstoff bis zur Beendigung der Fahrt in der Mehrzahl der Fälle vermieden werden. Eine wirklich backende Verschlackung kann so und bei möglichst geringer Roststabkronenbreite auch bei stark schlackendem Brennstoff kaum eintreten.

Aus der Zahlentafel 36 ist u. a. auch ersichtlich, daß der Luftbedarf zur vollkommenen Verbrennung verschiedener Steinkohlensorten an sich nur wenig verschieden ist. Es wird sich zeigen, daß unter Beachtung des vorstehend entwickelten Beschickungsverfahrens durchaus nicht erforderlich ist, die Rostspalten so verschieden breit zu gestalten, wie dies im allgemeinen Betrieb, leider zum Schaden der Einheitlichkeit der Rostausbildung, immer noch geschieht.

Viel wichtiger ist hier möglichste Vermehrung der Rostspalten, damit der Luft mehr Berührungspunkte mit jedem Teilchen der gesamten Brennschicht gegeben werden können. Eine mittlere Spaltbreite von 12 mm wird dann für die Mehrzahl aller Brennstoffe genügen, und bei 11 mm Roststabkronenbreite, die bei 800—1000 mm langen Roststäben ausreichende Festigkeit gewährt, können noch etwa 50% der totalen Rostfläche als wirksame, freie, erreicht werden.

Notwendig ist allerdings, daß der Roststab, dieses bisherige Aschenbrödel der Feuerungstechnik, endlich den ihm gebührenden hohen Rang erhält. Den Roststab eines Lokomotivrostes aus gemeinem Herdguß knüppeldick herzustellen, damit er auch die schlechteste Behandlung noch aushält und möglichst kräftig erglühen und abbrennen kann, ist ein barbarisches, verwerfliches Verfahren und muß so schnell wie möglich verlassen werden.

Von der Gestaltung des Roststabs und damit der ganzen hochwichtigen Rostfläche, hängt wesentlich eine praktisch vollkommene und umfängliche Verbrennung und Feuerhaltung im Lokomotivbetrieb, ja der Bau einfachster Lokomotiven ab.

Der Roststab muß unter allen Umständen aus bestem, feuerfestem Baustoff in sorgfältigstem Gußverfahren hergestellt und gegebenenfalls durch entsprechendes Nachglühen oder langsame Abkühlung von Gußspannungen befreit werden. Die Mehrkosten einer sorgfältigen Herstellung der Roststäbe werden schnell und reichlich durch die großen, vielseitigen Ersparnisse, die sich im Lokomotivbetrieb nicht nur, wie oben angedeutet, auf den Brennstoff beschränken, aufgewogen.

In jeder Lokomotivrostfläche sollte ein einfacher, leicht zu handhabender beweglicher Rostteil, als Kipp- oder Klapprost ausgebildet, eingebaut sein.

Die in einem gut unterhaltenen, lebendigen Feuer, also in höherer Temperatur, sich bildenden Schlackentropfen vermögen auf den schmalen, durch die Verbrennungsluft genügend kühl gehaltenen Rostbahnen nicht zusammenzufließen und auf diesen, da sie nicht glühen, auch nicht festzubrennen; sie werden vielmehr durch die bei schmalen, aber hoch gebauten Roststäben entsprechend vermehrten, gut verteilten Luftströme auf der Rostbahn und über jeder Spalte schnell zum Erstarren gebracht und fallen mit der Asche, zumeist gekörnt, in den Aschkasten.

Ein Ausschlacken während einer Fahrt wird hierbei seltener und nur dann nötig, wenn der Brennstoff allzuviel Gebirge (Steine) enthält, und diese Schlacken lassen sich dann auch in kürzeren Fahrpausen durch einen einfachen Kipprost, da sie nicht backen, leicht und schnell entfernen.

Bei solcher, mit jeder Brennstoffart sicher erreichbaren Feuerhaltung — die allerdings Verständnis, Aufmerksamkeit und leichte Beweglichkeit des Heizers, keineswegs aber, wie schon angedeutet, vermehrte körperliche Kraftanstrengung verlangt — wird eine vollkommene Verbrennung jeder, auch in einer sehr hohen Beschickungsbrennschicht in dem hinteren Teil der Feuerbüchse, d. h. in den Ecken und dem hinteren Teil der Seitenwände entwickelten Menge von Kohlenoxyd zu Kohlensäure wesentlich unterstützt durch den Luftüberschuß über dem erheblich niedrigeren Teil der Grundbrennschicht in der vorderen Hälfte der Feuerbüchse, d. h. unter dem Feuerschirm und über der Mitte der Rostfläche.

Der gesamte Verbrennungsvorgang besteht bei diesem Beschickungsverfahren in einer genügend langen, schmalen und tiefen Feuerbüchse gewissermaßen aus zwei sich ergänzenden Teilen.

Durch die vordere Hälfte des Rostes kann und soll stets mehr Verbrennungsluft in den Feuerraum eintreten, als zur Verbrennung der dort niedrigeren, aber klaren und stark glühenden Brennschicht zu Kohlensäure erforderlich ist. Dieser hier gewollte starke Luftüberschuß wird in der Brennschicht und an dem glühenden langen Feuerschirm weiter hoch erhitzt, strömt entsprechend der Blasrohrwirkung zunächst unter dem Feuerschirm nach hinten. um am Rand des Feuerschirms heftig aufwärts zu steigen und dann umbiegend gemeinsam mit den rückwärts entwickelten brennbaren Gasen wieder vorwärts zu strömen und durch die Siederohre abzuziehen.

Auf diesem stark verlängerten Weg hat die hoch erhitzte, überschüssige Sauerstoffmenge Gelegenheit, sich mit dem der rückwärtigen höheren Beschickungsschicht entströmenden Kohlenoxyd zu mischen und die etwa durch dort vorhandenen Luftmangel oder durch Reduktion in der hohen Brennschicht gebildete Kohlenoxydmenge sofort zu Kohlensäure zu verbrennen.

Aber auch die Verbrennung der bei der Entgasung der jeweiligen Beschickung frei werdenden brennbaren Gase wird in hohem Grad durch diesen zurück- und aufwärtsflutenden heißen Luftstrom gefördert, der dem allzu schnellen Abströmen dieser Gase unter der Feuerbüchsdecke nach der Rohrwand hin entgegenwirkt, dadurch eine innige Mischung dieser hochwertigen Gase und des überschüssigen Sauerstoffs bewirkt und somit auch bei der hier höchstmöglichen Temperatur augenblickliche Verbrennung herbeiführt.

Allerdings ist zu schneller und möglichst vollkommener Verbrennung aller in der Entgasungszeit entwickelten brennbaren Gase, besonders bei starken und stärksten Beschickungen, bei jedem Planrost im Lokomotivbetrieb noch eine bedeutende Menge von über dem Rost in den Feuerraum eingeführter Luft erforderlich.

In einfachster und dabei praktisch vollkommener Weise unterstützt diesen Verbrennungsvorgang die in neuerer Zeit allgemein angewandte Kipptür, Bauart de Grahl (Marcotty), bei der durch seitlich der Feuertür angebrachte Kanäle in diesen vorgewärmte Luft in die Feuerbüchse über der Brennschicht in mit dem Unterdruck, also der Beanspruchung, zunehmender Menge einströmen kann. Da diese Luftmengen nach dem Fortfall des für entbehrlich gehaltenen Dampfschleiers sofort nach dem Eintritt in den Feuerraum in diesem ungehindert aufsteigen und an der Feuerbüchsdecke nach der Rohrwand sehr schnell hinströmen, so muß ein beträchtlicher Teil dieser notwendigen Luftmengen als schädlicher Luftüberschuß entweichen, ohne zur Verbrennung der hochwertigen Gase beigetragen zu haben.

Auch hier werden in einer möglichst langen, schmalen Feuerbüchse mit ihrem zweiteiligen Verbrennungsvorgang große Wärmeverluste vermieden, indem die durch die vordere Rostfläche und durch die dort schwächere Verbrennungsschicht strömende Luftmenge (wie vorher für die Verbrennung des Kohlenoxyds bereits angegeben) hinter dem langen Feuerschirm kräftig aufwärts steigt, auf den an der Decke abfließenden Oberluftstrom trifft, die Schnelligkeit seines Entweichens herabsetzt und bei der Vermischung mit den zuströmenden unverbrannten Gasmengen diese sicher verbrennt, bevor sie die Rohrwand erreichen bzw. in die Siederohre eindringen können.

Diese hinter dem Feuerschirm kräftig aufwärtssteigende Luftmenge vermag hier in gewissem Grad auch die Wirkung eines Dampfschleiers zu ersetzen, der ja gleichfalls den Zweck hat, die eingeführte Oberluft an schnellem Entweichen zu hindern und mit den entwickelten brennbaren Gasen zu möglichst rauchfreier Verbrennung zu mischen.

Was hierbei die aufwärtsströmende Luftmenge an Vollkommenheit des Vorgangs gegenüber der Wirkung eines richtig gebauten und gut unterhaltenen und dauernd gut bedienten Dampfschleiers etwa noch fehlen lassen mag, dürfte befriedigend ersetzt werden durch die natürliche Einfachheit des Verbrennungsvorgangs, durch den Fortfall einer mechanischen Einrichtung und deren Regelung, durch die Dampfersparnis und den Wärmegewinn sowie den Fortfall einiger

Unvollkommenheiten, die dem Dampfschleier anhaften, darunter das störende Geräusch des Dampfgebläses.

Wie oben schon angedeutet wurde, ist eine genügende Schräglage des langen und schmalen Rostes bei größtmöglicher Tiefe der Feuerbüchse Grundbedingung für den als notwendig erwiesenen zweiteiligen Verbrennungsvorgang. Ein einwandfreies, sicher regelbares Beschickungsverfahren und ein auch nur annähernd gleichwertiger Verbrennungsvorgang ist bei auf den Rahmen aufgesetzter breiter, flacher Feuerbüchse für hier vorwiegend in Frage stehende starke Lokomotiven nicht möglich.

Zu den bisher angeführten Vorzügen einer schmalen Feuerbüchse in bezug auf leichte und sichere Beschickung durch sehr verschiedenwertige Brennstoffe, gute Feuerhaltung und Dampfbildung bei höchst wirtschaftlicher Ausnutzung der Brennstoffe tritt weiter die bedeutend geringere Anstrengung der Feuerbüchsheizfläche über einem langen, schmalen Rost.

Vielfach herrscht die Ansicht vor, daß fast jede Vergrößerung der Rostfläche nützlich sei, weil sie zu einer Schonung der Feuerbüchsheizfläche beitrage. Diese Ansicht wurde besonders bestärkt, als mit Kriegsbeginn Flußeisen an Stelle von Kupfer als Baustoff für Feuerbüchsen verwendet werden mußte.

Wie sehr es hierbei aber auf die Form der Rostfläche und ihre Bauart ankommt, habe ich u. a. in meinem Handbuch: „Die Dampflokomotiven der Gegenwart" auf den Seiten 833—840 und a. a. O. bewiesen.

Bei quadratischer Rostfläche wird die Feuerbüchsheizfläche ein Kleinstwert.

Je mehr die quadratische Form der Rostfläche in ein möglichst langgestrecktes Rechteck übergeführt wird, desto mehr wächst die Heizfläche der Feuerbüchse. Da nun einer Verbreiterung der Feuerbüchse in der Querrichtung auch aus baulichen, nicht nur feuertechnischen Gründen ziemlich enge Grenzen gezogen sind, so bleibt nur die Anwendung der schmalen, langen, zwischen den Rahmenplatten eingebauten tiefen Feuerbüchse übrig, um auch den jeweils praktischen Höchstwert der Feuerbüchsheizfläche zu erreichen.

Die Abmessungen einiger ausgeführter Feuerbüchsheizflächen in Abhängigkeit von der jeweiligen Gestalt der Rostfläche zeigt die nachstehende Zahlentafel 38.

Zahlentafel 38.

Abmessungen einiger ausgeführter Feuerbüchsheizflächen in Abhängigkeit von der jeweiligen Gestalt der Rostfläche.

Bauart	Schmale Feuerbüchsen						Breite Feuerbüchsen						
	D G_8^1	E u. 2C G_{10} u. P_8	2C S_{10}^2	2C S_{10}^1	1D Belgien	1E G_{12}^1	1D G_8^2	2B1 S_9	1E G_{12}	2C1 $S^3/_6$	2D M.Z.A.	1F K	1D1 XX H.V.
Rostfläche R . . . . . . qm	2,62	2,62	2,82	3,12	3,26	3,28	3,4	4,0	3,96	4,5	4,1	4,2	4,5
Feuerbüchsheizfläche H . qm	13,89	14,35	14,64	17,59	18,6	18,71	12,75	14,04	14,19	14,6	14,67	15,5	15,6
B/R bei $B = 1200$ kg Kohle-St	458	458	426	385	369	366	353	300	303	267	293	286	267
$T_o{}^\circ = 975 + B/R$ n. Prof. Goss	1433	1433	1401	1360	1344	1341	1328	1275	1278	1242	1268	1261	1242
$\varkappa = 1{,}68 \frac{R}{H}\left[\left(\frac{To + 273}{100}\right)^2 - 10\right]$	88,8	86,3	87,5	76,3	74,0	74,0	110,4	110,0	108,5	114,0	107,0	103,0	106,5
$k = 2 + 2\sqrt{B/R}$ WE/qm-St °C	44,8	44,8	43,3	41,3	40,5	40,3	39,6	36,7	36,9	34,7	36,3	35,8	34,7
Wärmedurchgangszahl $K = \varkappa + k$	133,6	131,1	130,8	117,6	114,5	114,3	150,0	146,7	145,4	148,7	143,3	138,8	141,2
$Q = HK(T_o - 190) \cdot 10^6$ WE/St	2,31	2,34	2,32	2,42	2,46	2,47	2,18	2,24	2,25	2,28	2,27	2,31	2,32

Schon aus diesen Angaben dürfte hervorgehen, daß nicht jede beliebige Vergrößerung der Rost- und Heizflächen bei Neubauten von Lokomotiven im möglichsten Ausmaß der zugelassenen höheren Achsdrucke ohne weiteres als geeignetes Mittel zur Erzielung der größtmöglichen Leistungsfähigkeit und Wirtschaftlichkeit des Kessels angesehen werden darf. Nicht jede Rostfläche schlechthin ist eine für den Lokomotivbetrieb bestgeeignete, und ebensowenig ist jede Art von Feuerbüchsheizfläche und Rohrfläche von gleicher Wertigkeit.

Bei der bisherigen, ziemlich allgemein gebräuchlichen Bestimmung der Ausmaße der Rost- und Heizflächen ist sogar noch die Ansicht vorherrschend, daß jede Vergrößerung des Kessels auch für die Haltbarkeit der Feuerbüchse nützlich sei, weil sie zur Schonung dieser beitrage.

Was heißt aber hier, im wechselvollen, schweren Betrieb einer Lokomotive Schonung des in seinen Ausmaßen auch bei größten Achsdrücken doch begrenzten Kessels und seiner Feuerungsanlage?

Ein Lokomotivkessel wird doch nicht vorwiegend zu seiner Schonung, sondern zu möglichst umfangreicher und wirtschaftlicher Arbeitsleistung gebaut. Jeder in richtigen Verhältnissen und Ausmaßen gebaute Lokomotivkessel bedarf einer ganz erheblich großen Anstrengung und verträgt sie dauernd ohne gefährdende Überlastung. Er kann überhaupt erst bei lebhafter Verbrennung gut Dampf machen und diesen auch bei leichteren Fahrten noch wirtschaftlich überhitzen. Vgl. 2. Abschn.

Ein übergroßer sog. geschonter Kessel arbeitet bei unnötig großen Rost- und Heizflächen bei allen kleinen und den meist vorkommenden mittleren Leistungen mit träger, unwirtschaftlicher Verbrennung der Kohle und mangelhafter Überhitzung. Nur bei den höchsten, seltener vorkommenden Beanspruchungen kann die Verbrennung zwar eine bessere werden, aber allein um den viel zu hohen Preis einer großen Unwirtschaftlichkeit im Bau bezüglich des Arbeits- und Baustoffaufwands sowie während des größten Teils des Gesamtbetriebs, ganz abgesehen von dem vermehrten Eigenwiderstand dieser schweren Lokomotiven und ihrer vermehrten Unterhaltungskosten.

Die Ansicht, daß mit verminderter Anstrengung der Rost- und Heizflächen ohne weiteres eine Schonung besonders der Feuerbüchse verbunden sei, kann aber auch aus den Ergebnissen des 2. Abschn. als unzutreffend angesehen werden.

Nach den Ausführungen auf S. 35 des 2. Abschn. entspricht die gesamte durch die Feuerbüchsheizfläche H_F an das Kesselwasser übertragene Wärmemenge Q_F der Gleichung

$$Q_F = H_F K \cdot (T_a - t_w)\,.$$

Trotz hoher Einstrahlungstemperaturen, die für gute Verdampfung hiernach von wesentlicher Bedeutung sind, bleibt die Temperatur der bestrahlten Metallwände sowie auch der Temperaturunterschied beider Oberflächen verhältnismäßig niedrig.

Bei dem guten Wärmeleitvermögen des Kupfers und den geringen in Betracht kommenden Wandstärken von etwa 16 mm und rund 200° C Kesselwassertemperatur schwankt die Wandungstemperatur ϑ^1 je nach der Höhe der Einstrahlungstemperatur von 1000° C und 1400° C

bei reinen Kupferwänden zwischen 230° und 285° C,
bei reinen Eisenwänden zwischen 250° und 340° C,
bei reinen eisernen Überhitzerrohren zwischen 365° und 370° C.

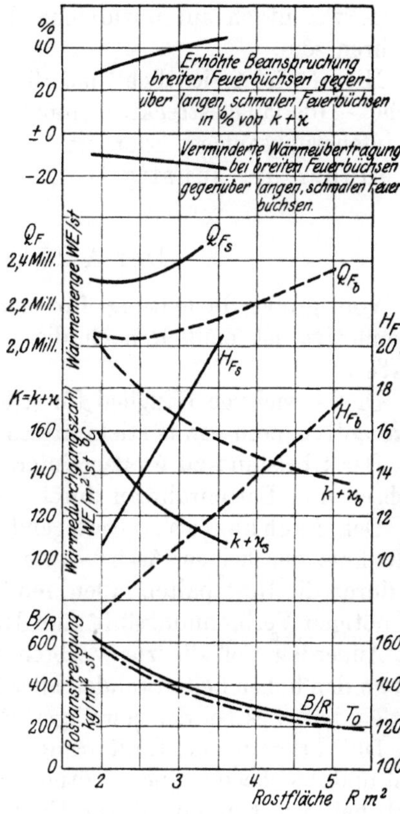

Abb. 53. Beanspruchung breiter und schmaler Feuerbüchsen bei verschieden großen Rostflächen.

Nur wenn die Wände stark mit Kesselstein bedeckt sind, vermindert sich ihre Leitfähigkeit, und die Temperatur der Wände kann dann so erheblich steigen, daß deren Festigkeit gefährdet wird.

Solche Kesselsteinablagerungen zu verhüten, ist aber die unbedingte Pflicht jedes geordneten Lokomotivbetriebsdienstes.

Neben der Reinhaltung der Feuerbüchsheizflächen wird die Ableitung der diesen zugeführten großen Wärmemengen selbstverständlich durch den Bau möglichst großflächiger Feuerbüchsen von vornherein gewährleistet.

Durch Anwendung breiter, großer Roste ist die jeweils größte und beste Feuerbüchsheizfläche niemals zu erreichen.

Hier unterliegen die Förderer dieser schon rein feuertechnisch ganz unzulänglichen breiten Rostformen einem — wenn auch nach den bisherigen Anschauungen verständlichen — sehr folgenschweren Irrtum.

Auf S. 36 des 2. Abschn. findet sich u. a. auch der Beweis hierfür. Auf S. 35 des 2. Abschn. ist die Wärmedurchgangszahl K für Strahlung und Berührung gegeben durch die Gleichung

$$K \text{ WE/qm St °C} = \varkappa + k\,.$$

Wenn auch der Einfluß von K in bezug auf die Beanspruchung der Feuerbüchsheizfläche noch nicht restlos geklärt ist, so deuten doch die Erfahrungen, die mit breiten Feuerbüchsen gegenüber schmalen vorliegen, darauf hin, daß die Größe der Wärmedurchgangszahl K ein Maß für die Beanspruchung bzw. Schonung der Feuerbüchsheizfläche darstellt.

In Abb. 53 wurden unter Annahme einer stündlich gebrauchten Brennstoffmenge von z. B. 1200 kg Steinkohle für verschieden große Rostflächen die sich ergebenden Rostanstrengungen B/R und die Verbrennungstemperaturen T_0 eingetragen. Die Schaulinien zeigen, wie sehr durch die verschiedenen Größen der Feuerbüchsheizflächen bei breiter und schmaler Rostform (vgl. 2. Abschn. S. 37) die Wärmedurchgangszahlen und damit die Beanspruchung bei breiten Feuerbüchsen steigen. Nach Abb. 53 sind sie bis zu 40% höher. Dabei ist die übertragene Gesamtwärme bis 15% geringer als bei der schmalen Feuerbüchsform.

Demnach dürften auch die Mängel, die sich an breiten Feuerbüchsen bemerkbar gemacht haben, soweit nicht unmittelbar zutage liegende Blechfehler oder die wegen zu geringer Entfernung der Feuertür von der Rohrwand eintretende kalte Luft die zusätzliche Ursache waren, wesentlich auf unzureichende Ableitung zu großer Wärmemengen im Blech zurückzuführen sein.

Hieraus ist ersichtlich, daß die natürliche, feuertechnisch allein richtige Form der Rostfläche — die langgestreckte, schmale und tiefliegende, wie sie die besondere Eigenart der Lokomotivfeuerungsanlage erfordert — auch der Schonung der Feuerbüchsheizfläche gegenüber die günstigste ist.

Der Aschkasten und seine Gestaltung.

Von großer Bedeutung für eine wirtschaftliche Verbrennung in der Feuerbüchse einer Lokomotive ist endlich noch die Ausgestaltung des mit ihr verbundenen Aschkastens.

Dieses wichtige Bauglied für jede Lokomotive ist besonders in neuerer Zeit von manchen Lokomotivbauern etwas stiefmütterlich behandelt worden.

Der Übelstand zu großer Unterdrucke im Aschkasten wird bei Anwendung breiter Feuerbüchsen und Barrenrahmen durch Verbauung des Aschkastens stark begünstigt.

Der Aschkasten, vorwiegend als Schutzkasten gegen Feuersgefahr gedacht und zur Aufnahme der heißen Asche sowie der glühenden Brennstoff- und Schlackenteile bestimmt, die durch die Rostspalten fallen, muß gleichzeitig stets so gebaut werden, daß er die Zuführung der nötigen Verbrennungsluft zum Rost möglichst widerstandslos gestattet.

Außerdem soll die zur Verbrennung erforderliche Luftmenge im Innern des Aschkastens und an den hohen Seitenwänden aller Roststäbe so weit vorgewärmt und diese hierdurch gekühlt werden, wie dies bei den jeweiligen Betriebsverhältnissen zu erreichen ist.

Die vorkommende Einführung von Dampf in den Aschkasten ist bei einem richtig gebauten Rost und Aschkasten eine unnötige Maßnahme und auch bei dicken Rostknüppeln ein schlechter Notbehelf zur Kühlung dieser Eisenklötze.

Weiter muß der Aschkasten einfach, zugänglich und leicht abnehmbar mit dem Bodenring der Feuerbüchse verbunden werden können. Er muß in den einfachsten Fällen mindestens eine Bodenklappe erhalten, die ein bequemes Einsteigen durch den Rost hindurch in die Feuerbüchse erlaubt.

Bei Aschkasten, die wegen unvermeidlich ungünstiger Lage einer Radachse in ihrer Länge geteilt gebaut werden müssen, werden am besten zwei drehbare Bodenklappen derart angeordnet, daß eine das Einsteigen gestattet, und durch beide ein schnelles Entleeren des Aschkastens von Asche und Schlacken bei einem Aufenthalt im Betrieb bewirkt werden kann. Das lästige Ascheziehen, das bei geteilten Aschkasten vorn und hinten vorgenommen werden muß und meist durch verschiedene Bauteile noch stark behindert wird, kann hierdurch vielfach vermieden werden.

Vor allem aber müssen in der Zugrichtung in möglichst voller Breite des Rostes in der Vorder- und Rückwand des Aschkastens, und bei geteilten Aschkasten auch an den durch die Teilung entstandenen weiteren Querwänden vom Führerstand aus leicht und sicher verstellbare Klappen vorgesehen werden. Diese sollen auch den sehr großen Luftmengen noch möglichst widerstandslos Zufluß zur Rostfläche gewähren, die bei den höchsten Anstrengungen der Lokomotive zur Verbrennung notwendig sind. Sie müssen daher unbedingt so groß gestaltet werden, wie dies jeweilig möglich ist.

Da die Höhe aller Aschklappen aus baulichen Gründen oft recht beschränkt ist, müssen die Klappen, wie bereits angedeutet, stets so breit ausgebildet werden, wie dies der Raum zwischen den Rahmenplatten irgend zuläßt.

Die Aschklappen sollen aber auch bei den sehr verschieden kleinen Leistungen beim Leerlauf und im Stillstand gestatten, den Luftzutritt zu regeln und den Aschkasten völlig abzuschließen.

Schrägstellung (Einziehen) der vorderen und hinteren Querwände der Aschkasten unter dem Bodenring nach innen, um Klappen überhaupt anbringen zu können, kann eine gute Luftzuströmung außerordentlich beeinträchtigen. Vgl. die Abb. 71 bis 73, 5. Abschn.

Jede derartige Einziehung muß nach Möglichkeit vermieden werden. Jede mögliche Schrägstellung nach außen ist vorteilhaft. Vgl. Abb. 74, 5. Abschn.

Der freie Luftzutritt bei voll geöffneter Klappe darf auch nicht durch dicht vorgebaute Achswellen oder Rahmenverstrebungen beeinträchtigt werden.

Endlich sollen die Aschklappen in einfacheren Fällen, wo drehbare Bodenklappen vielleicht entbehrlich sind, ein leichtes Herausziehen der Aschen- und Schlackenmengen zulassen. Die hinderlichen Schutzgitter müssen danach eingerichtet werden.

Diesen wichtigen, oft sehr schwer erfüllbaren Forderungen vermag in einfachster Weise nur ein Aschkasten zu genügen, der an dem Bodenring einer zwischen Plattenrahmen eingebauten schmalen Feuerbüchse zugänglich und leicht abnehmbar angebracht werden kann.

Freilich gestattet die Stellung der Achsen auch hier nicht bei allen Lokomotivgattungen den Einbau eines ganz einfachen Kastens; dennoch aber läßt er sich auch in schwierigen Fällen immerhin befriedigend einfach so ausbilden, daß ungeteilte breite Vorder- und Hinterklappen für einen genügenden Luftzutritt frei bleiben und sogar den Aschenzug von vorn und von hinten noch ermöglichen.

Ein nach diesen Grundforderungen gebauter Aschkasten mit regelbaren Klappen in Verbindung mit einer möglichst großen freien Rostfläche für Höchstleistungen gestattet praktisch vollkommene Verbrennung in weitesten Grenzen der Rostbeanspruchung bei hierfür angemessenen Blasrohrwirkungen.

Bei richtigem Gebrauch gut regelbarer, großer Aschklappen braucht kaum noch ein verstellbares Blasrohr Anwendung zu finden, es sei denn, daß bei sehr leistungsfähigen Lokomotiven auch kleine Leistungen in größerem Umfang im Gesamtbetrieb vorkommen.

Hier wird ein auf mittlere Leistungen eingestelltes Blasrohr bei Höchstleistungen meist zu stark wirken, und die Möglichkeit entsprechender Vergrößerung der Blasrohrmündung kann dann von erheblichem Wert sein.

Jedenfalls läßt sich so im allgemeinen ohne zu große Blasrohrwirkung, also bei geringsten Kolbengegendrucken, die Wirtschaftlichkeit des Gesamtbetriebs noch günstig beeinflussen.

Zusammenfassung.

Durch vorstehende Ausführungen dürfte überzeugend erwiesen sein, daß die lange, schmale und tief gebaute Feuerbüchse den besten Verbrennungsraum und dabei die günstigste Heizfläche bei geringster Beanspruchung der Wandungen darstellt; daß in ihr, auf einem nach den Anforderungen der Verbrennungsvorgänge gebauten Rost, bei einer der Natur des jeweiligen Brennstoffs entsprechenden und hiernach klar bestimmbaren Beschickungsweise in weitesten Grenzen der Rostbeanspruchung eine praktisch vollkommene Verbrennung möglich ist, und daß diese durch einen breitgebauten Aschkasten wirksam unterstützt wird.

Es liegt auf der Hand, daß die Zuführung der Verbrennungsluft in der ganzen Breite eines schmalen Rostes eine gute Verteilung an die ganze Rostfläche und somit an die Brennstoffschicht begünstigt.

Die Einsaugung der Verbrennungsluft in die Feuerbüchse, und damit die mit ihr verbundene Absaugung der durch die Verbrennung entstandenen gesamten großen Heizgasmengen durch die Rauch- und Siederohre, setzen bei möglichst gleichbleibender Breite des Luft- und Gasstroms der Blasrohrwirkung den geringsten Widerstand entgegen, da jeder unnötige Richtungswechsel der schnellströmenden Luft- und Gasmassen auf ihrem Wege durch die breite Aschklappe, den Rost, die Brennschicht und durch die Feuerbüchse nach den Rohren hin hier vermieden ist. Vgl. die Luft- und Heizgasmengen und deren Gewichte in Zahlentafel 36.

Endlich unterliegt es keinem Zweifel, daß die Beschickung auch eines längsten schmalen, genügend geneigten Rostes bei richtiger Ausführung des oben dargestellten Beschickungsverfahrens für den Heizer eine dringend notwendige Erleichterung seiner Arbeit bringt, im Gegensatz zu der unbestimmbaren Art der Beschickung breit gebauter, großer Rostflächen mit dem schwierigen „Rechts-und-links-Überhandarbeiten".

Auch das Ausschlacken erfordert bei schmalem Rost geringeren Zeit- und Kraftaufwand.

Vom baulichen, feuertechnischen, betriebstechnischen und wirtschaftlichen Standpunkt aus betrachtet, bildet also die schmale Feuerbüchse mit zugehörigem Rost und Aschkasten unter Anschluß an richtig bemessene Rauch- und Siederohre des Langkessels mit dessen Rauchkammer und Blasrohreinrichtung eine unübertreffliche Feuerungsanlage für den wechselvollen Lokomotivbetrieb.

Es wäre daher schwer verständlich, wenn ohne zwingendste Notwendigkeit die schmale Feuerbüchse, die für einen allgemeineren schweren Personen- und Güterzugbetrieb vollkommen genügt, verlassen und durch eine über die Rahmen hinaus verbreiterte Feuerbüchse mit entsprechend verbreitertem Rost ersetzt würde.

Jede Verbreiterung des Rostes über die innere Rahmenweite eines Plattenrahmens hinaus beeinträchtigt die Luftzuführung, mindert die gleichmäßige Verteilung der Verbrennungsluft durch die Rostspalten hindurch an den Brennstoff und stört den gleichmäßigen bzw. richtigen Abbrand der Brennschichten. Geradezu zweckwidrig wirken hier besonders auch die dicken Balken des neuerdings bevorzugten amerikanischen Barrenrahmens.

Je breiter der Rost gebaut wird, desto schwieriger wird eine bestimmbar regelrechte Beschickung, und desto weniger ist die Verbrennung zu einer praktisch vollkommenen zu gestalten.

Der zweiteilige erprobte Verbrennungsvorgang, wie er oben für den schmalen, langen Rost dargestellt wurde, ist bei einer breiten Feuerbüchse schon bei geringer Verbreiterung nicht mehr erfolgreich anzuwenden, selbst wenn die Länge des breiten Rostes hierzu noch ausreichend wäre.

Die Geschicklichkeit des Heizers muß bei einem breitgebauten Rost wesentlich darauf gerichtet sein, die große Oberfläche bei den hier meist erforderlichen niedrigen Brennschichten bei und oft auch nach jeder Beschickung auszugleichen, d. h. die verschiedenen durchgebrannten Stellen in der Brennschicht, besonders bei steinreichem Brennstoff, rechtzeitig zu entdecken und zu schließen, um Luftüberschuß und schädliches Einströmen kalter Luft und ihre schlimmen Folgen zu verhüten. Je größer der breite Rost für größtmögliche Leistungen ausgebildet wird, desto ungeeigneter wird er für eine einigermaßen befriedigende wirtschaftliche Verbrennung bei allen kleinen und mittleren Beanspruchungen der Lokomotive. Erst wenn eine derartig überrostete Lokomotive über ihre mittlere Leistungsfähigkeit hinaus und bis zu deren Höchstgrenze beansprucht wird, und hierzu die Brennschichten erheblich erhöht werden müssen, kann auch die Verbrennung sich wirtschaftlicher gestalten.

Je breiter der Rost ist, desto größer muß auch die Feuertür gebaut werden. Die früher vielfach beliebten, sowohl für den Wasserumlauf hinter der Rückwand der Feuerbüchse wie für einen regelrechten Verbrennungsvorgang ganz zweckwidrigen zwei Feuertüren scheinen ja endlich nicht mehr gebaut zu werden. Dafür wird das Feuerloch vergrößert, damit der breite Rost besser überblickt und besonders in den hinteren Ecken der Feuerbüchse leichter beschickt und entschlackt werden kann. Dieser Vorteil steht aber in einem sehr üblen Verhältnis zu den großen Nachteilen, die bei jeder der vielen Beschickungen durch ein über das Maß des Notwendigsten vergrößertes Feuerloch entstehen müssen. An sich wächst ja die Beschickungszeit schon mit der Breite des Rostes bzw. seiner überflüssigen Ausdehnung in recht unerwünschter Weise. Wird noch das Feuerloch über das bei schmalen Rosten notwendigste Maß hinaus vergrößert, dann müssen in der entsprechend verlängerten Beschickungszeit große Mengen kalter Luft in den Feuerraum eintreten, wodurch unzulässige Abkühlungen der bei niedrigen Brennschichten schon an sich meist ungenügenden Verbrennungstemperatur mit allen schlimmen Folgen nicht zu vermeiden sind.

Rauch- und Teerbildung wird begünstigt; die entwickelten hochwertigen brennbaren Gase vermögen nicht schnell genug und vollständig zu verbrennen und gehen zum großen Teil verloren; die notwendig schnellste Temperaturerhöhung zu sofortiger Verbrennung der entwickelten Gasmengen nach jeder Beschickung kann nicht eintreten, und auch zu einer genügend hohen Eintrittstemperatur der Heizgase in die Rauch- und Siederohre kommt es nur noch so ab und zu bei größeren und größten Rostanstrengungen.

Selbstverständlich leidet unter einer nicht bestimmbaren, ziemlich wilden Feuerhaltung bei niedrigen Brennschichten auch die Dampfbildung und Überhitzung oft stark. Freilich, die Temperatur in der Rauchkammer nimmt entsprechend ab, und nach ihr wird ja leider vorwiegend noch die Wirtschaftlichkeit des Kesselbetriebs allzuoft beurteilt ohne die gleichzeitige Berücksichtigung der Wirtschaftlichkeit der Arbeit in den Dampfzylindern. Wie notwendig es ist, zur Erreichung einer wirklichen Wirtschaftlichkeit Kessel- und Maschinenleistung für sachgemäß gebaute Heißdampflokomotiven richtig zueinander abzustimmen, wird im 4. Abschn. erwiesen werden.

Bei niedrigen Rostanstrengungen und träger Verbrennung kann eine praktisch mögliche wirtschaftliche Verbrennung nie erreicht werden.

Wohl können auch allzu hohe Rostanstrengungen unwirtschaftlich wirken; sie können aber nur bei Höchstleistungen der Lokomotive, also nur vereinzelt, vorkommen, und ein nur zeitweises Mehr an Lösche beim Überreißen nur vergaster Kohlenteilchen von noch etwa 3700 WE/kg durch übermäßig gesteigerte Feueranfachung und die mit dieser verbundenen verhältnismäßig geringen Blasrohrverluste sind doch wohl kleine, selten auftretende Mängel gegenüber den großen Vorzügen einer praktisch vollkommenen Verbrennung bei allen übrigen Leistungen im allgemeinen Zugbetrieb.

Eine gewisse starke Blasrohrwirkung ist außerdem auch zu genügender Hochführung der Rauch- und Dampfschwaden stets notwendig, damit die freie Streckensicht nicht ungünstig beeinflußt wird, und endlich kommt eine stärkere Blasrohrwirkung auch der wichtigen Speisewasservorwärmung zugute.

Unvollkommene Verbrennung bei niedriger und lückenhafter Brennschicht auf großen, breiten Rosten wirkt dagegen viel nachteiliger, und die Unwirtschaftlichkeit erstreckt sich dabei auf die meist vorkommenden kleinen und mittleren und bei starker Verbreiterung des Rostes sogar über die mittleren Dauerleistungen hinaus. Auch die backende Verschlackung wird durch träge Verbrennung begünstigt.

Trotz geringerer Rauchkammerverluste ist bei schwacher Zugwirkung die Gesamtausnutzung der Wärme in Kessel und Maschine keine bessere. Vgl. 4. Abschn., S. 95.

Bei der heute meist üblichen Form der Beurteilung der Wirkung eines Lokomotivkessels wird übersehen, daß es nicht nur auf niedrige Austrittstemperaturen und geringe Löschemengen ankommt, sondern daß als viel wichtiger eine möglichst hohe Verbrennungstemperatur, d. h. also, eine möglichst vollkommene Verbrennung und jeweilig beste Überhitzung erstrebt werden muß.

Höhere Abgastemperaturen, wie sie zur Erreichung umfassend wirtschaftlicher Überhitzung — die doch vor allem erzielt werden muß — nötig werden, sind auch für eine wirklich lohnende Anwendung von Abgasvorwärmern Vorbedingung.

Auch der Wärmeverlust durch vermehrte Löschemengen bei Höchstleistungen, die für die Lokomotivfeuerung zunächst zwar verloren, aber immer noch ausnutzbar sind, steht in keinem Verhältnis zu den Wärmeverlusten an unverbrannten, unwiederbringlich verlorenen brennbaren Gasen bei kleinen und mittleren Beanspruchungen. Diese sehr beträchtlichen Wärmeverluste in Verbindung mit den durch zu großen Luftüberschuß verursachten, werden meist durch zu niedrige Rostanstrengungen bei zu groß bemessenen Rostflächen herbeigeführt.

In Übereinstimmung hiermit steht u. a. die Ansicht, die der bekannte Wärmeingenieur Professor Eberle[1]) der Technischen Hochschule in Darmstadt vertritt. Nach seinen Erfahrungen beruht die günstigste Wirkung bei Dampfkesselfeuerungsanlagen darauf, mit möglichst kleinem Luftüberschuß eine vollkommene Verbrennung herbeizuführen, was große Brenngeschwindigkeiten zur Voraussetzung hat. Damit ist die Grundbedingung für die Erlangung eines guten Wirkungsgrads der gesamten Wärmeübertragung gegeben.

Bezeichnet

T_1 die Verbrennungstemperatur,

T_2 die Temperatur der Abgase,

so ist der Wirkungsgrad der Wärmeübertragung

$$\eta = \frac{T_1 - T_2}{T_1}.$$

---

[1]) Vgl. Professor Eberle: Vorträge über Dampfkessel an der Technischen Hochschule in Darmstadt.

Nötig für günstige Wärmeübertragung, d. h. gute Dampfbildung eines Kessels, ist also nicht nur eine möglichst niedrige Abgastemperatur, sondern vorwiegend eine möglichst hohe Verbrennungstemperatur.

Diesen Bedingungen (angemessen hohe Rostanstrengungen und möglichst hohe Eintrittstemperaturen) entsprechen die Kessel der Heißdampflokomotiven mit langen, schmalen Rosten, wie ich sie stets befürwortet habe, und wie sie für die vormals Preußisch-Hessische Staatseisenbahn mit hervorragendem Erfolg in großer Anzahl beschafft wurden und zum Teil noch werden.

Bei den Lokomotiven neuerer Bauarten ist die Vorbedingung günstiger Wärmeübertragung meist nur in engen Grenzen höchster Leistung gegeben. Im gewöhnlichen Dauerbetrieb ist bei den übermäßig großen, breiten Rostflächen die Brenngeschwindigkeit zu gering, die Verbrennung wegen zu großen Luftüberschusses unvollkommen, und daher die Höhe der Verbrennungstemperatur zur Erzielung guter Verdampfung und Überhitzung unzureichend.

Hohe Verbrennungstemperaturen erzeugen höhere spezifische Heizgaswärme, und diese gesteigerte Leistungsfähigkeit der Heiz- und Überhitzerheizfläche. Die dabei erhöhte Abgastemperatur kommt der Überhitzung zugute und wiegt Abgasverluste wieder auf.

Von den vielseitigen Vorteilen, die neben der Anwendung richtig bemessener Kessel durch den Bau, die Beschaffung, den Betrieb und die Unterhaltung einfach gebauter Lokomotiven erreicht werden müssen, soll in dem 4. und 5. Abschn. gesprochen werden.

Vierter Abschnitt.

Wirtschaftliche Erzeugung und Ausnutzung des Heißdampfs im Lokomotivbetrieb.

Die große wirtschaftliche Not der Gegenwart verlangt für viele Jahre, auch bei genügender Vergrößerung der Leistungsfähigkeit aller Zuglokomotiven, gebieterischer als jemals die äußerste Sparsamkeit nach allen Richtungen im Bau, im Betrieb und in der Unterhaltung.

In höherem Grad noch als vor dem Krieg gilt es nun, mit dem geringsten Aufwand an Baustoff genügend leistungsfähige, festgefügte, in weitesten Grenzen des Leistungsgebiets wirtschaftlich arbeitende, einfachste Lokomotiven bei dennoch kleinsten Ausmaßen zu schaffen, die also sparsam im Brennstoff-, Wasser- und Ölverbrauch sind, leicht und sicher bedient werden können und wenig Unterhaltungskosten bedingen.

Diesen unerläßlichen Forderungen haben vor allem die Kesselausmaße zu entsprechen.

Zahlentafel 39.

Hauptabmessungen von drei 2 B 1-HSL der Pennsylvaniabahn.

Lokomotive	1	2	3
	E 6 s	E 6 s^{vst}	E 3 s^{d}
	Großrohrüberhitzer		Kleinrohrüberhitzer
$d \cdot s$ . . . . mm	559 × 660	597 × 660	559 × 660
D . . . . mm	2032	2032	2032
p . . . . mm	14,4	14,4	14,4
R . . . . qm	5,13	5,18	5,13
Siederohre	242 44,5/50,8	242 44,5/50,8	34 70/76
Rauchrohre	36 127/136,5	36 127/136,5	144 70/76
Rohrlänge . . . . mm	4181	4572	4572
Überhitzer . . . . mm	30/38	30/38	19/25,4
H_F . . . . qm	20,25	21,62	16,9
H_S . . . . qm	143,02	154,67	33,9
H_R . . . . qm	60,12	65,67	142,4
H . . . . qm	223,39	241,96	192,9
$H_ü$ . . . . qm	73,98	75,30	108
H_{ges} . . . . qm	297,37	317,26	300,9
H/R	43,7	46,7	37,6
q_S . . . . qcm	3750	3750	1310
q_R . . . . qcm	2930	2930	3940
q_{ges} . . . . qcm	6680	6680	5250
$\frac{4 \cdot l}{d} = C_k$	377	412	412
C_1	1015	1160	1015
C_2	16	19,2	17,8
Fester Achsstand . . . . mm	2261	2261	2261
Gesamtachsstand . . . . mm	9030	9030	9350
Reibungsgewicht G_R . . . kg	63330	60430	57153
Dienstgewicht G_D . . . . kg	107600	108960	86184

Zahlen-

Versuchsergebnisse mit einer 2 B 1-HSL mit Schmidtschem Großrohrüberhitzer auf dem

Versuch Nr.	Umdrehung in der Minute n	Geschwindigkeit V km/St	Füllung %	Wirkliche Füllung %	Dampfdrücke at: Kesselüberdruck	Dampfdrücke at: Eintritt in den Überhitzer	Dampfdrücke at: Umkehrschleife	Dampfdrücke at: Zweigrohr	Dampfdrücke at: Auspuff	Unterdruck mm/WS: vor dem Ablenkblech	Unterdruck mm/WS: hinter dem Ablenkblech	Unterdruck mm/WS: in der Feuerbüchse	Unterdruck mm/WS: im Aschkasten	Temp. d. Heizgase °C in der Feuerbüchse	Temp. d. Heizgase °C in der Rauchkammer	Temp. des Dampfs °C im Kessel	Temp. des Dampfs °C im Zweigrohr	Temp. des Dampfs °C im Auspuff	Überhitzung im Auspuff °C	Rauchgas-Untersuchung O %	CO %	CO_2 %	N %
2801	120	45,4	20	21,0	14,4	—	—	14,2	0,035	71	38,1	22,9	0,5	942	291	198,5	277	109	8,9		—	—	—
2818	120	45,4	25	27,8	14,3	—	—	14,1	0,092	114	53,2	22,9	2,0	1155	311	198,1	289	110	10,7	6,3	0	12,4	81,3
2802	120	45,4	30	30,2	14,3	—	—	14,1	0,092	107	61,0	30,5	2,3	1066	323	198,1	285	108	6,3	10,8	0	9,0	80,2
2817	120	45,4	40	42,8	14,3	—	—	13,9	—	158	89,0	33,0	5,3	1170	312	198,1	312	—	—	—	—	—	—
2814	160	60,6	25	29,4	14,4	14,0	13,9	14,1	0,134	163	73,8	33,0	4,1	1098	316	198,5	298	110	7,4	6,0	0,4	13,0	80,6
2803	160	60,6	30	32,0	14,4	—	14,3	14,1	0,155	140	86,5	38,1	2,5	1126	352	198,5	306	109	6,3	2,6	0,2	13,6	83,6
2804	160	60,6	35	36,2	14,3	14,3	14,2	14,0	0,176	163	94,0	45,7	2,8	1122	366	198,4	320	114	10,3	5,9	0	12,3	81,8
2808	160	60,6	50	49,8	14,5	14,1	14,1	13,9	0,450	352	147,2	60,9	3,3	980	406	199,0	323	136	26,2	1,8	0	14,8	83,4
2826	200	75,8	20	23,8	14,2	14,1	—	13,8	0,0703	114	68,6	27,9	1,5	1225	298	198,0	295	109	8,2	3,1	0,1	12,4	84,4
2807	200	75,8	25	30,8	14,3	14,1	14,1	14,0	0,197	158	86,6	40,7	2,3	1043	—	198,5	303	110	5,7	3,7	0	13,5	82,8
2815	200	75,8	35	37,3	14,4	14,1	14,0	13,9	0,324	286	129,4	55,8	7,1	1152	277	198,8	320	127	20,0	4,2	0	14,2	81,6
2809	200	75,8	50	50,7	13,2	12,5	12,3	12,4	0,514	388	190,5	71,1	4,3	1175	404	195,0	324	151	40,2	0,2	2,2	14,0	83,6
2810	200	75,8	50	51,7	12,9	12,4	12,2	12,1	0,464	410	188,0	78,6	3,8	1278	405	193,8	320	149	39,2	0	5,0	13,0	82,0
2816	240	90,7	20	25,0	14,4	14,1	14,1	14,0	0,119	173	73,8	27,9	3,8	1248	336	198,5	303	110	7,5	4 2	0	14,0	81,8
2813	240	90,7	25	32,9	14,4	13,9	14,0	13,8	0,253	262	116,8	53,4	5,6	1241	345	198,5	314	117	11,5	3,6	0	13,1	83,3
2811	240	90,7	30	35,7	14,4	14,1	13,6	13,9	0,324	305	124,3	50,8	5,6	1240	361	198,5	312	120	12,3	4,5	0	9,9	85,6
2825	240	90,7	38	41,0	13,9	13,6	—	13,2	0,464	331	180,4	73,6	3,8	1281	410	196,1	324	142	31,6	—	—	—	—
2819	280	105,7	20	25,6	14,3	14,2	14,2	13,8	0,099	168	76,4	27,9	3,2	1208	252	198,3	307	110	8,3	—	—	—	—
2821	280	105,7	25	32,8	14,4	14,2	14,2	13,7	0,317	254	124,3	55,8	3,6	1242	370	198,4	323	125	18,4	2,2	0,2	15,2	82,4
2820	280	105,7	35	41,2	14,4	14,2	13,9	13,5	0,528	328	162,4	66,1	4,6	1272	358	198,4	329	145	34,3	0,6	0,2	16,4	82,8
2812	280	105,7	30	36,3	14,5	14,3	—	13,7	0,422	340	167,5	76,2	5,6	1282	389	198,8	319	127	17,8	—	—	—	—
2824	320	120,8	20	26,8	13,7	13,5	—	13,2	0,176	214	137,0	48,2	1,3	1315	346	196,1	302	112	8,8	—	—	—	—
2827	320	120,8	20	30,2	14,4	14,3	—	13,8	0,211	215	129,5	58,4	2,0	1305	279	198,5	308	111	6,7	2,7	0	12,5	84,7
2823	320	120,8	25	33,8	14,1	13,8	—	13,3	0,394	307	177,8	73,6	3,3	1280	373	195,8	323	130	21,6	—	—	—	—
2838	360	135,9	20	27,5	14,4	14,3	14,3	13,8	0,312	265	142,2	66,1	3,1	1262	379	198,6	322	123	16,6	0 2	0,7	15,6	83,5
2840	360	135,9	25	37,5	14,4	14,3	14,2	13,6	0,597	361	200,5	76,2	4,1	1300	406	198,6	326	143	30,3	0 2	0	16,8	83,0
2839	360	135,9	30	36,1	13,5	13,2	13,1	12,5	0,584	388	208,5	81,4	3,8	1274	385	196,0	311	132	20,3	0,8	2,4	14,4	82,4

Obgleich die im 2. Abschn. gebrachten, auf neue Erkenntnisse gestützten Untersuchungen der Rost- und Heizflächenbeziehungen bei Lokomotivkesseln des Dr.-Ing. Morgenroth eine umfangreiche Theorie darstellen, die an sich als Grundlage für den Bau wirtschaftlicher Lokomotivkessel dienen kann, soll bei der kaum zu überschätzenden Wichtigkeit des Gegenstands in diesem Abschnitt noch gezeigt werden, daß diese Theorie auch geeignet ist, eine sichere Nachprüfung der Richtigkeit der Ausmaße ausgeführter Lokomotivkessel in einfacher Weise vorzunehmen.

Während die Eigenart des Heißdampfs sowie seine Verarbeitung in der Dampfmaschine in zahlreichen Fachschriften bereits eingehend behandelt ist, herrschen über die wirtschaftlichste Erzeugung des Arbeitsträgers im Lokomotivkessel noch erheblich voneinander abweichende Ansichten.

Die bisher eingehendsten Arbeiten und wertvollsten Zusammenstellungen und Ergebnisse auf diesem Gebiet sind nach meiner Meinung durch Brückmann: „Eisenbahntechnik der Gegenwart, Heißdampflokomotiven mit einfacher Dehnung", in dem Abschnitt 1g, Heißdampflokomotiven, auf den Seiten 575—744, der Fachwelt in dankenswerter Ausführlichkeit dargeboten worden. Diese Arbeiten unterstützen wesentlich meine stets vertretene Ansicht von dem großen Wert richtig gebauter Feuerbüchsen und Roste mit schneller Verbrennung, möglichst hoher Überhitzung und einstufiger Dehnung des Heißdampfs bei nicht zu hohen Spannungen, und sie haben auch Dr.-Ing. Morgenroth wertvolle Anregung bei Ausarbeitung seiner Theorie gegeben, was hiermit dankend ausgesprochen werden soll.

Trotz der Ausführlichkeit der Arbeiten Brückmanns fehlen für den sicheren Entwurf leistungsfähigster und wirtschaftlichster Lokomotivkessel bei geringstem Baustoffaufwand noch gewisse Schlüsse und praktische Folgerungen aus diesen.

Die Erkenntnisse und Folgerungen Morgenroths, 2. Abschn., in Verbindung mit den Ausführungen in diesem Abschnitt bringen weitere Klärung über die verwickelten Verhältnisse

tafel 40.

Prüfstand der Pennsylvaniabahn in Altoona (Lokomotive 1 der Zahlentafel 39).

Rauchbildung	Kohlenverbrauch im ganzen	Kohlenverbrauch auf 1 qm Rost	Heizwert der Kohle	Verdampfte Wassermenge	Speisewasser-Temperatur	Verdampfung auf 1 qm Heizfläche	Verdampfung auf 1 kg Kohle	Verluste an Kohle	Verluste an Dampf	Dampfverbrauch der Maschine	Mittlerer ind. Druck	Indizierte Leistung	Verbrauch für 1 PSi-St Dampf	Verbrauch für 1 PSi-St Kohle	Zugkraft am Zughaken	Leistung am Zughaken	Verbrauch für 1 PSz/St Dampf	Verbrauch für 1 PSz/St Kohle	Wirkungsgrad PSz/PSi
%	kg/St	kg/qm-St	WE/kg	kg/St	°C	kg/qm-St	kg/kg	kg/St	kg/St	kg/St	at	PSi	D/PSi	B/PSi	kg	PSz	D/PSz	B/PSz	%
6	826	161	8040	7680	19,3	34,4	9,3	13,9	470	7210	4,58	767	9,4	1,077	3470	584	12,34	1,412	76,7
6	985	192	8160	8630	16,5	38,6	8,77	38,6	190	8440	5,90	988	8,54	0,996	5020	842	10,02	1,170	85,2
6	1110	217	8040	9610	14,7	43,0	8,66	35,3	120	9490	6,21	1070	8,87	1,037	5290	891	10,62	1,246	83,3
16	1465	286	8160	11540	13,7	51,6	7.88	112.5	310	11230	8,21	1375	8,18	1,065	7250	1218	9,22	1,203	88,5
14	1335	260	8160	10660	13,5	47.7	7.99	45,7	440	10220	5,74	1283	7,97	1,04	4700	1058	9,67	1,261	82,4
10	1408	274	8040	11500	13,6	51.4	8.17	59,2	200	11300	6,16	1375	8,22	1,023	4940	1110	10,18	1,268	80,8
10	1592	310	8040	12560	14.2	56.2	7.89	104.2	160	12400	6,76	1510	8,21	1,053	5520	1236	10,03	1,289	81,8
18	2422	474	8040	16820	16,2	75.3	6.94	266.0	200	16620	8,53	1907	8,73	1,271	7780	1732	9,59	1,399	90,9
32	1238	241	7860	9880	12.7	44.2	7.98	63.6	200	9680	4,45	1245	7,78	0,994	3160	884	10,95	1,401	71,0
16	1520	297	8040	12010	12,8	53.7	7.91	99,5	120	11890	5,55	1550	7,67	0,981	4160	1171	10,15	1,298	75,6
20	2080	404	8160	14440	13,8	64.6	6,95	154,0	170	14270	6,70	1870	7,63	1,111	5490	1541	9,25	1,349	82,4
62	3110	608	8040	17400	15,0	77.8	5.60	459,0	130	17230	7,33	2043	8,44	1,521	6660	1870	9,22	1,664	91,5
64	3180	622	8040	17380	14,6	77.7	5.47	426.0	150	17230	7,25	2024	8,51	1,568	6570	1842	9,36	1,725	90,9
14	1335	260	8160	10740	14.2	48.0	8.05	58.0	170	10570	4,31	1444	7,31	0,925	3415	1152	9,15	1,158	79,8
14	1780	347	8040	13440	14,5	60,2	7.56	188,0	240	13200	5,26	1760	7,50	1,011	4120	1388	9,5	1,282	78,8
22	2030	396	8040	14700	15,1	65.7	7.24	171,2	160	14540	5,68	1900	7,66	1,069	3980	1341	10,84	1,512	70,6
60	3160	617	7860	16840	12,9	75.3	5.33	375,0	200	16640	6,18	2072	8,03	1,524	4820	1618	10,29	1,953	78,1
10	1400	273	8160	11640	12,7	52,1	8,32	103,8	200	11440	4,04	1577	7,27	0,889	2810	1100	10,41	1,272	69,9
10	1950	380	8160	14640	12,3	65,5	7.52	194,5	160	14480	5,11	1994	7,26	0,978	3760	1472	9,84	1,324	73,9
20	2670	520	8160	17610	13,2	78.8	6,60	356,5	190	17420	5,88	2300	7,58	1,160	4650	1819	9,58	1,468	79,0
28	2420	473	8040	15950	12,4	71,3	6,60	224,0	220	15730	5,36	2093	7,53	1,158	4350	1710	9,21	1,415	81,8
78	2460	480	7860	13720	12,8	61,4	5,58	286,5	120	13600	3,90	1747	7,79	1,410	2710	1212	11,22	2,028	69,5
50	2410	470	7860	13380	12,4	59,7	5.56	353,0	200	13180	3,95	1766	7,47	1,365	2610	1170	11,27	2,060	66,3
64	3120	609	8160	15920	12,6	71,2	5.11	366,5	140	15780	4,80	2147	7,35	1,451	3340	1493	10,56	2,089	69,6
36	1913	373	7860	14420	11,7	64,5	7,54	174,0	140	14280	3,90	2023	7,05	0,945	2850	1437	9,95	1,333	70,9
54	2890	564	7860	17630	10,6	78.9	6,11	328,5	590	17040	4,74	2384	7,14	1,211	3440	1730	9,86	1,671	72,5
74	3560	695	7860	17540	11,1	78,5	4,94	457,0	160	17380	4,75	2390	7,27	1,489	3480	1755	9,90	2,028	73,4

der Wärmeübertragung der Kesselheizflächen und der wichtigen Beziehungen zwischen Verdampfung und Überhitzung, ohne welche leicht eine angestrebte Dampfersparnis im Arbeitsgang der Dampfmaschine durch unnötigen und unwirtschaftlichen Bau- und Brennstoffaufwand des Kessels aufgehoben werden kann.

In neuerer Zeit wird beim Bau und Betrieb von Lokomotivheißdampfkesseln leider viel zu großer Wert auf hohe Verdampfungsziffern gelegt, und Rost und Heizflächen werden so ausgiebig bemessen, daß mit recht niedrigen Brennschichten auf dem Rost recht hohe Verdampfungsziffern erreicht werden. Nach diesen wird dann die Güte auch des Heißdampfkessels beurteilt.

Für einen wirtschaftlichen Bau und Betrieb ortsfester Dampfkesselanlagen ist möglichst hohe Ausnützung der Wärme der Heizgase zur Dampfbildung fast ohne Einschränkung selbstverständlich.

Die richtige und allseitige Beurteilung der Wirtschaftlichkeit des Heißdampfkessels einer Lokomotive aber ist keine einfache Sache.

Auch hier bleiben selbstverständlich möglichst hohe Verdampfungsziffern bei niedrigen Abgastemperaturen anzustreben, es darf dies jedoch nicht auf Kosten der Überhitzung geschehen und nicht durch vermeidlichen Baustoffaufwand und eine über das Maß der Notwendigkeit hinausgehende Raumausdehnung des Kessels.

Unbedingt muß ein Lokomotivheißdampfkessel so gebaut werden, und die Feuerhaltung muß derart geregelt werden können, daß wirklicher Heißdampf von etwa 330° C im Schieberkasten schon für alle mittleren Durchschnittsleistungen der Lokomotive im Heißdampfkessel sicher zu erzeugen und wirtschaftlich in der Maschine zu verwerten ist.

Dabei darf aber bei höchsten Leistungen die Überhitzung nicht übermäßig wachsen, und es ist auch aus diesem Grund eine Regelung der Überhitzung zugunsten der Dampf-

Zahlen-

Versuchsergebnisse mit einer 2 B 1-HSL mit Schmidtschem Großrohrüberhitzer auf

Versuch Nr.	Umdrehung in der Minute *n*	Geschwindigkeit *V* km/St	Füllung %	Wirkliche Füllung %	Dampfdrücke at: Kesselüberdruck	Dampfdrücke at: Eintritt in den Überhitzer	Dampfdrücke at: Umkehrschleife	Dampfdrücke at: Zweigrohr	Dampfdrücke at: Auspuff	Unterdruck mm/WS: vor dem Ablenkblech	Unterdruck mm/WS: hinter dem Ablenkblech	Unterdruck mm/WS: in der Feuerbüchse	Unterdruck mm/WS: im Aschkasten	Temp. d. Heizgase °C in der Feuerbüchse	Temp. d. Heizgase °C in der Rauchkammer	Temperatur des Dampfs °C im Kessel	Temperatur des Dampfs °C im Zweigrohr	Temperatur des Dampfs °C im Auspuff	Überhitzung im Auspuff °C	Rauchgas-Untersuchung O %	CO %	CO_2 %	N %
3854	120	46,0	15	—	14,47	—	—	14,16	0,175	50,8	27,9	12,7	2,3	1065	224	198,6	273,7	103,6	—	4,8	0,2	13,1	81,9
3852	120	46,0	25	—	14,48	—	—	14,16	0,232	76,2	43,2	20,3	4,1	1140	240	198,6	281,9	105,7	0,7	4,4	0,2	13,2	82,2
3847	120	46,0	35	—	14,47	—	—	14,04	0,323	129,5	73,7	27,9	5,1	1240	274	198,6	293,0	111,5	4,5	3,6	0,3	13,9	82,2
3853	120	46,0	45	—	14,48	—	—	13,94	0,422	170,2	88,9	33,0	6,3	1250	286	198,6	303,5	115,8	6,6	3,1	0,3	13,9	82,2
3851	120	46,0	45	—	14,45	—	—	13,88	0,218	177,8	96,5	38,1	7,6	1256	287	198,5	291,1	116,0	11,4	2,5	0,3	14,6	82,6
3855	160	61,3	15	—	14,48	—	—	14,17	0,189	60,9	33,0	17,8	3,3	1134	234	198,6	277,2	104,0	—	4,4	0,3	13,3	82,0
3833	160	61,3	25	—	14,41	—	—	14,19	0,246	104,1	55,9	25,4	3,6	1102	249	198,4	282,3	106,8	1,4	3,8	0,7	13,6	82,0
3835	160	61,3	35	—	14,48	—	—	14,04	0,387	172,7	99,1	38,1	6,3	1308	276	198,6	299,6	113,5	5,0	3,4	0,5	13,7	82,5
3850	160	61,3	45	—	14,47	—	—	13,80	0,415	236,2	137,2	53,3	10,2	1314	294	198,6	300,0	108,3	—	1,9	0,6	14,6	82,9
3849	160	61,3	50	—	14,35	—	—	13,62	0,668	320,0	193,0	66,0	6,6	1331	333	198,2	311,2	129,5	15,5	0,4	2,5	14,0	83,1
3836	200	76,6	15	—	14,48	—	—	14,21	0,189	63,5	38,1	17,8	3,3	1129	236	198,6	281,2	104,3	0,3	4,0	0,2	13,7	82,1
3837	200	76,6	25	—	14,48	—	—	14,10	0,293	119,4	71,1	27,9	5,1	1147	256	198,6	288,9	109,8	3,3	2,9	0,3	14,4	82,4
3807	200	76,6	35	—	14,38	—	—	13,89	0,401	190,5	111,7	48,3	6,6	1336	321	198,3	322,7	120,8	12,1	4,3	1,5	12,5	81,6
3809	200	76,6	45	—	14,48	—	—	13,85	0,464	271,8	144,8	58,4	6,3	1359	349	198,6	333,0	139,1	29,0	4,3	1,1	12,3	82,3
3848	200	76,6	50	—	14,40	—	—	13,36	0,893	383,5	238,7	88,9	11,6	1400	298	198,4	308,9	133,0	15,0	0,7	1,4	14,5	83,4
3832	240	91,9	15	—	14,48	—	—	14,26	0,387	73,7	45,7	20,3	2,8	1153	246	198,6	278,8	104,5	—	4,3	0,3	13,5	81,9
3844	240	91,9	25	—	14,48	—	—	14,05	0,267	149,9	93,9	35,6	4,3	1225	274	198,5	296,6	110,7	4,8	2,4	0,2	15,1	82,3
3831	240	91,9	35	—	14,48	—	—	14,03	0,464	259,1	147,3	73,7	6,9	1360	296	198,6	309,2	118,1	8,0	1,3	1,5	15,1	82,1
3810	240	91,9	45	—	14,24	—	—	13,47	0,822	317,5	177,8	68,6	8,1	1364	344	197,9	332,4	150,0	33,3	4,8	0,9	11,9	82,4
3845	280	117,2	15	—	14,48	—	—	14,20	0,211	81,3	50,8	20,3	2,8	1159	261	198,6	286,3	106,2	1,7	3,9	0,2	14,0	81,9
3808	280	117,2	25	—	14,34	—	—	13,95	0,344	152,4	91,4	45,7	5,6	1166	306	198,2	317,5	109,7	2,2	3,4	0,2	13,8	82,6
3842	280	117,2	35	—	14,45	—	—	13,73	0,415	271,8	172,7	68,6	9,1	1295	311	198,5	316,0	124,3	15,4	1,7	0,2	15,2	82,9
3811	280	117,2	40	—	14,32	—	—	13,49	0,738	330,2	200,7	76,2	5,8	1323	350	197,9	335,0	146,2	31,0	5,4	2,1	11,1	81,4
3846	320	122,6	15	—	14,48	—	—	14,19	0,218	101,6	66,0	27,9	3,6	1253	258	198,6	284,2	106,2	1,8	2,7	0,5	14,5	82,3
3834	320	122,6	25	—	14,48	—	—	14,05	0,415	182,9	101,6	40,6	6,3	1312	282	198,6	304,9	111,1	2,2	3,4	0,2	13,8	82,6
3838	320	122,6	35	—	14,48	—	—	13,71	0,801	327,7	187,9	73,7	8,4	1289	320	198,6	316,2	132,6	16,3	1,4	1,0	14,9	82,7
3841	360	137,9	15	—	14,48	—	—	14,23	0,211	101,6	63,5	27,9	3,8	1270	262	198,6	287,1	105,8	1,3	3,5	0,0	14,7	81,8
3840	360	137,9	25	—	14,48	—	—	13,98	0,316	200,7	121,9	43,2	6,3	1262	305	198,6	306,9	113,0	6,1	2,1	0,3	14,8	82,8
3839	360	137,9	30	—	14,48	—	—	13,80	0,569	279,4	180,3	73,7	6,1	1403	324	198,6	313,3	121,1	9,0	1,0	3,1	13,5	82,4
3843	360	137,9	35	—	13,74	—	—	13,31	0,583	350,5	220,9	73,7	5,1	1375	331	198,3	321,6	140,6	28,2	0,8	2,1	14,3	82,8

bildung bei höchsten Leistungen unvermeidbare Bedingung, wenn eine möglichst hohe Wirtschaftlichkeit des Kessels eintreten soll, die durch richtige Anwendung des Heißdampfs in der Maschine dann unzweifelhaft allseitig erreicht werden kann.

Der Blick darf nicht länger nur einseitig auf eine durch hohe Verdampfungsziffern scheinbar sich ergebende Brennstoffersparnis gerichtet werden. Hier geben selbst sorgfältig durchgeführte Versuche bei Fahrten vor dem Zug keinen genügenden Aufschluß über wirkliche Brennstoffersparnis, da hier ein Beharrungszustand für genügend lange Zeit nur selten erreicht werden kann. Hier kann nur die Theorie im 2. Abschn. und Versuche über Kohlenverbrauch auf einem guten und gut geführten Prüffeld den so notwendigen allseitigen Aufschluß geben.

Da die beiden Größen Verdampfung und Überhitzung in einem gewissen Abhängigkeitsverhältnis zueinander stehen, wird es sich darum handeln, diese beiden Größen so gegeneinander abzustimmen, daß schon beim Entwurf ein Kessel entsteht, dessen Abmessungen den im 2. Abschn. entwickelten Gesetzen und Grundforderungen entsprechen. Ihre Anwendung läßt mit Sicherheit die jeweils richtigen Hauptabmessungen für einen wirtschaftlich arbeitenden Kessel erkennen.

Aber nur mit Hilfe von Prüfstandsversuchen läßt sich, wie schon erwähnt, der Einfluß der beiden obengenannten Größen auf den wirklichen Betriebsstoffverbrauch vollkommen ermitteln. Nur solche Versuche, nicht aber die Ergebnisse einiger Fahrten vor dem Zug, vermögen ein sicheres Urteil darüber zu gewähren, ob ein Lokomotivkessel falsch oder richtig gebaut ist.

tafel 41.

dem Prüfstand der Pennsylvaniabahn in Altoona (Lokomotive 2 der Zahlentafel 39).

Rauchbildung	Kohlenverbrauch im ganzen	Kohlenverbrauch auf 1 qm Rost	Heizwert der Kohle	Verdampfte Wassermenge	Speisewasser-Temperatur	Verdampfung auf 1 qm Heizfläche	Verdampfung auf 1 kg Kohle	Verlust an Kohle	Verlust an Dampf	Dampfverbrauch der Maschine	Mittlerer ind. Druck	Indizierte Leistung	Verbrauch an Dampf für 1 PSi-St	Verbrauch an Kohle für 1 PSi-St	Zugkraft am Zughaken	Leistung am Zughaken	Verbrauch an Dampf für 1 PSz-St	Verbrauch an Kohle für 1 PSz-St	Wirkungsgrad PSz/PSi
%	kg/St	kg/qm-St	WE/kg	kg/St		kg/qm-St	kg/kg	kg St	kg/St	kg/St	at	PSi	D PSi	B/PSi	kg	PSz	D PSz	B/PSz	%
—	670	129,4		6295	21,1	26,0	9,39	-	701	5594	3,26	620,3	9,02	1,08	2912	480,0	11,65	1,39	77,4
—	841	162,3		8465	22,5	34,9	10,01	-	16	8449	4,92	933,2	9,05	0,90	4665	769,0	10,98	1,09	82,4
—	1277	246,4		11189	19,9	46,2	8,77		145	11044	6,63	1256,9	8,79	1,02	6946	1147,8	9,62	1,11	91,3
—	1506	290,7		13072	21,1	54,0	8,68	-	108	12964	7,70	1459,1	8,89	1,03	8189	1349,7	9,60	1,11	92,5
—	1622	313,1		13624	20,5	56,7	8,40		68	13556	7,66	1452,5	9,33	1,12	2073	1334,1	10,16	1,21	91,9
—	740	142,9		7033	22,9	29,0	9,50	-	22	7011	3,07	776,1	9,04	0,95	2711	595,9	11,76	1,24	76,8
—	1087	209,9		9711	20,1	40,1	8,93	-	1	9710	4,06	1116,1	8,70	0,98	4359	960,6	10,02	1,31	86,1
—	1582	305,3		13394	19,0	55,3	8,47	-	26	13368	6,32	1597,8	8,37	0,99	6663	1468,2	9,10	1,08	91,9
—	2100	405,4		15998	20,4	66,1	7,62	—	—	15998	7,49	1823,3	8,78	1,15	7748	1707,1	9,37	1,23	93,6
—	2763	533,5		18189	19,9	75,1	6,58	-	32	18157	7,98	2018,0	9,00	1,37	8812	1941,6	9,35	1,42	96,2
—	852	164,5		8098	19.1	37.1	9.50	-	223	7875	2,96	934,7	8,43	0,91	2373	653,5	12,05	1,30	69,9
—	1233	238,0		11251	20,4	46.4	9,04	-	119	11132	4,28	1351,4	8,24	0,91	3774	1039,3	10,71	1,19	76,9
—	1869	360,7		14192	16,9	58.6	7,59	-	220	13972	5,95	1879,5	7,43	0,99	5745	1586,9	8,80	1,17	84,4
—	2771	535,0	7859	17237	17,8	71,2	6,22	-	216	17021	6,75	2131,0	8,04	1,30	6912	1909,1	8,99	1,45	89,6
—	3755	724,9	bis	20261	19,7	83,7	5.40	-	45	20216	7,30	2304,8	8,77	1,33	7851	2162,3	9,35	1,41	93,8
—	929	179,5	7978	8629	18,9	35.6	9,28	-	172	8457	2,67	1011,7	8,36	0,92	2361	782,6	10,79	1,18	77,4
—	1349	260,4		12191	19,4	50,4	9.04		89	12102	3,92	1484,6	8,15	0,91	3447	1139,2	10,63	1,18	76,7
—	2077	401,0		16739	20,7	69,2	7.88	-	238	16501	5,53	2095,3	7,88	1,01	5243	1737,7	9,50	1,22	82,9
—	3241	625,6		18708	17,2	77.3	5.77		—	18708	6,07	2302,1	8,13	1,41	6216	2060,2	9,08	1,57	89,5
—	988	190,8		9171	19,5	37,9	9.28		100	9071	2,65	1173,7	7,73	0,84	2158	832,2	10,90	1,18	70,9
—	1435	277,0		12478	17,6	51,5	8,70		303	12175	3,77	1667.4	7,30	0,86	3589	1387,8	8,77	1,04	83,2
—	2404	464,1		17803	19,4	73,5	7.40	-	26	17777	5,00	2209,3	8,05	1,09	4830	1862,4	9,54	1,29	84,3
—	3060	590,8		17803	17,2	73.5	5.82		—	17803	5,33	2356,0	7,55	1,29	5309	2053,2	8,67	1,48	87,1
—	987	190,5		9823	19,6	40,6	9,95	-	84	9739	2,46	1245,1	7,82	0,79	1893	834,1	11,67	1,18	67,0
—	1516	292,7		13549	19,4	56,0	8,94		—	13549	3,11	1750,9	7,74	0,88	3274	1442,7	9,39	1,05	82,4
—	2693	519,9		19082	19,3	78,8	7,09	-	182	18900	4,66	2357,2	8,02	1,14	4598	2026,4	9,32	1,33	86,0
—	991	191,2		10240	19,4	42,3	10,34		673	9567	2,31	1311,1	7,30	0,75	1568	777,2	12,30	1,27	59,3
—	1773	342,4		15045	18,9	62,2	8.48		231	14814	3,38	1924,2	7,70	0,92	2447	1212,9	12,22	1,46	63,0
—	2759	532,7		17267	18,9	71.3	6,26		861	16406	3,76	2138,9	7,67	1,29	2972	1473,5	11,13	1,87	68,9
—	3438	663,8		18598	19,1	76.8	5.41		29	18569	3,96	2252,7	8,25	1,53	3309	1640,3	11,31	2,09	72,8

Nach diesen Ausführungen wird es von Wert sein, einige Ergebnisse, die auf dem Prüfstand in Altoona, Pennsylvania, an drei amerikanischen Heißdampfschnellzuglokomotiven gewonnen worden sind, zu besprechen, die Kesselausmaße der untersuchten Lokomotiven mit den diesbezüglichen Ergebnissen der Theorie im 2. Abschn. zu vergleichen, sowie das wichtige Verhältnis H/R zu untersuchen und auch seine Abhängigkeit, besonders von dem Heizwert des Brennstoffs, zu erweisen.

Die nachstehenden Betrachtungen erstrecken sich zunächst auf drei 2 B 1-Heißdampfzwilling-Schnellzuglokomotiven, deren Hauptabmessungen aus Zahlentafel 39 zu ersehen sind. Die Versuchsergebnisse der drei Schnellzuglokomotiven sind in den Zahlentafeln 40 bis 42 zusammengestellt.

Die Hauptabmessungen dieser drei Lokomotiven sind einander ähnlich, die Rostflächen sind gleich groß; die Heizflächen von Lokomotive 1 und 2 sind nur wenig voneinander abweichend, nur die Feuerbüchs- und Rohrheizflächen der Lokomotive 3 sind erheblich kleiner, was bei den Schlüssen zu berücksichtigen ist.

1. Kesselleistung.

Zur Verfeuerung gelangte in allen Fällen gute Pennsylvaniagaskohle von rund 8000 WE/kg.

Die Schaulinien in Abb. 54 stellen die erzeugte Dampfmenge in Abhängigkeit vom Kohlenverbrauch dar. Die Verdampfungsleistung ist bei 2 größer als bei 1 und 3.

In Abb. 55 sind die Verdampfungsleistungen bei verschiedenen Rostanstrengungen dargestellt. Hierbei tritt bei gesteigerten Abgastemperaturen die Abnahme der Verdampfungsziffern D/B deutlich in Erscheinung. Dieser Nachteil ist aber nur ein scheinbarer, denn er wird

Zahlen-

Versuchsergebnisse mit einer 2 B 1-HSL mit Schmidtschem Kleinrohrüberhitzer auf

Versuch	Umdrehung in d. Minute	Geschwindigkeit	Füllung	Wirkliche Füllung	Dampfdrucke at					Unterdruck mm/WS				Temp. d. Heizgase °C in der		Temperatur des Dampfs °C im			Überhitzung im Auspuff	Rauchgas-Untersuchung			
					Kessel-Überdruck	Eintritt in den Überhitzer	Umkehrschleife	Zweigrohr	Auspuff	vor dem Ablenkblech	hinter dem Ablenkblech	in der Feuerbüchse	im Aschkasten	Feuerbüchse	Rauchkammer	Kessel	Zweigrohr	Auspuff		O	CO	CO_2	N
Nr.	n	V km/St	%	%															°C	%	%	%	%
4501	120	44,4	20	21,1	14,47	—	—	14,1	0,085	66,0	45,7	17,8	3,8	1205	291	198,6	286,5	—	6,7	4,4	0,0	13,9	81,7
4534	120	44,1	30	30,2	14,49	—	—	13,9	0,127	116,8	71,1	20,3	3,6	1220	344	198,7	302,8	—	15,1	4,5	0,2	13,8	81,5
4502	120	44,4	40	40,5	14,49	—	—	13,8	0,197	170,0	106,6	35,6	9,9	1260	327	198,7	317,6	—	29,3	4,8	0,0	13,5	81,8
4514	120	44,4	50	51,0	14,49	—	—	13,4	0,359	272,0	188,0	38,1	7,9	1341	384	198,7	317,6	—	39,7	1,5	0,2	15,8	82,5
4535	120	44,1	60	56,2	14,45	—	—	13,1	0,373	305,0	198,0	48,3	9,4	1310	403	198,6	338,4	—	59,5	3,8	0,5	13,6	82,1
4536	120	44,1	65	63,5	14,28	—	—	12,6	0,464	363,5	223,5	53,4	7,4	1362	432	198,1	332,8	—	58,5	1,0	2,7	14,4	81,9
4511	160	59,2	20	23,1	14,45	—	—	14,0	0,162	99,0	63,5	17,8	2,8	1240	311	198,6	281,9	—	9,5	4,3	0,13	12,4	83,1
4520	160	58,8	30	30,4	14,40	—	—	13,6	0,267	157,5	104,0	28,0	4,6	1220	356	198,6	303,2	—	12,2	2,6	0,2	14,6	82,6
4503	160	59,2	35	39,2	14,47	—	—	13,6	0,295	203,0	119,4	30,5	10,9	1305	348	198,6	322,0	—	37,0	4,7	0,0	13,0	82,3
4513	160	59,2	45	46,6	14,37	—	—	13,1	0,499	295,0	200,5	61,0	9,9	1341	359	198,4	324,9	—	36,2	0,6	1,7	15,2	82,5
4517	160	59,2	50	51,7	14,35	—	—	12,9	0,598	369,0	238,5	50,8	12,7	1335	390	198,3	337,0	—	50,5	1,1	1,1	15,3	82,4
4533	160	58,8	55	54,5	14,42	—	—	12,7	0,717	381,0	211,0	63,5	10,0	1260	423	198,5	344,0	—	58,7	3,8	0,6	13,3	82,3
4531	200	73,5	20	25,4	14,40	—	—	13,7	0,148	119,3	76,2	22,9	3,6	1272	346	198,5	297,8	—	7,6	3,7	0,4	14,1	81,9
4509	200	74,0	35	39,6	14,10	—	—	13,1	0,436	289,5	221,0	43,1	7,1	1341	378	197,5	312,7	—	27,7	2,5	0,6	13,4	83,5
4529	200	73,8	35	41,6	14,42	—	—	13,0	0,457	274,0	160,0	45,7	7,1	1283	360	198,5	330,5	—	37,6	1,6	0,3	15,5	82,5
4504	200	74,0	45	46,5	14,41	—	—	13,1	0,577	320,0	203,0	61,0	22,4	1427	374	198,5	343,4	—	56,0	2,1	0,0	15,7	82,2
4516	200	74,0	50	51,5	14,40	—	—	12,6	0,872	419,0	241,0	63,5	16,3	1397	423	198,5	347,4	—	58,7	1,8	1,8	14,2	82,2
4506	240	88,7	20	23,9	14,42	—	—	13,8	0,190	142,0	99,0	28,0	5,6	1295	308	198,5	302,6	—	9,3	3,4	0,0	14,5	82,0
4508	240	88,7	35	42,0	14,35	—	—	12,9	0,591	364,0	272,0	58,5	15,3	1360	401	198,3	332,4	—	44,0	2,8	0,7	15,1	81,4
4505	240	88,7	45	47,5	14,41	—	—	12,6	0,808	430,0	290,0	71,2	18,6	1450	383	198,5	346,7	—	61,7	1,3	0,5	16,3	81,9
4527	280	103,0	20	25,1	14,45	—	—	13,4	0,225	160,0	106,5	30,5	4,3	1260	339	198,6	312,3	—	18,2	3,5	0,3	14,1	82,2
4518	280	103,5	30	37,4	14,45	—	—	13,4	0,520	295,0	208,5	40,7	8,4	1327	364	198,6	329,8	—	30,9	2,3	0,4	14,7	82,7
4521	280	103,0	35	43,9	14,40	—	—	12,8	0,766	386,0	251,0	58,5	9,9	1315	415	198,5	332,9	—	43,3	1,2	0,3	15,9	82,5
4519	280	103,5	40	45,7	14,20	—	—	12,1	0,914	442,5	284,3	63,5	12,5	1368	394	197,8	338,5	—	53,2	1,2	1,3	15,1	82,4
4528	320	118,0	20	25,1	14,42	—	—	13,3	0,282	170,0	106,5	30,5	5,3	1259	347	198,5	329,0	—	16,8	2,4	0,7	14,9	82,0
4525	320	118,0	25	35,8	14,45	—	—	12,9	0,457	259,0	165,0	40,6	7,6	1288	395	198,6	318,2	—	21,2	1,7	1,0	15,4	81,9
4524	320	118,0	30	39,5	14,41	—	—	12,9	0,563	323,0	198,0	53,3	8,4	1310	402	198,5	329,7	—	28,7	1,1	0,7	15,4	82,8
4522	320	118,0	35	45,6	14,20	—	—	12,1	0,914	444,0	254,0	71,1	10,9	—	419	197,8	329,5	—	39,1	1,7	1,3	14,4	82,6
4532	360	132,2	20	28,2	14,42	—	—	13,2	0,331	201,0	122,0	114,3	4,6	1260	384	198,5	322,7	—	19,8	2,2	0,8	14,6	82,4
4526	360	132,4	25	28,5	14,50	—	—	12,9	0,542	290,0	180,5	43,2	9,9	1326	389	198,8	324,7	—	26,3	2,5	0,6	14,7	82,2
4530	360	132,5	30	33,7	14,50	—	—	12,7	0,612	343,0	208,0	66,0	5,8	1332	390	198,8	332,0	—	35,7	3,2	1,8	12,4	82,6

Versuchsergebnisse mit der gleichen Lokomotive

4543	60	22,8	15	14,6	14,45	—	—	14,1	0,070	33,0	22,9	10,2	1,8	1183	345	198,6	203,8	—	6,6	4,2	0,3	13,6	81,9
4540	80	32,9	15	14,6	14,45	—	—	14,1	0,092	40,6	25,4	15,2	3,3	1158	374	198,6	204,3	—	6,8	3,8	0,4	13,9	81,9
4537	120	45,7	20	20,0	14,45	—	—	14,1	0,197	86,3	66,0	33,0	3,3	1290	424	198,6	203,8	—	10,0	2,0	0,4	15,4	82,2
4544	120	45,7	40	41,1	14,42	—	—	13,9	0,612	228,5	134,5	63,5	7,4	1330	516	198,5	204,4	—	9,2	0,3	0,3	18,3	81,1
4542	160	60,9	30	31,4	14,45	—	—	13,8	0,548	185,5	109,0	55,8	3,6	1361	498	198,6	204,4	—	7,8	1,1	0,2	17,2	81,5
4545	160	60,9	35	39,8	14,40	—	—	13,8	0,795	249,0	144,7	66,0	8,9	1361	534	198,5	204,5	—	7,9	1,1	0,2	17,2	81,5
4538	240	91,5	20	24,5	14,41	—	—	13,9	0,506	165,0	109,0	50,8	4,6	1370	482	198,5	204,9	—	8,2	2,0	0,1	16,9	81,0
4541	280	106,8	20	25,3	14,45	—	—	13,9	0,668	188,0	111,8	50,8	6,4	1364	498	198,6	204,2	—	5,1	0,9	0,4	17,2	81,5

durch den Gewinn in den Dampfmaschinen infolge der mit gesteigerter Rostanstrengung zunehmenden Überhitzung mehr als aufgewogen, was besonders in Zahlentafel 43 und 44 zum Ausdruck kommt.

Dem Dampfverbrauch entsprechend wurde in Zahlentafel 43 auf Grund der Verdampfungsleistung der drei Kessel (Abb. 54) der Kohlenverbauch ermittelt. Es zeigt sich, daß sowohl bei niedrigen Rostanstrengungen und höherer Verdampfungsziffer wie auch bei hohen Rostanstrengungen und niedriger Verdampfungsziffer gleiche Kohlenverbrauchsziffern erzielbar sind.

Bei allen gleichwertigen Füllungsgraden der 3 amerikanischen Dampfmaschinen zeigt sich eine große Übereinstimmung der Kohlenverbrauchszahlen sowohl bei kleinen wie großen Rostanstrengungen der in Horizontalspalte 3 angegebenen Grenzwerte für B/R. Am auffallendsten trifft dies nach Zahlentafel 43 in der Spalte für 25% Füllung auch für alle entsprechenden Umdrehungszahlen zu. Bei Rostanstrengungen in den Grenzwerten von 170/455 sind

tafel 42.

dem Prüfstand der Pennsylvaniabahn in Altoona (Lokomotive 3 der Zahlentafel 39).

Rauchbildung	Kohlen-Verbrauch im ganzen	Kohlen-Verbrauch auf 1 qm Rost	Heizwert der Kohle	Verdampfte Wassermenge	Speisewasser-Temperatur	Verdampfung auf 1 qm Heizfläche	Verdampfung auf 1 kg Kohle	Verluste an Kohle	Verluste an Dampf	Dampf-Verbrauch der Maschine	Mittlerer ind. Druck	Indizierte Leistung	Verbrauch für 1 PS_i-St Dampf	Verbrauch für 1 PS_i-St Kohle	Zugkraft am Zughaken	Leistung am Zughaken	Verbrauch für 1 PS_z-St Dampf	Verbrauch für 1 PS_z-St Kohle	Wirkungsgrad PS_z/PS_i
%	kg/St	kg/qm-St	WE/kg	kg/St	°C	kg/qm-St	kg/kg	kg/St	kg/St	kg/St	at	PS_i	D/PS_i	B/PS_i	kg	PS_z	D/PS_z	B/PS_z	%
8	742	144,5	7850	6600	23,3	34,2	8,90	49,8	440,0	6160	—	747	8,25	0,993	3570	586	10,50	1,265	78,6
8	950	185,0	7970	8600	19,5	44,6	9,05	2,06	18,6	8581	—	1052	8,15	0,903	5480	897	9,57	1,058	85,1
8	1370	267,0	7850	10230	21,4	53,1	7,47	0,97	7,26	10223	—	1305	7,84	1,050	7130	1215	8,42	1,128	93,2
22	1790	349,0	7800	13080	19,5	67,8	7,31	0,0	0,0	13080	—	1515	8,64	1,180	8180	1348	9,70	1,328	89,0
18	1780	347,5	7970	14190	19,1	73,5	7,97	17,0	13,47	14087	—	1620	8,69	1,100	9060	1488	9,47	1,196	91,8
50	3070	600,0	7920	15670	18,5	81,3	5,10	4,09	20,85	15649	—	1662	9,42	1,845	9270	1519	10,30	2,020	91,4
18	984	192,0	7800	7600	21,3	39,4	7,72	0,0	0,0	7600	—	949	8,01	1,038	3265	719	10,55	1,370	75,7
20	1340	262,0	7800	10290	19,4	53,3	7,67	23,9	179,5	10110	—	1284	7,88	1,043	5000	1093	9,25	1,225	85,3
10	1485	290,0	7850	11490	21,4	59,6	7,72	6,77	52,2	11438	—	1528	7,50	0,973	6070	1336	8,57	1,111	87,4
36	2275	443,0	7800	13700	18,7	71,1	6,03	17,6	106,0	13594	—	1695	8,02	1,340	6770	1486	9,13	1,530	87,7
24	2185	426,0	7800	15050	18,7	78,1	6,89	0,0	0,0	15050	—	1811	8,31	1,205	7570	1654	9,10	1,315	91,4
26	2670	520,0	7970	16450	18,6	85,4	6,16	7,48	46,3	16404	—	1898	8,65	1,405	7740	1690	11,22	1,580	89,2
12	1053	205,5	7970	8770	19,9	45,5	8,31	23,4	194,5	8575	—	1138	7,54	0,925	3180	869	9,88	1,213	76,4
28	1903	372,0	7850	12650	26,0	65,6	6,65	5,32	35,4	12615	—	1650	7,65	1,150	5180	1424	8,87	1,335	86,3
14	1810	353,0	7970	13190	18,8	68,5	7,28	0,0	0,0	13190	—	1720	7,67	1,051	5390	1476	8,94	1,226	85,8
22	2225	435,0	7850	15120	26,0	78,5	6,78	32,6	219,0	14901	—	1935	7,71	1,150	6210	1707	8,74	1,302	88,2
34	3040	593,0	7800	16830	21,0	87,4	5,53	5,58	30,8	16799	—	2080	8,07	1,460	6700	1840	9,12	1,651	88,4
14	1173	229,0	7850	9320	26,0	48,3	7,95	4,13	24,0	9296	—	1310	7,08	0,895	3170	1047	8,87	1,120	80,0
30	2280	445,0	7850	14340	19,7	74,4	6,29	1,59	10,0	14330	—	1913	7,50	1,190	4920	1621	8,85	1,405	84,9
32	2830	553,0	7850	16540	19,5	85,8	5,84	4,13	24,95	16515	—	2157	7,67	1,312	5560	1830	9,03	1,545	84,9
14	1257	245,0	7970	9830	19,1	51,0	7,83	22,2	173,1	9657	—	1405	6,87	0,895	3099	1186	8,15	1,060	84,3
16	1725	337,0	7800	12910	18,2	67,0	7,50	6,05	45,3	12865	—	1833	7,03	0,941	3880	1493	8,62	1,154	81,4
26	2500	488,0	7800	15570	18,3	80,7	6,24	7,55	47,2	15523	—	2076	7,49	1,202	4600	1760	8,84	1,420	84,9
30	3000	585,0	7800	16540	18,3	85,7	5,52	0,0	0,0	16540	—	2165	7,64	1,378	4720	1812	9,13	1,654	83,6
8	1335	261,0	7970	10480	19,5	54,4	7,86	13,83	109,0	10371	—	1477	7,03	0,904	2530	1152	9,00	1,158	78,3
14	1715	335,0	7970	12730	20,6	66,1	7,43	10,0	74,5	12655	—	1736	7,30	0,988	2950	1293	9,78	1,325	74,4
26	2200	429,0	7970	14370	19,2	74,6	6,54	15,3	100,0	14270	—	1890	7,55	1,165	3180	1392	10,25	1,580	73,7
42	3165	617,0	7970	16370	19,5	84,8	5,18	0,0	0,0	16370	—	2100	7,80	1,508	3745	1639	9,99	1,933	78,0
8	1375	268,5	7970	11210	19,7	58,2	8,16	24,4	210,0	11000	—	1680	6,55	0,820	2325	1143	9,62	1,202	68,1
24	1930	376,0	7970	13600	26,0	70,5	7,05	23,2	163,0	13437	—	1853	7,25	1,040	2740	1350	9,95	1,430	72,9
28	2510	489,0	7970	14940	19,7	77,5	5,96	61,8	368,0	14572	—	1780	8,16	1,410	2955	1458	10,00	1,720	81,8

mit ausgebautem Überhitzer (Lokomotive 4).

14	615	120,0	7920	5530	19,9	28,6	9,00	57,0	510,0	5020	—	341	14,70	1,805	3330	282	17,80	2,180	82,7
14	670	130,5	7920	6190	19,4	32,1	9,25	16,1	149,0	6041	—	459	13,15	1,460	3180	360	16,80	1,860	78,5
14	1175	229,0	7920	9620	17,9	49,8	8,20	15,35	126,0	9494	—	815	11,65	1,442	4000	679	13,96	1,730	83,3
22	2670	521,0	7920	16350	16,8	84,8	6,13	18,6	11,4	16236	—	1317	12,23	2,030	6830	1159	14,01	2,305	88,1
12	2043	399,0	7920	14520	17,6	75,3	7,10	6,4	45,0	14475	—	1223	11,82	1,670	4650	1050	13,80	1,950	85,8
30	2775	540,0	7920	17480	16,0	90,7	6,30	11,3	71,0	17409	—	1448	12,03	1,916	5700	1290	13,50	2,145	89,1
12	1925	375,5	7920	13400	18,9	69,5	6,96	8,62	60,0	13340	—	1210	11,03	1,590	2840	963	13,85	2,000	79,6
24	2175	425,0	7920	14910	18,2	77,3	6,85	41,7	287,0	14623	—	1353	10,80	1,420	2430	966	15,63	2,250	71,4

z. B. für Lokomotive 1 die bez. Kohlenverbrauchszahlen B/PS_i-St = 1,06 bzw. 1,05 kg, demnach bei etwa dreifach größerer Rostanstrengung fast die gleichen für die PS_i/St.

Ähnlich bleibt auch für alle anderen Füllungsgrade bei verschiedenen Rostanstrengungen die Gesamtwirtschaftlichkeit fast die gleiche, da mit der Rostanstrengung die Überhitzung steigt.

2. Maschinenleistung.

Aus den nach Abb. 56, 57 und 58 bei verschiedenen Füllungen und Umdrehungen erzielten Leistungs- und Dampfverbrauchsschaulinien ist der Dampfverbrauch D/PS_i-St zu ermitteln. Der höhere Dampfverbrauch bei Lokomotive 1 und 2 gegenüber 3 ist durch geringere Überhitzung des Dampfs bedingt, wie aus Zahlentafel 44 ersichtlich ist.

Hier entsprechen die in der Horizontalspalte 3 angegebenen Grenzzahlen für die Überhitzungstemperatur den betreffenden ersten und letzten Dampfverbrauchszahlen in der zugehörigen Vertikalspalte.

Während der Kohlenverbrauch nach dem vorhin angezogenen Beispiel der Füllung von 25%, Zahlentafel 43, bei fast dreifacher Rostanstrengung gleichbleibt, ergibt sich bei gleicher

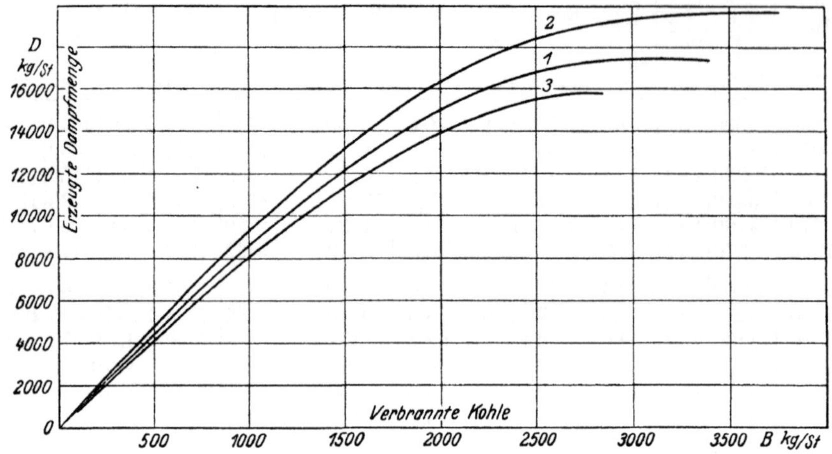

Abb. 54. Erzeugte Dampfmenge in Abhängigkeit von der verbrannten Kohle.

Füllung aus Zahlentafel 44 bei den Grenzwerten der Überhitzung von 285/323 °C ein Dampfverbrauch D/PS$_i$-St von 9,15 bzw. 7,37 kg. Die Steigerung der Überhitzung von 13,3% entspricht hier also einer Dampfersparnis von 19,5%.

Ein Vergleich des Dampfverbrauchs der drei Dampfmaschinen erweist, daß mit der Er-

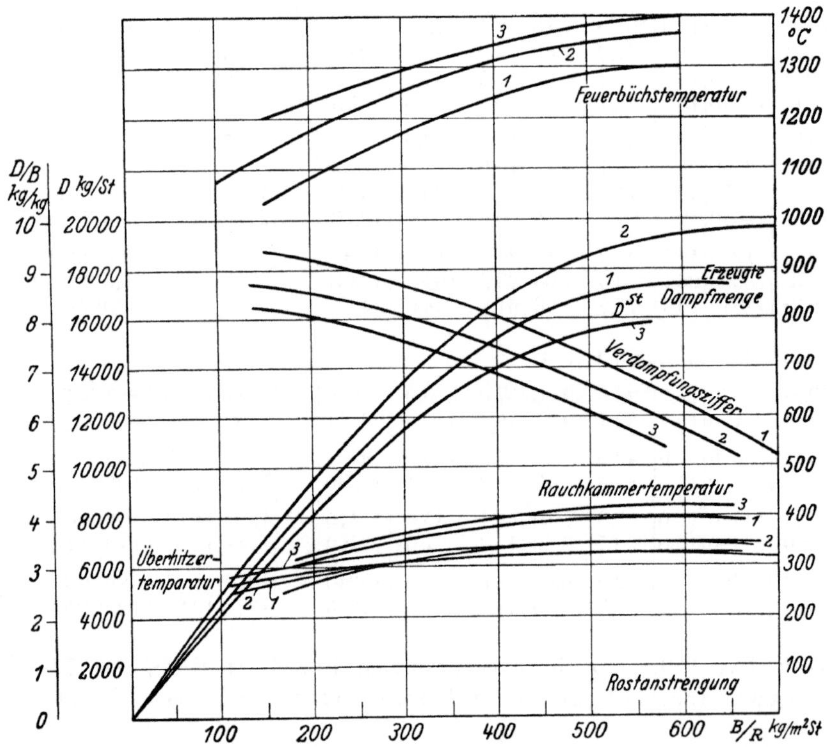

Abb. 55. Erzeugte Dampfmenge, Verdampfungsziffer, Überhitzung und Heizgastemperaturen bei verschiedenen B/R.

höhung der Überhitzungstemperatur eine Dampfersparnis verbunden ist, die etwa im geraden Verhältnis zur Temperatursteigerung steht.

Allerdings darf auch zur Beurteilung der Wirtschaftlichkeit der Heißdampflokomotive die Verdampfungsfähigkeit des Kessels nicht unberücksichtigt bleiben.

Nach Abb. 54 zeigt z. B. Kessel 2 eine bessere Verdampfung als die Kessel 1 und 3 und auch den geringsten Kohlenverbrauch nach Zahlentafel 43.

Zahlentafel 43.

Brennstoffverbrauch B/PS_i-St bei verschiedenen Füllungen und Umdrehungen in der Minute.

	15%			20%			25%			30%			35%			40%			45%			50%			55%		
	1	2	3	1	2	3	1	2	3	1	2	3	1	2	3	1	2	3	1	2	3	1	2	3	1	2	3
B/R =		119/210		160/321		156/271	170/455	156/320	160/347	195/507		193/390	189/585	187/444	187/474	207/605		209/468		226/448	234/527		238/520	234/545			261/474
n/Min. 60	—	—	—	—	—	—	—	—	—	—	—	—	—	—	—	—	—	—	—	—	—	—	1,27	1,38	—	—	1,41
80	—	—	—	—	—	—	—	—	—	—	—	—	1,17	1,08	1,01	1,18	—	1,16	—	1,09	1,20	—	1,17	1,29	—	—	1,36
100	—	—	—	—	—	—	1,06	1,02	1,06	1,09	—	1,08	1,08	1,00	0,95	1,10	—	1,10	—	1,03	1,14	—	1,13	1,23	—	—	1,28
120	—	0,98	—	1,05	—	1,07	1,02	0,99	1,01	1,04	—	1,04	1,03	0,96	0,94	1,07	—	1,07	—	1,00	1,11	—	1,11	1,20	—	—	1,31
140	—	0,95	—	1,02	—	1,02	0,99	0,95	0,98	1,00	—	1,01	1,01	0,95	0,93	1,04	—	1,05	—	0,98	1,10	—	1,11	1,21	—	—	1,36
160	—	0,91	—	0,98	—	0,99	0,97	0,93	0,97	0,99	—	0,99	1,00	0,93	0,93	1,04	—	1,05	—	0,98	1,11	—	1,15	1,26	—	—	—
180	—	0,90	—	0,95	—	0,95	0,95	0,91	0,96	0,97	—	0,97	1,00	0,93	0,94	1,04	—	1,06	—	1,00	1,12	—	1,23	1,43	—	—	—
200	—	0,88	—	0,93	—	0,93	0,93	0,90	0,94	0,97	—	0,97	1,02	0,94	0,95	1,05	—	1,08	—	1,01	1,18	—	—	—	—	—	—
220	—	0,87	—	0,91	—	0,91	0,94	0,88	0,93	0,98	—	0,96	1,03	0,95	0,97	1,08	—	1,12	—	1,03	1,29	—	—	—	—	—	—
240	—	0,86	—	0,89	—	0,91	0,95	0,88	0,93	0,99	—	0,98	1,07	0,96	1,00	1,14	—	1,19	—	—	—	—	—	—	—	—	—
260	—	0,85	—	0,88	—	0,90	0,96	0,88	0,94	1,00	—	0,99	1,10	0,97	1,03	—	—	—	—	—	—	—	—	—	—	—	—
280	—	0,84	—	0,87	—	0,89	0,97	0,88	0,95	1,03	—	1,00	1,30	1,02	1,09	—	—	—	—	—	—	—	—	—	—	—	—
300	—	0,84	—	0,87	—	0,88	0,98	0,89	0,97	1,07	—	1,03	—	—	—	—	—	—	—	—	—	—	—	—	—	—	—
320	—	0,84	—	0,86	—	0,88	1,01	0,90	0,99	1,13	—	1,06	—	—	—	—	—	—	—	—	—	—	—	—	—	—	—
340	—	0,86	—	0,86	—	0,90	1,05	0,91	1,01	—	—	—	—	—	—	—	—	—	—	—	—	—	—	—	—	—	—
360	—	—	—	—	—	—	—	—	—	—	—	—	—	—	—	—	—	—	—	—	—	—	—	—	—	—	—

Zahlentafel 44.

Dampfverbrauch D/PS_i-St bei verschiedenen Füllungen und Umdrehungen in der Minute.

	15%			20%			25%			30%			35%			40%			45%			50%			55%		
	1	2	3	1	2	3	1	2	3	1	2	3	1	2	3	1	2	3	1	2	3	1	2	3	1	2	3
t_u° C =		263/286		280/310		295/320	285/323	275/308	297/332	290/323		305/337	290/325	280/325	305/348	295/325		310/342		290/325	315/345		298/330	316/347			320/348
n/Min. 60	—	—	—	—	—	—	—	—	—	—	—	—	—	—	—	—	—	—	—	—	—	—	11,35	10,8	—	—	10,9
80	—	—	—	—	—	—	—	—	—	—	—	—	9,65	9,90	9,15	9,78	—	9,18	—	9,90	9,3	—	10,22	9,83	—	—	10,1
100	—	—	—	—	—	—	9,15	9,55	8,6	9,23	—	8,63	9,09	9,10	8,62	9,2	—	8,57	—	9,16	8,7	—	9,63	9,1	—	—	9,22
120	—	9,37	—	9,22	—	8,73	8,67	9,13	8,14	8,71	—	8,15	8,54	8,62	8,15	8,71	—	8,17	—	8,73	8,31	—	9,17	8,6	—	—	8,91
140	—	8,89	—	8,77	—	8,2	8,39	8,74	7,8	8,36	—	7,83	8,28	8,35	7,85	8,33	—	7,86	—	8,40	8,01	—	8,88	8,33	—	—	8,6
160	—	8,64	—	8,36	—	7,92	8,1	8,44	7,6	8,07	—	7,65	7,95	8,07	7,68	8,13	—	7,71	—	8,21	7,83	—	8,74	8,2	—	—	—
180	—	8,46	—	8,03	—	7,6	7,86	8,19	7,45	7,85	—	7,43	7,84	7,95	7,47	7,95	—	7,55	—	8,10	7,67	—	8,67	8,12	—	—	—
200	—	8,21	—	7,83	—	7,43	7,69	8,03	7,3	7,72	—	7,25	7,77	7,87	7,38	7,8	—	7,48	—	7,99	7,65	—	—	—	—	—	—
220	—	8,03	—	7,62	—	7,2	7,55	7,88	7,1	7,61	—	7,13	7,66	7,79	7,34	7,69	—	7,46	—	7,91	7,62	—	—	—	—	—	—
240	—	7,95	—	7,4	—	7,06	7,5	7,83	7,05	7,52	—	7,12	7,64	7,75	7,36	7,72	—	7,47	—	—	—	—	—	—	—	—	—
260	—	7,78	—	7,3	—	6,93	7,41	7,72	7,05	7,47	—	7,13	7,58	7,72	7,41	—	—	—	—	—	—	—	—	—	—	—	—
280	—	7,67	—	7,14	—	6,86	7,37	7,72	7,05	7,43	—	7,15	7,55	7,83	7,46	—	—	—	—	—	—	—	—	—	—	—	—
300	—	7,65	—	7,08	—	6,8	7,33	7,74	7,1	7,42	—	7,2	—	—	—	—	—	—	—	—	—	—	—	—	—	—	—
320	—	7,67	—	6,97	—	6,75	7,3	7,75	7,2	7,38	—	7,32	—	—	—	—	—	—	—	—	—	—	—	—	—	—	—
340	—	7,78	—	6,92	—	6,77	7,37	7,77	7,26	—	—	—	—	—	—	—	—	—	—	—	—	—	—	—	—	—	—
360	—	—	—	—	—	—	—	—	—	—	—	—	—	—	—	—	—	—	—	—	—	—	—	—	—	—	—

1) 2) Großrohrüberhitzer $d:s$ = 1:1,18 (1), 1:1,1 (2)
3 Kleinrohrüberhitzer 1:1,18

Hieraus darf aber noch nicht eine allgemeine Überlegenheit des Kessels 2 gegenüber 1 und 3 hergeleitet werden. Wohl sind die Verdampfungsziffern bei Kessel 1 und 2 durch den

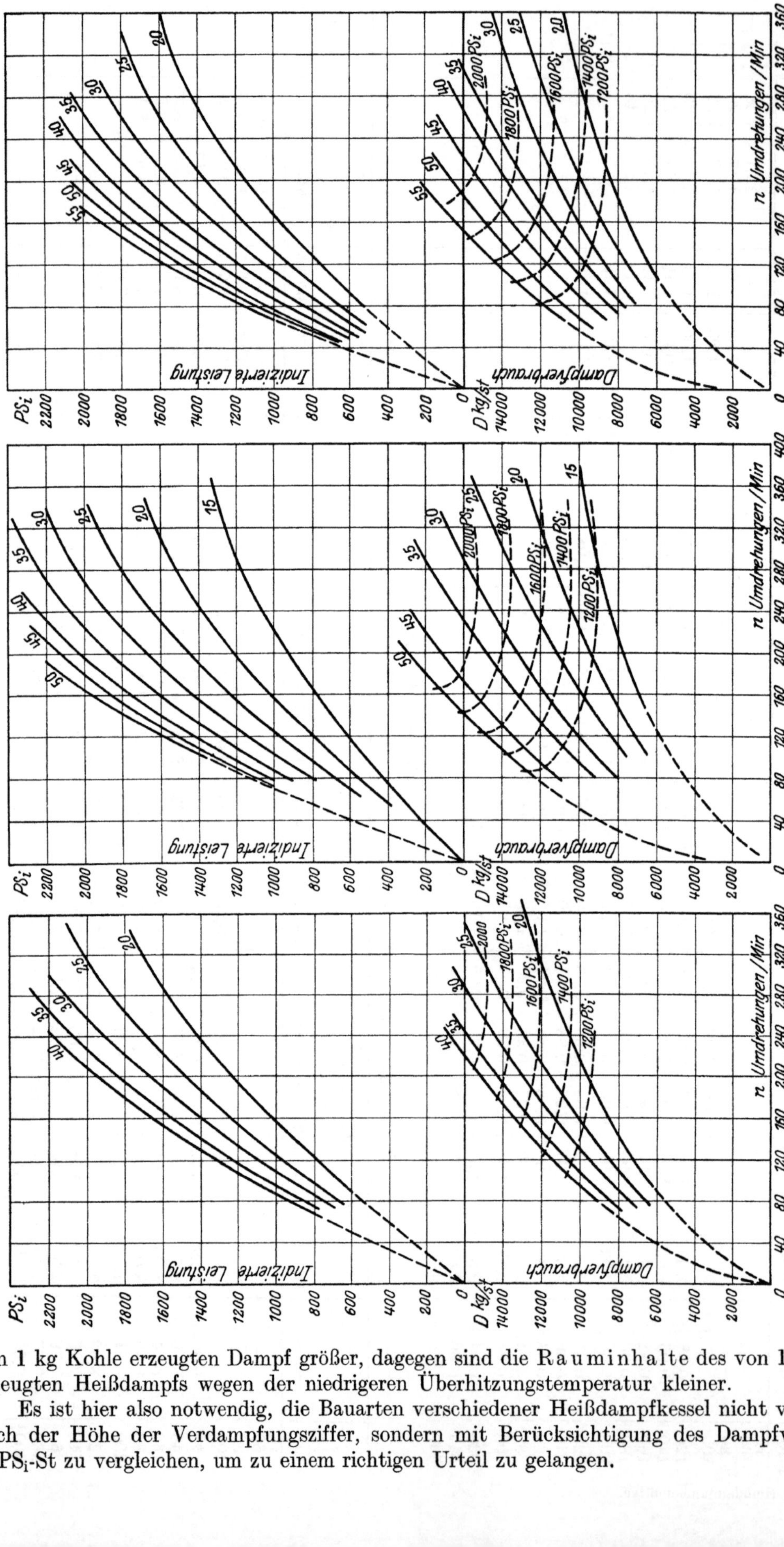

Abb. 56. Lokomotive 1. Abb. 57. Lokomotive 2. Abb. 58. Lokomotive 3.
Indizierte Leistung und Dampfverbrauch bei verschiedenen Füllungen in Abhängigkeit von den Triebradumdrehungen.

von 1 kg Kohle erzeugten Dampf größer, dagegen sind die Rauminhalte des von 1 kg Kohle erzeugten Heißdampfs wegen der niedrigeren Überhitzungstemperatur kleiner.

Es ist hier also notwendig, die Bauarten verschiedener Heißdampfkessel nicht vorwiegend nach der Höhe der Verdampfungsziffer, sondern mit Berücksichtigung des Dampfverbrauchs D/PS_i-St zu vergleichen, um zu einem richtigen Urteil zu gelangen.

3. Wechselwirkung von Kessel- und Maschinenleistung.

Zur Untersuchung der Maschinenleistung der drei Lokomotiven wurde mit Hilfe der Leistungs- und Dampfverbrauchsschaulinien in Abb. 56 bis 58 für die verschiedenen Zylinderfüllungen der Dampfverbrauch D/PS_i-St und die mittleren Kolbendrücke p_{m_i} bei den verschiedenen Umdrehungen n/Min. in Zahlentafel 45 ermittelt.

Die Einführung der Umdrehungszahl an Stelle der Fahrgeschwindigkeit macht die Angaben allgemein anwendbar, da die Dampfverteilung in der Maschine lediglich von der Kolbengeschwindigkeit $v = \frac{s \cdot n}{30}$, also nur von der veränderlichen Umdrehungszahl n/Min. abhängig ist.

Der Dampfverbrauch für 1 PS_i/St setzt sich nach Hraback[1]) zusammen aus

$$C_i = C_i' + C_i'' + C_i''',$$

worin ist

C_i' der nutzbare Dampfverbrauch aus der Dampfdruckschaulinie, abhängig vom Dampfüberdruck,

C_i'' der Niederschlagsverlust während einer Füllung, der mit der Höhe der Überhitzung abnimmt,

C_i''' der Dampflässigkeitsverlust durch Undichtigkeit der Schieber, Kolben und Stopfbüchsen; er ändert sich mit dem Verhältnis

Zylinder-∅ : Hub $= d : s$,
an Lok. 1 und 3 $= 1 : 1{,}18$,
bei Lok. 2 $= 1 : 1{,}105$.

Aus den Maschinenleistungen wurden in Zahlentafel 45 für verschiedene Füllungen ε und Umdrehungen n/Min. die mittleren Kolbendrücke p_{m_i} wie folgt, errechnet:

$$N_i = \frac{\frac{d^2 s}{D} \cdot p_{m_i} V}{270};$$

wird $V = \frac{D \pi n \cdot 60}{1000}$ gesetzt, so ist

$$N_i = \frac{6 \pi d^2 s n}{27000} = \frac{d^2 s \cdot n}{1432}.$$

Es ist für Maschine 1 und 3 mit $d = 55{,}9$ cm und $s = 0{,}66$ m

$$N_i = 1{,}437\, p_{m_i} n$$

und

$$p_{m_i} = \frac{N_i}{1{,}437 \cdot n}.$$

[1]) Hraback: Theorie und Berechnung der Heißdampfmaschinen.

Zahlentafel 45.

Mittlere Kolbendrücke p_{m_i} bei verschiedenen Triebradumdrehungen.

	15%			20%			25%			30%			35%			40%			45%			50%			55%
	1	2	3	1	2	3	1	2	3	1	2	3	1	2	3	1	2	3	1	2	3	1	2	3	3
60	—	—	—	—	—	—	—	—	—	—	—	—	—	—	—	—	—	—	—	—	—	—	8,75	9,86	10,5
80	—	—	—	—	—	—	—	—	—	—	—	—	7,4	7,02	7,3	8,0	7,78	8,05	—	8,31	8,97	—	8,62	9,48	10,0
100	—	—	—	—	—	—	5,64	5,03	5,42	6,33	5,92	6,26	7,24	6,71	7,04	7,8	7,45	7,8	—	7,92	8,5	—	8,23	9,05	9,53
120	—	3,05	—	4,58	4,06	4,4	5,56	4,93	5,27	6,26	5,75	6,06	7,08	6,55	6,85	7,65	7,22	7,51	—	7,67	8,18	—	8,03	8,64	9,1
140	—	3,0	—	4,47	3,92	4,27	5,47	4,79	5,17	6,16	5,57	5,86	6,91	6,32	6,56	7,42	6,92	7,2	—	7,32	7,8	—	7,7	8,2	8,65
160	—	2,93	—	4,4	3,89	4,17	5,35	4,69	5,02	6,05	5,45	5,7	6,75	6,14	6,35	7,18	6,67	6,93	—	7,05	7,49	—	7,43	7,88	8,27
180	—	2,88	—	4,33	3,8	4,1	5,22	4,54	4,87	5,92	5,25	5,49	6,53	5,9	6,15	6,96	6,41	6,7	—	6,75	7,15	—	7,16	7,5	7,88
200	—	2,83	—	4,25	3,69	3,97	5,11	4,42	4,73	5,77	5,09	5,37	6,37	5,67	5,92	6,78	6,15	6,4	—	6,5	6,82	—	—	—	—
220	—	2,74	—	4,17	3,6	3,89	4,99	4,30	4,56	5,67	4,94	5,19	6,2	5,46	5,73	6,52	5,92	6,16	—	6,25	6,51	—	—	—	—
240	—	2,69	—	4,08	3,5	3,77	4,9	4,16	4,41	5,51	4,77	4,98	5,92	5,27	5,51	6,33	5,69	5,91	—	—	—	—	—	—	—
260	—	2,62	—	4,02	3,4	3,67	4,77	4,03	4,28	5,38	4,6	4,78	5,81	5,07	5,3	—	—	—	—	—	—	—	—	—	—
280	—	2,55	—	3,93	3,31	3,55	4,64	3,92	4,12	5,22	4,44	4,62	5,62	4,86	5,09	—	—	—	—	—	—	—	—	—	—
300	—	2,48	—	3,80	3,19	3,43	4,5	3,78	3,97	5,08	4,27	4,46	—	—	—	—	—	—	—	—	—	—	—	—	—
320	—	2,39	—	3,72	3,09	3,33	4,39	3,67	3,82	4,94	4,12	4,28	—	—	—	—	—	—	—	—	—	—	—	—	—
340	—	2,31	—	3,60	2,98	3,21	4,23	3,54	3,67	—	—	—	—	—	—	—	—	—	—	—	—	—	—	—	—

für Maschine 2 mit $d = 59{,}7$ cm und $s = 0{,}66$ m

$$N_i = 1{,}64\, p_{m_i} n$$

und

$$p_{m_i} = \frac{N_i}{1{,}64 \cdot n}.$$

Hiernach wurden die mittleren Kolbendrücke in Zahlentafel 45 ermittelt. Die mittleren Kolbendrücke der Maschine 1 und 3 sind trotz gleicher Zylinderabmessungen nicht völlig übereinstimmend.

Die Abweichung ist im wesentlichen auf die höhere Temperatur des Heißdampfs bei Maschine 3 zurückzuführen.

Bei Maschine 2 wurde der Durchmesser des Kolbenschiebers von 355,6 auf 304,8 verkleinert, weil sich gezeigt hatte, daß die Kanalquerschnitte zu groß bemessen waren.

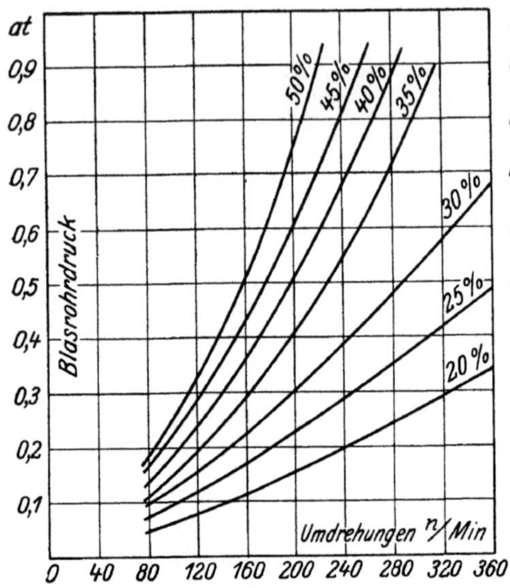

Abb. 59. Blasrohrdruck bei Lokomotive 1.

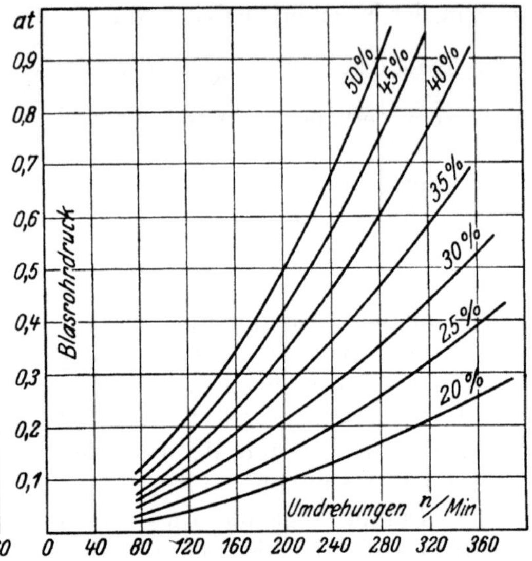

Abb. 60. Blasrohrdruck bei Lokomotive 3.

Da der mittlere Dampfdruck p_{m_i} von der Höhe des Dampfüberdrucks abhängig ist, der bei den besprochenen Lokomotiven etwa $p = 14$ at betrug, kann bei abweichenden Kesseldrücken mit hinreichender Genauigkeit der mittlere Druck nach dem Verhältnis $\frac{p_{m_i}}{p}$ [1]) oder, da die Zylinderleistungen für jede Atmosphäre Überdruck im Kessel über 12 at etwa um 3% zunehmen, auch hiernach ermittelt werden[2]).

Die mittleren Drücke nehmen bei gleicher Füllung mit zunehmenden Umdrehungen ab, was auf erhöhte Drosselverluste des Eintrittsdampfs, Erhöhung des Gegendrucks und der Verdichtung zurückzuführen ist.

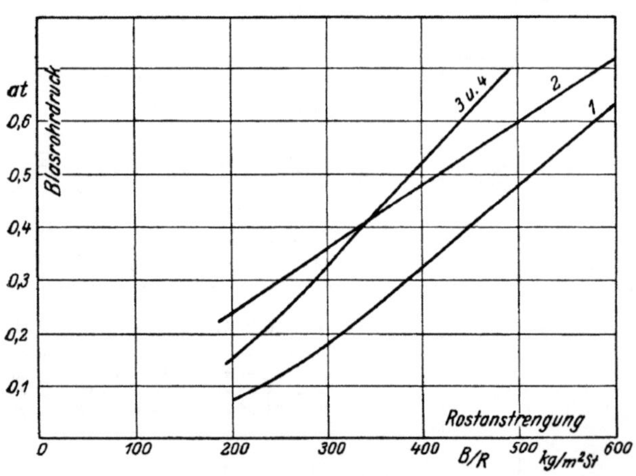

Abb. 61. Blasrohrdruck in Abhängigkeit von der Rostanstrengung $\frac{B}{R}$.

Der Verlauf der Schaulinien für den Gegendruck Abb. 59 und 60 ist bei der jeweiligen Füllung von der Umdrehungszahl und dem Blasrohrquerschnitt abhängig. Der Gegendruck entspricht praktisch der Größe des Blasrohrdrucks.

Mit Steigerung der Zugwirkung ist bei Maschine 3 zwar ein etwas erhöhter Blasrohrdruck verbunden, der Dampfverbrauch ist jedoch auch hier — vgl. Zahlentafel 44 — erheblich geringer.

[1]) Metzeltien: Berechnung der Hauptabmessungen von Lokomotiven. Hanomag 1916, Heft 5, S. 79; und 1921, Heft 87, S. 2.

[2]) Strahl: Fortschritte der Technik, Heft 1, 1918, Glasers Annalen, 1921: Der Dampfverbrauch und die zweckmäßige Zylindergröße der Heißdampflokomotiven.

Übertriebene Sorge vor der Schädlichkeit zu hoher Auspuffdrücke ist hiernach nicht berechtigt, da dieser Verlust, wie im vorliegenden Fall bei Maschine 3 gezeigt ist, durch den bei höherer Überhitzung verringerten Dampfverbrauch reichlich wieder ausgeglichen wird.

Die Wechselwirkung von Kessel- und Maschinenleistung, d. h. des Blasrohrdrucks und der Rostanstrengung, wird aus Abb. 61 ersichtlich.

4. Das Verhältnis Heizfläche zur Rostfläche.

Das Verhältnis

$$\frac{D}{B} = \frac{(H/R)}{B/R} \cdot \left(\frac{D}{H}\right)$$

hängt bei der jeweiligen Rostanstrengung B/R ab von dem Verhältnis der Heizfläche zur Rostfläche H/R und der Anstrengung der Heizfläche D/H. Hierbei ist nach dem 2. Abschn. die Form und Größe der mittelbaren und unmittelbaren Heizflächen, sowie Temperatur und Gewicht der jeweils erzeugten Heizgase von wesentlicher Bedeutung.

In vorliegendem Fall sind die Rohrausmaße des Kessels 2 entsprechend der Kesselkennziffer

$$\frac{4 \cdot l}{d} = 416$$

gemäß der Theorie im 2. Abschn., S. 59, mit

$$\frac{4 \cdot 4572}{44,5} = 412$$

ziemlich richtig gewählt.

Das Verhältnis der Heizfläche zur Rostfläche ist, wie fast allgemein bei diesen amerikanischen Kesselbauarten, so auch bei Kessel 2 mit

$$\frac{H}{R} = 46,7$$

im Vergleich zu bewährten inländischen Heißdampflokomotivkesseln mit

$$\frac{H}{R} = 56$$

sehr klein.

Die Bedeutung dieses Verhältnisses für einen richtig gebauten Lokomotivkessel bleibt noch zu untersuchen und die jeweils richtige Größe zu bestimmen.

Heizfläche und Rostfläche eines Lokomotivkessels müssen mittleren Betriebsverhältnissen der Lokomotive angepaßt sein.

Für die Größenbemessung der Rost- und Heizflächen ist eine mittlere Rostanstrengung maßgebend. Die Versuchsergebnisse in Abb. 55 sind für Rostanstrengungen von 200—700 kg/qm-St eingetragen. Sie können im Lokomotivbetrieb also sehr gesteigert werden, da die dazu erforderliche Zugwirkung vorhanden ist, und der Heißdampflokomotivkessel auch bei größten Rostanstrengungen noch eine gute Wärmeausnützung zuläßt. Bei größten Dauerleistungen einer Lokomotive bilden Rostanstrengungen von 600 kg/qm-St die obere praktische Grenze. Bei kleineren Rostanstrengungen als 200 kg/qm-St derselben Lokomotive sind die dabei sich ergebenden Leistungen im Vergleich zu ihrer Leistungsfähigkeit viel zu gering. Eine sachgemäße Feuerhaltung (3. Abschn.) ist nicht mehr möglich.

Je nach der Körnung des Brennstoffs, der Spaltbreite des Rostes und des Unterdrucks in der Rauchkammer wird in Wirklichkeit etwa nur 95 bis 85% des Brennstoffs verbrannt, während der Rest als Aschkasten- und Rauchkammerverlust unverbrannt bleibt.

Bei den wechselnden Betriebslagen einer Zuglokomotive ist eine Rostanstrengung von 400—450 kg/qm-St als guter Mittelwert zu bezeichnen.

Je nach dem Heizwert h verschiedener Brennstoffe ist das aus 1 kg Brennstoff entwickelte Heizgasgewicht g_0 verschieden. Die Heizgasgewichte entsprechen einer Geraden, die bei 1,6fachem Luftüberschuß in Abb. 62 dargestellt ist und nach der Gleichung

$$g_0 = 0,002h + 3,1$$

verläuft.

Bei mittlerer Dauerleistung können (400—450) $\frac{\eta}{100}$, d. h. etwa 375 kg Kohle, stündlich auf 1 qm vollständig in Gasform übergeführt werden.

Das auf dem Rost entwickelte Heizgasgewicht G errechnet sich somit zu

$$G = 375\,(0{,}002\,h + 3{,}1)\,R\,.$$

Diesem Heizgasgewicht hat Form und Größe der Heizfläche H zu entsprechen, wenn die Vorbedingung für gutes Dampfmachen bei kleinstem Ausmaß der Heizfläche auch bei den stark wechselnden Anstrengungen des Kessels gegeben sein soll.

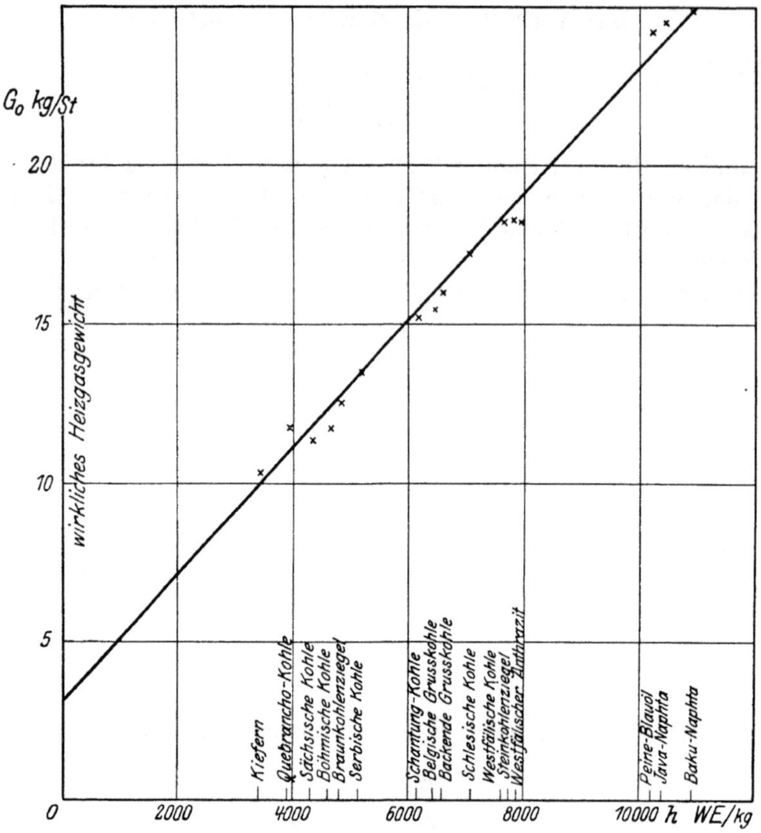

Abb. 62. Wirkliches Heizgasgewicht G_o aus 1 kg Brennstoff vom Heizwert h WE/kg.

Die Größe der Feuerbüchse H_F kann mit rund $^1/_{10}$ der gesamten wasserverdampfenden Heizfläche H angenommen werden. Dann ist die Rohrheizfläche

$$H_R = H - H_F = H - {}^1/_{10}\,H = 0{,}9\,H\,.$$

Nach dem 2. Abschn., S. 70, ist der günstigste Heizgasquerschnitt

$$\text{bei Naßdampfkesseln } q_n = 0{,}0024\ H_R = 0{,}00216\,H\,,$$

$$\text{bei Heißdampfkesseln } q_H = 0{,}00307\ H_R = 0{,}00276\,H\,,$$

und das günstigste Verhältnis

$$\frac{\text{Heizgasquerschnitt}}{\text{Heizgasgewicht}} = \frac{q}{G} = 0{,}000024$$

(2. Abschn., S. 60).

Nach Einsetzen der gefundenen Werte für q und G ist für einen

Naßdampfkessel	Heißdampfkessel
$\frac{q}{G} = \frac{0{,}00216\,H}{375\,(0{,}002\,h + 3{,}1)\,R} = 0{,}000024$	$\frac{q}{G} = \frac{0{,}00276\,H}{375\,(0{,}002\,h + 3{,}1)\,R} = 0{,}000024$
$\frac{H}{R} = 4{,}16\,(0{,}002\,h + 3{,}1)$	$\frac{H}{R} = 3{,}26\,(0{,}002\,h + 3{,}1)$
$\frac{H}{R} = 0{,}0083\,h + 13$	$\frac{H}{R} = 0{,}0065\,h + 10$

Die Größe des Verhältniswerts H/R ist somit für Naß- und Heißdampfkessel verschieden, also kein Festwert. Sie ist abhängig von dem Heizwert des Brennstoffs h, wächst mit der Güte desselben und hat die durch die Theorie gefundenen Rohrausmaße entsprechend der Kesselkennziffer $\frac{4 \cdot l}{d} = 416$ zur Voraussetzung.

5. Rostfläche.

Das in neuerer Zeit vermehrte Bestreben, die Rostflächen der Lokomotiven über das Maß hinaus zu vergrößern, das die feuertechnisch richtige schmale, lange und tiefliegende Rostfläche zuläßt, und die Einführung großer, breiter, aber feuertechnisch sehr minderwertiger Rostflächen wird durch die Annahme zu rechtfertigen gesucht, daß die gegenwärtige Brennstoffnot und vermehrte Leistung die Anwendung großer Rostflächen und niedriger Brennstoffschichten durchaus verlangt.

Diese Annahme birgt den verhängnisvollsten Irrtum für weiteren wirtschaftlichen Fortschritt im Lokomotivbau und -betrieb.

Nicht auf beliebig durch Verbreiterung vergrößerte totale Rostflächen, sondern vorwiegend auf die freie Rostfläche und deren feuertechnisch richtige Gestaltung und Lage sowie ihre richtige Beschickung, entsprechend der jeweiligen Brennstoffart, kommt es an. Je richtiger die freie Rostfläche ausgebildet ist, desto kleiner kann die totale werden, und Fälle, in denen die freie Rostfläche in einem schmalen, zwischen den Rahmenplatten eingebauten Rost nicht groß genug ausgebildet werden könnte, um auch minderwertigen Brennstoff in hinreichender Menge für schweren Zugbetrieb wirtschaftlich zu verbrennen, gehören zu ganz vereinzelten Ausnahmen, die nicht im Rahmen dieser Arbeit liegen.

Zur Erzielung gleicher Kesselleistung ist bei Brennstoff von geringerem Heizwert entsprechend mehr Kohle auf dem Rost stündlich zu verbrennen. Bei derselben Rostfläche sind somit die Rostanstrengungen zu steigern. In der Mehrzahl der Fälle besitzt aber auch minderwertiger Brennstoff die günstige Eigenschaft, daß er bei geeigneter Feuerhaltung recht hohe Brenngeschwindigkeiten zuläßt, wodurch der geringere Heizwert ausgeglichen werden kann. Die Grundbrennstoffschicht muß so hoch gehalten werden, wie dies die Art des jeweiligen Brennstoffs erfordert bzw. gestattet, da sie den eigentlichen Wärmespeicher bildet. Die Beschickungen auf die gut glühende Grundbrennschicht haben dann aber entsprechend dem schnelleren Abbrand und der kleinen Körnung des Brennstoffs in kurzen Abständen mehr oder minder leicht streuend zu erfolgen. Bei staubiger Beschaffenheit ist durch leichtes Nässen der Kohle vor dem Verfeuern eine gewisse Bindung des feinkörnigen Brennstoffs zu erreichen, wodurch das Überreißen unverbrannter Kohle in die Rohre vermindert werden kann. Vgl. hierzu die eingehenden Ausführungen über sachgemäße Feuerhaltung im 3. Abschn.

Nur, wo in steinkohlenarmen Ländern so minderwertiger oder staubförmiger Brennstoff verfeuert werden müßte, daß genügend hohe Rostanstrengungen auch bei sachgemäßer Feuerhaltung nicht mehr zu erreichen sind, können größere Roste, als sie die schmale, tiefe Feuerbüchse zuläßt, vielleicht noch von einigem Nutzen sein. Dann erst dürfte notgedrungen die schmale Rostfläche durch Verbreiterung vergrößert werden. Diese Fälle sind sehr selten.

Da bei allen Brennstoffarten, die für gute Feuerhaltung im allgemeinen, schweren Lokomotivbetrieb wirtschaftlich geeignet sind, das stündlich erzeugte Heizgasgewicht nur wenig verschieden ist, so bleibt auch die zu praktisch vollkommener Verbrennung nötige Luftmenge die gleiche.

Eine Vergrößerung der Rostfläche über das notwendigste Maß hinaus — besonders durch Verbreiterung des Rostes — führt bei den in neuerer Zeit hierdurch angestrebten möglichst niedrigen Brennschichten und Rostanstrengungen leicht zu unvollkommener Verbrennung durch schädlichen Luftüberschuß. Diesem Umstand mag vorwiegend die bedauerliche Gepflogenheit zuzuschreiben sein, den schädlichen Luftüberschuß für kleine und mittlere Leistungen durch Roststäbe herabzusetzen, die über das Maß der Festigkeitsanforderungen hinaus mit breiten Roststabbahnen aus Herdguß hergestellt werden, wie das bei inländischen Bauarten mit großen, breiten Rostflächen leider fast zur Regel geworden ist.

Bei minderwertigen Brennstoffen, z. B. Holz, kann ein derartiges Verfahren vielleicht noch gestattet erscheinen.

Wird ein Verbauen der freien Rostfläche durch dicke Roststäbe oder Abdeckungen auch bei Anwendung hochwertiger Brennstoffe vorgenommen, so ist damit erwiesen, daß die Rostfläche für die an die Lokomotive zu stellenden Anforderungen zu groß bemessen ist.

Da nach den Ausführungen im 3. Abschn. eine technisch vollkommene Verbrennung nur auf Rosten mit schmalen Roststäben erfolgen kann, so sollte bei kleinen Leistungen, auch schon bei Lokomotiven mit richtig bemessenen Rostflächen, die Zugwirkung bzw. Luftzuführung durch den Rost mittels Handhabung der Aschkastenklappe bzw. Anwendung eines verstellbaren Blasrohrs geregelt werden. Vgl. 3. und 5. Abschn.

Bei verschiedenen Heizwerten des Brennstoffs von $h^{\mathrm{WE/kg}}$ = 8000 7000 6000 5000
ist nach der Gleichung für H/R (4. Abschn. unter 4)

bei Naßdampfkesseln H/R . . . . =	79,4	71	62,8	54,5,
bei Heißdampfkesseln H/R . . . . =	62	55,5	49	42,5

angemessen.

Für die bei vorliegenden Prüfstandversuchen verwendete hochwertige Backkohle von 8000 WE/kg hätte das Verhältnis H/R erheblich größer sein müssen; bei Kessel 2 z. B. anstatt $H/R = 46{,}7$ rund 62. Der Rost ist also viel zu groß.

Selbst für die sehr große Heizfläche von $H = 242$ qm wäre bei richtig gewählten Rohrausmaßen eine um 30% kleinere Rostfläche von 3,3 qm vollkommen ausreichend gewesen.

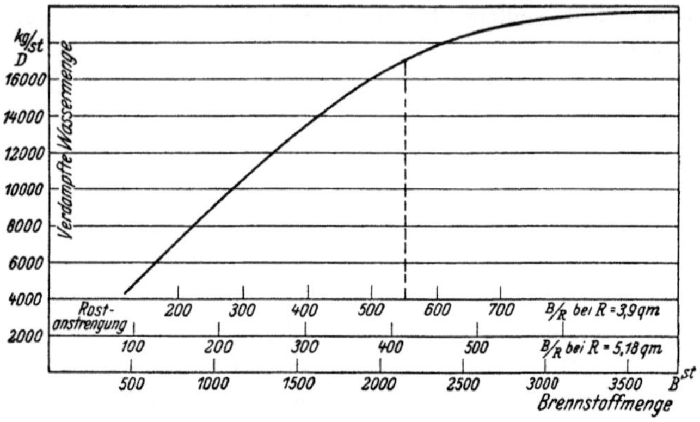

Abb. 63. Verdampfte Wassermenge der 2 B 1-HSL der Lokomotive 2 (Zahlentafel 44).

Durch Verbrennung gleicher Kohlenmengen auf verschieden großen Rosten lassen sich zwar annähernd gleiche Heizgasgewichte auch bei entsprechend verschiedenen Brenngeschwindigkeiten erzeugen; aber jede mit Vergrößerung der Brenngeschwindigkeiten bei kleineren Rostflächen verbundene Temperatursteigerung muß neben besserer Wärmeübertragung auch eine wesentliche Steigerung der Überhitzungstemperatur des Dampfs, auf die es vorwiegend ankommt, gewährleisten.

Hieraus folgt: Nur durch möglichst kleine, aber richtig gebaute Roste ist bei bestmöglicher Wärmeübertragung im Kessel hohe Überhitzung auch bei kleinen und mittleren Leistungen, hierdurch sparsamste Verarbeitung des Dampfs und somit die größte Gesamtwirtschaftlichkeit der Lokomotive zu erreichen.

Einen augenscheinlichen Beweis der Richtigkeit dieses Ausspruchs bietet der Verlauf der Schaulinien für die verdampfte Wassermenge in Abhängigkeit von der stündlich verbrannten Brennstoffmenge der amerikanischen Heißdampflokomotive 2 B 1, Lok. 2 in Zahlentafel 39 und Abb. 63. Die Schaulinie der verdampften Wassermenge steigt in ihrem unteren Ast gleichmäßig mit der verbrannten Kohlenmenge an. Oberhalb 2000 kg/St neigt sich der Ast der Schaulinie, d. h. die Dampferzeugung des Kessels nimmt mit der Brennstoffsteigerung nur

Zahlentafel 46.

Hauptabmessungen von 2 österreichischen Lokomotiven.

Bauart	Reihe 35^d D	Reihe 60 1 C
Rostfläche . . . . qm	2,15	2,7
Heizfläche der Feuerbüchse . . . . qm	10,8	10,3
„ „ Siederohre . . . . qm	143,3	121,5
gesamt . . . . qm	154,1	131,8
H/R	71,6	48,8
Anzahl, Durchmesser und Länge der Rohre mm	$213\,\frac{45}{50}\,4760$	$202\,\frac{46}{51}\,4165$
Freier Rohrquerschnitt . . . . qm	0,34	0,335
Verhältnis der Rohrabmessungen . . . . . . $\frac{4 \cdot l}{d}$	423	363
Dampfüberdruck . . . . at	10,5	13,0
$\frac{\text{Zylinderdurchm.}}{\text{Kolbenhub}}$ Triebrad-∅ . . . . mm	$\frac{500}{610}$ 1086	$\frac{520 \cdot 740}{632}$ 1260
Reibungsgewicht . . . . t	51,9	42
Dienstgewicht . . . . t	51,9	52,6

noch unwesentlich zu. Die Heizfläche des Kessels wird also bereits überanstrengt, während die Anstrengung der Rostfläche, die bei so hohen Leistungen mindestens 550 kg/qm-St betragen sollte, nur dem üblichen Wert für mittlere Dauerleistungen von 420 kg/qm-St entspricht.

Daß selbst bei Verwendung minderwertiger Braunkohle von etwa 4000 WE ein Kessel mit kleinerer Rostfläche einem Kessel mit großer Rostfläche in der Dampferzeugung überlegen ist, zeigen u. a. auch die Ausführungen von Sanzin[1]).

Von den beiden Vergleichslokomotiven Sanzins, Zahlentafel 46, besaß die zweite eine 25% größere Rostfläche; die Abweichungen beider Kesselheizflächen sind unwesentlich; nur die Rohre des einen Kessels sind etwas länger. Bei der geringen Dampferzeugung in dem vorderen Teil der Rohrheizfläche und wegen der an sich niedrigen Austrittstemperaturen bei Braunkohlenfeuerung kann aber dieser Teil der Heizfläche unberücksichtigt bleiben. Die Rohrquerschnitte beider Kessel sind gleich groß, so daß die Annahme gleicher Kesselheizflächen berechtigt ist.

Nach Abb. 64 ist bei dem Kessel mit kleiner Rostfläche von $R = 2{,}15$ qm bei gleichem Brennstoffaufwand eine größere Dampfmenge zu gewinnen als bei dem Kessel mit 2,7 qm großer Rostfläche. Die Verdampfungsverhältnisse werden somit durch die mit höherer Brenngeschwindigkeit verbundenen höheren Temperaturen begünstigt.

So beträgt bei einer stündlichen Brennstoffmenge von 1200 kg die erzeugte Dampfmenge und die Rostanstrengung

bei Kessel 1

(mit $R = 2{,}15$ qm)

$D = 4950$ kg

und $B/R = 559$ kg/qm-St,

bei Kessel 2

(mit $R = 2{,}7$ qm)

$D = 4550$ kg

und $B/R = 445$ kg/qm-St.

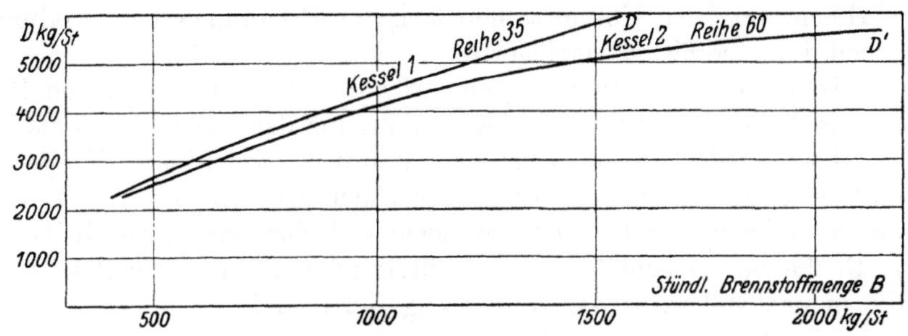

Abb. 64. Verdampfungsverhältnisse bei 2 österreichischen Lokomotiven mit Braunkohlenfeuerung.

Demnach ist auch bei Anwendung von minderwertigem Brennstoff nicht die Verfeuerung einer bestimmten Kohlenmenge schlechthin, sondern das bei hohen Rostanstrengungen erzeugte Heizgasgewicht von möglichst hoher Temperatur maßgebend für die Verdampfungsfähigkeit eines Lokomotivkessels.

6. Heizfläche.

Wie im 1. Abschn. erwähnt, finden bei Neubauten mit Rücksicht auf den geringeren Heizwert des Brennstoffs neben großen, breiten Rostflächen auch größere Kesseldurchmesser teilweise Anwendung. Unter Beibehaltung altbewährter Verhältniswerte von H/R ergeben die größeren Kesseldurchmesser auch größere Heizflächen, deren Rohrquerschnitte in keinem richtigen Verhältnis zum mittleren Heizgasgewicht und zur erstrebten Mehrleistung der Kessel stehen.

Nach den Ausführungen im 4. Abschn. auf S. 102 hängen die Rost- und Heizflächenmaße auch vom Heizwert h des Brennstoffs ab; sie lassen sich aus den Gleichungen der nachstehenden Zahlentafel errechnen.

	$\frac{\text{Heizfläche}}{\text{Rostfläche}} = \frac{H}{R}$	$\frac{\text{Heizgasquerschnitt}}{\text{Rostfläche}} = \frac{q}{R}$	$\frac{\text{Heizgasquerschnitt}}{\text{Rostfläche}} = \frac{q}{R}$
Naßdampflokomotive . . .	$0{,}0083\,h + 13$	$0{,}00216\,\frac{H}{R}$	$\frac{179}{10^7}\,h + 0{,}028$
Heißdampflokomotive . . .	$0{,}0065\,h + 10$	$0{,}00276\,\frac{H}{R}$	$\frac{179}{10^7}\,h + 0{,}028$

Die Gleichungen haben zur Voraussetzung, daß die Bauart des Rostes den vorgenannten Angaben entspricht, die unmittelbare Heizfläche etwa $^1/_{10}$ der Kesselheizfläche beträgt, und

[1]) Verk. Woche 1919, S. 283.

die Rohrausmaße der mittelbaren Heizfläche im Bereich der Kesselkennziffer $C_K = \frac{4 \cdot l}{d} = 416$ liegen.

Die große Bedeutung der Innehaltung dieses Verhältniswerts, insbesondere bei Heißdampflokomotiven, ist aus den amerikanischen Vergleichsversuchen der Lokomotive 1 und 2 zu ersehen.

Rostfläche, unmittelbare Heizfläche und Rohrquerschnitt beider Lokomotiven sind gleich. Die abweichenden Ausmaße der mittelbaren Heizfläche zeigt nachstehende Zahlentafel.

	Rohrlänge mm	Rohrdurchmesser mm			$\frac{4l}{d}$	Entfernung der Umkehrkappen	$\frac{4l_2}{d_2}$
		d	d_1	d_2			
Lokomotive 1 . .	4181	44,5/50,8	127/136,5	30/38	377	608	377
Lokomotive 2 . .	4572	44,5/50,8	127/136,5	30/38	412	608	417

Die Rohrausmaße der Lokomotive 2 entsprechen der Kesselkennziffer $C_K = 416$, die der Lokomotive 1 sind wegen der 391 mm kürzeren Rohre entsprechend kleiner. Der Einfluß des günstigsten Verhältnisses der Rohrabmessungen von 416 zeigt sich in der in Abb. 54 wiedergegebenen höheren Verdampfungsleistung des Kessels 2.

Die durch Kürzung der Rohre gesteigerte Austrittstemperatur bei Kessel 1 (Abb. 55) konnte aber eine höhere Überhitzung nicht herbeiführen, da mit der Kürzung der Rohre eine Verkleinerung der Überhitzerheizfläche stattgefunden hat, wodurch sich die Verdampfungsarbeit im Überhitzer verringerte.

Immerhin kann in vorliegendem Fall wegen der ähnlichen Maschinenleistung der Lokomotive 1 die verhältnismäßig kleine Kürzung des Kessels noch als angängig bezeichnet werden.

Es ist jedoch nicht richtig, wenn mit Rücksicht auf die Beibehaltung gleicher Kümpelstücke bei Einheitsbauarten von wesentlich abweichender Leistungsfähigkeit, also bei Kesseln mit verschieden großen Rosten, gleiche Rohrquerschnitte beibehalten werden. Dies zeigen z. B. die bez. Ausmaße von zwei Güterzuglokomotiven der Reichsbahn, der 1 E- und 1 D-HGL, die in nachstehender Zahlentafel angeführt sind.

	H	R	l	d	q	$\frac{H}{R}$	$\frac{q}{R}$	$\frac{4l}{d}$	h
1 E-HGL. . . .	194,96	3,9	4800	41/45	0,513	50	0,132	468	∾6000
1 D-HGL. . . .	167,05	3,4	4100	41/45	0,513	49,2	0,151	400	
	167,05	3,0	4100	41/45	0,513	55,5	0,151	400	∾7000

Wird aus den obigen Gleichungen noch der dem Wert von H/R und q/R entsprechende Heizwert h berechnet, wie in der letzten Spalte der Zahlentafel geschehen ist, so zeigt sich, daß der Kessel der 1 E für ganz minderwertige Steinkohle wohl noch geeignet sein könnte, wenn nicht das Verhältnis der Rohrabmessungen $\frac{4l}{d}$ viel zu groß gewählt wäre. Daher muß bei dem ohnehin niedrigen Temperaturgefälle bei minderwertigem Brennstoff mit zu niedriger Austrittstemperatur unbedingt auch unzureichende Überhitzung eintreten. Kommt aber mittelgute Steinkohle von etwa 7000 WE zur Anwendung, dann ist die Rostfläche viel zu groß gewählt, und eine sachgemäße Feuerhaltung ist wegen zu geringer Rostanstrengung unmöglich. Unzureichende Rostanstrengungen im Dauerbetrieb setzen die notwendig hohe Verbrennungstemperatur herab, und das Temperaturgefälle der Heizgase in den Rohren muß selbst bei dem besten Brennstoff zu klein werden. Unzureichende Überhitzung ist also in jedem Fall die unvermeidliche Folge.

Die Kürzung der Rohre bei der 1 D ist, wie die Versuchsergebnisse, Zahlentafel 8 im 1. Abschn., zeigen, auf die Erhöhung der Überhitzung nicht ganz ohne Einfluß geblieben. Dem größeren Wert q/R entspricht rechnerisch ein hochwertiger Brennstoff von etwa 7000 WE, wie er auch gegenwärtig noch meist zur Anwendung gelangt. Für einen solchen Brennstoff ist dann die Rohrheizfläche auch richtig bemessen.

Wenn diese Lokomotivgattung trotzdem im Durchschnitt aller Leistungen nicht die Überhitzung erreicht, wie sie z. B. bei der E-Heißdampfgüterzuglokomotive (Zahlentafel 10) die Regel ist, so liegt dies nicht an der Rohrheizfläche, sondern lediglich an der für diesen Brennstoff viel zu groß bemessenen Rostfläche von 3,4 qm.

Hier wäre ein Langrost von höchstens 3 qm vollkommen ausreichend gewesen, um bei genügend hoher Brenngeschwindigkeit größtmögliche Wärmeübertragung der Heizgase in den Rohren bei bestmöglicher Überhitzung des Dampfs zu gewährleisten.

Im Zusammenhang hiermit sollen noch die Ausmaße von 3 Kesseln österreichischer HG-Lokomotiven zum Vergleich herangezogen werden.

Auf S. 25 im 1. Abschn. ist die 1 F-HG-Lokomotive angeführt.

Auf S. 21 im 1. Abschn. sind in Zahlentafel 14 Ergebnisse von Fahrversuchen einer 1 E- und 1 D-HG-Lokomotive ohne und mit Rauchkammervorwärmer gegeben.

Bei den Versuchen wurden auch minderwertige Kohlensorten von $h = 4721$ WE/kg benutzt.

Mit solchen Brennstoffen ist im allgemeinen eine so hohe Verdampfung und so hohe Dampfentwicklung, bezogen auf die Rostflächeneinheit, nicht zu erreichen, wie dies bei oberschlesischer, westfälischer und englischer Kohle möglich ist.

Die heizwertarmen österreichischen Kohlensorten erfordern entsprechend größere Roste und damit kleinere Werte von H/R und q/R, wie nachfolgende Zusammenstellung zeigt.

		Reihe	H	R	l	d	D	q	$\frac{H}{R}$	$\frac{q}{R}$	$\frac{4l}{d}$	h
1	1 F-HGL	100	225,4	5,0	5000	210 48/53	27 125/133	0,589	45,1	0,118	417	5000
2	1 E-HGL	81	190,6	4 46	4700	194 46/51	24 125/133	0,508	42,7	0,114	409	4800
3	1 D-HGL	270	168,6	3,87	4500	173 46/51	24 125/133	0,472	43,6	0,122	392	5250

Entsprechend den bez. Größenverhältnissen von q/R errechnet sich der Heizwert h nach der Gleichung

$$\frac{q}{R} = \frac{179}{10^7} h + 0{,}028,$$

$$h = 4800 \text{ bis } 5250 \text{ WE/kg}.$$

Wenn hiermit auch die Verhältnisse H/R und q/R der Kesselausmaße nach der Theorie richtig gewählt sind, so muß doch hierbei noch gleichzeitig untersucht werden, ob die Größe der Rost- und Heizflächen an sich dem für durchschnittliche Maschinenleistung erforderlichen Heizgasgewicht entsprechen.

Allgemein ist die Ansicht vertreten, daß bei Lokomotiven für Betrieb durch minderwertige Brennstoffe möglichst große Rost- und Heizflächen vorzusehen sind, was, wie hier geschehen, auch bei geringem Achsdruck durch Anwendung von Tragachsen zu erreichen ist, aber auch leicht zu übermäßiger schädlicher Vergrößerung der Kesselausmaße führen kann.

Ein Beispiel hierfür bietet nachstehender Vergleich der E-HGL der deutschen Reichsbahn und der 1 E-HGL der österreichischen Bundesbahnen.

	Bauart	Masch. Abm.	C_1	G_r	H	R	q	H/R	q/R	h
1	E-HGL	630/1400 660	1870	71,5	146,6	2,62	0,404	56	0,154	7000
2	1 E-HGL	590/1300 632	1700	70	190,6	4,46	0,508	42,7	0,114	4800
3	1 E-HGL	590/1300 632	1700	70	163	3,82	0,436	42,7	0,114	4800

Beide Lokomotiven haben etwa gleiches Reibungsgewicht und als Güterzuglokomotiven mit gleicher Anzahl der Kuppelachsen auch ungefähr gleiche Maschinenleistungen.

Die E-HGL hat sich bei mittelguter Steinkohle von etwa 7000 WE/kg bestens bewährt. Kessel und Maschinenabmessungen stehen also in richtiger Beziehung zueinander.

Für eine gleich leistungsfähige Lokomotivmaschine wäre auch bei minderwertigem Brennstoff von 4800 WE/kg eine Rostfläche von

$$R = 2{,}62 \cdot \frac{7000}{4800} = 3{,}82 \text{ qm}$$

völlig ausreichend gewesen. Nach der Beschaffenheit des Brennstoffs würde dieser Rostfläche eine Heizfläche von

$$H = 3{,}82\, H/R = 3{,}82 \cdot 42{,}7 = 163 \text{ qm}$$

entsprechen.

Der dabei sich ergebende Heizgasquerschnitt von

$$q = 0{,}114 \cdot 3{,}82 = 0{,}436 \text{ qm}$$

wäre alsdann für das entwickelte durchschnittliche Heizgasgewicht von

$$G = (0{,}002 \cdot 4800 + 3{,}1)\, 375 \cdot 3{,}82 = 18530 \text{ kg/St}$$

richtig gewählt, und beste Wärmeübertragung bei kleinstmöglichen Kesselausmaßen wäre gesichert.

Hierbei kommen bereits für den durchschnittlichen Dauerbetrieb stündliche Brennstoffmengen von $B = 1530$ kg/St in Betracht, wie sie für so minderwertige Kohle höchstens noch von einem geübten Heizer dauernd bewältigt werden können.

7. Überhitzerheizfläche.

Im 2. Abschn., S. 61, unter „D. Bestimmung der Rauchrohr- und Überhitzerheizflächen", wurde die Wärmeübertragung durch die Überhitzerheizflächen theoretisch untersucht. In Zahlentafel 33 sind dabei die Größenausmaße für 12 verschiedene gebräuchliche Großrohr- und Kleinrohrüberhitzer angeführt, um in Verbindung mit den Angaben in Zahlentafel 34 zu zeigen, bei welchen Ausmaßen die günstigste Wärmeübertragung im Verhältnis zur wasserverdampfenden Heizfläche zu erreichen ist.

Zahlentafel 47.

Kessel- und Maschinenabmessungen der Vergleichlsokomotiven.

		Lok 2		Lok 1		Lok 3		P 10		S 10^2		P 8	
1	Rostfläche R . qm	5,18		5,13		5,13		4,0		2,86		2,62	
	Kesselhzfl. H . qm	241,96		223,39		192,9		221		154		147	
	Wirks. Übhzfl. $H_ü$ qm	66,5		59,6		93,1		71,4		53		50,8	
	$H_ü/H$	1/3,64		1/3,75		1/2,07		1/3,1		1/2,91		1/2,89	
	H/R	46,7		43,5		37,6		55,3		54		56	
	Reib.-Gew. G_r^t . . .	60,43		63,33		57,15		68		51,73		50,28	
	Zugkraftkz. C_1 . . .	1160		1015		1015		1530		1175		1190	
	Stündlich erzeugte Dampfmenge D kg/St.												
	Stündliche Brennstoffmenge B kg/St	D kg/St		D kg/St		D kg/St		D kg/St		D kg/St		D kg/St	
2	600	5700		5300		4900		4650		4500		4200	
	800	7500		6900		6500		6200		5900		5500	
	1000	9200		8550		8000		7600		7200		6750	
	1200	10850		10050		9400		8900		8400		7850	
	1400	12400		11450		10700		10000		9400		8700	
	1600	13800		12750		11900		11000		10200		9300	
	1800	15100		13950		12900		11800		10700		—	
	Anstrengungsgrad der Feuerung B/H und Verdampfungsziffer D/B.												
	B St/kg	B/H	D/B	B/H	D/B	B/H	D/B	B/H	D/B	B/H	D/B	B/H	D/B
3	600	2,5	9,5	2,7	8,8	3,1	8,2	2,7	7,8	3,9	7,5	4,1	7,0
	800	3,3	9,4	3,6	8,6	4,2	8,1	3,6	7,7	5,2	7,4	5,4	6,9
	1000	4,1	9,2	4,5	8,5	5,2	8,0	4,5	7,6	6,5	7,2	6,8	6,8
	1200	5,0	9,0	5,4	8,4	6,2	7,8	5,4	7,4	7,8	7,0	8,2	6,5
	1400	5,8	8,8	6,3	8,2	7,3	7,6	6,3	7,1	9,1	6,7	9,5	6,2
	1600	6,6	8,6	7,2	8,0	8,3	7,4	7,2	6,9	10,4	6,4	10,9	5,8
	1800	7,4	8,4	8,1	7,8	9,3	7,2	8,1	6,6	11,7	6,0	—	—
	Anstrengung der Kesselheizfläche D/H und der wirksamen Überhitzerheizfläche $D/H_ü$.												
	B kg/St	D/H	$D/H_ü$	D/H	$D/H_ü$	D/H	$D/H_ü$	D/H	$D/H_ü$	D/H	$D/H_ü$	D/H	D/H_u
4	600	23,6	85,7	23,7	89.0	25,4	52,7	21,1	65,2	29,2	84,9	28,6	82,5
	800	31,0	112,8	30,9	115,7	33,7	69,8	28,1	86,9	38,3	111,3	37,4	108,0
	1000	38,0	138,2	38,3	143,3	41,5	86,0	34,4	106,5	46,7	136,0	46,0	132,7
	1200	44,6	163,2	44,8	169,5	48,7	101,0	40,3	124,7	54,5	158,5	53,4	154.2
	1400	51,2	186,5	51,3	192,1	55,5	115,0	45,4	140,2	61,0	177,5	59,3	171,0
	1600	57,1	207,5	57,2	21,40	61,7	128,0	49,8	154,1	66,3	192,5	63,3	183,0
	1800	62,4	227,0	62,5	234,0	66,8	138,7	53,4	165.3	69,5	202,0	—	—
	Rostanstrengung B/R und Dampftemperatur $t_ü$.												
	B kg/St	B/R	$t_ü$	B/R	$t_ü$	B/R	t_u	B/R	$t_ü$	B/R	$t_ü$	B/R	$t_ü$
5	600	116	250	117	270	117	285	150	250	210	298	229	325
	800	154	268	156	283	156	294	200	275	280	309	305	335
	1000	193	282	195	291	195	308	250	300	350	318	382	340
	1200	232	291	234	300	234	317	300	310	420	327	458	347
	1400	270	300	273	305	273	322	350	320	490	335	535	351
	1600	309	310	312	312	312	328	400	330	560	342	611	356
	1800	347	314	351	315	351	333	450	335	630	350	—	—

Hier sollen nun jene Ausführungen benutzt werden, um durch Versuchsergebnisse der 3 amerikanischen Lokomotiven auf dem Prüffeld in Altoona, S. 90ff., und Ergebnisse von Fahrversuchen von 3 verschiedenen deutschen Heizdampflokomotiven den praktischen Wert jener Ausführungen durch den Vergleich der 6 verschiedenen Heißdampfkessel zu erweisen. Es soll in diesen Beispielen gezeigt werden, welche baulichen und betriebstechnischen Vorteile durch richtig gewählte Ausmaße der Lokomotivkessel- und Überhitzerheizflächen für die wirtschaftlichste Erzeugung des Naß- und Heißdampfs und die Verarbeitung wirklichen Heißdampfs in der Maschine praktisch zu erreichen sind.

In der vorstehenden Zahlentafel 47 sind die Kessel- und Maschinenausmaße der 6 Vergleichslokomotiven unter 1 angeführt.

Hiernach haben die Lokomotiven 1 und 2 sowie P 10 bei 2 bzw. 4 gekuppelten Achsen annähernd gleiche Reibungsgewichte. Diejenigen der Lokomotive 3, S 10^2 und P 8, sind ähnlich vergleichbar; Lokomotive 1 und Lokomotive 3 zeigen gleiche, zu kleine Zugkraftkennziffern C_1; die Rost- und Heizflächenausmaße der 6 Kessel weichen stark voneinander ab.

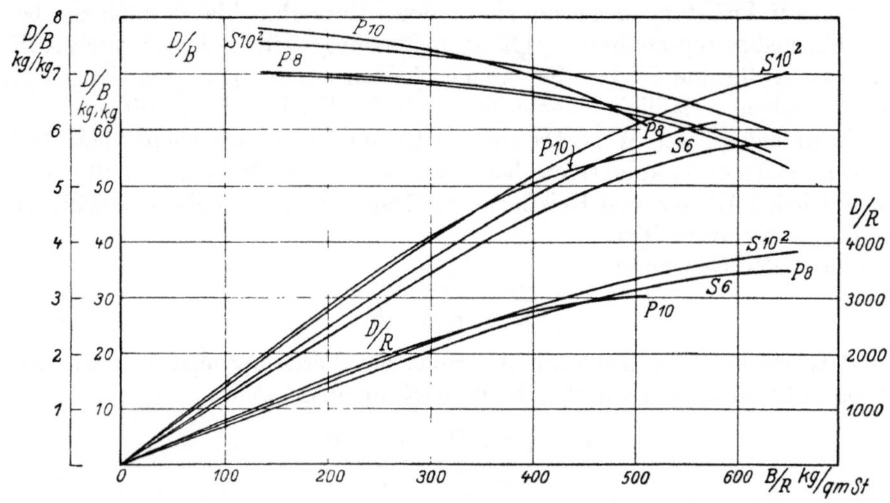

Abb. 65. Verdampfungsverhältnisse von S- und P-Lokomotiven der Reichsbahn.

Die betreffenden Vergleichszahlen aus den Versuchsergebnissen sind in Zahlentafel 47 unter 2—5 zusammengestellt.

Die Querreihen 2 der Zahlentafel 47 geben die bei verschiedenen Brennstoffmengen B kg/St erzeugten Dampfmengen nach Abb. 54 und Abb. 65 wieder.

Die Querreihen 3 zeigen, wie mit zunehmendem Anstrengungsgrad B/H der Feuerung die Ausnutzung der Wärme gegenüber der Dampferzeugung abnimmt, also die Verdampfungsziffer D/B entsprechend sinkt.

Der Heizwert des Brennstoffs betrug

bei den amerikanischen Versuchen $\sim$ 8000 WE/kg,
bei den deutschen Versuchen ∞ 7000 WE/kg.

Daher vermindert sich bei gleichem Anstrengungsgrad der Kessel die Verdampfungsziffer nicht in gleichem Maß.

Nach Querreihe 4 wachsen bei allen Kesseln bei dreifacher Steigerung der stündlichen Brennstoffmengen und bei abnehmenden Verdampfungsziffern um etwa $^1/_6$ die Anstrengungen der Kessel- und Überhitzerheizflächen etwa um das 2,5fache.

Die wirtschaftliche Ausnutzung der Heizflächen nimmt somit bei gesteigerter Verbrennung wesentlich zu.

Die Anstrengung der Überhitzerheizflächen bei Lokomotive 1 und 2 ist die gleiche wie bei den bewährten Heißdampfkesseln der S 10^2 und P 8; die der wasserverdampfenden Heizfläche ist bei den amerikanischen Lokomotiven im Mittel um 15% geringer, was die zu großen Kesselabmessungen augenscheinlich macht.

Die wesentlich geringeren Anstrengungen der Überhitzerheizflächen bei Lokomotive 3 und P 10 zeigen, daß ihre Ausmaße im Vergleich zu den bei mittlerer Dauerleistung der Maschine erforderlichen Dampfmengen zu groß bemessen sind.

Trotzdem aber ist nach Querreihen 5 keine nennenswerte Steigerung der Überhitzung auf diese Weise zu erzielen. Nur durch die hochbelasteten Überhitzerheizflächen der P 8 und S 10^2 werden bei gleicher Brennstoffmenge erheblich bessere Überhitzungstemperaturen erreicht.

Maßgebenden Einfluß auf die Höhe von Überhitzungstemperaturen, wie sie unbedingt für wirtschaftlichen Heißdampfbetrieb notwendig sind, haben, wie auf S. 48 nachgewiesen wurde, wesentlich nur hohe Eintritts- und Austrittstemperaturen der Heizgase, die nach Querreihen 5 wiederum nur bei hohen Rostanstrengungen, also auf gegenüber großen Breitrosten viel kleineren, tiefliegenden Langrosten im Dauerbetrieb, stets sicher erreicht werden können.

Hiernach sind die Überhitzungstemperaturen der Lokomotiven 1, 2 und P 10 unzureichend. Die Überhitzung der Lokomotive 3 ist besser, aber erst durch die Überhitzer der S 10^2 und P 8 werden so hohe Temperaturen erreicht, daß durch die Verarbeitung des Heißdampfs dieser beiden viel leichteren und kleinsten der 6 Lokomotiven die größte Wirtschaftlichkeit gewonnen wird.

8. Verdampfungsverhältnisse bei Fahrversuchen.

Vergleichsfähige Verdampfungsversuche können, sofern sie wissenschaftlichen Wert beanspruchen, nur auf Prüfständen gewonnen werden. Immerhin bieten auch die bei Fahrversuchen der Reichsbahn angestellten sorgfältigen Messungen über den Betriebsstoffverbrauch wertvolle Ergebnisse für die Praxis. Sie können jedoch nur bei genügend langen und wiederholten Dauerversuchen verläßliche Werte bezüglich der Verdampfung bringen.

Vielfach wird hierbei der Wert Dampfgewicht auf die Rostflächeneinheit D/R als Vergleichswert verschiedener Lokomotiven herangezogen in der Annahme, daß D/R gegenüber den mehr wechselnden Werten von Heizfläche zu Rostfläche H/R nicht so starken Änderungen unterworfen ist wie der Wert D/H.

Da aber nach der Gleichung

$$\frac{D}{B} = \frac{H/R}{B/R} \cdot \frac{D}{H}$$

die Form und Größe der Heizfläche auf die Höhe der Verdampfungsziffer von wesentlichem Einfluß ist, so trifft dies auch für den Wert D/R zu, denn es ist

$$\frac{D}{R} = \left(\frac{B}{R}\right)\frac{D}{B} = \left(\frac{H}{R}\right)\frac{D}{H}.$$

Ein brauchbarer Vergleich (bei denselben Brennstoffen) ist hiernach nur für Kessel mit gleichem oder ähnlichem H/R bei gleichen Rostanstrengungen gegeben.

Abb. 65 zeigt die Verdampfungsverhältnisse von vier Schnellzug- und Personenzuglokomotiven 2 B-S 6, 2 C-P 8, 2 C-S 10^2 und 1 D 1-P 10 der Reichsbahn. Den Schaulinien liegen die bei Fahrversuchen ermittelten Werte zugrunde; sie können daher nur einen bedingten Anspruch auf Genauigkeit machen, um so mehr, als die Versuche nicht immer mit Brennstoffen von gleicher Güte durchgeführt wurden.

Nach der auf S. 102 entwickelten Beziehung

$$H/R = 0{,}0065\,h + 10$$

sind alle Kessel mit $H/R = 55$ für Steinkohlenfeuerung von

$$h = 7000\,\text{WE/kg}$$

bemessen. Die Rohrausmaße der P 8-Lokomotive entsprechen der Kesselkennziffer $C_K = 416$, die der S 10^2 und P 10 weichen hiervon ab und sind bei P 10 erheblich größer. Diese Vergrößerung der Kesselheizfläche bedingt jedoch nach S. 50 keine wesentliche Steigerung der Verdampfungsleistung, sie beeinträchtigt dagegen wegen verminderter Austrittstemperatur der Heizgase die Höhe der Dampfüberhitzung trotz Kürzung der vorderen Umkehrenden der Überhitzerrohre bei der P 10.

Die Größe des Heizgasquerschnitts in bezug auf 1 qm Rostfläche errechnet sich nach S. 105 zu

$$\frac{q}{R} = 0{,}00276\,\frac{H}{R} = \frac{179}{10^7}\,h + 0{,}028\,.$$

	R qm	H qm	q qm	H/R	q/R
S 6	2,3	137	0,362	59,6	0,157
P 8	2,62	147	0,404	56,2	0,154
S 10^2	2,86	154	0,406	53,8	0,142
P 10	4,0	221	0,536	55,3	0,134

q/R ist bei der S 6 und P 8 richtig und annähernd richtig auch noch bei der S 10^2 gewählt. Bei der P 10 ist dieses Verhältnis viel kleiner. Hierdurch entsteht für die bei gleicher Rostanstrengung erzeugten Heizgasgewichte ein kleineres Verhältnis q/R und somit eine größere Wärmedurchgangszahl k. Die hiermit verbundene Steigerung des Wärmedurchgangs zeigen die übereinandergelagerten Schaulinien D/R und D/B in Abb. 65.

Bei der durchschnittlichen Dauerleistung der Lokomotiven, entsprechend einer mittleren Rostanstrengung von $B/R = (400-450)\,\frac{\eta}{100} = 375$ kg/qm-St, errechnet sich das Heizgasgewicht nach S. 101 zu

$$G = 375\,(0{,}002\,h + 3{,}1) \cdot R\,.$$

Hiernach ist bei der

$$\text{P 8 mit } R = 2{,}62 \text{ qm} \quad \frac{q}{G} = \frac{4040}{16800} = 0{,}24 \quad \text{und } k = 38{,}2 \text{ WE/qm-St °C},$$

$$\text{S }10^2 \text{ mit } R = 2{,}8 \text{ qm} \quad \frac{q}{G} = \frac{4060}{18000} = 0{,}226 \quad \text{und } k = 39{,}9 \text{ WE/qm-St °C},$$

$$\text{P 10 mit } R = 4{,}0 \text{ qm} \quad \frac{q}{G} = \frac{5340}{25700} = 0{,}208 \quad \text{und } k = 42{,}4 \text{ WE/qm-St °C}.$$

Dem höheren k in Verbindung mit dem Verhältnis der Rohrabmessungen $\frac{4\,l}{d} = 465$ anstatt 416 entspricht größerer Strömungswiderstand der Heizgase, der gesteigerten Unterdruck in der Rauchkammer erfordert. In diesem Fall werden bei nicht genügend verstärktem Gegen- bzw. Blasrohrdruck die Rauch- und Dampfschwaden nicht hoch genug aus dem Schornstein hinausgeschleudert und bilden eine arge Belästigung der Lokomotivmannschaft, ja sogar eine Gefahrquelle, da dem Führer und Heizer die ohnehin schon durch zu kleine Fenster behinderte Aussicht noch weiter sehr erschwert wird.

Bei der P 10 ist daher versucht worden, diesem Übelstand durch Anbringen von Windleitblechen seitlich der Rauchkammer zu begegnen. Die durch die Fahrt erzeugte Luftströmung soll mittels der Leitbleche die unzureichende Blasrohrwirkung zur Höherführung der Rauch- und Dampfschwaden unterstützen. Daß hierdurch aber auch der Fahrwiderstand der Lokomotive, mindestens bei allen Seitenwinden, noch vergrößert wird, liegt auf der Hand.

Hinsichtlich der Größenausmaße der totalen Rostfläche der P 10 ist zu sagen, daß sie zwar dem Reibungsgewicht von 76 t annähernd entspricht; daß aber bei den durchschnittlichen Beanspruchungen im praktischen Zugbetrieb die Rostfläche nicht ausgenutzt wird, zeigen die niedrigen Rostanstrengungen.

Niedrige Rostanstrengungen bedingen niedrige Verbrennungs- und Heizgastemperaturen und haben unzureichende Dampfüberhitzung und unwirtschaftliches Arbeiten der Dampfmaschine zur Folge.

Eine viel umfänglichere Wirtschaftlichkeit ist, wie im 6. Abschn. näher ausgeführt wird, bereits mit einem 3,2 qm großen, richtig gebauten Rost zu erreichen.

Schon bei einem Rost von 3,2 qm und Rostanstrengungen von 550—600 kg/qm-St, die für Höchstleistungen durchaus angemessen sind, werden die dabei erforderlichen Brennstoffmengen von 1800—2000 kg/St so groß, daß sie bei kunstgerechter Beschickung des Rostes nur noch für kürzere Zeit von einem Heizer bewältigt werden können.

Selbst wenn seinerzeit die Wahl der großen Kesselausmaße aus übergroßer Rücksicht auf die Brennstoffnot der Gegenwart getroffen sein sollte, hätte das angenommene Verhältnis

$$\frac{q}{R} = \frac{0{,}534}{4} = 0{,}00276\,\frac{H}{R}$$

einem Wert

$$\frac{H}{R} = 48{,}2$$

entsprechen müssen. Bei 17,5 qm Feuerbüchsheizfläche errechnet sich eine Rohrheizfläche von $4 \cdot 48{,}2 - 17{,}5 = 175{,}5$ qm. Eine entsprechende Kürzung der Rohre hat in diesem Fall bei gesteigerten Abgastemperaturen erhöhte Dampftemperaturen, also neben erheblicher Baustoffersparnis die notwendige wirtschaftliche Heißdampferzeugung zur Folge.

9. Brennstoffverbrauch bei Fahrversuchen.

Wie schon ausgeführt wurde, läßt sich bei Fahrversuchen, bei denen der Kessel weit ungleichmäßiger angestrengt wird als bei Standversuchen, der Verlauf der Verdampfungsschaulinien nur auf Grund möglichst vieler Messungen genauer feststellen.

Immerhin bieten die Schaulinien Abb. 65 für die Praxis hinreichend genaue Werte.

Die hieraus zu ermittelnden Kohlenverbrauchszahlen können daher als geeignete Grundlage für die praktische Beurteilung der Wirtschaftlichkeit der betreffenden Lokomotive dienen.

Für die Beurteilung der Wirtschaftlichkeit ist die Leistung am Zughaken und die verdampfte Wassermenge maßgebend, die bei Fahrversuchen auf möglichst gleichen Strecken bei gleicher Grundgeschwindigkeit und verschieden schweren Zügen sich ergeben. Nach Abb. 66

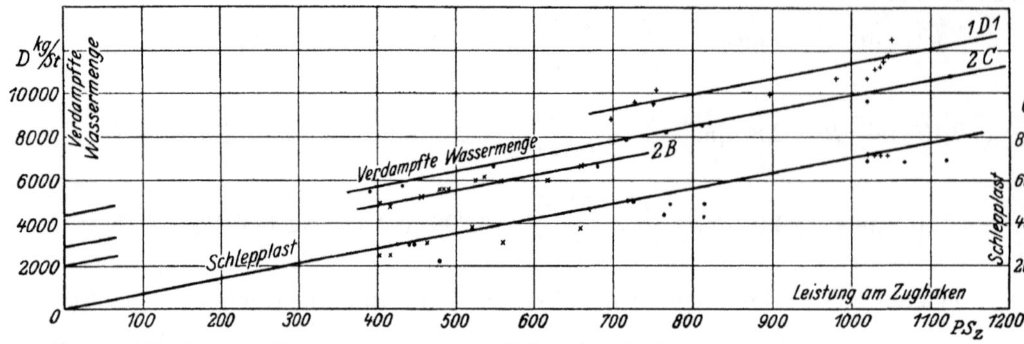

Abb. 66. Verdampfte Wassermengen bei verschiedenen Zughakenleistungen und Schlepplasten auf Flachlandstrecken.

nimmt die verdampfte Wassermenge gleichmäßig mit der Zughakenleistung zu, d. h. die Schaulinie verläuft geradlinig.

Die Schaulinien der Abb. 66 sind für verschiedene Personen- und Schnellzuglokomotiven aus Versuchsergebnissen auf Flachlandstrecken bei Fahrten mit verschieden schweren Wagenzügen dargestellt.

Zahlentafel 48.

Anstrengung der Rost- und Heizfläche sowie Dampf- und Kohlenverbrauch von P- und S-Lok. der Reichsbahn bei verschiedenen Zughakenleistungen und Wagengewichten.

		2 B ohne Vorwärmer				2 C mit Vorwärmer				1 D 1 mit Vorwärmer			
		H=136,9		R=2,29		H=153,1		R=2,82		H=220		R=4	
Wagengewicht t	PS_z	D/H	D/PS_z	B/R	B/PS_z	D/H	D/PS_z	B/R	B/PS_z	D/H	D/PS_z	B/R	B/PS_z
		Fahrten auf Flachlandstrecken mit $V \sim$ 80 bis 90 km/St.											
300	430	36,6	11,6	319	1,70	37,9	13,5	280	1,84	—	—	—	—
350	500	40,2	11,0	358	1,64	41,0	12,6	305	1,72	—	—	—	—
400	572	43,9	10,5	393	1,57	44,5	11,9	345	1,65	38,2	14,7	283	2,63
450	643	47.8	10.2	437	1.55	47,7	11,3	362	1,59	40,4	13,8	300	2,40
500	714	—	—	—	—	50,9	10,9	390	1,54	42,1	13,0	317	1,77
550	785	—	—	—	—	54,2	10,6	418	1,51	44,6	12,5	340	1,73
600	857	—	—	—	—	58,1	10,4	459	1,50	47,0	12,1	364	1,70
650	928	—	—	—	—	61,1	10,1	489	1,49	49,5	11,8	393	1,69
700	1000	—	—	—	—	64,6	9,9	540	1.52	51,8	11,4	424	1,70
750	1070	—	—	—	—	—	—	—	—	54,3	11,2	460	1,72
		Fahrten auf Hügellandstrecken mit $V \sim$ 70 bis 80 km/St.											
300	368	31,5	11,7	273	1,70	33,6	14,0	252	1,93	—	—	—	—
350	430	34,7	11,0	303	1,62	36,6	13,0	272	1,78	—	—	—	—
400	491	38,0	10,6	334	1,56	39,8	12,4	294	1,69	35,0	15,7	255	2,08
450	552	41,6	10.3	371	1.54	42,7	11,9	319	1,63	36,8	14,7	270	1,96
500	614	—	—	—	—	46,0	11,5	348	1,60	39,1	14,0	289	1,88
550	675	—	—	—	—	49.3	11.2	376	1,57	41,4	13,5	310	1,84
600	736	—	—	—	—	—	—	—	—	43,6	13,0	331	1,80
650	797	—	—	—	—	—	—	—	—	46,2	12,7	355	1,78
		Fahrten auf Bergstrecken mit $V \sim$ 40 bis 50 km/St.											
300	500	43.2	11,8	386	1,77	45,4	13,9	341	1,92	—	—	—	—
350	583	47,2	11,1	428	1,68	48,6	12,6	373	1,80	—	—	—	—
400	666	51.2	10,5	484	1,67	52,2	12,0	403	1.70	46,4	15,3	358	2,15
450	750	—	—	—	—	55,0	11,3	433	1,63	48,8	14,4	384	2,05
500	833	—	—	—	—	59.1	10.9	470	1 59	50,8	13,4	410	1,97
550	916	—	—	—	—	—	—	—	—	53,4	12,8	445	1,94
600	1000	—	—	—	—	—	—	—	—	55,7	12,3	488	1,95

Einzelne Werte für die Wagengewichte weichen zwar von einer Geraden ab, ihre Lage ist jedoch als Parallele durch den Nullpunkt zur Schaulinie der verdampften Wassermenge bestimmt.

Entsprechend 300, 350, 400 t usw. Wagengewicht und den jeweiligen Zughakenleistungen sind die verdampften Wassermengen der Vergleichslokomotiven der Bauart 2 B, 2 C und 1 D 1 ihrer sehr verschiedenen Eigenwiderstände wegen erheblich verschieden.

Mit Hilfe der Verdampfungsschaulinien nach Abb. 66 kann bei jeder Lokomotive auch der entsprechende Kohlenverbrauch B kg/St gefunden werden.

Die Gegenüberstellung der Werte

$$\frac{D}{H} \quad \text{und} \quad \frac{D}{\text{PS}_z}$$

sowie

$$\frac{B}{R} \quad \text{und} \quad \frac{B}{\text{PS}_z},$$

die in Zahlentafel 48 für Fahrten auf Flachland-, Hügel- und Berglandstrecken errechnet wurden, bilden für die praktische Beurteilung der Wirtschaftlichkeit des Kessels und der Maschine die geeignete Grundlage.

Auch der Verwendungsbereich der einzelnen Lokomotivgattung ist aus Zahlentafel 48 zu entnehmen. Die wirtschaftlichen Dampf- und Kohlenverbrauchszahlen zeigen dabei, wo die eine Lokomotivgattung an der Grenze ihrer Leistungsfähigkeit angelangt und daher eine stärkere einzusetzen ist.

Hierbei ist zu beachten, daß die 2 B ohne Vorwärmer und mit nur 16 t Achsdruck, und die 2 C zwar mit Vorwärmer, aber nur 17 t Achsdruck gebaut war.

Hieraus ist ersichtlich, daß diese beiden einfachsten Lokomotivgattungen bei Verstärkung auf 20 t Achsdruck wohl imstande sein müssen, auf Flach-, Hügelland- und Bergstrecken die schwersten im allgemeinen Betrieb vorkommenden Personen- und Schnellzüge anstandslos und wirtschaftlich zu befördern.

10. Abhängigkeit des Strömungswiderstands der Heizgase vom Brennstoffverbrauch und den Kesselausmaßen.

Die in diesem Abschnitt behandelten amerikanischen Versuchsergebnisse auf dem Prüfstand in Altoona geben auch bemerkenswerte Aufschlüsse über den Reibungswiderstand der Heizgase beim Durchströmen des Langkessels.

Bei den Versuchen wurden die Unterdrücke in mm/WS (Zahlentafel 40, 41, 42) ermittelt. Es bezeichnen

h_4 und h_3 die Unterdrücke in der Rauchkammer vor und hinter dem Ablenkblech,
h_2 in der Feuerbüchse,
h_1 im Aschkasten.

Im Lokomotivbetrieb wird der Unterdruck im Aschkasten h_1 durch die Größe der Aschkastenklappen und durch die Menge der angehäuften Asche beeinflußt.

Der Druckunterschied zwischen Feuerbüchse und Aschkasten $h_2 - h_1$ ist bedingt durch die Größe der freien Rostfläche, die Höhe der Brennschicht und die Körnung des Brennstoffs; er nimmt mit der Verschlackung des Feuers entsprechend zu.

Der Druckunterschied $h_3 - h_2$ hinter dem Ablenkblech und in der Feuerbüchse dient zur Überwindung der Strömungswiderstände der Heizgase in den Rauch- und Siederohren. Dieser Druckunterschied kann durch ein starkes Verlegen der Rohre zwar beeinträchtigt werden, bei sachgemäßer Behandlung der Lokomotive ist jedoch die Vermehrung des Widerstands nur gering und darf deshalb in der Rechnung unberücksichtigt bleiben.

Der Druckunterschied $h_3 - h_2$ zwischen dem Ablenkblech und der Feuerbüchse bildet daher vorwiegend ein einwandfreies Maß für die tatsächliche Zugwirkung und kann somit einer verläßlichen Ermittlung der Strömungswiderstände der Heizgase in den Rohren bei weiterer Betrachtung zugrunde gelegt werden.

Nach der Strömungslehre der Gase, von der auch die Strahlsche Untersuchung und Berechnung der Blasrohre und Schornsteine von Lokomotiven[1]) ausgeht, besteht zwischen dem

[1]) Strahl: Untersuchung und Berechnung der Blasrohre und Schornsteine von Lokomotiven. Organ Fortschr. Eisenbahnwes. 1911, S. 379.

Druckunterschied zwischen Rauchkammer und Feuerbüchse $h_3 - h_2 = \triangle h$ mm WS, dem geförderten stündlichen Heizgasgewicht G kg/St, dem Rohrquerschnitt des Kessels q qm unter Berücksichtigung des Strömungswiderstands nachfolgende Beziehung:

$$\triangle h = \beta \left(\frac{G}{3600 \cdot q}\right)^2.$$

Nach **Strahl** hängt die Größe β außer von dem Strömungswiderstand noch von der Wärme der Heizgase ab.

Die Ergebnisse der amerikanischen Prüfstandsversuche sind in Abb. 67 und 68 bildlich wiedergegeben. Dabei wurden die Unterdrücke h_3 und h_2 und die Druckunterschiede

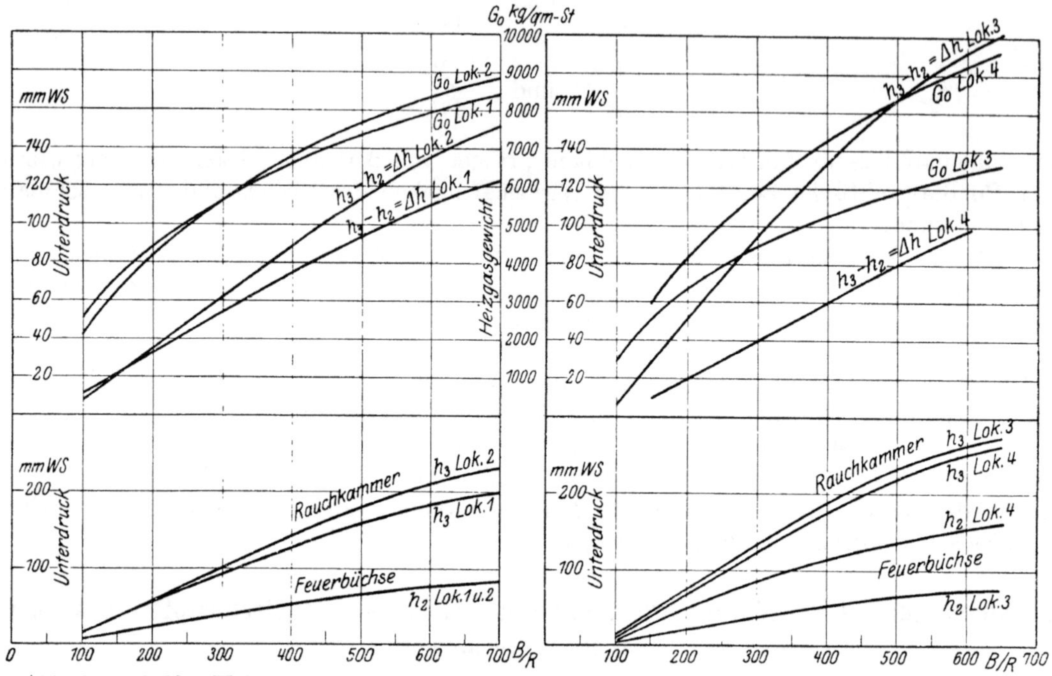

Abb. 67 und 68. Heizgasgewichte und Druckunterschiede in der Rauchkammer und Feuerbüchse in Abhängigkeit von der Rostanstrengung bei Lokomotive 1 und 3.

$h_3 - h_2 = \triangle h$ in der Rauchkammer und Feuerbüchse in Abhängigkeit von der Rostanstrengung B/R aufgetragen.

Der Verlauf der Schaulinien von $\triangle h$ bei den gebräuchlichen Rostanstrengungen ist geradlinig und vollzieht sich bei den einzelnen Versuchslokomotiven nach folgenden Gleichungen:

Für Lokomotive 1 ist $\triangle h = 0{,}21\, B/R - 10$,
„ „ 2 „ $\triangle h = 0{,}27\, B/R - 20$,
„ „ 3 „ $\triangle h = 0{,}46\, B/R - 41$,
„ „ 4 „ $\triangle h = 0{,}2\, B/R - 20$ (entstanden durch Ausbau des Überhitzers aus 3).

Das dem mittleren Rohrquerschnitt der Kessel entsprechende günstigste durchschnittliche Heizgasgewicht G kg/St ist nach der im 2. Abschn. auf S. 60 entwickelten Beziehung für

$$q/G = 0{,}000024\,,$$

$$G = 41600\, q.$$

Das auf die Einheit der Rostfläche R entfallende Heizgasgewicht

$$G_0 = 41600\, q/R$$

kann bei 1,6 fachem Luftüberschuß bei mittlerer Rostanstrengung nach Abschn. 4, S. 102, aus der Gleichung

$$G_0 = (0{,}002\, h + 3{,}1)\, B/R$$

ermittelt werden.

Somit entspricht z. B. der Rohrquerschnitt von $q = 0{,}668$ qm bei Kessel 1 einem stündlichen Heizgasgewicht auf die Einheit der Rostfläche von $R = 5{,}13$ qm

$$G_0 = 41\,600 \cdot \frac{0{,}668}{5{,}13} = 5410 \text{ kg/qm-St}.$$

Bei einem Heizwert des Brennstoffs von $h = 7900$ WE/kg ist dieses Heizgasgewicht von

$$5410 = (0{,}002 \cdot 7900 + 3{,}1)\, B/R$$

mit einer Rostanstrengung von

$$\frac{B}{R} = \frac{5410}{0{,}002 \cdot 7900 + 3{,}1} = 288 \text{ kg/qm-St}$$

zu erzeugen.

Der hierbei vorhandene Druckunterschied in der Rauchkammer und Feuerbüchse $\triangle h$ ist nach Abb. 67

$$50{,}5 \text{ mm/WS bzw. } 50{,}5 \text{ kg/qm}.$$

Die Widerstandsziffer der Rohre läßt sich nun aus der Gleichung

$$\triangle h = \beta \left(\frac{G}{3600\, q}\right)^2,$$

worin $G/q = 41\,600$ und $\triangle h = 50{,}5$ mm/WS nach obigen Ausführungen bekannt sind, bestimmen. Es ist

$$50{,}5 = \beta \left(\frac{41\,600}{3\,600}\right)^2,$$

daher ist

$$\beta = \frac{50{,}5}{134} = 0{,}377 \quad \text{oder} \quad \frac{377}{1000}.$$

Die Zahl 377 entspricht dem Verhältnis der Rohrausmaße des Lokomotivkessels, das sich in vorliegendem Fall für die Siederohre zu

$$\frac{4 \cdot l}{d} = \frac{4 \cdot 4181}{44{,}5} = 377$$

und für die Überhitzerrohre gleichfalls zu $\frac{4 \cdot 3581}{38} = 377$ errechnet[1]).

Es zeigt sich hiernach die wichtige Tatsache, daß die Reibungsziffer β lediglich $^1/_{1000}$ des Verhältnisses der Rohrabmessungen $\frac{4 \cdot l}{d}$ ausmacht. Sie ist also ein Festwert für die betreffende Kesselbauart, der sich mit der Anstrengung des Kessels nicht ändert, wie auch Versuche erwiesen haben. Der Einfluß der Heizgaswärme ist hiernach nicht bemerkbar, bleibt also auf die Genauigkeit der Bestimmung von β ohne Einfluß.

11. Ermittlung des Heizgasgewichts.

Das stündliche Heizgasgewicht G kg/St läßt sich nun, nach der Bestimmung von β bei gemessenem Unterdruck in der Rauchkammer h_3 und Feuerbüchse h_2 und dem somit bekannten Druckunterschied $h_3 - h_2 = \triangle h$ für verschiedene Rostanstrengungen B/R nach der Gleichung

$$G = 3600\, q \sqrt{\frac{\triangle h}{\beta}}$$

oder, da $\beta = \frac{\frac{4\,l}{d}}{1000}$,

$$G = 11\,400\, q \sqrt{\frac{\triangle h}{\left(\frac{4\,l}{d}\right)}},$$

$$G_0 = 11\,400\, \frac{q}{R} \sqrt{\frac{\triangle h}{\left(\frac{4\,l}{d}\right)}}$$

zuverlässig ermitteln, wie in Abb. 67 und 68 für die Kessel der drei Lokomotiven der Zahlentafel 39 dargestellt ist.

Der Verlauf der Schaulinien für G_0 ist für Kessel amerikanischer Lokomotiven besonders bemerkenswert. Die Ordinate für das Heizgasgewicht bei mittlerer Durchschnittsleistung der

[1]) Strahl ermittelt auf Grund von Versuchen die Reibungsziffer $\beta = \frac{8 + l/d}{200}$. Organ Fortschr. Eisenbahnwes. 1911, S. 380.

Kessel liegt bereits bei einem B/R von rund 275, während sie bei einem richtig bemessenen Rost bei $B/R = 400$ bis 450 liegen müßte. Vgl. 4. Abschn., S. 101.

Schon bei Steigerung der Rostanstrengung B/R über 275 hinaus neigt sich die Schaulinie für G_0, und das Heizgasgewicht steht nicht mehr im etwa geraden Verhältnis zur steigenden Rostanstrengung. Mit anderen Worten: Das Heizgasgewicht, von dem die Verdampfungsfähigkeit des Kessels in erster Linie abhängt, wird bei den besten Rostanstrengungen für richtige Feuerhaltung bereits erheblich geringer.

Unwiderleglich ist auch hier wieder durch die Versuche auf dem Prüfstand bewiesen, daß die Ausmaße der Rostflächen amerikanischer Lokomotiven für eine wirtschaftliche Feuerhaltung viel zu groß bemessen sind.

Nebenbei mag hier noch erwähnt sein, daß die amerikanischen Lokomotiven nicht nur stark überrostet sind, sondern auch die Kesselheizflächen zu den Maschinenabmessungen in keinem richtigen Verhältnis stehen. Im vorliegenden Fall sind die Zylinder zu klein oder die Kessel zu groß.

Interessant ist weiter der Vergleich der Schaulinien der drei Heißdampfkessel in Abb. 67 und 68 untereinander und mit einem durch Ausbau des Überhitzers aus Kessel 3 gewissermaßen entstandenen vierten Kessel als Naßdampfkessel.

Kessel 1 und 2 besitzen gleichen Rohrquerschnitt, die Rohrdurchmesser sind gleich, die Rohre von Kessel 2 sind aber um 391 mm länger als die des Kessels 1. Der Unterdruck in der Feuerbüchse ist bei beiden Kesseln derselbe, der Widerstand der Brennschicht somit gleich groß. Der Druckunterschied in der Rauchkammer und Feuerbüchse $h_3 - h_2 = \triangle h$ ist bei Kessel 2 entsprechend dem von 377 auf 412 vergrößerten Verhältnis der Rohrabmessungen $\frac{4l}{d}$ bei den gebräuchlichen Rostanstrengungen in etwa gleichem Verhältnis gestiegen.

Die Schaulinien der Heizgasgewichte zeigen infolge der gleichen mittleren Rohrquerschnitte bis etwa $B/R = 350$ kg/qm keine nennenswerten Abweichungen. Der höhere Druckunterschied des Kessels 2 reicht gerade hin, den größeren Strömungswiderstand wieder auszugleichen. Über 350 kg/qm hinaus nimmt das Heizgasgewicht von Kessel 2 trotz stärkerer Zugwirkung bei größeren Dampfzylindern nur unwesentlich zu.

Der Unterdruck in der Feuerbüchse des Kessels 3 ist der gleiche wie bei 1 und 2, auch der Widerstand der Feuerschicht ist derselbe. Der Druckunterschied zwischen Rauchkammer und Feuerbüchse ist entsprechend der höheren Widerstandsziffer $\beta = 0{,}641$ gegenüber Kessel 2 mit gleich langen Rohren und $\beta = 0{,}421$ in etwa gleichem Verhältnis gestiegen.

Das angesaugte Heizgasgewicht ist bei gleicher Rostanstrengung trotz höherem Druckunterschied nicht größer geworden. Es hat sich gegenüber Kessel 2 lediglich im Verhältnis der verschieden großen Rohrquerschnitte

$$\frac{q_3}{q_2} = \frac{0{,}525}{0{,}668}$$

vermindert. Hieraus sind die höheren Feuerbüchstemperaturen bei Kessel 3 (Abb. 55) erklärlich. Bei gleicher Rostanstrengung muß infolge verminderten (günstigeren) Luftüberschusses eine vollkommenere Verbrennung vorhanden gewesen sein. Infolge des größeren Rohrquerschnitts bei Kessel 2 wurden die Heizgase durch Luftüberschuß verdünnt, und die Heizgastemperatur wurde vermindert.

Auch die Ergebnisse des Kessels 3 mit ausgebautem Überhitzer (als Kessel 4) sind in Abb. 68 wiedergegeben.

Die Schaulinie für das Heizgasgewicht G_0 liegt hier bei niedrigen Rostanstrengungen im Verhältnis des vergrößerten Rohrquerschnitts um

$$\frac{q_4}{q_3} = \frac{0{,}685}{0{,}525}$$

höher als bei Kessel 3. Bei Rostanstrengungen über 350 kg/qm nimmt das Heizgasgewicht bei Kessel 4 stärker zu, was beweist, daß bei der ohnehin geringen Reibungsziffer von

$$\beta = \frac{4 \cdot 4572}{70 \cdot 1000} = 0{,}262$$

der Rohrquerschnitt durch den Ausbau des Überhitzers im vorliegenden Kessel bei gleichgebliebenem Blasrohrdruck viel zu groß geworden ist.

Zusammenfassung.

1. Ergebnisse der Wärmeübertragung durch die Feuerbüchs-, Siede- und Rauchrohr- sowie Überhitzerheizflächen.

Die Wärmedurchgangszahl k bezeichnet die Wärmemenge, die von dem heizenden Wärmeträger durch Berührung auf 1 qm Wandfläche bei 1 °C Temperaturunterschied stündlich übertragen wird.

Nach dem 2. Abschn., S. 36, ist

$$k \text{ WE/qm-St}^\circ\text{C} = \frac{1}{\frac{1}{\alpha_1} + \frac{\delta}{\lambda} + \frac{1}{\alpha_2}}.$$

Für k ist nur die Größe des Wärmedurchgangswiderstands $\frac{1}{\alpha_1}$ der Heizgase an die Kesselwände von praktischer Bedeutung. Baustoff und Stärke der Kesselwände, also die Übergangswiderstände $\frac{\delta}{\lambda}$, sowie der Übergangswiderstand $\frac{1}{\alpha_2}$ von der anderen Seite der Metallwand an den Dampf oder an siedendes Wasser, sind auf die Größe der Wärmedurchgangszahl k ohne nennenswerten Einfluß.

Hieraus folgt, daß als maßgebende Heizfläche die Größe der feuerberührten in Rechnung zu setzen ist.

a) Die übertragene Wärmemenge Q in der Feuerbüchse ist nach S. 35

$$Q_F^{\text{WE/St}} = H_F^{\text{qm}} \cdot K^{\text{WE/qm}^\circ\text{C-St}} \cdot (T_o - t_o)^{\circ\text{C}}.$$

Für die Größe der Wärmedurchgangszahl

$$K = k + \varkappa$$

gilt für die Feuerbüchse

$$k = 2 + 2\sqrt{B/R \text{ kg/qm-St}} \quad \text{für Berührung,}$$

$$\varkappa = 1{,}68\frac{R}{H_F}\left[\left(\frac{T_o + 273}{100}\right)^2 - 10\right] \quad \text{für Strahlung.}$$

Mit der Größe der Rostfläche nimmt die unmittelbare Heizfläche H_F im Verhältnis $\frac{H_F}{R}$ zu, aber bei Langrosten stärker als bei Breitrosten.

Die Größe der unmittelbaren Feuerbüchsheizfläche gegenüber beiden Rostformen wird

für schmale, lange Feuerbüchsen etwa $H_{F_s} = 6{,}4\,R - 2{,}2$,
für breite Feuerbüchsen „ $H_{F_b} = 3{,}2\,R + 1$,
T_o, die Verbrennungstemperatur, wächst mit der Rostanstrengung B/R,
t_o, die Kesselwassertemperatur, beträgt bei 12—14 at rund 190 °C.

b) Übertragene Wärmemenge in den Siede- und Rauchrohren.

$$Q \text{ WE/St} = H \text{ qm} \cdot k \text{ WE/qm}^\circ\text{C-St}\,(t_m - t_o)^\circ\text{C}.$$

Hierbei ist nach S. 39 die Wärmedurchgangszahl für Berührung

$$k = 2 + 5{,}5\sqrt[1{,}3]{w \cdot \gamma} = 2 + 5{,}5\sqrt[1{,}3]{\frac{G \text{ kg/St}}{3600\,q \text{ qm}}}$$

abhängig von der Dichte γ und der Geschwindigkeit w der an den Heizflächen entlangströmenden Heizgase bzw. von dem Verhältnis des freien Rohrquerschnitts zum Heizgasgewicht.

Die größtmögliche Wärmeübertragung bei kleinstmöglichem Ausmaß der Rohrheizfläche ist nur durch die richtige Wahl des Verhältnisses der Rohrabmessungen

$$\frac{4\,l}{d}$$

entsprechend der Kesselkennziffer

$$\frac{H}{q} = \frac{4\,l}{d} = 416$$

zu erreichen. Vgl. S. 59.

Für den Querschnitt q der Rohrheizfläche war errechnet für die

Siederohrheizfläche bei Naßdampfkesseln $q = 0{,}0024\, H_S$,
Siede- und Rauchrohrheizfläche bei Heißdampfkesseln $q = 0{,}00307\, H_{S+R}$.

Wird die unmittelbare Heizfläche H_F zu $^1/_{10}$ der Gesamtheizfläche H, also

$$H_F = {}^1/_{10} H$$

angenommen, so ist

bei Naßdampfkesseln $q = 0{,}00216\, H$,
„ Heißdampfkesseln $q = 0{,}00276\, H$.

Heizgasquerschnitt q und die Heizfläche H müssen dabei dem bei mittleren Betriebsverhältnissen der Lokomotive erzeugten Heizgasgewicht entsprechen.

c) Die übertragene Wärmemenge auf die Überhitzerheizfläche war

$$Q_2 \,\text{WE/St} = H_2 \,\text{qm} \cdot k_2 \,\text{WE/qm-St}\,{}^\circ\text{C}\, \tau\, {}^\circ\text{C}.$$

Die Größe der Wärmedurchgangszahl ist hierbei

$$k_2 = \frac{1}{\dfrac{1}{\alpha_1} + \dfrac{1}{\alpha_2}} = \frac{1}{\underset{\text{Heizgase}}{\dfrac{1}{2 + 5{,}5 \sqrt[1{,}3]{\dfrac{G}{3600\, q}}}} + \underset{\text{Dampf}}{\dfrac{1}{10{,}92 \sqrt[1{,}3]{\dfrac{D}{3600\, q}}}}} \cong 0{,}9\, k_1.$$

Für die Größe der Wärmedurchgangszahl k_2 ist demnach wesentlich die Wärmedurchgangszahl k_1 maßgebend.

Es kommt bei der Wärmeübertragung durch die Überhitzerheizfläche weniger auf Geschwindigkeit und Dichte des Dampfstroms, als auf die Geschwindigkeit und Dichte der die Überhitzerrohre bestreichenden Heizgase an.

Für Lokomotivüberhitzer, Rauchrohrüberhitzer von Schmidt, bei denen die Überhitzerrohre zur Hälfte im Gleichstrom, zur Hälfte im Gegenstrom liegen, ist der mittlere Temperaturunterschied zwischen Heizgasen und Dampf

$$\tau = \frac{\left(t_e - \dfrac{t_ü + 190}{2}\right) - \left(t_a - \dfrac{t_ü + 190}{2}\right)}{\ln \left(\dfrac{t_e - \dfrac{t_ü + 190}{2}}{t_a - \dfrac{t_ü + 190}{2}} \right)},$$

wobei

t_e die Heizgastemperatur beim Eintritt in den Überhitzer,
t_a die Heizgastemperatur beim Austritt aus dem Überhitzer,
$t_ü$ die Temperatur des überhitzten Dampfs bezeichnete.

Dabei wird der mittlere Temperaturunterschied τ bei gegebenem Temperaturgefälle der Heizgase $t_e - t_a$ mit abnehmender Überhitzung größer, mit zunehmender Überhitzung kleiner. Um bei kleinstmöglichem Ausmaß der Überhitzerheizfläche größtmögliche Wärmeübertragung bei höchster Überhitzung zu erreichen, ist der Lokomotivüberhitzer so zu bemessen, daß die mittlere Temperatur zwischen den Heizgasen und dem Dampf der im Überhitzerkasten gemessenen Dampftemperatur entspricht, d. h. daß

$$\tau = t_ü$$

wird.

Bei diesem Sonderfall ist

$$H_2 k_2 t_ü = D \cdot c p\, (t_ü - t_o),$$

$$\frac{D}{H_2} = \frac{k_2 \cdot t_ü}{c p\, (t_ü - t_o)}.$$

Hieraus folgt das Verhältnis der wirksamen Überhitzerheizfläche zur Gesamtheizfläche.

$$\frac{H_2}{H} = \frac{1}{3}.$$

Vorausgesetzt ist hierbei, daß das Temperaturgefälle der Heizgase, d. h. vor allen Dingen die Eintrittstemperatur t_e der Heizgase, beim Auftreffen auf die Überhitzerrohre so hoch gehalten wird, daß bei mittlerer Dauerleistung der Lokomotive möglichst eine Temperatur des überhitzten Dampfs von $t_ü = 350°$ C erreicht werden kann.

Bei einem Heizflächenverhältnis von

$$\frac{H_2}{H} = \frac{1}{3}$$

wird beim Großrohrüberhitzer das Verhältnis der freien Rohrquerschnitte der Rauch- und Siederohre

$$q_R : q_s = 1 : 1.$$

2. Beziehungen der Heizfläche zur Rostfläche.

Das auf die Einheit der Rostfläche R entfallende stündliche Heizgasgewicht

$$G_0 \text{ kg/qm-St} = 41600\, q/R$$

war bei 1,6fachem mittleren Luftüberschuß bei durchschnittlicher Dauerleistung und $B/R = 400$ bis 450 kg/qm-St

$$G_0 = (0{,}002\,h + 3{,}1)\, B/R\,,$$

bzw. das gesamte stündliche Heizgasgewicht zu

$$G \text{ kg/St} = (0{,}002\,h + 3{,}1)\, 375\, R$$

ermittelt worden.

Nach dieser einfachen Gleichung ist das Heizgasgewicht abhängig von dem Heizwert des Brennstoffs h WE/kg.

Hiermit ist auch die Beziehung der Rost- und Heizflächen zum Heizwert des Brennstoffs gegeben. Aus nachstehenden Gleichungen sind die Verhältnisse H/R und q/R zu errechnen.

Kesselbauart	$\frac{\text{Heizfläche}}{\text{Rostfläche}} = \frac{H}{R}$		$\frac{\text{Heizgasquerschnitt}}{\text{Rostfläche}} = \frac{q}{R}$	$\frac{\text{Heizgasquerschnitt}}{\text{Rostfläche}} = \frac{q}{R}$
Naßdampf	$0{,}0083\,h$	13	$0{,}00216\,\frac{H}{R}$	$\frac{179}{10^7}\,h + 0{,}028$
Heißdampf	$0{,}0065\,h$	10	$0{,}00276\,\frac{H}{R}$	$\frac{179}{10^7}\,h + 0{,}028$

3. Die Rost- und Heizfläche eines Heißdampfkessels

ist für die erforderliche Dampfmenge D kg/St,
die Rostfläche für die notwendige Brennstoffmenge B kg/St

zu bestimmen.

Als mittlere durchschnittliche Anstrengung kann bei mittleren Dauerleistungen, Brennstoff von etwa 7000 WE/St vorausgesetzt.

für die Heizfläche $D/H = 46$ kg/qm-St,
für die Rostfläche $B/R = 400$ bis 450 kg/qm-St

angenommen werden.

Durch Fahrversuche auf möglichst langen, dem normalen Zugbetrieb entsprechenden Strecken läßt sich aus durchschnittlichen Dauerleistungen der Dampfverbrauch D/PS_z und die durchschnittliche Gesamtdampfmenge D kg/St für die geforderte Leistung am Zughaken ermitteln.

Aber nur durch Prüfstandversuche ist der genaue Kohlenverbrauch B/PS_i und die gesamte durchschnittliche Kohlenmenge B kg/St für die notwendige indizierte Leistung zu bestimmen.

Ist die richtige Größe der Rost- oder Heizfläche für durchschnittliche Dauerleistungen gefunden, so folgen die weiteren Abmessungen

$$H/R \text{ oder } q/R$$

unter Berücksichtigung des Heizwerts des Brennstoffs h aus vorstehenden Gleichungen.

In dem 1. und 4. Abschn. sind einwandfreie Ergebnisse aus Fahr- und Prüfstandsversuchen für zahlreiche Lokomotivgattungen und deren wechselnde Betriebslagen gegeben.

Nur aus solchen praktischen Ergebnissen läßt sich für irgendeine zu erbauende Lokomotivgattung die mittlere Dauerleistung und der hierfür erforderliche Brennstoff- und Wasserverbrauch und nach obigem einfachen Rechnungsverfahren auch die Rost- und Heizfläche mit Sicherheit bestimmen.

Fünfter Abschnitt.

Ergebnisse der Betrachtungen aus den Abschnitten 1 bis 4 für den Bau und Betrieb zeitgemäßer Personen- und Güterzuglokomotiven.

Einleitung.

Aus der im Vorwort angedeuteten Entwicklung der Dampflokomotive in den letzten dreißig Jahren sind drei Tatsachen von höchster Bedeutung für den gewaltigen Fortschritt im Bau und Betrieb der Lokomotive zu nennen:

Erstens die grundlegende, größte: die Anwendung von hochüberhitztem Dampf (Heißdampf) an Stelle von gesättigtem Dampf (Naßdampf),

zweitens: die Speisewasservorwärmung und

drittens: die Freigabe eines Triebachsdrucks von 20 t als letztes, noch auszuwertendes, bedeutsames Geschenk für eine zeitgemäße Weiterentwicklung.

Die Erkenntnis, daß der nasse Wasserdampf durch Trocknung und Überhitzung verbessert werden kann, ist beinahe ebenso alt wie die Dampfmaschine, und bis zum Jahre 1832 zurück lassen sich Versuche nachweisen, die theoretisch erkannten Vorteile überhitzten Dampfs im allgemeinen Dampfmaschinenbetrieb praktisch nutzbar zu machen[1]).

Keine der überaus zahlreichen Erfindungen erlangte Jahrzehnte hindurch bemerkenswerte, dauernde Erfolge, und in den Jahren 1875—1895 scheinen Erfindungen von Überhitzern, besonders für Lokomotivkessel, nur noch ganz vereinzelt zu vorübergehender Erprobung gekommen zu sein.

Erst durch die bahnbrechenden Forschungsarbeiten und Erfindungen des Zivilingenieurs Wilhelm Schmidt (Preußischer Baurat, Dr.-Ing. ehrenhalber, Benneckenstein am Harz und Kassel-Wilhelmshöhe) kam vom Jahre 1893 an sehr hoch überhitzter Dampf, Heißdampf genannt, im ortsfesten Dampfmaschinenbetrieb, die Fachwelt überraschend, zu gebührender Wertschätzung[2]).

Schmidt hatte erkannt, daß erst durch sehr hohe, bisher für unmöglich gehaltene Überhitzung des nassen Wasserdampfs dieses Gemisch aus Sattdampf und Wasser zu einem unübertrefflich wirtschaftlichen Arbeitsträger umgebildet werden kann, und — was Schmidt besonders zu dauerndem Ruhm gereichen wird — er hat dabei zugleich durch seine dankens-

---

[1]) Vgl. u. a. a) Stach: Entwicklung und Anwendung der Dampfüberhitzung; b) Garbe: Die Dampflokomotiven der Gegenwart, 1. und 2. Aufl., Einleitung und Geschichte der Anwendung von hochüberhitztem Dampf im Lokomotivbetrieb; c) Brückmann: Eisenbahntechnik der Gegenwart I, 3. Aufl., zur Geschichte der Heißdampflokomotiven.

[2]) Wilhelm Schmidt hat die Herausgabe dieses Ergänzungsbands nicht mehr erlebt. Er starb kurz vor Vollendung seines 66. Lebensjahrs am 16. Februar 1924. Ehrende Nachrufe vieler Fachschriften geben über das Leben und fruchtbare Schaffen dieses großen, edlen Manns gebührende Kunde. Hier seien erwähnt: Z. V. d. I. Nr. 11 vom 15. März 1924; Verkehrstechn. Heft 12 vom 21. März 1924, und ein Vortrag: „Erinnerungen aus dem Leben Wilh. Schmidts“, von Direktor Gustav Henkel, in den Mitteilungen des Hessischen Bezirksvereins deutscher Ingenieure, Heft 4, April 1924, Cassel.

werten, einfachen und praktischen Erfindungen Überhitzerkessel geschaffen, die hochüberhitzten Dampf sicher erzeugen, und Dampfmaschinen gebaut, die Heißdampf anstandslos verarbeiten konnten.

Gestützt auf erstaunliche Erfolge im ortsfesten Dampfmaschinenbetrieb, den damals vorwiegend hohe Dampfspannung mit mehrfacher Dampfdehnung und Kondensation wirtschaftlich zu gestalten vermochte, trat Wilhelm Schmidt 1894 zum erstenmal an mich heran, und unter Vorlage eines von ihm entworfenen Schlangenrohrüberhitzers für Lokomotivkessel unterbreitete er mir die großen Vorteile, die die Anwendung hochüberhitzten Dampfs, ganz besonders im Lokomotivbetrieb, haben müßte, wenn es möglich wäre, für den eigenartigen Lokomotivkessel einen dauernd brauchbaren Überhitzer zu schaffen.

Ein solcher war dieser erste mir vorgelegte Schlangenrohrüberhitzer noch nicht.

Da mich aber die bewiesenen Erfolge Schmidts im ortsfesten Dampfmaschinenbetrieb von der außerordentlichen Wichtigkeit der Anwendung hochüberhitzten Dampfs für den Lokomotivbetrieb vollständig überzeugt hatten, versuchte ich fortan, das Vorhaben Schmidts mit meinen Erfahrungen im Lokomotivbau und -betrieb trotz schwerer persönlicher Anfeindungen mit allen Kräften zu fördern.

Bereits im Jahr 1896 konnte mir Schmidt seinen ersten Langkesselüberhitzer (Flammrohrüberhitzer) bringen, und nach einigen Abänderungen des Entwurfs wagte ich 1897 — gestützt auf das verständnisvolle Entgegenkommen des Vortragenden Rats im damaligen Preußischen Ministerium der öffentlichen Arbeiten, Geheimrat Carl Müller — den Bau von je einer 2 B-Personenzuglokomotive und 2 B-Schnellzuglokomotive vorzuschlagen.

Diese beiden ersten Heißdampflokomotiven wurden hierauf unter meiner Mitwirkung als Dezernent für die Lokomotivbeschaffung in Preußen im Jahr 1897 von Henschel & Sohn-Cassel und vom Vulkan-Stettin erbaut und kamen 1898 in Betrieb.

Den weiteren Werdegang der Heißdampflokomotive — der für den Erfinder und den Verfasser dieses Ergänzungsbands zunächst jahrelang ein Leidensweg wurde — übergehe ich hier. Ergänzende Ausführungen finden sich in der Einleitung in meinem Buch: „Die Dampflokomotiven der Gegenwart", 1. und 2. Auflage.

Hier galt es, gegenüber abweichenden Angaben, das eigentliche Geburtsjahr der gegenwärtig den Lokomotivbetrieb allgemein so erfolgreich stützenden Heißdampflokomotive und auch das hohe Verdienst festzustellen, das der damaligen Preußischen Staatseisenbahnverwaltung an der Einführung der Heißdampflokomotive und ihrer gesunden Entwicklung für den weltumfassenden Lokomotivbetrieb für alle Zeit gebührt.

Weiter ist wichtig, vorweg zu betonen, daß die gewaltigen und allseitigen Vorteile der Anwendung hochüberhitzten Dampfs im Lokomotivbetrieb erst eintraten, wenn wirklich auch Heißdampf von im Durchschnitt 330° C, im Schieberkasten gemessen, vorwiegend schon bei kleineren und mittleren Leistungen einer Zuglokomotive dauernd erzeugt wurden.

Überhitzter Dampf von geringerer Temperatur (etwa nur bis 300° C) bietet, im Heißdampflokomotivkessel erzeugt, keine genügende Gewähr dafür, daß wirklich jedes Naßdampfteilchen hinreichend überhitzt, der gewonnene Heißdampf demnach auch im ganzen Arbeitsvorgang in den Dampfeinströmungsrohren, den Schieberkästen und Dampfzylindern wie ein erhitztes Gas zu arbeiten vermag. Vgl. u. a. 4. Abschn.

Erst dann ist eine Heißdampflokomotive, den Erkenntnissen Schmidts und vieljähriger Erfahrung entsprechend, richtig gebaut.

Sie arbeitet dann aber auch im Durchschnitt aller in einem allgemeinen Zugbetrieb vorkommenden Beanspruchungen bei richtig bestimmten Zylinderabmessungen und bei einstufiger Dampfdehnung höchst wirtschaftlich, und der wichtigste ihrer unschätzbaren Vorzüge, die um etwa 40% gesteigerte Leistungsfähigkeit gegenüber einer Naßdampflokomotive von gleichem Gewicht, gestattet auch die Höchstleistungen bis an die Grenze der jeweiligen Reibungszugkraft noch mit Zylinderfüllungen auszunutzen, bei denen eine zu starke Feueranfachung, zu hohe Überhitzung und Dampfverschwendung vermieden werden können.

Wie grundverschieden und allseitig unwirtschaftlich lagen die Dinge bei Naßdampfbetrieb!

Der stark begrenzte Umfang wirtschaftlicher Leistungsfähigkeit der Naßdampflokomotive gegenüber den wechselnden Beanspruchungen in einem allgemeineren Zugbetrieb und den mit steigendem Verkehr zunehmenden Belastungen der Züge erhöhten stetig den Aufwand für den Brennstoffverbrauch und die noch viel größeren Kosten für einen immer häufiger nötig werdenden betriebswidrigen Vorspanndienst.

Diese Betriebsnot führte zunächst zur Anwendung zweistufiger Dampfdehnung in zwei Zylindern, und bald daneben, besonders für den Schnellzugsdienst — wesentlich durch die schlechten Eigenschaften des Naßdampfs als Arbeitsträger bedingt —, auch zum Bau der Vierzylinderverbundlokomotive.

Jeder Lokomotivbauer war fortan bemüht, das Seinige zur Ausgestaltung leistungsfähiger Vierzylinderverbundlokomotiven beizutragen, und die damals (und leider vielfach noch gegenwärtig) zu kleinen Triebachsdrucke machten Tragachsen, sog. Lauf- oder Schleppachsen, zur Stützung stark vergrößerter Kessel notwendig.

In diese kostspielige Entwicklung und ihre Nöte platzte Wilhelm Schmidt unter Verwerfung des Naßdampfs als Arbeitsträger mit der Anwendung höchst überhitzten Dampfs, des Heißdampfs, hinein.

Er wollte der Fachwelt beweisen, daß durch eine einfach gebaute Zwillinglokomotive bei einfacher Dampfdehnung eine viel größere Leistung bei gesteigerter Wirtschaftlichkeit zu erreichen sei als mit einer vielgliedrigen Vierzylinderverbundlokomotive von beträchtlich größerem Gewicht und viel höheren Beschaffungs- und Unterhaltungskosten.

Das war ein starkes Stück, und mein dienstliches Eintreten für die Schmidtschen Bestrebungen erregte in weiten Kreisen nicht nur Zweifel, sondern auch Widerspruch und vielfach schroffen Widerstand.

Schon die ersten Versuchsfahrten überzeugten mich, daß die mir damals sehr eindringlich gestellte Aufgabe:

„bei Einbau eines Überhitzers in eine gegebene Naßdampfgattung alles möglichst beim alten zu belassen, damit ohne erhebliche Kosten der Überhitzer wieder ausgebaut werden könne“, unhaltbar war, wenn die Vorzüge der Heißdampfanwendung voll zur Geltung kommen sollten. Ich erkannte, daß hierzu vor allem die durch die Minderwertigkeit des Naßdampfs als Arbeitsträger bedingte, eng begrenzte Zugkraftkennziffer für Naßdampf verlassen werden mußte. Unter größten Schwierigkeiten, zeitraubenden Kämpfen und leider auch empfindlichen persönlichen Anfeindungen setzte ich die gegenwärtig ziemlich allgemein anerkannten großen Zugkraftkennziffern durch.

Von einer Vergrößerung der Zylinder zur anderen zeigte sich eine entsprechende Zunahme der Leistungsfähigkeit unter Erhöhung der Gesamtwirtschaftlichkeit.

So verwunderlich dies gegenwärtig erscheinen muß — jede kleinste von mir vorgeschlagene Verbesserung mußte damals erst erkämpft werden.

Je größer die Zugkraftkennziffern C_1 und C_2 bestimmt werden, mit desto kleineren Füllungen kann bei Anwendung wirklichen Heißdampfs auch die der jeweiligen Reibungszugkraft entsprechende Höchstleistung noch wirtschaftlich bewirkt werden. Da aber in einem allgemeineren Zugbetrieb auch viele mittlere und kleine Leistungen vorkommen, darf die Zylinderzugkraft nur so weit gesteigert werden, daß für kleine Leistungen nicht allzu kleine Füllungen erforderlich sind.

Kleine Füllungen (etwa bis 15%), die bei günstigen Zylinderabmessungen für Höchstleistungen auch im schwersten Zugbetrieb nötig werden, lassen sich zum Teil schon durch gute Steuerungsverhältnisse erreichen.

Unter 15% Füllung ist dann aber eine entsprechende Drosselung des Dampfs unter Anwendung solcher größeren Füllungen, wie sie für die Ruhe des Gangwerks jeweils erforderlich werden, das einfachste Mittel, um den großen Umfang der Leistungsfähigkeit, den eine einfache Zwillingheißdampflokomotive im allgemeinen gestattet, noch zu steigern.

In solchen doch nur seltener vorkommenden und dann wenig Dampf erfordernden Fällen ist angemessene Drosselung des Dampfs kein Fehler, sie ist dann sogar von erheblichem, vielseitigem Nutzen, wie ich in wechselnden Betriebsfällen stets festgestellt habe.

Unter Befolgung dieser einfachen, für wirkliche Heißdampfanwendung natürlichen Maßnahmen ist bei einstufiger Dehnung im allgemeinen auch ein Dampfdruck von nur 12 at durchaus genügend. Bei Ausnutzung eines Achsdrucks von 20 t lassen sich jedoch die Kessel ohne Schwierigkeit für 14 at Überdruck bauen, und deshalb sollte dies stets geschehen, damit auch alle Höchstleistungen noch mit möglichst wirtschaftlichen Zylinderfüllungen erreicht werden können.

Diese Ergebnisse meiner vieljährigen Arbeiten und Versuche und die Betriebserfahrungen zahlreicher großer Eisenbahnbehörden in fast allen Ländern, darunter besonders die der vormals Preußischen Staatseisenbahnverwaltung sowie englischer und amerikanischer Gesellschaften, beweisen schon die Richtigkeit vorwiegender Anwendung einfacher Dampfdehnung wirklichen Heißdampfs im Lokomotivbetrieb.

Schwer verständlich sind daher — besonders in der Gegenwart, die dringend größte Einfachheit und Sparsamkeit auf allen Gebieten verlangt — wieder auftauchende Bestrebungen, die vielteilige, sehr kostspielige Vierzylinder-Verbundheißdampflokomotive erneut zu einer ihr nicht gebührenden Geltung zu bringen.

Es erscheint mir daher geboten, vorstehend angeführte Tatsachen der gesamten Fachwelt hier nochmals zu ernster Beachtung zu empfehlen.

Liegen meine persönlichen praktischen Erfahrungen auch zeitlich einige Jahre zurück, so sind sie doch keineswegs veraltet; ebenso habe ich, wie ich in der vorliegenden Arbeit wieder zu zeigen bemüht war, auch im Ruhestand auf meinen in der Kampfzeit für die Einführung des Heißdampfbetriebs erreichten Erfolgen nicht ausgeruht. Ich glaube daher, auch jetzt noch ein Recht zu haben, für die Gegenwart und eine übersehbare Zukunft im Lokomotivbau und -betrieb ratend und fördernd einzutreten, und hoffe auf Berücksichtigung meiner Vorschläge auch in bisher noch abseits stehenden Kreisen.

Als wichtigste Errungenschaft für den Fortschritt im Lokomotivbau und -betrieb in den letzten zwanzig Jahren ist jedenfalls, trotz vieler Hemmungen, gegenwärtig die Tatsache anzuführen, daß die Anwendung hochüberhitzten Dampfs im Lokomotivbetrieb zu allgemeiner Anerkennung gelangt ist.

Es kommt aber noch sehr darauf an, in welcher Weise diese Errungenschaft nunmehr benutzt wird, um die großen Vorzüge des veredelten Wasserdampfs als Arbeitsträger nicht nur in Kessel und Maschine, sondern auch im einfachsten Aufbau der jeweiligen Gattungen — also nach allen Richtungen — sicher zu erreichen.

Hier herrschen zum Schaden der Einfachheit und Einheitlichkeit noch große Meinungsverschiedenheiten.

Den einzig richtigen Weg hierzu so klar zu erhellen, daß die Fachwelt die anempfohlene Richtung in geeintem Entschluß fortan zu gehen bestrebt sein könnte, ist der Hauptzweck vorliegender Arbeit.

Hoch erfreulich ist nun, wie schon aus den kurzen Angaben im 1. Abschn. deutlich hervorgeht, daß die Anwendung der einfachen Zwillingheißdampflokomotive, die ja trotz aller Bekämpfungen im Werdegang der Heißdampfanwendung stets in weit überragender Zahl gebaut wurde, in neuerer Zeit auch in Ländern Fortschritte gemacht hat, in denen bisher die Vierzylinderverbundlokomotive fast zur Regelbauart geworden war.

Daher darf — nach der Gesamtentwicklung — endlich ausgesprochen werden:

„Die einfache Zwillingheißdampflokomotive ist die geeignetste Gattung aller Lokomotivbauarten. Sie vermag auch im schwersten allgemeinen Personen- und Güterzugbetrieb noch den höchsten in absehbarer Zeit praktisch nötig werdenden Leistungsanforderungen voll zu genügen und ist unter allen Umständen die allseitig wirtschaftlichste Zugkrafterzeugerin im gesamten Eisenbahnbetrieb der Gegenwart — sie ist die zeitgemäße Heißdampflokomotive."

Einige ganz wenige Sonderbetriebe kommen neben dieser unbestreitbaren, hochwichtigen Tatsache kaum noch in Betracht.

Daher kann auch eine allgemeinere wirtschaftliche Vereinheitlichung der allzu vielen Lokomotivbauarten gar nicht erreicht werden, wenn Mehrzylinderlokomotiven mit doppelter Dampfdehnung noch bei so wichtigen Arbeiten zu große Berücksichtigung finden.

Solche Rücksichten würden heute nicht mehr technisch-wirtschaftlichen Erkenntnissen entsprechen; wo sie trotzdem gegenwärtig noch bestimmend vorwalten könnten, müßte an allzu großzügigem Umfang der Bestrebungen eine wirtschaftlich gesunde und entwicklungsfähige Vereinheitlichung scheitern.

Wenn irgendwo, so ist auch in Rücksicht auf die Not der Gegenwart hier eine weise Beschränkung des Umfangs grundlegender Bestimmungen, soweit sie eine Abkehr von bewährten, einfachen Lokomotivgattungen bedeuten, besonders geboten.

Diese Ausführungen betreffen selbstverständlich eine weitgehende Normung von Einzelteilen nicht. So nützlich aber die Normung von erprobten, austauschbaren Baugliedern der Lokomotiven werden kann, so verhängnisvoll für einen wahren Fortschritt müßte bei den gegenwärtig noch bestehenden Meinungsverschiedenheiten in Hauptfragen, die den Lokomotivbau und -betrieb betreffen, eine verfrühte Festlegung auf neugeschaffene, sehr kostspielige und noch nicht genügend erprobte Gattungen als Vorbilder sein.

Vorbilder größter Einfachheit, umfänglicher Leistungsfähigkeit und Wirtschaftlichkeit haben in Deutschland z. B. schon 15 Jahre lang jede Probe bestanden. Von jeder Verstärkung der zunächst nur mit geringen Triebachsdrücken gebauten Gattungen zur nächsten, die durch stetig erkämpften höheren Achsdruck möglich wurde, genügten sie den immer steigenden Leistungsanforderungen.

In den letzten 10 Jahren wurden die steigenden Leistungen der einfachen Zwillingheißdampflokomotive durch die rechtzeitig einsetzende Speisewasservorwärmung wesentlich unterstützt, — leider aber wurde gleichzeitig hohe Überhitzung mehrfach nicht mehr in gebührendem Maß angestrebt.

Nunmehr müssen, der Not der Zeit gehorchend, die Zuglasten auf vielen Hauptlinien noch weiter gesteigert werden, und eine entsprechende Verstärkung bewährter einfacher Bauarten ist damit erforderlich geworden. Wiederum ist aber auch hierzu die Gelegenheit rechtzeitig gegeben durch die Möglichkeit, den Triebachsdruck von 16 und 17 bis auf 20 t zu erhöhen, und abermals können nun die verstärkten Vorbilder allen Betriebsanforderungen der Gegenwart und absehbarer Zukunft so trefflich genügen, wie sie das bisher von einer Verstärkung zur andern getan haben.

Daß dieser Schritt wiederum der nächste und folgerichtigste auch zu einer schnellen und wirtschaftlichen Vereinheitlichung sein muß, geht eigentlich schon aus den Abschn. 1—4 hervor, soll aber in diesem Abschnitt noch näher ausgeführt werden.

Grundsätze und wichtigste Ausführungsforderungen für den Bau und Betrieb einfacher und wirtschaftlicher Lokomotiven.

1. Oberster Grundsatz für den Lokomotivbau und -betrieb muß in Gegenwart und Zukunft sein und bleiben, mit dem geringsten Aufwand an Baustoff und Gesamtgewicht bei größter Einfachheit der Bauarten alle Leistungen bis zur jeweiligen Reibungszugkraftgrenze wirtschaftlich zu erreichen.

2. Diesem Grundsatz entspricht jede richtig gebaute und gut unterhaltene Zwillingheißdampflokomotive in weitestem Umfang bis zu ihrer durch die Reibungszugkraft gegebenen Grenzleistung in unübertroffen allseitiger Wirtschaftlichkeit.

Wo, wie gegenwärtig in Deutschland, bereits ein Triebachsdruck von 20 t zugelassen ist, genügen dann für den Schnellzugdienst im Flachland schon zwei gekuppelte Achsen, d. h. die einfachste 2 B-Lokomotive; für den schwersten Schnell- und Personenzugdienst im Hügelland und auf Bergstrecken drei gekuppelte Achsen, am besten 2 C-Lokomotiven, und im schwersten Güterzugbetrieb vier bis höchstens fünf gekuppelte Achsen, also einfachste D- und E-Lokomotiven vollkommen, wobei auch die Mehrzahl aller Steilstrecken noch mit erprobt wirtschaftlichen Geschwindigkeiten befahren werden können.

Auch diese, eine meiner wichtigsten Feststellungen, wird schon durch die Ausführungen in den Abschn. 1—4 gestützt. Erwähnt sei noch, daß die weiteren Betrachtungen sich wesentlich auf die hier genannten vier Hauptbauarten der Heißdampfzwillinggattung beschränken, um Raum zu sparen. Weitere Schlüsse für den Bau von Tenderlokomotiven und Sonderbauarten für ausgesprochene Steilbetriebe werden sich dann leicht ergeben. Es wird dann auch möglich sein, klar zu sehen, wo bei den jeweils gestatteten Triebachsdrücken eine größere Anzahl Triebachsen noch durchaus erforderlich ist, und ob der Kessel, in richtigen Ausmaßen gebaut, noch durch Tragachsen gestützt werden muß.

3. Nachdem überhitzter Dampf zu allgemeiner Anwendung gekommen und dabei auch die Erkenntnis durchgedrungen ist, daß nur höchstüberhitzter Dampf, Heißdampf, alle Vorzüge im Lokomotivbetrieb zu bieten vermag, sollten auch nur noch wirkliche Heißdampflokomotiven gebaut, und alle Halbheiten sollten vermieden werden.

Leider scheint es, als ob in den letzten Jahren auf möglichst große Dampfüberhitzung, besonders für alle mittleren Leistungslagen, nicht mehr der hohe Wert gelegt wird wie früher. Nötige Erhöhung der Leistungsfähigkeit der Kessel wird immer mehr durch Vergrößerung der Rost- und Heizflächen und sonstiger Ausmaße zu erreichen gesucht, und dabei ist die Überhitzung für den größten Teil der Betriebsbeanspruchungen unzureichend geworden.

Hier dürften die Untersuchungen im 2. Abschn., die Abhandlung über die Verbrennungsvorgänge, Abschn. 3 und die Ausführungen im Abschn. 4 die Möglichkeit vermitteln, bei noch genügenden Kesselausmaßen für Höchstleistungen auch gute Dampferzeugung und Überhitzung für alle übrigen Beanspruchungen einer Zuglokomotive herbeizuführen.

4. Eine weitere Grundforderung für den Bau von Heißdampflokomotiven muß die Beibehaltung der bewährten schmalen, langen und tiefgebauten Feuerbüchse bleiben.

Über die Richtigkeit, Notwendigkeit und Ausführbarkeit dieser Forderung bedarf es an dieser Stelle nach den erschöpfenden Beweisen in den Abschn. 2, 3 und 4 keiner weiteren Begründung.

5. Zur schmalen, tiefgebauten Feuerbüchse gehört der lange, schmale Rost mit hochliegendem, langem Feuerschirm. Die gar nicht zu überschätzende Wichtigkeit eines schmalen, richtig gebauten Rostes und seiner Bedeutung nicht nur für eine geregelte Feuerhaltung und praktisch vollkommenste Verbrennung, sondern für den gesamten Lokomotivbau und -betrieb, war ich gleichfalls bemüht, besonders im 3. Abschn. zu zeigen.

Aus diesen Ausführungen geht hervor, daß die Rostfrage für einen einfachen und wirtschaftlichen Lokomotivbau und -betrieb mit den bisherigen Bestimmungen über die Gestalt und Größe der Rostflächen und eine Normung der Roststäbe keineswegs gelöst erscheint.

Zu meinem Bedauern muß ich aussprechen, daß das Gesamtergebnis der nun bald zwanzigjährigen Arbeiten auf diesem wichtigsten Gebiet leider kein gutes ist und einem so dringend nötigen Fortschritt zu erhöhter Wirtschaftlichkeit bei gesteigerter Leistungsfähigkeit und Einfachheit der Bauarten nicht zu dienen vermag.

Es ist ein tief bedauerlicher Irrtum in maßgebenden Kreisen der Fachwelt, daß im allgemeinen, schweren Personen- und Güterzugdienst die Ausmaße eines Rostes, wie sie die bewährte, unübertreffliche, schmale Feuerbüchse zwanglos gestattet, nicht mehr für nötige Höchstleistungen ausreiche.

Wie dieser verhängnisvolle Irrtum langsam entstanden ist, sich ausgebreitet hat und durch die Brennstoffnot der Gegenwart sowie durch die Annahme begründet scheint, daß niedrige Brennschichten auf großen Rosten zur Schonung des Kessels und erhöhter Wirtschaftlichkeit beitragen, ist gleichfalls aus den Abschn. 3 und 4 zu entnehmen, in denen ich meine feuertechnischen Erfahrungen im Lokomotivbetrieb niedergelegt habe.

Die Ausmaße von Lokomotiven, die dem allgemeinen, schweren Personen- und Güterzugverkehr nach allen Richtungen praktisch und wirtschaftlich dienen sollen, sind ziemlich beschränkt und lassen sich für europäische Betriebsverhältnisse unschwer bestimmen.

Für die Querschnittsausdehnung eines Lokomotivkessels bildet das Profil des lichten Raums die mögliche Grenze. Die Längenausdehnung ist aus baulichen und wirtschaftlichen Gründen, auch gegenüber der Länge vorhandener Drehscheiben und Schiebebühnen sowie zahlreicher Werkstätten- und Lokomotivschuppenstände, gleichfalls gegeben.

Wie im 2. und 4. Abschn. bewiesen wurde, sind bei uns nach beiden Richtungen die Grenzen, die ein praktisch wirtschaftlicher allgemeiner Zugbetrieb verlangt, schon erreicht und zum Teil überschritten.

Die natürliche Grenze für die Ausbildung eines Lokomotivrostes ist dabei durch die körperliche Leistungsfähigkeit eines geschickten Heizers bedingt, sofern wirtschaftliche Feuerhaltung maßgebend bleiben soll, was doch wohl auch weiterhin die Grundbedingung unseres Dampfbetriebs sein muß.

Vor amerikanischen Feuerhaltungen durch selbsttätige Rostbeschicker bleiben wir ja auch bei unseren gegenwärtig erhöhten Achsbelastungen von 20 t noch bewahrt und werden hoffentlich immer davor bewahrt bleiben, und an die Rostbeschickung durch zwei Heizer dürfte wohl auch kaum zu denken sein.

Es bleibt daher zunächst bei dem Leistungsvermögen eines tüchtigen, gut ausgebildeten Heizers gegenüber einer richtig gebauten Feuerungsanlage und bei kunstgerechter Beschickung des Rostes.

Dieses Leistungsvermögen wird oft viel zu hoch eingeschätzt. Sogar in Fachblättern wird von 2000 kg Brennstoff und mehr gesprochen, die ein Heizer in der Stunde verfeuern kann oder sogar soll. Das würden dann bei dreistündigem Dienst 6000 kg sein. Daß hierzu aber weder die physische Möglichkeit noch ein praktisches Betriebsbedürfnis vorliegt, liegt auf der

Hand. Gemeint kann also nur sein, daß es Fälle von Höchstleistungen gibt, wo gewisse Zeit hindurch Brennstoffmengen zur Anwendung kommen, die auf die Stunde und Rosteinheit gerechnet, etwa 2000 kg erreichen würden.

Selbst solche selten vorkommenden vorübergehenden Höchstleistungen läßt aber schon ein richtiger Langrost von 3,2 qm bei einer Rostanstrengung von rund 600 kg/qm-St zu, die bei mittelguter Kohle erfahrungsmäßig für längere Zeit mit bestem wirtschaftlichen Erfolg angewendet werden kann, ja in solchen Fällen stets angewendet werden sollte, damit auch alle Durchschnittsleistungen bei noch genügend hohen Rostanstrengungen — die allein allseitige Wirtschaftlichkeit des Heißdampflokomotivbetriebs verbürgen — gefahren werden können.

Damit ein praktischer Vorschlag zur Erprobung eines nach meinen Angaben gebauten Rostes nicht fehle, habe ich für die im folgenden 6. Abschn. zum Bau empfohlene verstärkte 2 C-Personenzuglokomotive, Abb. 116, einen Rost von 3,2 qm entworfen, der in den Abb. 69 und 70 dargestellt ist.

Die Längenmaße der Roststäbe von 800 und 600 mm entsprechen den neuesten Bestimmungen. Bei so kurzen Roststäben fallen alle Bedenken, die bei langen Roststäben der Anwendung von Doppelroststäben entgegenstehen, fort, und die bekannten Vorzüge überwiegen derart, daß der **Doppelroststab für Längen bis 1000 mm durchaus zu empfehlen ist.**

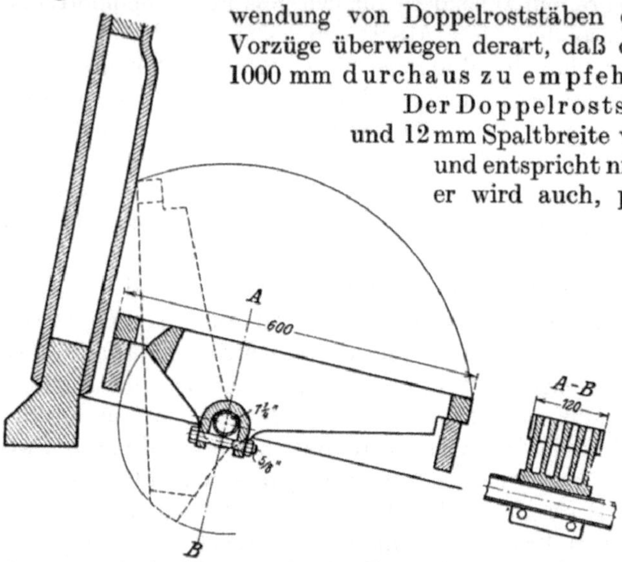

Abb. 69 und 70. Klapprost für den Entwurf der verstärkten 2-C-PL-P 8, 6. Abschn.

Der **Doppelroststab** von 800 mm Länge bei 11 mm Kronen- und 12 mm Spaltbreite wiegt nur etwa 10 kg, ist also sehr handlich und entspricht nicht nur den feuertechnischen Grundsätzen, er wird auch, passenden Baustoff und gute Herstellung vorausgesetzt, in bezug auf Festigkeit und Widerstand gegen Abbrand den weitestgehenden Forderungen genügen.

Die freie Rostfläche ist 1,619 qm, die bedeckte 1,569; das Verhältnis der freien zur bedeckten Rostfläche ist: $\frac{f}{b} = \frac{1{,}03}{1}$, während die freie Rostfläche der 1 D 1-P 10-Lokomotive bei 4 qm totaler Rostfläche nur 1,35 qm beträgt.

Jede richtige Feuerhaltung und besonders die der Lokomotiven mit ihrem hochbeanspruchten Planrost — Abschnitt 3 — bedingt eine nach Bedarf zu wiederholende Rostreinigung. Die Entfernung der Schlacken durch Herausschaufeln durch die Feuertür hindurch ist besonders bei stark schlackenden Kohlen eine umständliche, langandauernde und auch eine körperlich äußerst anstrengende Arbeit, die gewöhnlich nur auf den Wendebahnhöfen durch besonders hierfür bestimmte Arbeiter verrichtet werden kann.

Ein Anhäufen der Schlacken auf dem Rost zeitigt aber sehr mißliche Folgen. Entsprechend der durch Verschlackung verminderten freien Rostfläche wird eine genügende Luftzufuhr erschwert und unmöglich gemacht. Der Kohlenoxydgehalt der Heizgase in der Rauchkammer wird stärker und stärker, die Dampfbildung und Überhitzung sinkt, und die Verluste an Wärmewerten steigern sich bis zur Vergeudung des Brennstoffs.

Die durch Verschlackung verursachte unwirtschaftliche Feuerhaltung wird durch die in solchen Fällen nicht zu umgehende Anwendung des Hilfsbläsers noch vermehrt. Schließlich wird durch nur auf den Wendebahnhöfen vorgenommene Rostreinigungen die Dauer der Feuerreinigung übermäßig verlängert und eine starke Abkühlung der Feuerbüchse herbeigeführt, die sich nicht nur in weiteren Verlusten an Brennstoff und Wartezeiten, sondern auch in sehr schädlichen Wärmedehnungen der Feuerbüchsverbindungen auswirkt.

Aus diesen Erwägungen heraus habe ich bei dem von mir vorgeschlagenen Rost zwei einfache Rostklappen, Abb. 69 und 70, für leichte Entschlackung vorgesehen, die schon entworfen waren, bevor ich von Anwendung der „Kipproste“ ungarischer Bauart (System Rezsny) etwas wußte.

Größte Einfachheit der Bauart sowie leichte und sichere Handhabung der beiden Klapprostteile dürften hier für Neubauten erreicht sein.

Beide Klappenteile ruhen mit ihren vorderen Enden auf dem Rostträger und stützen sich rückwärts, bei etwa $^2/_3$ ihrer Länge, mit einem an den unteren Roststabkanten angegossenen

Bügel auf ein Rohr, das in der jeweils geeigneten Entfernung vom hintersten an der Feuerbüchsrückwand liegenden Rostträger mit den Aschkastenwänden verbunden ist. Dieses Rohr bildet also die hintere Auflage für die beiden Klappenteile und dient zugleich als Drehzapfen für den es halb umfassenden Bügel. Dieser Bügel kann unten durch einen oder zwei Schraubbolzen geschlossen werden, damit nach dem Einlegen des Klappenteils die drehbare Verbindung zwischen Bügel und Rohr in einfachster Weise gesichert wird.

Diese einfachen Rostklappen werden sich in vielen Fällen ohne weiteres auch bei vorhandenen Bauarten bei entsprechender Längenabmessung anbringen lassen. In manchen Fällen wird allerdings eine Versetzung von Rostbalken nötig werden, und nur dort, wo die Form des Aschkastens den Schlackenabfall durch an der Feuerbüchsrückwand liegende Klappen nicht gestattet, müßte die Rostklappe in ein Rostfeld nach vorn verlegt werden.

Persönlich stehe ich hierbei auf dem Standpunkt, daß die Lage der beiden Klappenteile zwischen den hintersten, kurzen Roststäben für die Feuerreinigung und besonders für die Schonung der Feuerbüchse vor Abkühlung die geeignetste ist und überall gewählt werden sollte, wo dies die Bauart des Aschkastens zuläßt.

Wenn auch zugegeben werden kann, daß in ganz vereinzelten Fällen der Schlackendurchfall in den Aschkasten bei der Lage eines Kipprostes in der Mitte oder im vorderen Teil etwas günstiger sein könnte, so wird doch für Neubauten wohl fast immer möglich sein, den hinteren Aschkastenteil noch geräumig genug für den Abfall der Schlacken auszubilden.

Ob die Schlackenstücke bei der ganzen Reinigungsarbeit von hinten nach vorn gestoßen oder von vorn nach hinten zum Durchfall gezogen oder, wenn ein Kipprost in der Mitte liegt, durch Stoß und Zug entfernt werden, ist von ganz untergeordneter Bedeutung.

Die Hauptsache bei dem Einbau einer Entschlackungseinrichtung bleibt die Schnelligkeit, Sicherheit und leichte Handhabung der ganzen Vorrichtung, und damit die Schonung der Feuerbüchse vor den schädlichen Folgen der Abkühlung, besonders der Rohrwand.

Hierin dürfte die Bauart der durch Abb. 69 und 70 dargestellten einfachen Doppelklappe von keinem Kipprost auch nur annähernd erreicht werden, der durch vielteilige Einrichtungen mittels Hebel- und Spindelantrieb geöffnet und geschlossen werden soll.

Alle derartigen mechanischen Einrichtungen für die so notwendige, schnelle und sichere Entschlackung eines Lokomotivrostes werden bei Anwendung einfacher Klappen entbehrlich.

Bei der großen Brennstoffnot, die noch lange anhalten wird, gehört zu einem jeden Lokomotivrost als unbedingt notwendiger Bestandteil eine einfache, sicher und leicht zu handhabende Einrichtung zur Entfernung der Schlacken, die eine Feuer- bzw. Rostreinigung auch in kurzen Betriebspausen ohne Überanstrengung des Heizers oder eines Helfers ermöglicht.

Ganz unentbehrlich für den schweren Personen- und Güterzugdienst auf langen Strecken ist eine kleine Verlängerung des bisher gebräuchlichen Aufenthalts auf einigen geeigneten Zwischenstationen. Die wenigen Minuten, die in solchem Fall den gegenwärtig bereits planmäßig vorgesehenen Aufenthalten etwa zugelegt werden müßten, sind durch schnellere Fahrt vor oder hinter einem Ausschlackbahnhof im allgemeinen unschwer einzubringen. Der Nutzen einer derartigen kleinen Fahrplanänderung ist aber ein gewaltiger, vielseitiger. Neben der großen Ersparnis an Brennstoff durch die Gewähr einer guten und leichten Feuerhaltung über die ganze Strecke soll hier nur noch die Aufrechterhaltung ungeschmälerter Leistungsfähigkeit auch schwächerer Zugkräfte hervorgehoben werden.

Hier ist das geeignetste Mittel gegeben, die Brennstoffnot mit ihren betriebserschwerenden und sonstigen vielseitigen üblen Folgen wirksam und mit geringstem Kostenaufwand zu mildern[1]).

[1]) Nachdem ich vor kurzer Zeit erfuhr, daß der ungarische Kipprost, Bauart Rezsny, auf deutschen Lokomotiven probeweise Anwendung findet, forschte ich auch in der Fachliteratur nach seiner Bewährung und ersah hieraus bereits eine so umfängliche Verbreitung und auch so einwandfreie Bewährung bestätigt, daß ich nicht anstehe, rückhaltlos für die allgemeine Anwendung eines Kipprostes bei allen Zuglokomotiven auch älterer Bauarten einzutreten. Ich habe aus den mir bekanntgewordenen Veröffentlichungen meinen Standpunkt zur Frage der Entschlackung noch erweitert und vertieft und empfehle pflichtmäßig, den Streit der Meinungen um die allerbeste Entschlackungseinrichtung so schnell wie möglich aufzugeben und die Einführung der Rezsnyschen einfachen Bauarten oder der von mir vorstehend angegebenen einfachsten Bauform mit allem Nachdruck zu fördern. Der Spindelrost ist jedenfalls keine glückliche Lösung der Entschlackungsfrage. Der in den neueren Lokomotiven der Reichsbahn eingebaute Spindelrost zeigt ähnlich wie alle mechanisch angetriebenen Entschlackungseinrichtungen erhebliche Mängel. Abgesehen von der Kostspieligkeit in Beschaffung, Anbau und Unterhaltung ist er wegen seiner Vielgliedrigkeit auch nicht betriebssicher genug und braucht für seine Anwendung zu viel Zeit. Er beansprucht eine sehr sorgfältige Wartung, und dennoch sind zahlreiche Störungen nicht zu vermeiden, weil besonders die angeführte Ausführungsform

Bei Anwendung der einfachen Rostklappen nach Abb. 69 und 70 läßt sich die Feuerreinigung regelrecht auf folgende Weise schnell und leicht bewirken:

„In der Nähe eines Bahnhofs, auf dem eine Feuerreinigung vorgenommen werden kann, unterbricht der Heizer das im 3. Abschn. angegebene Beschickungsverfahren für die Fahrt. Er hört zunächst mit dem Hochfeuern in den hinteren Ecken und an der Feuerbüchsrückwand auf, läßt die niedrige Brennschicht unter dem Feuerschirm möglichst abbrennen, stößt dann den hinten höher liegenden Brennstoff nach vorn, deckt damit die dort niedergebrannte Brennschicht und läßt nun die jetzt vorn höher gewordene Gesamtbrennschicht so weit ausbrennen, wie dies die Rücksicht auf die im gegebenen Fall notwendige Dampfhaltung und Feuerreserve erlaubt.

Beim Halten des Zugs oder, wo angängig, schon kurz vor der Einfahrt, ist sofort der Brennstoff, der noch auf dem hinteren Teil der Rostfläche liegt, nach vorn unter den Feuerschirm zu schieben, und die freigewordenen Rostklappen sind nacheinander mit dem Rosthaken aufzuheben. Sie lehnen sich beim Umklappen an die Feuerbüchsrückwand unterhalb des Feuertürlochs an und lassen die freigewordene Öffnung im Rost voll sichtbar werden.

Nun kann der größte Teil der Rostfläche von Schlacken bequem befreit, und diese können durch die Öffnung in den Aschkasten befördert werden.

Hierauf wird der Brennstoff unter dem Feuerschirm zurückgeholt und dabei rechts und links an die hinteren Feuerbüchsseiten so verteilt, daß nicht nur die vordere Rostfläche gut zu übersehen ist, sondern auch eine genügend breite Bahn in der Mitte der hinteren Rostfläche frei bleibt, um die Schlacken der vorderen Fläche leicht an die Klappenöffnung heranbringen zu können. Nach der Beseitigung der Schlacken werden die Klappen zum Schluß einfach wieder umgelegt. Mit den Brennstoffmengen an den beiden Feuerbüchsseiten wird die ganze Rostfläche gleichmäßig überdeckt und leicht mit frischem Brennstoff überstreut. Dieses Überstreuen wird unter Benutzung des Hilfsbläsers wiederholt, bis eine neue, genügend hohe und durchgebrannte Grundbrennschicht, zur Fortsetzung der Fahrt geeignet, erreicht ist.“

Das hier von mir entwickelte Reinigungsverfahren läßt sich bei einem schmalen Rost stets vorschriftsmäßig ausführen. Es erfordert viel kürzere Zeit als jedes andere; die Feuerbüchsflächen werden vor schädlicher Abkühlung bewahrt, und auch der Dampfdruck kann nur wenig sinken.

Außerdem gestattet die schmale, kleinere, tiefe Rostfläche mit dem hochliegenden Feuerschirm ein viel leichteres und sichereres Arbeiten des Heizers selbst bei kleinstem Feuertürloch. Der Heizer oder ein zum Ausschlacken bestimmter Helfer leidet schon in der ersten Hälfte des Verfahrens sehr viel weniger unter der strahlenden Hitze des nach vorn geschobenen Brennstoffs, und in der zweiten liegt der Brennstoff an beiden Seiten der Feuerbüchse und belästigt ihn dann noch weniger. Ruhig und in geregeltem Verfahren kann er seine Arbeit verrichten.

Endlich muß auch hier nochmals nachdrücklich hervorgehoben werden, daß auf einem feuertechnisch richtig gebauten Rost bei vorschriftsmäßiger Bedienung desselben die Bildung backender Schlacken, die auf breiten Roststabkronen fest aufbrennen, kaum eintreten kann. Das Losstoßen dieser Schlacken, wohl die lästigste Arbeit bei der Feuerreinigung, kann beim breiten Rost geradezu qualvoll für den Heizer oder den Helfer werden.

Außerdem werden die Roststäbe bei dem Losstoßen stark mitgenommen, und je breiter die Roststabkronen sind, desto größer ist ihr Abbrand, und desto leichter tritt das Festbrennen der Schlacken ein.

---

den Beanspruchungen im Feuer nicht genügen kann, da sie hierfür bauwidrig gestaltet ist. Diese meine Überzeugung wird von vielen Sachkennern geteilt und u. a. durch die Tatsachen bestätigt, die Oberingenieur Kohrs in der Eisenbahntechnischen Rundschau Nr. 18 vom Jahr 1923 und Nr. 13/14, 1924, bringt. Ist somit die Anwendung eines Spindelrostes schon für Neubauten durchaus zu widerraten, so ist sie in noch höherem Maß unangebracht für den Einbau in vorhandene Lokomotiven. Die Vielgestaltigkeit der Rostflächen, Roststäbe und Rostträger erschwert, ja verhindert auch einen nachträglichen Einbau. Die Anbringung der Spindeleinrichtung ist gleichfalls oft recht schwierig und kann nur bei großen Ausbesserungen von Fall zu Fall ausgeführt werden. Die unerläßlich notwendige, schnelle Durchführung der Anbringung von Entschlackungseinrichtungen muß hierdurch auf viele Jahre hinaus verzögert werden, was der Brennstoffnot gegenüber aus wirtschaftlichen und betriebstechnischen Gründen nicht zu verantworten wäre. Vgl. u. a. die Fachzeitschrift „Die Lokomotive“ Jg. 17, H. 5, S. 70. 1920; den Aufsatz des Oberinspektors Gustav Szentgyörgyi, Leiter der Versuchsabteilung der Ungarischen Staatseisenbahndirektion: „Über Abkürzung der Feuerreinigungsdauer, Versuche und Messungen“; und „Eisenbahntechnische Rundschau“ 1923, Nr. 8; die Ausführungen des Oberingenieurs Kohrs über „Die wirtschaftliche Bedeutung des Lokomotivrostes“.

6. Weiter ist wichtig ein richtig gebauter Aschkasten.

Über seine große Bedeutung ist bereits im 3. Abschn. gesprochen.

Hier soll durch die Abb. 71 bis 74 noch augenscheinlich gezeigt werden, daß der dem schmalen Rost angepaßte, zwischen Plattenrahmen eingebaute Aschkasten nicht nur die einfachsten und leichtesten, sondern auch die für eine gute Luftzuführung geeignetsten Bauarten zuläßt.

Abb. 71 u. 72 zeigen den Aschkasten breit gebauter, auf einen Barrenrahmen aufgesetzter Feuerbüchsen. Der nach Abb. 71 in gleicher Breite mit dem Rost gebaute Aschkasten umschließt beide Barren des Rahmens. Die Unzweckmäßigkeit dieser Bauart fällt auf. Um die

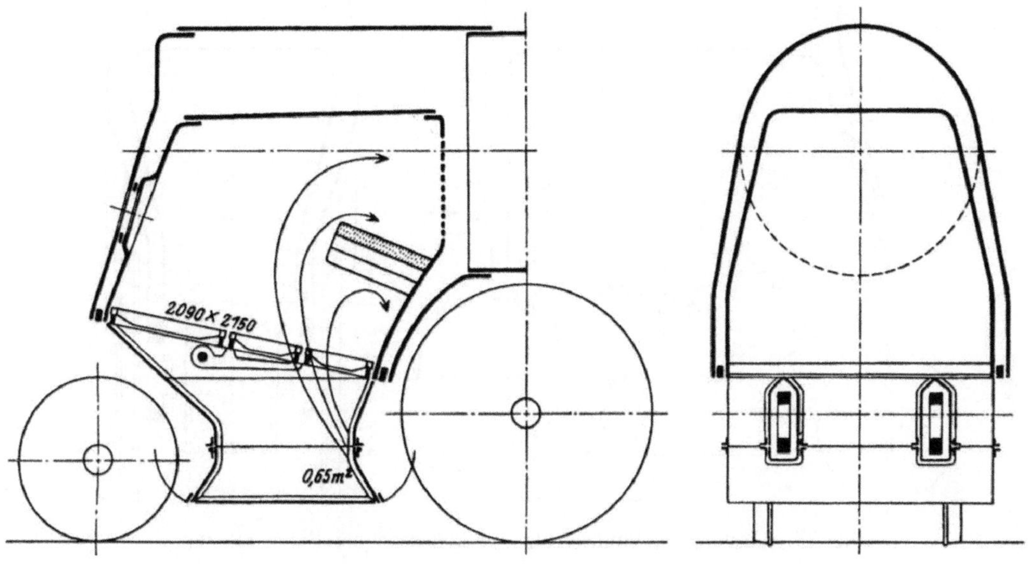

Abb. 71. Aschkasten für breite Feuerbüchsen und Barrenrahmen.

Aschkastenklappen einteilig ausführen zu können, mußte ihre Drehachse unterhalb der Barren verlegt werden. Hierdurch und wegen der Einschnürungen der Vorder- und Hinterwand gestaltet sich die Luftzuführung ungünstig.

Der Aschkasten nach Abb. 72 ist zwar einfacher gebaut, seine Breite mußte aber wegen der Barrenstärke eingeschränkt werden, und die Luftzuführung ist auch durch die Einschnürung der Vorderwand ungünstig. Ähnlich verhält sich die Bauart des Aschkastens nach Abb. 73.

Hiergegen zeigt die Abb. 74 einen mit einer schmalen Feuerbüchse verbundenen, einfachen und zweckmäßig gebauten Aschkasten, der zwischen Plattenrahmen bedeutend vergrößerte Aschkastenklappen und gute Luftzuführung gestattet und in ähnlich einfacher Form bei der Mehrzahl aller mit einem Plattenrahmen gebauten Lokomotiven ausführbar ist.

7. Rahmenbau. Die Auswirkung aller Vorteile, die eine richtig gebaute Heißdampfzwillinglokomotive mit Sicherheit gewährt, erfordert unbedingt die Anwendung eines Plattenrahmens.

Nur der Plattenrahmen gestattet, besonders bei der beschränkten Höhenlage großer Lokomotivkessel, eine Tiefenentwicklung der schmalen Feuerbüchse, die für eine ge-

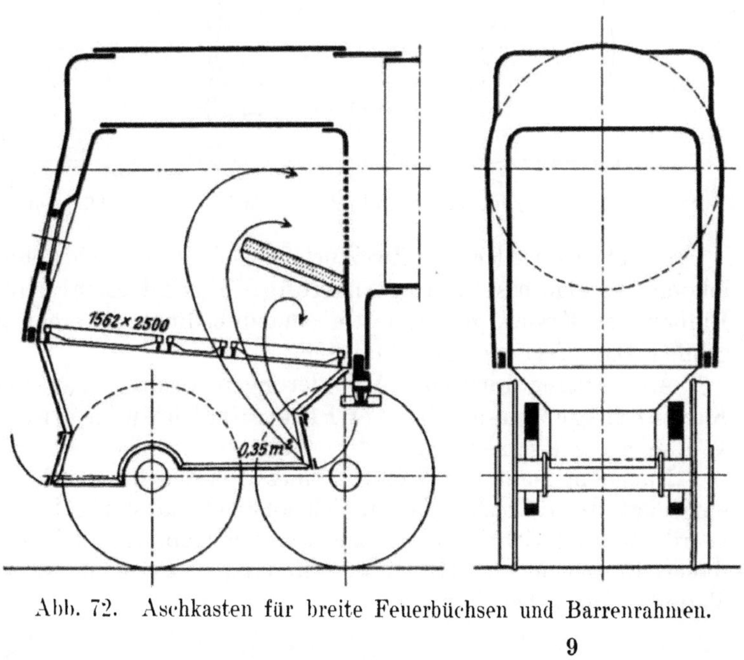

Abb. 72. Aschkasten für breite Feuerbüchsen und Barrenrahmen.

ordnete und wirtschaftliche Feuerhaltung in weitesten Grenzen des Lokomotivbetriebs unerläßlich ist.

Ohne diese Tiefenentwicklung sind alle Anstrengungen, starke und gleichzeitig wirtschaftlich arbeitende Heißdampflokomotiven zu bauen, vergeblich.

Das beweisen die Ergebnisse der neuen großen Lokomotiven der Reichsbahn mit ihren breiten Rosten und in noch stärkerem Maß diejenigen aller noch viel mehr überrosteten amerikanischen Lokomotiven unwiderleglich. Vgl. 1.—4. Abschn.

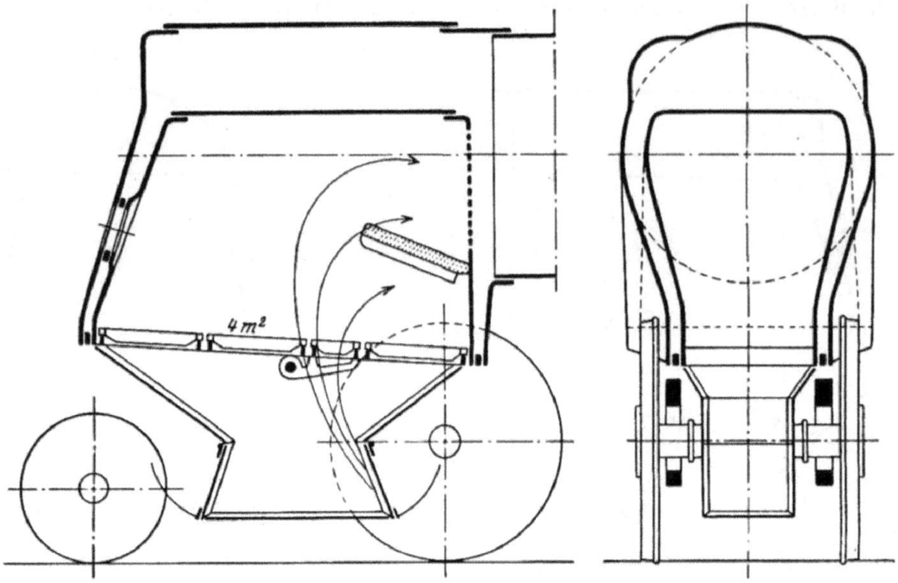

Abb. 73. Aschkasten für schmale Feuerbüchsen bei Barrenrahmen.

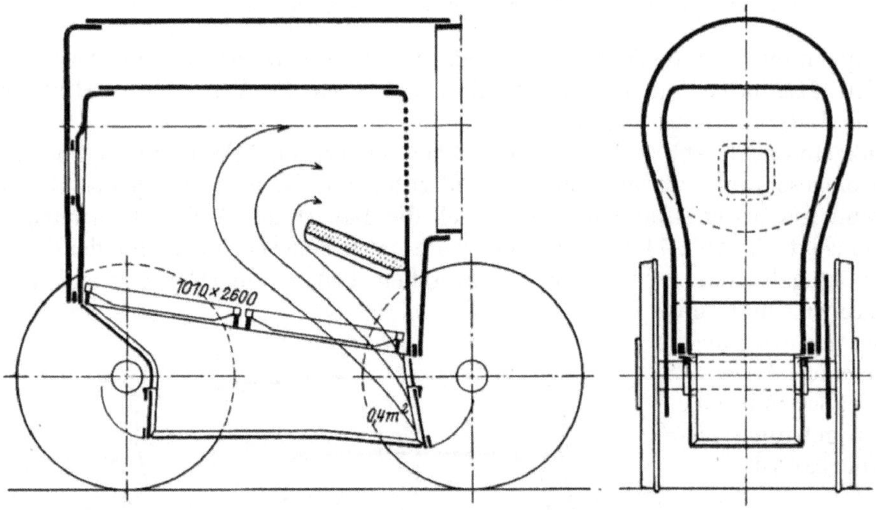

Abb. 74. Aschkasten für schmale Feuerbüchsen bei Plattenrahmen.

Daneben erfordert die Zweikurbelmaschine in noch höherem Grad als jede Mehrzylinderlokomotive einen starken, unnachgiebigen Rahmenbau, der sowohl einen sachgemäßen Einbau des Kessels gestattet wie eine unbedingt sichere und einfache Befestigung der zwei großen Dampfzylinder gewährleistet.

Auch diesen wichtigen Anforderungen vermag nur ein kunstgerecht als starrer Kastenträger ausgebildeter Plattenrahmen in einfachster und vollkommenster Weise zu entsprechen.

Nachdem durch die Freigabe eines Achsdrucks von 20 t die Plattenstärke nicht mehr so eingeengt ist wie bisher, lassen sich ausreichend starke Schildplatten durch entsprechend angeordnete und richtig bemessene Querverstrebungen leicht zu einem so festen Rahmenbau dauerhaft verbinden, daß dieses Fundament zu nennenswerten Unterhaltungsarbeiten keine Veranlassung geben kann.

Dabei bedarf der Bau dieses Kastenträgers keiner eigentlichen Präzisionsarbeit. Durch gute Walzarbeit läßt sich hinreichende Gleichmäßigkeit jeder gewünschten Blechstärke erzielen, und durch eine hier sehr ergiebige und billige Reihenherstellung wird ausreichende Genauigkeit aller Abmessungen der Schildplatten und Querverbindungen verbürgt.

Nichts hindert bei diesem durch sorgfältige Nietung der dauernden Verbindungen und regelrechte Verschraubung abnehmbarer Bauteile hergestellten Kastenrahmen die Austauschbarkeit dieser Bauteile und der Kessel, und alle Öffnungen zur Freilegung von Waschluken und Stehbolzen lassen sich in hinreichender Größe in den Schildplatten leicht anbringen.

Daß durch allseitige Bearbeitung der Barren eines Barrenrahmens vielleicht noch eine etwas größere Genauigkeit für den Zusammenbau des Barrenrahmens erreicht werden kann, soll nicht bestritten werden. Die Frage ist aber, ob selbst durch diese sehr kostspielige allseitige Bearbeitung der Barren durch riesige Werkzeugmaschinen eine so große Genauigkeit für die Dauer verbürgt werden kann, wie sie zu restloser Durchführung eines Austauschbaus für alle in Frage stehenden Bauteile erforderlich wäre.

Eine derartige Genauigkeit ist besonders beim Barrenrahmen nicht möglich. Damit entfällt auch eine restlose Austauschbarkeit, die ja gegenüber den vorerwähnten Grundforderungen für einen diesen vollkommen entsprechend gebauten Lokomotivrahmen auch nur ganz untergeordnete Bedeutung hat, um so mehr als beide Rahmenbauarten eine praktisch begrenzte Austauschbarkeit zulassen.

Einsteigeräume zwischen Kessel und Rahmen zur Bedienung einer oder zweier Innendampfmaschinen sind für Außen-Zwillinglokomotiven nicht nötig. Die Oberkante der Schildplatten kann hoch genug gehalten werden, um die Stehkessel an ihren Seitenwänden vorteilhaft zu stützen und durch geeignete, erprobte Verbindungen, vgl. Abb. 75 bis 85, mit dem Rahmen gut und dauerhaft zu verbinden.

Auch die Umlaufbleche und die wichtigen Unterstützungsbauten für die Steuerung und die Gleitbahnträger lassen sich an den Schildplatten in einfachster Weise anbringen.

Der seit 90 Jahren bewährte europäische Plattenrahmen entspricht auch weiterhin, genügend verstärkt, allen Anforderungen bis an die Grenze praktischer Leistungsnotwendigkeit ausgebauter Zwillingheißdampflokomotiven in allseitiger Vollkommenheit.

Die in der ganzen Welt unerreichten Leistungen der einfachsten Heißdampfzwillinglokomotiven 2 BSz-, 2 CPz-, D- und EGz - Lokomotiven der ehemals Preußischen Staatseisenbahnverwaltung bei rund nur 14—17 t Achsdruck und Langrosten von 2,3—2,62 qm dürfen nicht vergessen werden. Sie zeigen, welch eine namhafte und ausreichende Verstärkung der Leistungsfähigkeit dieser Gattungen bei einem Achsdruck von 20 t und Langrostflächen von etwa 3—3,3 qm sicher und bei höchster allseitiger Wirtschaftlichkeit zu erreichen ist.

Hier liegt zugleich die natürliche Grenze einer sachgemäßen Rostbeschickung für einen kräftigen Heizer, wie unter 5 dieses Abschnitts bereits erwähnt wurde.

Für das im 3. Abschn. dringend empfohlene Beschickungsverfahren an sich könnte die Länge des Schmalrostes noch vergrößert werden, und jede Vergrößerung würde, rein feuertechnisch betrachtet, von wirtschaftlichem Vorteil sein und würde auch die Beschickungen nicht erschweren, denn ein Vorwärtsschleudern selbst kleiner Brennstoffmengen bis an die Rohrwand darf bei regelmäßigen Beschickungen in dem genannten Beschickungsverfahren gar nicht eintreten. Jede Anhäufung von Brennstoff im vorderen Teil des Rostes muß sogar unter allen Umständen vermieden werden, wenn die ausgezeichneten Wirkungen des zweiteiligen Verbrennungsvorgangs sicher erreicht werden sollen. Die am 'weitesten nach vorn zu werfenden Beschickungsmengen werden sich daher im Durchschnitt etwa nur auf eine Länge von ungefähr 2,5 m zu erstrecken haben und sollen dabei nach hinten ansteigend an beiden Seiten der Feuerbüchse verlaufen.

Nur durch mehr oder minder schnelle Wiederholung, entsprechend der verlangten Leistung bemessener Beschickungen und entsprechender Erhöhung der Brennstoffschichten im hinteren Teil der Rostfläche, ist die jeweils erforderliche Feuerhaltung zu bestimmen.

Die körperliche Anstrengung des Heizers ist also bei jeder Beschickung an sich gering; er muß aber viel mehr als bisher in Bewegung bleiben, da ihm bei größeren Leistungen der Lokomotive zwischen dem Zurechtmachen jeder Beschickungsgabe und ihrer schnellen und richtigen Verteilung nur wenig Zeit zum Ausruhen bleibt.

Die Erfolge solcher sachgemäßen Tätigkeit sind aber so außerordentlich große und verlangen im ganzen Verlauf der Zugbeförderung so bedeutend geringere Brennstoffmassen, selbst bei Verfeuerung minderwertiger Brennstoffe, daß es der Stolz des Führers und Heizers werden muß, die größtmögliche Brennstoffersparnis zu erreichen.

Die Arbeit des Führers erstreckt sich hierbei wesentlich nur auf gelegentliche Belehrung und auf Öffnen und Schließen der Feuertür bei schnell aufeinanderfolgenden Beschickungen, d. h. bei größten Leistungen der Lokomotive. Hierzu muß der Feuertürhebel für seinen Standort natürlich bequem liegen.

Bei der durchaus notwendigen niedrigen Brennstoffschicht im vorderen Teil der Rostfläche kann eine stärkere Verschlackung hier nicht eintreten. Die Feuerreinigung wird entsprechend erleichtert. Der Feuerhaken und die Feuerkrücke haben hier wenig zu tun; wesentlich ihre praktisch mögliche Länge bestimmt dabei die Längenausdehnung des Rostes.

Durch die hier mögliche große Höhenlage des Feuerschirms wird die Feuerreinigung sehr gefördert, und genügende Brennstoffmengen zur Feuerreserve lassen sich bei der Reinigung des hinteren Rostteils bequem unter das Feuergewölbe schieben.

Der Barrenrahmen gestattet eine feuertechnisch richtig gebaute, tiefe Feuerbüchse und Rostanlage nicht. Er bildet für wirtschaftlichste Ausnutzung des Brennstoffs das größte Hindernis.

Der Barrenrahmen dürfte daher nur für Sonderlokomotivgattungen Anwendung finden, bei denen es auf wirtschaftliche Verwertung des Brennstoffs weniger ankommt, also nur dort, wo Leistungen durchaus verlangt werden müßten, die über die Reibungszugkraft der obengenannten vier Lokomotivgattungen beträchtlich hinausliegen würden, die ein Achsdruck von 20 t zuläßt. Solche Höchstleistungen können aber nur in ganz vereinzelten Betriebsfällen wirklich notwendig werden, kaum noch für Drucklokomotiven zu möglichst schneller Überwindung weniger Steilstrecken.

Den Rahmenbau habe ich in meinem Handbuch „Die Dampflokomotiven der Gegenwart", 1920, auf den Seiten 332—340 eingehender behandelt. Auf diese Ausführungen muß aus Raummangel in diesem Ergänzungsband verwiesen werden.

Wie schon angedeutet, ist der amerikanische Barrenrahmen aus der ganz eigenartigen und sehr schnellen Entwicklung des amerikanischen Lokomotivbaus und -betriebs hervorgegangen, und trotzdem auch dort seine Mängel nicht verkannt werden, wird er nun, dieser Gesamtentwicklung entsprechend, als notwendig gewordenes Übel betrachtet und weiter gebaut.

Bei uns liegen erfreulicherweise die Dinge ganz anders. Wir sind nicht gezwungen, ein maschinenbautechnisch kunstgerecht entwickeltes, hochwichtiges Bauglied für den Lokomotivbau — den bewährten Plattenrahmen — zu verwerfen und ihn durch ein Bauwerk zu ersetzen, das von einem Teil der Fachwelt wegen seiner Nachgiebigkeit bevorzugt, vom anderen Teil, in vollem Widerspruch hierzu, wegen seiner Starrheit gelobt wird.

Der amerikanische Barrenrahmen hindert nicht nur feuertechnisch richtig gebaute Feuerbüchsen, er kann auch weiteren Anforderungen, denen ein regelrecht gebauter Lokomotivrahmen entspricht, nicht voll genügen. Die ihm mit Recht zukommenden Vorteile sind nicht sehr beträchtlich und liegen wesentlich in einer Richtung, die für europäische Verhältnisse keine oder nur untergeordnete Bedeutung hat. Seine allgemeine Einführung bei uns würde einem wahren Fortschritt nicht dienen.

Der Rahmen einer Lokomotive bildet ihr Rückgrat. Er ersetzt hier das Fundament der ortsfesten Dampfmaschine. Daher muß er unbedingt ein in allen seinen Teilen festgefügtes, starres Ganzes bilden. Trotzdem wird die Nachgiebigkeit des Barrenrahmens, besonders beim Durchfahren von Krümmungen und gegenüber der Gleislage, sogar von hervorragenden Lokomotivbauern noch gegenwärtig als Vorteil des Barrenrahmens betont.

Nachgiebigkeit eines Fundaments kann aber niemals ein Vorzug sein. Der geeignetste Lokomotivrahmen ist und bleibt ein aus kunstgerecht zusammengehörigen Bauteilen (Platten) festverstrebtes Ganzes, aus etwa 30 mm starken Schildplatten und entsprechend ausgestalteten Querverstrebungen, durch regelrecht kurze Befestigungsbolzen und Niete zusammengefügt.

Ein gleich starkes und dauernd festgefügtes Ganzes — ein Lokomotivrahmen — kann bei etwa gleichem Gewicht durch die Verbindung von Eisenbalken von 100—150 mm Stärke mit Querverstrebungen, auch wenn diese aus Stahlguß hergestellt sind, durch bauwidrig lange Schraubenbolzen verbunden, nicht erzielt werden.

Gegenwärtig werden bei uns die Barren für Lokomotivrahmen zwar nicht aus Stahlguß, sondern aus gewalzten Eisen- bzw. Stahlplatten hergestellt. Dieses Verfahren ist sicherlich ein bedeutender Fortschritt und verbürgt größere Haltbarkeit der Barren.

Die für diese erforderlichen sehr starken Platten aber können warm nicht so gut verdichtet werden, wie dies bei den sehr viel dünneren Platten für Plattenrahmen bereits beim Warmwalzen und später beim Richten durch Kaltwalzen weiter geschieht.

Die dünnen Platten gestatten vollkommene Reihenherstellung in großer Zahl. Die über 100 mm starken Platten für die Barrenrahmen können nur zu zwei bis drei Stück gleichzeitig ausgefräst werden.

Müssen aus baulichen Rücksichten für einzelne Lokomotivgattungen die Barren noch aus mehreren Teilen zusammengesetzt, u. a. auch durch Anbau von Blechplatten vorn und hinten für den jeweiligen Zweck erst brauchbar hergestellt werden, so kann ein derartiges Verfahren wiederum nur durch kunstwidrige Verbindungen geschehen. Die Kosten des Rahmenbaus werden erhöht, und die Festigkeit des Ganzen wird nicht gefördert.

Die Nachteile der mangelhaften senkrechten und wagerechten Querversteifungen des amerikanischen Barrenrahmens treten bei Mehrzylinderlokomotiven mit innenliegenden Steuerungen besonders auffällig in Erscheinung. Der Vorteil einer etwas besseren Zugänglichkeit der Innenmaschinen, der für zeitgemäße Heißdampflokomotiven bedeutungslos geworden ist, wird teuer erkauft.

Die stärkste Querverbindung eines Barrenrahmens, das schwere Gußstück für die Verbindung der Dampfzylinder, ist ganz außerordentlichen Beanspruchungen ausgesetzt:

1. durch den Kolbendruck und Wasserschläge;
2. durch die Massenwirkungen des Kessels;
3. durch die unter 90° stehenden Kurbeln, die beide Verbindungshälften gegeneinander zu verschieben suchen;
4. durch die mangelhaften Querversteifungen, die sich besonders in Krümmungen, wo starke Seitenkräfte auftreten, die beide Rahmen gegeneinander zu verschieben trachten, bemerkbar machen;
5. durch die bei ungenügenden Verbindungen des Stehkessels mit dem Rahmen sehr schädlich wirkenden Schwankungen des hohen Kessels, die vom Rahmen aufgenommen werden müssen.

Es ist demnach nicht befremdlich, daß, obwohl der sogenannte Zylindersattel sehr lang und kräftig gestaltet wird, und die Befestigung der Zylinder am Rahmen durch $1^1/_4''$ bis $1^1/_2''$-Schrauben erfolgt, die durch Keile entlastet werden, abgebrochene Bolzen und Sprünge in den Zylindersattelwänden oder im Rahmen vorkommen. Zur Verstärkung werden unmittelbar vor und hinter dem Zylinder Querverbindungen auf den Rahmen aufgeschrumpft. Ähnliches geschieht auch vor und hinter den Achslagern an den unteren Barren. Die Gleitbahnträger sowohl wie die verschiedenen Kesselträger stützen sich meist nur auf die Oberkante des Rahmens, ohne bis zum unteren Rahmenteil zu reichen, und können daher nur unvollkommene Querversteifungen bilden.

Wenn auch die gegenwärtig bei uns eingeführten gewalzten Eisen- bzw. Stahlbarren schwächer gehalten werden können (100 mm gegen 150 mm und mehr in Amerika), auch die Querversteifungen möglichst verbessert sind, und dadurch die Rahmenverbindungen etwas fester sein werden, so unterliegt doch der Rahmen den gleichen, und bei unseren im Verhältnis zur Barrenstärke größeren Zylindern sogar höheren Beanspruchungen als der amerikanische Barrenrahmen, und *besonders die wichtige Verbindung der auf die Barren nur aufgesetzten Feuerbüchse mit dem Rahmen bleibt mangelhaft und muß im schweren Betrieb zu bedenklichen Störungen und Unterhaltungskosten führen.* Vgl. z. B. Abb. 26, S. 29.

Solange die durch überlange Schraubenbolzen bewirkten Klammerverbindungen am Bodenring der Feuerbüchse *nicht den geringsten Spielraum gestatten*, mögen sie den riesigen Beanspruchungen durch die Schwankungen, Erschütterungen und Massenwirkungen des hohen und schweren Kessels kurze Zeit widerstehen. Sehr bald aber *muß* ein merklicher Spielraum eintreten, und dann geht die weitere Lockerung der Klammerverbindungen schnell vorwärts; immer stärkere Stöße treten in den Verbindungen auf, und auch die Beanspruchung der Rahmen muß wachsen.

Wegen der Wichtigkeit einer guten Verbindung der Feuerbüchse mit dem Rahmen schrieb ich schon früher:

„Von großer Bedeutung ist eine bestmögliche Verbindung des Kessels mit dem Rahmen, die vorn, an der Rauchkammer, eine durchaus feste sein, an der Feuerbüchse aber *trotz innigster Verbindung mit dem Rahmen* bei der Erwärmung des Kessels doch ein Gleiten auf dem Rahmen gestatten muß.

Die schlingernden Bewegungen, die die Lokomotive während der Fahrt ausführt, äußern sich besonders störend auf diese hintere Verbindung des Stehkessels mit dem Rahmen. Die große Masse des Kessels kann nur dann dämpfend auch auf den Einfluß des Schlingerns und anderer störender Bewegungen einwirken, wenn die feste Verbindung der Feuerbüchse mit dem Rahmen dauernd gewahrt bleibt.

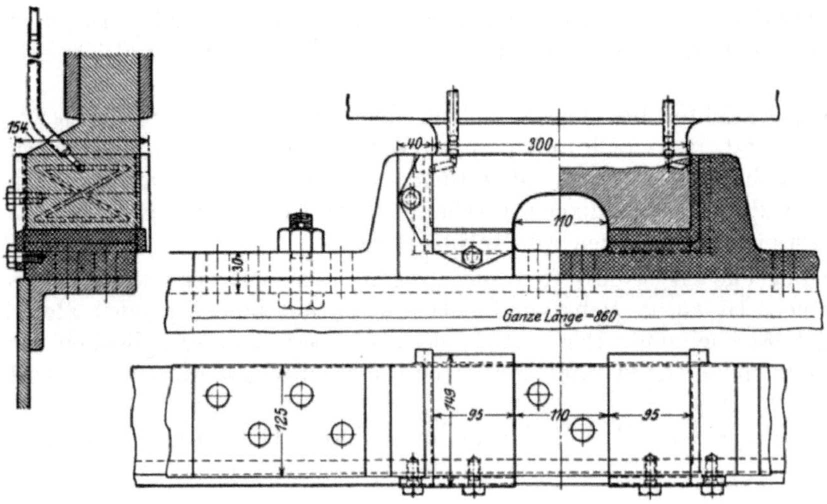

Abb. 75 bis 77. Schlingerstück einer 2 C-Schnellzuglokomotive.

Hier kann beim Bau kaum zuviel Sorgfalt angewendet werden. Im Betrieb ist stets eine regelmäßige Schmierung aller gleitenden Flächen zu verlangen, besonders da die Bewegungen beim Ausdehnen und Zusammenziehen des Kessels nur klein sind und daher gern als unschädlich angesehen werden, was sie keineswegs sind.

Zur dauernd guten Aufnahme der Schlingerkräfte ist weiter noch notwendig eine gute Verbindung des hinteren Kesselendes mit dem Rahmen, durch das sogenannte Schlingerstück.“

Abb. 75 bis 77 zeigen die Anordnung eines Schlingerstückes bei Lokomotiven der vormals Preußischen Staatseisenbahn. Am hinteren Querteil des Bodenrings angebrachte Füße werden auf und zwischen regelmäßig zu ölenden Gleitlagern geführt.

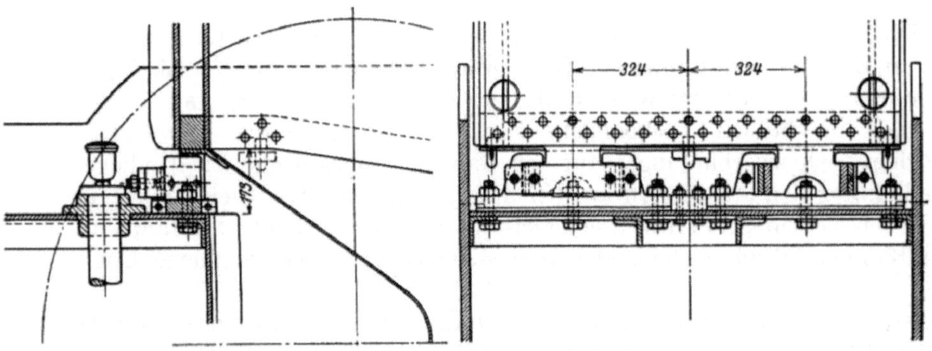

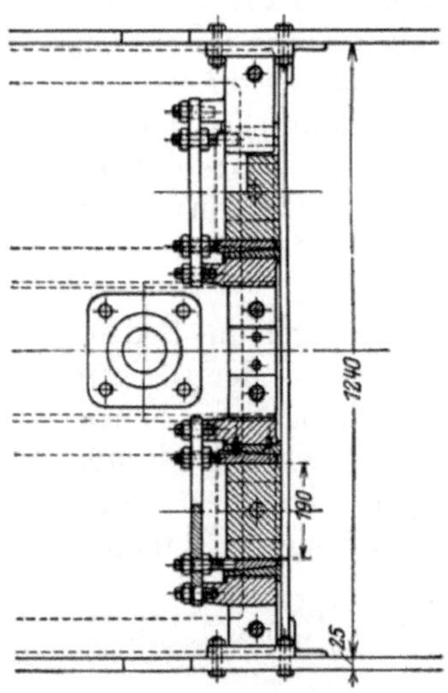

Abb. 78 bis 80. Nachstellbares Schlingerstück einer 2 C-Personenzuglokomotive.

Versuchsweise sind die Führungsstücke auch nachstellbar hergestellt, wie aus Abb. 78 bis 80 ersichtlich ist. Um hierbei der beim Anheizen erfolgenden Ausdehnung des Bodenrings Rechnung zu tragen, müssen die inneren Keilstücke sehr fest angezogen werden, an den äußeren Keilstücken dagegen sollte im kalten Zustand ein kleiner Spielraum für die Ausdehnung verbleiben. Es genügt hier, die äußeren Keile in kaltem Zustand weniger fest anzuziehen.

Von höchster Wichtigkeit ist aber eine gute, starke Verbindung der Feuerbüchsseitenwände mit den Rahmenplatten, die nicht nur das Abheben des Stehkessels vom Rahmen verhindert, sondern gleichzeitig die Folgen der Seitenstöße möglichst aufhebt.

Durch gut gebaute Gleitlager, wie sie in den Abb. 81 bis 85 dargestellt sind, wird auch eine Entlastung der Schlingerstücke bewirkt, mit denen sie in enger Beziehung stehen.

Beide in den Abb. 81 bis 85 gezeigten Gleitlager werden auf beiden Feuerbüchsseiten in geeignetem Abstand nebeneinander angebracht, um möglichst große Oberflächen beider Tragwinkel auf ihren Rotgußgleitflächen zu erzielen.

Die Herstellung dieser bisher unübertroffenen Verbindungen der Feuerbüchsseitenwände mit den Rahmenplatten ist mit größter Sorgfalt auszuführen. U. a. ist es zweckmäßig, die Unterlegscheiben der Muttern für die Stiftschrauben in den Tragwinkeln genügend stark und groß aus Rotguß herzustellen. Die Schäfte der starken Stiftschrauben, die in den länglichen Löchern der Klammer gleiten, dürfen nur so lang sein, daß die Muttern auf den abgesetzten Gewindeteil fest angezogen werden können, derart, daß dann ein Gleiten der Winkelstücke an den Feuerbüchsseiten in der Klammer eben noch möglich ist.

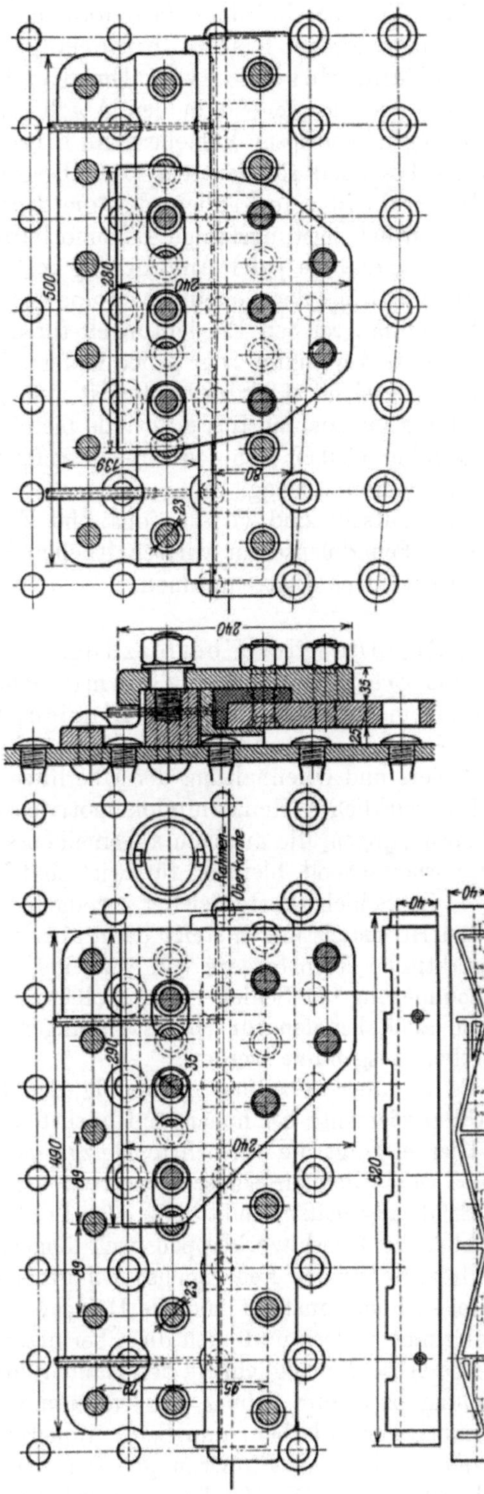

Abb. 81 bis 85. Seitlicher Feuerbüchsträger bei schmalen Feuerbüchsen.

So ausgeführt, bildet die Feuerbüchse selbst in einfachster Weise auch eine gute Verbindung der beiden Rahmenplatten und wirkt zusammen mit einer dicht unter dem Aschkasten angebrachten oder durch diesen geführten Verankerung der beiden Rahmenplatten wie eine Querverstrebung des Rahmens.

Daß für regelmäßige Schmierung der gleitenden Bauteile gesorgt werden muß, um die Verbindungen auch dauernd zwangläufig zu erhalten, ist bereits betont worden.

Diese seinerzeit vom Vulkan-Stettin nach meiner Angabe durchgearbeitete Verbindung der schmalen Feuerbüchse mit dem Plattenrahmen hat sich über fünfzehn Jahre hindurch vortrefflich bewährt.

Bei einer breiten, auf einen Barrenrahmen aufgesetzten Feuerbüchse ist eine auch nur annähernd so vollkommene und so dringend notwendige Verbindung des Stehkessels mit dem Rahmen überhaupt nicht möglich.

Daß der Barrenrahmen eine genügende Tiefentwicklung der Feuerbüchse und genügende Schräglage des Rostes nicht gestattet, ist oben schon ausgeführt.

Wo die Wichtigkeit der Tiefe der Feuerbüchse unter dem Feuerschirm zwar erkannt ist, der Barrenrahmen aber wegen großer Rostausdehnung in die Breite benutzt wird, wird zu recht absonderlichen technischen Maßnahmen gegriffen, um doch eine gewisse Tiefe an der Rohrwand noch zu erlangen. Ich verweise auf die in neuerer Zeit öfter schon angewandte hinten breite, vorn dagegen so schmal gebaute Feuerbüchse, daß dieser schmale Schnabel zwischen die Barren eingesenkt werden kann, um vorn wenigstens die allernotwendigste Tiefe zu erlangen.

Der hierbei sich ergebende regelwidrig trapezförmige Rost erfordert verschieden gestaltete Seitenroststäbe; Bodenring und Seitenwände der inneren und äußeren Feuerbüchse verursachen durch ihre verkröpfte Form äußerst schwierige und sehr kostspielige Mehrarbeiten, und das Ganze ist doch nur ein teilweiser, sehr fragwürdiger Ersatz einer schmalen, tiefen Feuerbüchse. Vgl. auch 1. Abschn.

Außer den Gründen, die aus Nachrichten über die Vereinheitlichung des Lokomotivbaus für eine allgemeine Einführung des Barrenrahmens bekannt wurden, für restlosen Austauschbau angeführt werden, und die schon oben in diesem Absatz 7 als nicht ganz zutreffend und nicht maßgebend für den Betrieb erwähnt worden sind, fand ich gegenüber den Nachteilen des Barrenrahmens auch in Fachschriften bisher keine ausreichenden Vorzüge angeführt, die eine Abkehr vom bewährten Plattenrahmen zu rechtfertigen vermöchten.

Selbst in dem neuen Werk: „Das deutsche Eisenbahnwesen der Gegenwart" Bd. I, C Fahrzeuge XI, S. 147—166, ist als Vorteil des Barrenrahmens nur angegeben:

„Er besteht darin, daß die innenliegenden Teile weniger verdeckt werden, auch kann er niedriger gehalten werden (als ein Plattenrahmen) und gestattet daher leichter die Anwendung über die Rahmen hinaus verbreiterter Feuerbüchsen."

Diese Vorteile sind dem Barrenrahmen auch von mir nie bestritten worden.

Da europäische Eisenbahnbetriebsverhältnisse im allgemeinen Zugbetrieb und für Tenderlokomotiven aber weder breite Feuerbüchsen noch Mehrzylinderlokomotiven erfordern, wie ausreichend in den Abschn. 1—4 erwiesen ist, so kann mit Anführung dieser für uns gegenstandslosen Vorteile eine allgemeine Einführung des amerikanischen Barrenrahmens, besonders für deutsche Betriebsverhältnisse, nicht begründet erscheinen.

Immerhin ist es erfreulich, daß die deutsche Lokomotivindustrie auch in schwerster Zeit außerordentlich leistungsfähige Lokomotivgattungen geschaffen hat, die dem gesamten Ausland zeigen, daß sie jeder Anforderung in höchster Vollkommenheit der Herstellung jeglicher Bauart und Größe der Lokomotiven und bei kürzester Lieferungszeit entspricht.

Die umfangreichen Einrichtungen für die beste Herstellung der vielumstrittenen Barrenrahmen z. B. verlangten sehr große Opfer; sie sind aber gebracht worden, weil diese Rahmenbauart im Ausland stark verbreitet ist und, geeignete Arbeitsmaschinen vorausgesetzt, für die Herstellung im Lokomotivbau Vorteile bietet, und auf dem Weltmarkt nur eine Industrie wettbewerbsfähig bleiben kann, die allen Anforderungen schnellstens zu genügen und dabei das Beste zu bieten vermag.

Für deutsche und viele europäische Eisenbahnverwaltungen ist aber die lange, schmale und tiefe Feuerbüchse für wirtschaftlichen Betrieb unbedingt vorzuziehen, und diese bedingt den altbewährten Plattenrahmen.

8. Regelung der Überhitzung.

Eine richtig gebaute, mit Schmidtschem Groß-Rauchrohrüberhitzer ausgerüstete Heißdampflokomotive erfordert eine Einrichtung zur Regelung der Überhitzung und Dampfbildung sowie zum selbsttätigen Abschluß des Überhitzers beim Schluß des Reglers und Offenhaltung der Überhitzerklappen während der Fahrt.

Ein wirklicher Heißdampflokomotivkessel muß auch bei kleineren und allen mittleren Beanspruchungen, die auch im allgemeinen schweren Zugbetrieb der gesamten Fahrzeit gegenüber vorherrschend bleiben, für wirtschaftlichen Betrieb Heißdampf von im Durchschnitt 330° C im Schieberkasten sicher erzeugen.

Bei Höchstleistungen steigt dann aber die Überhitzung schnell an und überschreitet leicht die praktische Höchstgrenze von etwa 400° C. Höhere Temperaturen müssen schon gegenüber der Schmierung der Schieber und Kolbenringe sowie der Stopfbüchsen vermieden werden und können auch bei den für Höchstleistungen vergrößerten Zylinderfüllungen nicht mehr wirtschaftlich ausgenützt werden.

Es ist daher unbedingt notwendig, den Durchzug der Heizgase durch die Rauchrohre und Überhitzerelemente bei hohen und höchsten Leistungen entsprechend zu drosseln.

Hierbei trägt die vermehrte Heizgasmenge, die nun verdichtet durch die Siederohre abströmt, wesentlich zur wünschenswerten Verstärkung der Dampfbildung bei.

Erfahrungsmäßig bleibt bei großen Leistungen die Überhitzung selbst bei zeitweilig völligem Abschluß der Überhitzerklappen noch längere Zeit in angemessener Höhe, weil die Temperatur der Heizgase in der Feuerbüchse bei großen Beanspruchungen in der Zone der Rauchrohröffnungen höher ansteigt und die Heizgase in die Rauchrohre flammend eintreten, die Dampfbildung hier fördern und auch die Überhitzerelemente noch genügend erhitzen.

Die Abschlußmöglichkeit der Rauchrohre bzw. der Überhitzerelemente ist aber auch zur Schonung bzw. zum Schutz der letzteren vor Erglühen im Stillstand und beim Leerlauf der Lokomotive erforderlich, und beim Anheizen können die Oberflächen der Überhitzerelemente vor den schädlichen Einwirkungen der teerhaltigen Rauchgase und der Flugasche erheblich geschützt werden. Die Heizflächen werden viel weniger verkrustet und lassen sich leichter rein blasen.

An erprobten Einrichtungen zum selbsttätigen Öffnen und Schließen der Überhitzerklappen durch Dampf fehlt es in Fachschriften nicht. Einige Beispiele sind u. a. im Text- und Tafelband der „Dampflokomotiven der Gegenwart" beschrieben und bildlich dargestellt.

Verteidigern möglichst großer Rost- und Heizflächen wird auch vorstehende Forderung, wie manche andere von mir in diesem Ergänzungsband betonte, rückständig erscheinen.

Nach meiner Überzeugung aber wäre die Aufgabe der Abschlußeinrichtung für den Großrohrüberhitzer eine Sparsamkeitsmaßnahme am unrichtigen Ort. Das Verlassen dieser wohldurchdachten Einrichtung hat überall, wo es bei Großrohrüberhitzern vorgekommen ist, die richtige Entwicklung der Heißdampflokomotive außerordentlich gehindert, ja unmöglich gemacht.

Nur überrostete und überkesselte Lokomotiven vertragen überhaupt, bis zu einem gewissen Grad und in gewisser Richtung betrachtet, die Fortlassung selbsttätiger Überhitzerklappen, weil sie wirklichen Heißdampf erst bei höchsten Beanspruchungen zu erzeugen vermögen und während des größten Teils ihres Betriebs mit einer zu geringen, unwirtschaftlichen Überhitzung des Dampfs arbeiten. Bei solchen Halb-Heißdampflokomotiven, die nur in seltenen Betriebsfällen, bei Höchstleistungen, vorübergehend wirklichen Heißdampf zu erzeugen vermögen, liegt auch bei den dann nötigen großen Zylinderfüllungen die Gefahr zu hoher Überhitzung zwar nicht vor; die anderen Mängel bleiben aber auch hier bestehen und rechtfertigen die Beibehaltung der selbsttätigen Überhitzerklappen.

Im übrigen ist doch wohl zu hoffen, daß die überragende wirtschaftliche Bedeutung der Anwendung höchstmöglicher Überhitzung endlich durchdringt, und Rost- und Heizflächen daher weiterhin hierfür richtig bemessen werden, wodurch die Anwendung selbsttätiger Überhitzerklappen unerläßlich ist.

9. Das Blasrohr.

Von großer Bedeutung für richtige Feuerhaltung ist das Blasrohr. Über Blasrohr und Schornstein ist das Nötigste bereits im Hauptband „Dampflokomotiven der Gegenwart", S. 63—66, gesagt. Hinzuzufügen bleibt noch, daß die dort empfohlene Anwendung von Blasrohrstegen verschiedener Breite bei verschiedenen Hauptleistungen für wirtschaftlichste Feuerhaltung und gute Dampfbildung in weitesten Grenzen, die eine richtig gebaute Zwillingheißdampflokomotive gestattet, allein nicht voll genügt.

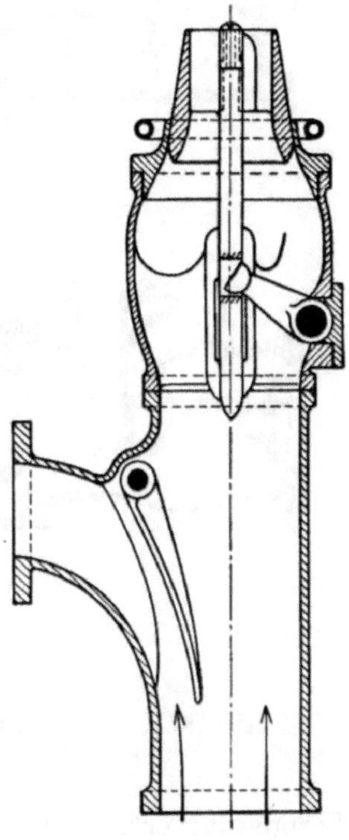

Abb. 86. Verstellbares Blasrohr.

Selbst wenn durch Versuche vor Zügen — nicht durch Standversuche, wie vielfach üblich ist — die beste Stellung der Blasrohrmündung zur Kesselmitte und zu der unteren Schornsteinmündung sowie der geeignetste Blasrohrquerschnitt und die Breite des Stegs für jeweilige Durchschnittsleistungen ermittelt worden ist, muß Feuerhaltung, Dampfbildung und Überhitzung in den Grenzfällen der Leistung bei unveränderlichen Blasrohrquerschnitten zu wünschen übriglassen.

Bei sehr schwachen Beanspruchungen der Lokomotive, d. h. bei kleinsten Zylinderfüllungen, kann der Blasrohrdruck (Gegendruck) zu schwach werden, um, besonders bei Vorwärmebetrieb durch Abdampf, genügende Feueranfachung herbeizuführen.

Hier galt bisher als geeignetstes Mittel entsprechende Drosselung einer verstellbaren Blasrohrmündung. Alle Einrichtungen nach dieser Richtung — Verengung des Blasrohrs — haben bisher praktisch keinen allgemeinen und dauernden Erfolg gehabt, weil ein hier naheliegender Mißbrauch der Verengungsmöglichkeit der Blasrohrmündung überwiegend schädliche Folgen zeitigt.

Tritt bei geringen Beanspruchungen, bei längeren leichten Fahrten und in langem Leerlauf, trotz richtiger Feuerhaltung, unzulässig verminderte Dampfbildung und Überhitzung ein, dann sind, sofern nicht Luftüberschuß die Ursache ist, der durch teilweisen Aschkastenklappenschluß behoben werden kann, entsprechend kurze und leichte Anwendung des Hilfsbläsers sowie Drosselung des Dampfdrucks durch den Regler, unter Vergrößerung der Zylinderfüllung, bessere und wirtschaftlichere Mittel zu wirtschaftlicher Feuer- und Dampfhaltung als eine dem Belieben des Heizers anheimgestellte Verengung der Blasrohrmündung.

Anders liegt der Fall bei hohen und höchsten Anstrengungen der Lokomotive, wenn der Unterdruck in der Rauchkammer so stark ansteigt, daß selbst bei jeweils bestmöglicher Beschickung eines langen Rostes und bei langer Feuerbrücke der Funken- und Löscheflug zu groß wird. Für solche Fälle ist ein verstellbares Blasrohr, das nur eine Erweiterung des für Durchschnittsleistungen bemessenen Blasrohrquerschnitts zuläßt, von Wert.

In Abb. 86 ist ein bekanntes deratiges Düsenblasrohr dargestellt, das wegen seiner einfachen Bauart geeignet erscheint, gründlich erprobt zu werden.

In der Abbildung ist auch eine einstellbare Klappe angedeutet, die die Abströmung des Abdampfs nach dem Speisewasservorwärmer zu regeln vermag.

Es dürfte durch praktische Ausbildung dieser Einrichtung möglich sein, bei Höchstleistungen durch Vergrößerung der Abflußöffnung nach dem Vorwärmer diesen zeitweise zu höherer Leistung zu befähigen und weiter durch entsprechende Senkung der Blasrohrdüse den Blasrohrquerschnitt zu vergrößern und zu hohen Unterdruck zu mildern.

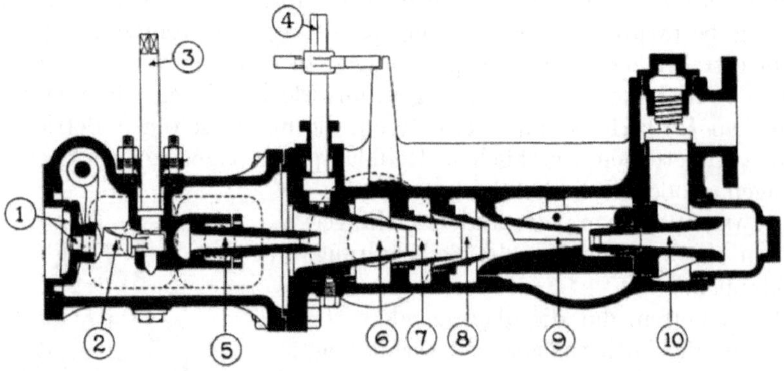

Abb. 87. Abdampfinjektor Davies & Metcalfe (Längsschnitt).

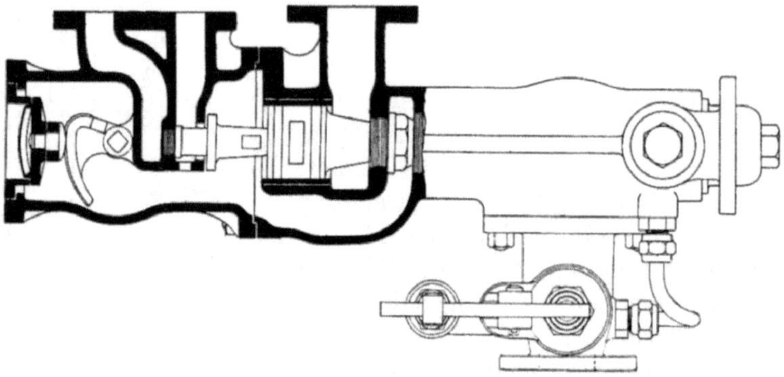
Abb. 87a. Abdampfinjektor Davies & Metcalfe (Längsschnitt und Ansicht von oben).

10. Abdampfinjektor Davies & Metcalfe. Abdampfspeisewasservorwärmer wurden in den letzten Jahren erfreulich vervollkommnet. Immerhin gestaltet sich ihre Anwendung ziemlich kostspielig, da die Beschaffungs- und Unterhaltungskosten der Gesamteinrichtung sehr erheblich sind. Auch das bedeutende Gewicht und die räumliche Ausdehnung der ganzen Einrichtung sind störende Beigaben.

Es erscheint daher angezeigt, auch Versuche mit Abdampfinjektoren wieder aufzunehmen, nachdem Abdampfinjektoren in neuerer Zeit große Verbreitung erlangt haben und sich durch einfache Bauart und sicheren Betrieb auszeichnen sollen.

Schon vor langer Zeit wurde der Versuch gemacht, die im Abdampf der Lokomotive enthaltene Wärme weiter auszunutzen, indem ein Teil des Auspuffdampfs einem Kesselspeiseinjektor zugeführt wurde. Die ersten derartigen Einrichtungen sind schon um das Jahr 1870 ausgeführt worden. Am bekanntesten ist die Bauart Davies & Metcalfe, die durch die Abb. 87—89 dargestellt wird.

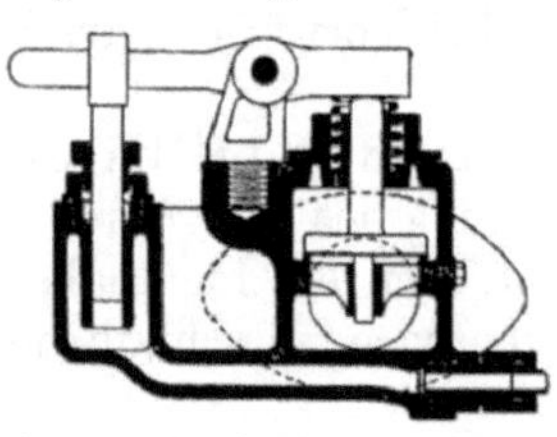
Abb. 88. Abdampfinjektor Davies & Metcalfe (Querschnitt durch das Schlabberventil).

Wenn auch die Wirkungsweise der Injektoren im allgemeinen als bekannt vorausgesetzt werden kann, dürfte es doch von Interesse sein, die kennzeichnenden Merkmale dieser Sonderbauart kurz anzuführen.

Während Wasserdampf von atmosphärischer Spannung keine relative Geschwindigkeit zur Außenluft hat, erreicht er eine Strömungsgeschwindigkeit von etwa 600 m/Sk, wenn er in einen luftleeren Raum einströmt. Von diesem Verhalten wird bei dem genannten Abdampfinjektor in besonderem Maß durch Hintereinanderschaltung mehrerer Düsen Gebrauch gemacht, um den den Zylindern entströmenden Auspuffdampf teilweise zur Kesselspeisung durch Umwandlung seiner Strömungsenergie in Druckenergie anzuwenden.

Der Abdampfinjektor der Bauart Davies & Metcalfe vermag durch seine besondere Einrichtung Auspuffdampf gegen eine Kesselspannung von bis 10,5 at zu speisen. Bei den im Lokomotivbetrieb gebräuchlichen höheren Kesseldampfspannungen und den dabei vorkommenden Abdampfdrücken ist ein Zusatz von Frischdampf zur Überwindung dieser höheren Dampfgegendrücke erforderlich, doch beträgt der Frischdampfverbrauch nach Betriebsergebnissen im Durchschnitt nur 2—3 kg zur Speisung von 100 kg Wasser.

Durch die Anordnung einer besonderen Hilfs-Frischdampfleitung wird außerdem erreicht, den Abdampfinjektor auch bei Leerlauf oder im Stillstand der Lokomotive als Frischdampfinjektor arbeiten zu lassen, so daß seine Anwendbarkeit unter allen vorkommenden Betriebsverhältnissen gesichert ist.

Die Einrichtung des Abdampfinjektors zeigen die Abb. 87 bis 89. Der Zutritt des Abdampfs zum Injektorgehäuse und in die Abdampfdüse erfolgt bei *1* durch die Abdampfklappe, die das Dampfgehäuse gegen die Abdampfleitung absperrt, und die durch die Feststellvorrichtung *2* und *3* auch mechanisch abgeschlossen werden kann, wenn der Abdampfinjektor ausschließlich mit Frischdampf arbeiten soll.

Das Dampfgehäuse enthält außerdem die Frischdampfdüse *5* und die Kanäle für die Zuleitung des Zusatz- und Hilfsfrischdampfs. Durch die Düse *5* strömt der notwendige zusätzliche Frischdampf beim Speisen gegen Kesselspannungen von mehr als 10,5 at. Durch die Öffnung um die Düse *5* herum, vgl. Abb. 87a, strömt im Stillstand oder Leerlauf der Lokomotive, also wenn kein Abdampf vorhanden ist und gespeist werden soll, der Hilfsfrischdampf in den Injektorkörper, wodurch die Abdampfklappe *1* auf ihren Sitz gedrückt, und der Zutritt von Luft verhindert wird.

Abweichend von der dargestellten Ausführungsform, bei der diese Klappe durch eine in das Führerhaus führende Stange *3* geschlossen bzw. geöffnet wird, ist neuerdings eine Ausführung erprobt worden, bei der die Abdampfklappe durch Dampf gesteuert wird, so daß dieser Handgriff entfällt. Auch das Ventil für den Zusatz- und Hilfsfrischdampf wird durch ein selbständiges Umschaltventil mit einem einzigen Griff bedient.

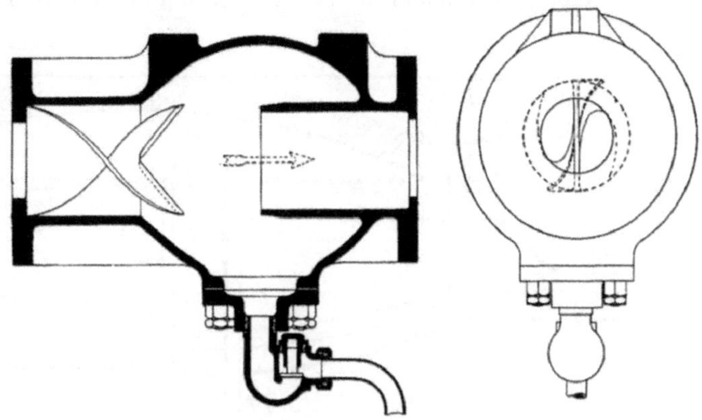

Abb. 89. Ölabscheider.

Das Injektorgehäuse enthält weiter die Vorrichtung zur Regelung des Wasserzuflusses *4*, die Düseneinsätze *6*—*9* sowie das Schlabber- und das Druckventil.

Die große Abdampfdüse *6* kann durch einen an der Regelspindel *4* sitzenden exzentrischen Zapfen in ihrer Längsrichtung verschoben, und hierdurch der Wassereintritt nach Bedarf vergrößert oder verkleinert werden. Die Absperrung des Wasserzulaufs vom Tender erfolgt durch ein besonderes Wasserventil.

Anschließend an die Dampfdüse *6* sind in dem Düsenraum des Injektors die Düsen *7*—*9* hintereinandergeschaltet, in denen die Mischung von Wasser und Dampf erfolgt. In der Druckdüse *10* wird schließlich die Geschwindigkeitsenergie in Druckenergie umgewandelt, worauf das Wasser zum Druckventil und durch die Druckleitung in den Kessel gelangt.

Abb. 88 zeigt das Schlabberventil im Durchschnitt.

Bei dem Abdampfinjektor der Bauart Davies & Metcalfe wird in die zum Injektor führende Abdampfleitung ein Ölabscheider nach Abb. 89 eingebaut. Dieser besteht aus einem Gehäuse, in dessen Innerem durch entsprechend angeordnete Schraubenflächen eine Abscheidung des vom Abdampf mitgerissenen Öls, des Niederschlagwassers sowie etwaiger Fremdkörper erfolgt. Durch ein selbsttätiges Entleerungsventil fließt das Öl- und Wassergemisch ins Freie.

Abdampfinjektoren haben besonders in England und Belgien große Verbreitung gefunden und werden neuerdings auch bei einer Reihe anderer Bahnverwaltungen, z. B. bei den Deutschen Reichsbahnen, den Polnischen, Tschechoslowakischen, Dänischen und Russischen Staatsbahnen, erprobt und angewendet.

Es ist einleuchtend, daß die geringen Beschaffungs- und Unterhaltungskosten sowie das kleine Gewicht dem Abdampfinjektor weite Absatzgebiete eröffnen, zumal die gesamte zum Speisen des Kesselwassers nötige Dampfmenge in Gestalt von Wärme dem Kessel wieder zugeführt werden kann. Auch der Frischdampfzusatz ist keine Verlustarbeit, wie z. B. der Dampfverbrauch einer besonderen Speisepumpe.

Gegenüber dem gewöhnlichen Frischdampfinjektor ist mit Anwendung eines Abdampfinjektors eine Kohlen- und Wasserersparnis verbunden, die im Durchschnitt bei ununterbrochener Wasserförderung 12—15% beträgt.

Jedenfalls scheint der Abdampfinjektor geeignet, auch mit den zur Zeit üblichen Speise pumpen mit Abdampfverwertung erfolgreich in Wettbewerb zu treten, da der etwas größere Wärmegewinn, den solche Pumpen im neuen Zustand zeigen, durch die viel höheren Beschaffungs-

und Unterhaltungskosten derartiger Anlagen gegenüber den sehr einfachen Abdampfinjektoren reichlich aufgewogen wird.

11. Regler hinter dem Überhitzer.

Bei der üblichen Regleranordnung im Dom ist nicht zu vermeiden, daß beim Schluß des Reglers zwischen diesem und den Zylindern bei Heißdampflokomotiven eine beträchtliche Dampfmenge im Überhitzer verbleibt. Diese Dampfmenge genügt, um nach Reglerschluß eine etwas größere Weitervorbewegung der Lokomotive herbeizuführen als beim Naßdampfbetrieb. Dieser Umstand wird beim Auffahren auf Drehscheiben und Schiebebühnen, beim Anfahren an Wasserkräne und im Verschiebedienst als störend empfunden und hat auch gelegentlich zu Unfällen geführt.

Es ist deshalb wiederholt versucht worden, den Regler hinter dem Überhitzer, zwischen diesem und den Dampfzylindern, einzuschalten, wobei er, als entlasteter Ventilregler ausgebildet, entweder auf oder hinter dem Heizdampfsammelkasten angeordnet wird.

Durch diese Bauart wird zugleich erreicht, daß der im Überhitzer befindliche Dampf auch bei stillstehender Lokomotive und im Leerlauf mit dem Kesselraum in Verbindung bleibt, so daß die Überhitzerelemente eine in diesen Fällen sehr notwendige Kühlung erfahren.

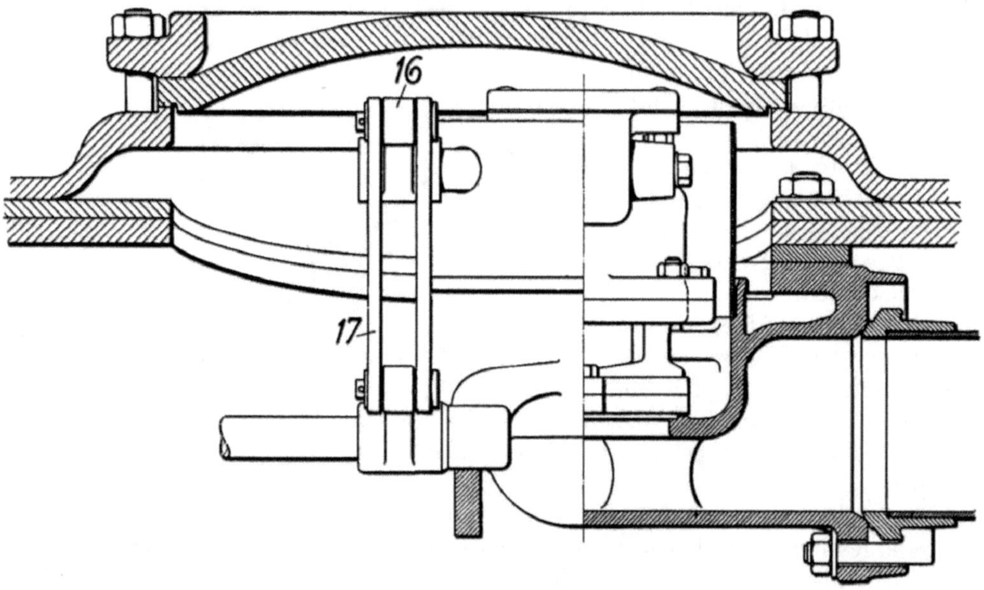

Abb. 90. Entlasteter Ventilregler (Bauart Schmidt & Wagner) für Einströmrohre von 200 mm lichter Weite.

Weiterhin wird es bei dieser Anordnung endlich möglich, Heißdampf auch für den Betrieb des Bläsers, der Pumpen, der Heizung und der Rohrreinigung anzuwenden, wenn die entsprechenden Rohrleitungen vom Heißdampfkasten abgezweigt werden.

Es ist zu bedauern, daß die Einschaltung des Dampfreglers hinter dem Überhitzer noch nicht zu möglichst allgemeiner Anwendung gekommen ist.

Bei Heißdampflokomotiven sollte es doch fast selbstverständlich sein, daß alle durch Dampf betätigten Einrichtungen, die für den Gesamtbetrieb der Lokomotive erforderlich sind, auch durch Heißdampf betrieben werden, dessen Anwendung hier so vielseitige wirtschaftliche Vorteile ergeben muß, daß die nicht sehr erheblichen Mehrkosten für Beschaffung und Unterhaltung eines zweiten entlasteten Ventilreglers in der Rauchkammer und seine Antriebsvorrichtung nicht hinderlich sein können.

Allerdings mag die Bauart und räumliche Ausdehnung bisher erprobter, entlasteter Ventilregler — und solche können hier nur in Frage kommen — eine allgemeinere Anwendung bisher erschwert haben. Besonders bei großen Lokomotiven bedingt die Vergrößerung der Lokomotivkessel auch eine Vergrößerung der Dampfeinströmrohre und der Regler, und dabei müssen dem beschränkten lichten Raum gegenüber die Dome viel niedriger gehalten werden als bisher. Aus diesem Grund ist es schwierig, die an sich zwar gut geeigneten, aber verhältnismäßig viel Raum und besonders größere Bauhöhe beanspruchenden Regler der Bauart Schmidt und Wagner in den bisherigen, auf S. 265—268 beschriebenen Ausführungsformen des Hauptbands im Lokomotivdom und am Dampfsammelkasten unterzubringen. Es ist deshalb zu begrüßen, daß die Firma Schmidt & Wagner zur Zeit einen neuen Regler geschaffen hat, der nicht nur sämtliche Vorzüge der bisherigen Bauart aufweist, sondern vor allem einen so geringen Raum bei kleinster Bauhöhe einnimmt, daß er anstandslos sowohl im niedrigen Dom wie am Dampfsammelkasten in der Rauchkammer eingebaut werden kann.

Die Abb. 90 und 91 zeigen einen Regler für ein Einströmrohr von 200 mm l. W. in dem sehr flachen Dom der 1 D 1-P-Lok. P 10 der Reichsbahn, die Abb. 92 und 93 eine kleinere Ausführungsform für ein Einströmrohr von 155 mm l. W. im Dom einer 2 C-P-Lok. P 8 der Reichsbahn.

Diese in gleichem Maßstab gezeichneten Abbildungen lassen erkennen, wie geringen Raum die neuen Reglerbauarten im Dom beanspruchen, und daß sich außerdem die Regler für große Einströmrohre nicht wesentlich größer gestalten als solche für kleine Einströmrohre.

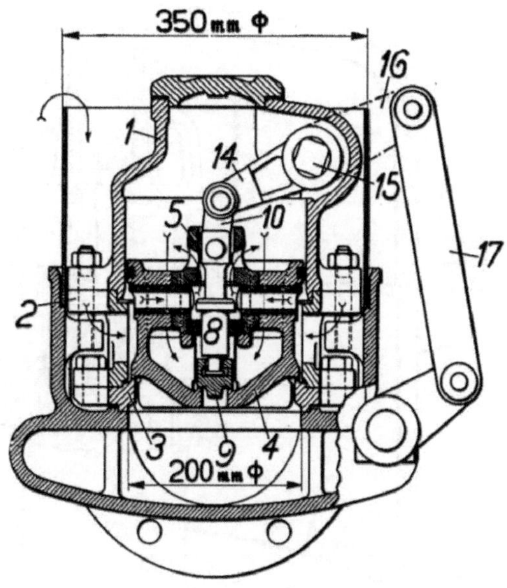

Abb. 91. Entlasteter Ventilregler (Bauart Schmidt & Wagner) für Einströmrohre von 200 mm lichter Weite.

In dem aus Oberteil *1*, dem Unterteil *2* und dem auswechselbaren Ventilsitz *3* gebildeten Gehäuse ist das oben kolbenartig ausgebildete Hauptventil *4* angeordnet, das mit dem Gehäuseoberteil *1* eine Entlastungskammer bildet, die durch das an der Spindel *8* hängende Hilfsventil *9* nach dem Abflußraum abgedichtet wird. Die Mitnehmerhülse *5* mit Boden *6* ist durch zwei seitlich einsteckbare Rohre mit dem Hauptventil *4* verbunden. Die Spindel *8* ist bei dem Regler nach Abb. 93 in einem Kreuzkopf *10* aufgehängt, der durch seitliche Laschenbügel mit

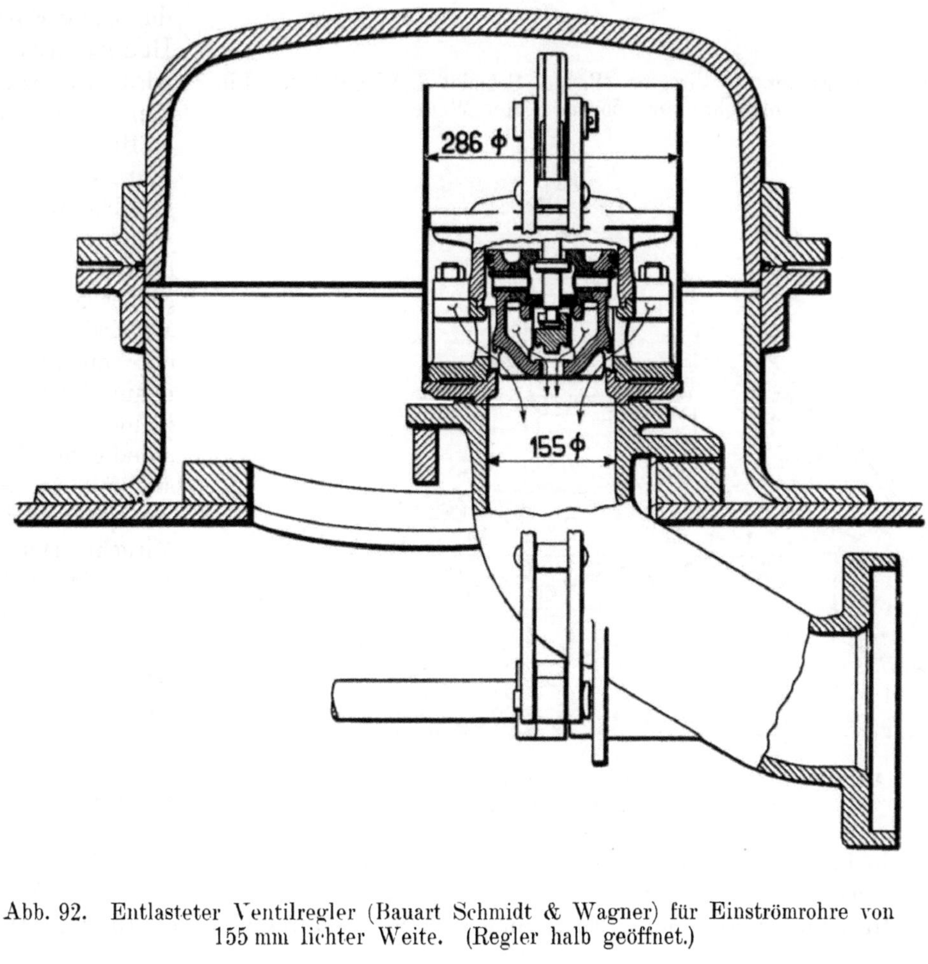

Abb. 92. Entlasteter Ventilregler (Bauart Schmidt & Wagner) für Einströmrohre von 155 mm lichter Weite. (Regler halb geöffnet.)

dem Reglerwellenhebel verbunden ist. Bei dem Regler nach Abb. 91 hängt die Spindel *8* mittels einer Lasche *10* an dem im Gehäuse gelagerten Hebel *14*, der durch Welle *16*, Hebel *16* und Zuglasche *17* mit dem Reglerwellenhebel verbunden ist.

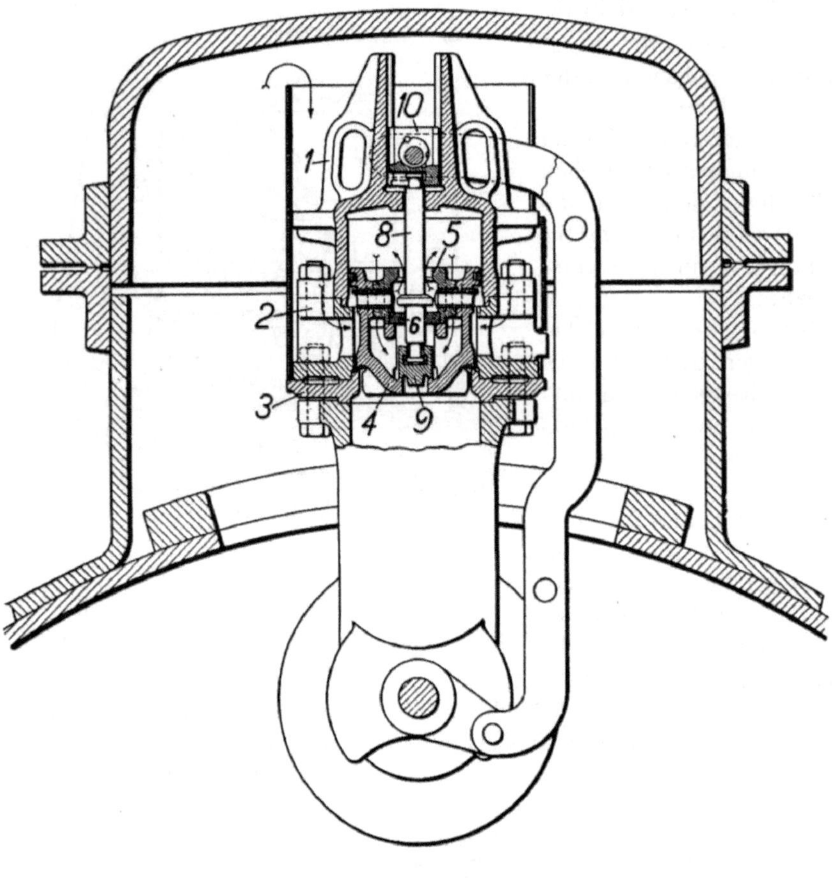

Abb. 93. Entlasteter Ventilregler (Bauart Schmidt & Wagner) für Einströmrohre von 155 mm lichter Weite.

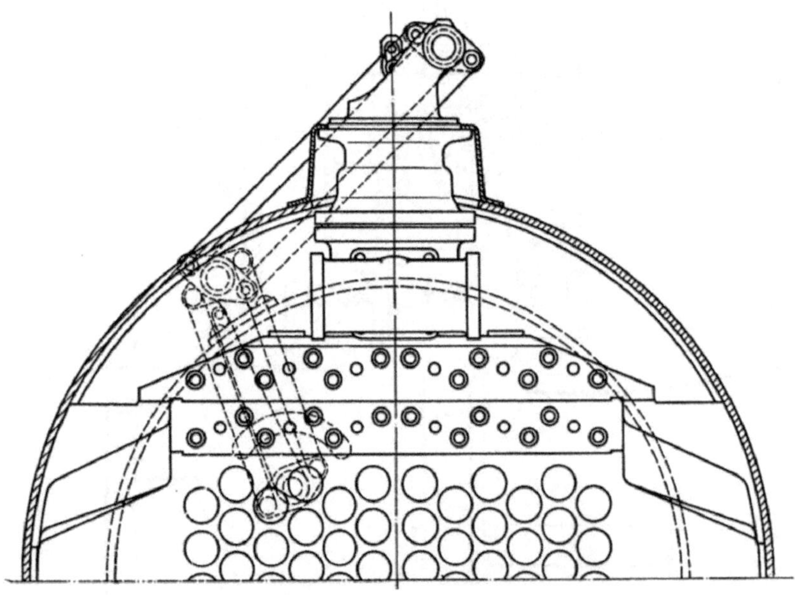

Abb. 94. Anordnung eines entlasteten Ventilreglers am Dampfsammelkasten und im Dom einer 1 C-HTL T 12.

Die Gehäuse der Regler sind von einem Blechmantel umschlossen, um die Dampfentnahme dicht unter der Domdecke zu erreichen.

Die Wirkungsweise ist folgende: Zur Öffnung des Reglers wird zunächst das Hilfsventil *9* von seinem Sitz abgehoben. Es strömt hierbei in fein regelbarer Menge dauernd Frischdampf durch die kleinen Verbindungsrohre, die Mitnehmerhülse *5* und die Entlastungskammer den Zylindern zu, und zwar so lange, bis der an der Spindel *8* vorgesehene Ventilbund den Ausfluß aus der Mitnehmerhülse *5* nach der Entlastungskammer unterbricht, wodurch eine Entlastung des Hauptventils *4* bewirkt wird. Das Hauptventil *4* kann nun zur Weitereröffnung des Reglers sehr leicht von seinem Sitz abgehoben werden, weil sein Durchmesser im Gehäuseoberteil *1* einige Millimeter größer gehalten ist als der Ventilsitzdurchmesser. Da der Innenraum der Mitnehmerhülse *5* durch die kleinen Verbindungsrohre ständig mit Kesseldampf angefüllt ist, wird der an der Spindel *8* vorgesehene Mitnehmerbund durch den Dampfdruck fest gegen die Decke der Mitnehmerhülse *5* gepreßt, und auf diese Weise eine Kupplung zwischen Hauptventil *4* und Spindel *8* herbeigeführt. Unterstützt wird diese Kupplung zwischen Spindel *8* und Hauptventil *4* noch durch folgenden Vorgang: Wenn das Hauptventil *4* von dem Mitnehmerbund der Spindel *8* sich abheben will, tritt sofort in größerer Menge Frischdampf durch die kleinen Rohre und die Mitnehmerhülse *5* in die Entlastungskammer, wodurch eine Belastung des Hauptventils

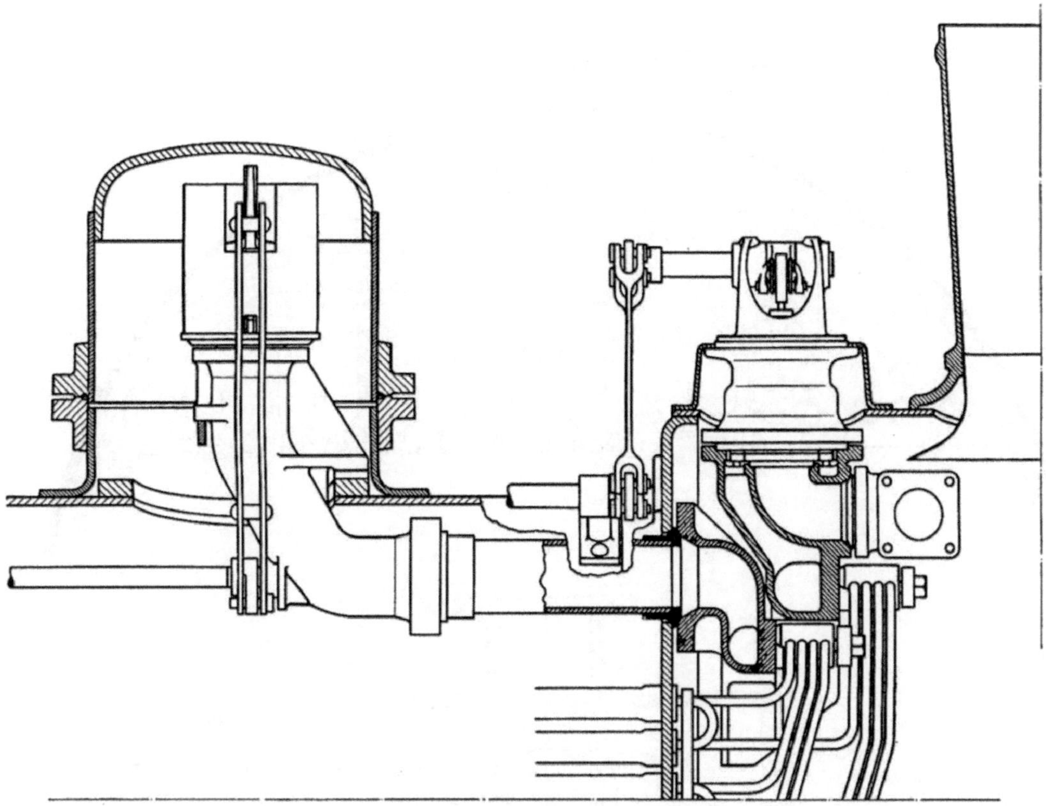

Abb. 95. Anordnung eines entlasteten Ventilreglers am Dampfsammelkasten und im Dom einer 1 C-HTL T 12.

herbeigeführt und dieses wieder fest gegen den Mitnehmerbund der Spindel *8* gepreßt wird. Das Hauptventil *4* ist also während seiner Bewegungen nach oben und unten stets fest mit der Spindel *8* verbunden und folgt jeder Bewegung des Reglerzugs, so daß die durch fensterartig ausgebildete Durchbrechungen im Unterteil *2* den Schieberkästen zufließende Dampfmenge in gewünschter Weise leicht geregelt werden kann.

Der neue Regler besitzt somit nicht nur alle Vorzüge der älteren Ausführungsformen — spielend leichtes Öffnen und Schließen, erprobte Zuverlässigkeit im Dauerbetrieb, dauerndes Dichthalten der durch überragende Schutzkanten gesicherten Ventilsitze —, er ist auch viel kleiner, leichter und billiger. Er wiegt mit einer l. W. von 155 mm etwa 50% weniger als der alte Regler derselben Größe. Bei dem Regler von 200 mm l. W. beträgt der Gewichtsunterschied fast 70%.

Der Ventilsitz *3* des Gehäuses ist auswechselbar und daher leicht nachzuschleifen.

Schon durch Eröffnung des Hilfsventils kann den Schieberkasten Dampf in so großer Menge zugeführt werden, daß nicht nur eine Verschiebung der Lokomotive möglich ist, sondern auch jeder Zug stoßlos in Bewegung gesetzt werden kann.

Wie oben schon angedeutet wurde, ist es nunmehr leicht möglich, die neue Reglerbauart auch am oder im Heißdampfsammelkasten unterzubringen. Die außerordentlichen Vorteile, die hierdurch erreicht werden, sind vorstehend schon erwähnt.

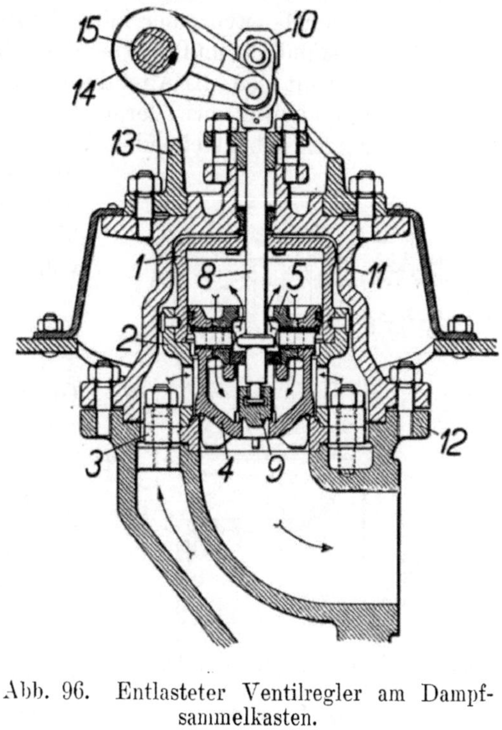

Abb. 96. Entlasteter Ventilregler am Dampfsammelkasten.

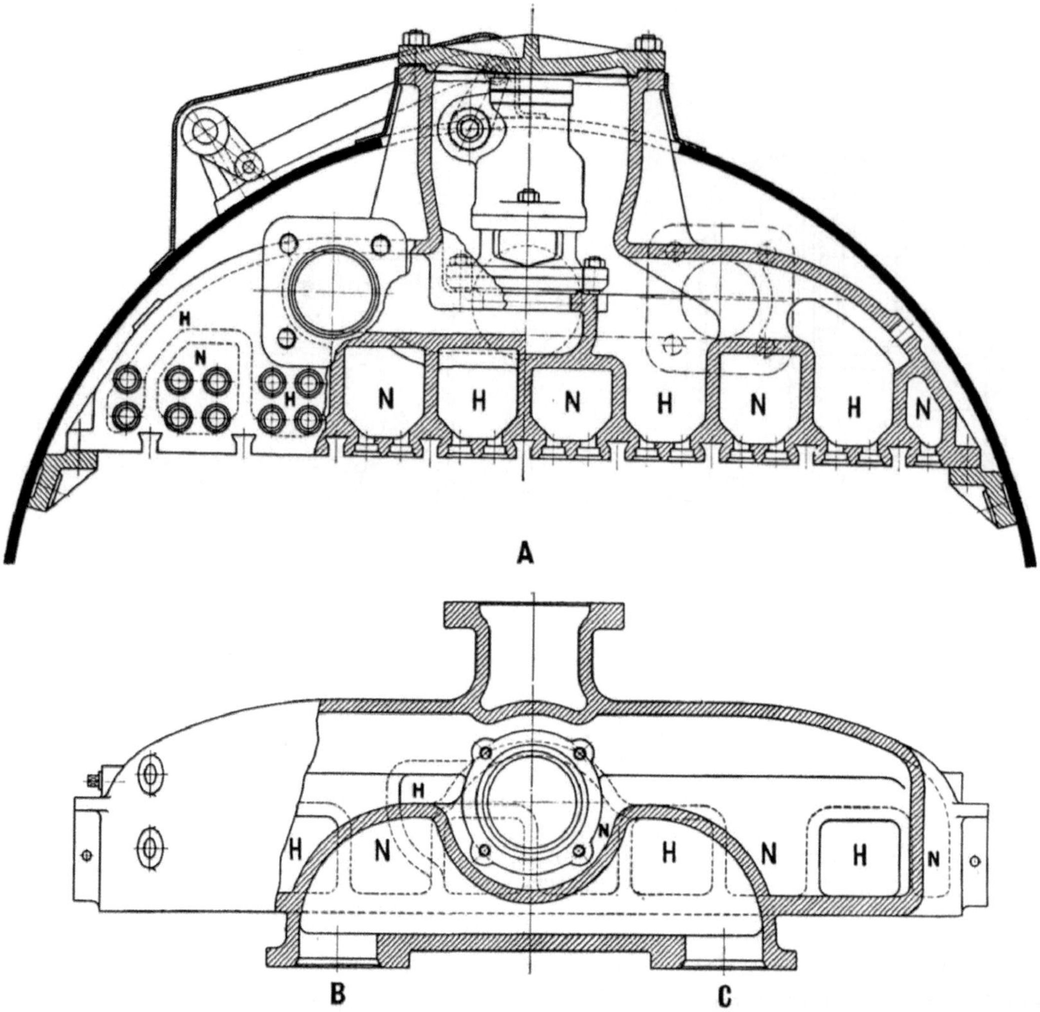

Abb. 97 und 98. Anordnung eines im Dampfsammelkasten eingebauten Ventilreglers (Entwurf).

Die Abb. 94 und 95 zeigen ein Ausführungsbeispiel für die Unterbringung des Reglers im Heißdampfsammelkasten einer mit Kleinrohrüberhitzer ausgerüsteten 1 C-T-Lok. T 12.

Selbstverständlich muß hierbei der Überhitzer gegen den Kessel nach wie vor abschließbar sein. Es empfiehlt sich, als Abschlußvorrichtung im Dom einen zweiten entlasteten Ventilregler anzuwenden, und zwar entweder nach der Ausführungsform Abb. 303 und 304, S. 265 des Hauptbands, oder nach nebenstehenden Abb. 90 bis 93. Die leichte Handhabung dieser 3 bewährten Ausführungsformen gestattet, sie während der Dienstzeit auf Haltepunkten für Augenblicke zu schließen und zu öffnen, wodurch das Dichthalten und ihre Gangbarkeit in vollkommenster Weise gesichert bleibt.

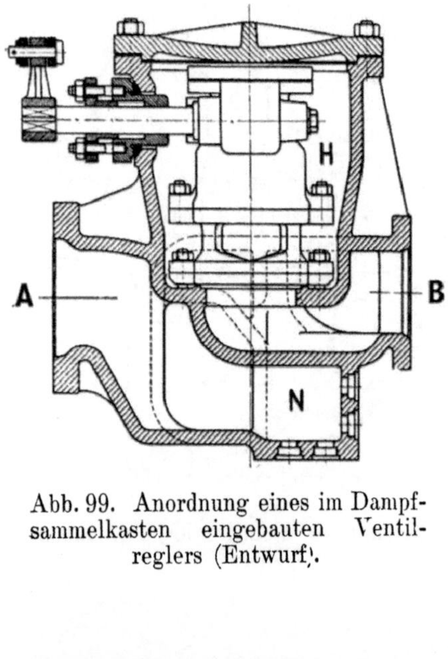

Abb. 99. Anordnung eines im Dampfsammelkasten eingebauten Ventilreglers (Entwurf).

In Abb. 96 ist eine Ausführungsform des Ventilreglers dargestellt, wie sie bei 1 C-Heißdampf-Tenderlokomotiven T 12 zur Ausführung gekommen ist. Aus zeichnerischen Gründen ist der Aufbau *13* mit Gabel *14* und Reglerantriebwelle *15* in der Abb. 96 um 90 ° gegen seine wirkliche Lage — vgl. Abb. 94 und 95 — gedreht dargestellt. Im übrigen entspricht die innere Einrichtung, der Arbeitsgang und die Wirkungsweise dem in Abb. 90 bis 93 dargestellten Regler.

Die Abb. 97 bis 99 zeigen einen in den Heißdampfsammelkasten eingebauten Ventilregler nach Abb. 91. Hier ist die Stopfbüchse für die Abdichtung der Ventilspindel vermieden, und nur eine Abdichtung der Reglerantriebwelle ist erforderlich.

Diese mir von der Firma Schmidt & Wagner freundlichst überlassenen Abbildungen dürften zeigen, daß die Verbindung des Reglers mit dem Dampfsammelkasten nunmehr in praktischer Weise gelöst ist.

Der Strömungsverlauf des Naßdampfs vom Kessel durch die Naßdampfkammern *N* bzw. des Heißdampfs vom Überhitzer zu den Heißdampfkammern *H*, von diesen zum Ventilregler und von diesem nach beiden Einströmdampfrohren der Zylinder ist aus den drei Abbildungen ersichtlich.

Vom Kessel aus gelangt der Naßdampf durch den Stutzen *A* in die Naßdampfkammern *N* und geht von hier durch die nicht dargestellten Überhitzerelemente zu den Heißdampfkammern *H*. Diese unten, neben den Naßdampfkammern *N* liegenden Heißdampfkammern *H* stehen mit dem darüberliegenden Heißdampfraum in Verbindung, in dem, wie in Abb. 97 rechts gezeigt, der Ventilregler eingebaut wird.

An seinem Bodenteil mündet der Regler in einen zweiten Heißdampfraum, an dem die beiden Flanschstutzen *B* und *C* für den Anschluß der Dampfeinströmrohre für die Zylinder

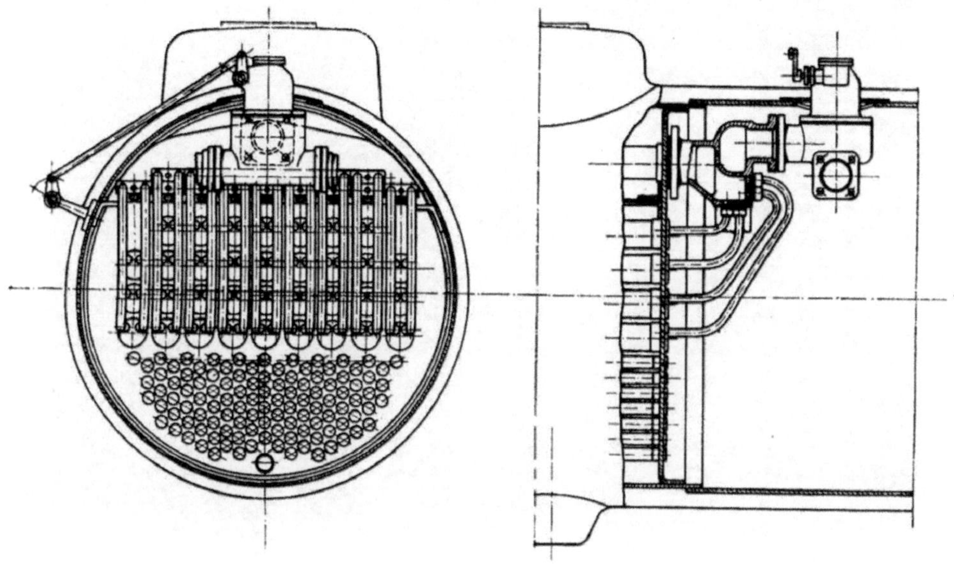

Abb. 100 und 100a. Anordnung eines Ventilreglers am Dampfsammelkasten.

vorgesehen sind. Vgl. Abb. 98 und linke Seite Abb. 97 sowie Abb. 98, Schnitt durch *B* und *C*, und Abb. 99, Schnitt durch *B* und den Regler.

Als Regler ist hier die Bauart nach Abb. 91 gewählt worden. Der Antrieb des Reglers erfolgt durch die in Abb. 99 dargestellte Antriebwelle, die in der Wand des Heißdampfraums, in dem der Regler untergebracht ist, durch eine Stopfbüchse abgedichtet wird. Diese läßt sich in ihrer Höhenlage etwas verschieben, damit beim Zusammenbau der genaue Abstand der Bodenfläche des Reglers von der Wellenachse leicht erreicht werden kann.

Wo die Schornsteinlage und die Lage der Einströmrohre dies zulassen, ist die einfache Anbringung des Ventilreglers an der Heißdampfkammer wohl die einfachste Lösung der Aufgabe, den Regler hinter dem Überhitzer einzuschalten, wie dies in den Abb. 100 und 100a dargestellt ist.

12. **Überhitzerelemente. Umkehrenden, Lagerung der Überhitzerrohre im Rauchrohr, Reinhaltung.**

Für die Erhaltung dauernd wirtschaftlichen Betriebs und langer Lebensdauer eines Überhitzers ist wesentlichste Vorbedingung die sorgfältige Herstellung der Überhitzerelemente, wobei die einwandfreie Durchbildung der Umkehrstellen der Rohrstränge ganz besondere Beachtung verdient.

Wie im Hauptband S. 137 dargestellt ist, wurden die Umkehrstellen der Überhitzerrohre im Rauchrohr in früherer Zeit meist derart ausgeführt, daß zwei entsprechend zugeschnittene Rohre an den Enden zusammengebogen und stumpf aneinandergeschweißt, oder die geraden Rohrstränge in eine besondere Kappe aus Stahlguß oder Flußeisen eingeschraubt oder verschweißt wurden. Mit diesen beiden Herstellungsverfahren sind wesentliche Nachteile verbunden. Die Handschweißungen führten infolge der diesem Verfahren anhaftenden Unzulänglichkeiten häufig zu Beschädigungen der Rohrwandungen und zu Querschnittsverminderungen für den freien Gas- bzw. Dampfdurchfluß, da an der Verbindungsstelle Schweißstoff in das Innere der Überhitzerrohre durchsickert, und auch ein äußerer Wulst an der Schweißnaht sich nicht vermeiden läßt. In einzelnen Fällen sind Querschnittsverminderungen bis zu 70% des inneren Rohrquerschnitts festgestellt worden. Aber auch unvermeidliche kleinere Schweißfehler können hier schon erhebliche Drosselverluste infolge des erhöhten Reibungswiderstands für den durchströmenden Dampf herbeiführen. Stahlgußkappen sowohl mit eingeschraubten wie mit eingeschweißten Rohren verengen dagegen, da sie einen erheblich größeren Durchmesser als die Rohrstränge haben müssen, schon hierdurch den freien Querschnitt für die durchströmenden Heizgase in unzulässiger Weise, begünstigen damit Ansammlungen von Ruß und Flugasche, die sich zunächst an diesen Stellen ansetzen, festbrennen und schließlich zu einer völligen Verstopfung der Rauchrohre führen können. Die so dringend notwendige leichte Reinigung des Überhitzers wird durch die dicken Kappen erschwert. Sie haben zudem ein zu großes

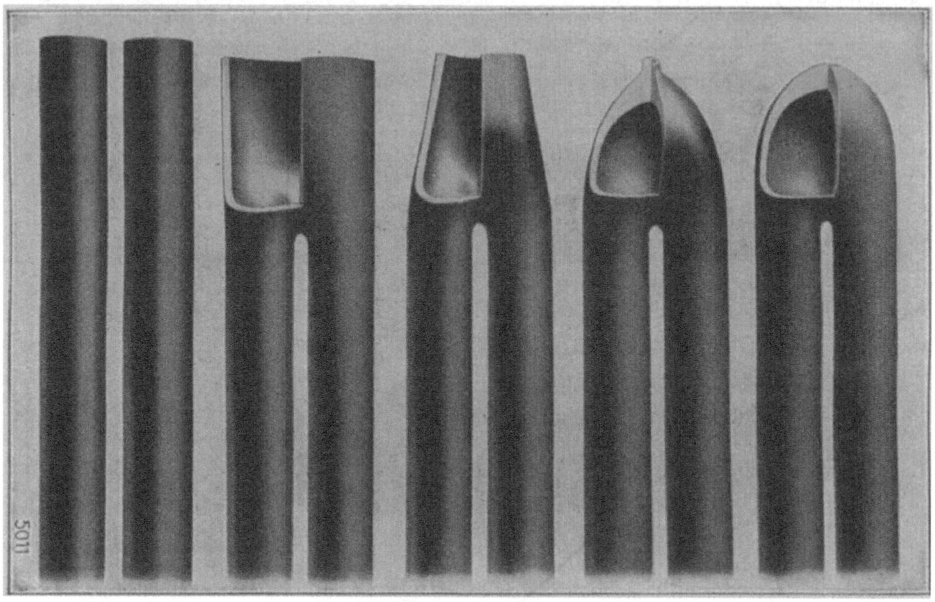

Abb. 101 bis 105. Darstellung des Schmiedeverfahrens für die Umkehrenden der Überhitzerelemente.

Gewicht und werden in ihren Gewindegängen leicht undicht. Wird die aufgeschraubte Stahlgußkappe aber noch verschweißt, so verstärkt der hinzutretende Wulst die bereits genannten Nachteile.

Auch die Anwendung ausgebohrter Umkehrkappen ist nicht empfehlenswert, da hierbei scharfe Gratbildungen entstehen, die zu empfindlichen Drosselverlusten für den durchströmenden Dampf führen.

In neuerer Zeit kommt im Ausland wie in Deutschland ein Herstellungsverfahren zur Anwendung, das besonders angeschweißte oder mit Gewinde versehene Umkehrkappen vermeidet, und das als so vollkommen erprobt ist, daß es zu allgemeiner Einführung empfohlen werden kann.

Die Umkehrstellen der Überhitzerelemente werden hierbei, wie aus den Abb. 101—105 ersichtlich ist, aus den Rohren selbst nach einem besonderen Verfahren in für diesen Zweck durchgebildeten Pressen bzw. Hämmern maschinell geschmiedet und geschweißt. Der Baustoff für Umkehrstellen und Rohre ist demnach derselbe, und sowohl die äußere wie innere Oberfläche der Umkehrstellen bleiben in allen Teilen glatt und sauber.

Hiermit ist die wesentlichste Forderung erfüllt, daß irgendwelche Querschnittsverengungen für den durchströmenden Dampf und die Heizgase vermieden werden. Gleichzeitig ist es möglich, bei diesem Herstellungsverfahren die Böden der Umkehrstellen in jeder gewünschten Stärke auszuführen, ohne, wie bei den früheren Herstellungsarten, nachträglich Baustoff aufzuschweißen oder unförmige Stahlgußkappen anzuwenden. Für Ersatz der Kappen können sie mit beliebig langen Rohrschenkeln, nicht unter 500 mm, bestellt werden, und die unvermeidlichen Schweißstellen verbürgen dann in geringerer Temperatur große Sicherheit und Dauer.

Dieses Schmiedeverfahren ist wegen seiner Vorzüge von einer größeren Anzahl von Bahnverwaltungen bereits in die Lieferungsbedingungen aufgenommen worden und verdient besondere Beachtung, da es geeignet erscheint, die Unterhaltungskosten im Betrieb durch wesentliche Verlängerung der Lebensdauer der Elemente erheblich herabzusetzen.

Die unerläßliche Reinhaltung der Oberflächen der Überhitzerelemente wird durch richtige Lagerung der Überhitzerelemente in den Rauchrohren sehr erleichtert.

Die im Hauptband S. 137, 787 und an anderen Stellen dargestellten Abstandhalter, Schellen und Tragfüße sind, wie die Erfahrung gelehrt hat, hierzu wenig geeignet und sollten allgemein durch die von der Schmidtschen Heißdampfgesellschaft später eingeführten und bewährten Ausführungsformen ersetzt werden. Wegen der Wichtigkeit genauer Ausführung sind die Bauarten für Klein- und Großrohrüberhitzer in den Abb. 106 bis 111 dargestellt.

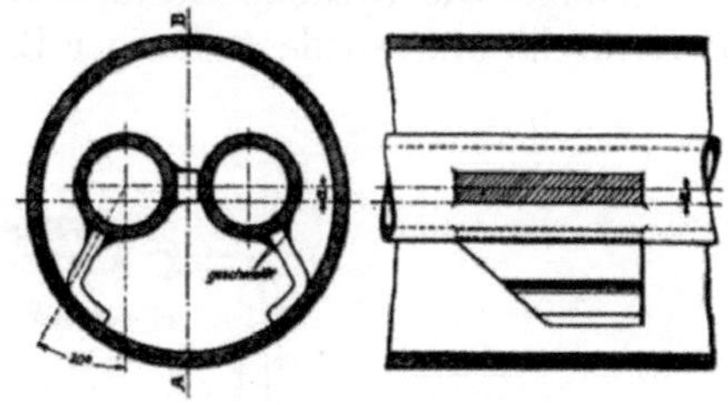

Maß a bis 54 mm l. Rauchrohrdurchm. = 3 mm,
Maß a bis 64 mm l. Rauchrohrdurchm. = 4 mm,
Maß a bis 70 mm l. Rauchrohrdurchm. = 5 mm.

Abb. 106 und 107. Lagerung des Überhitzerelements im Rauchrohr für Kleinrohrüberhitzer.

Bei der außerordentlichen Bedeutung, die gute Ausblasevorrichtungen für die Reinhaltung der Überhitzerelemente sowie der Rauch- und Siederohre haben, sei ergänzend zu den beiden Bauarten, die auf S. 723 des Hauptbands durch die Abb. 698 und 699 dargestellt sind, noch eine Ausführungsform der Schmidtschen Heißdampfgesellschaft in Abb. 112 und 112a gebracht, die bei einigen Verwaltungen mit gutem Erfolg erprobt wurde.

Wie aus den Abb. 112 und 112a ersichtlich ist, wird das Ausblasrohr ohne Schlauchanwendung mit einem an die Feuerbüchsrückwand angeordneten Dampfventil in leicht lösbare Verbindung gebracht und gestattet durch eine Kugellagerung, daß in kürzester Zeit alle Rohröffnungen mit der Mündung des Blasrohrs bestrichen werden können. Eine weitere

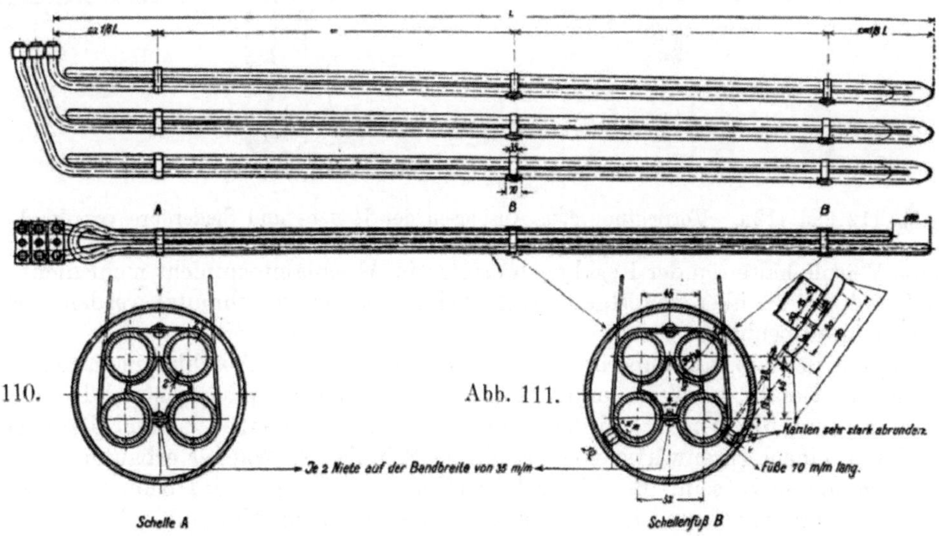

Abb. 108 bis 111. Lagerung des Überhitzerelements im Rauchrohr für Großrohrüberhitzer.

Erprobung dieser Vorrichtung zur Ergänzung der vorgenannten älteren Einrichtungen scheint empfehlenswert, da hier ein teurer und steifer Schlauch entbehrlich ist und durch das Gegengewicht der Handstange sowie die Lagerung des Blasrohrs auf einem Kugelgelenk das Rohr leicht und sicher geführt werden kann.

13. Speisewasserreinigung und Abschlammeinrichtung.

Die Notwendigkeit der Speisewasserreinigung für Lokomotivkessel ist auf S. 250—264 des Hauptbands unter f) Kesselsteinabscheider, betont, und verschiedene Ausführungsformen für Kesselsteinabscheider sind dort auch bildlich dargestellt. Bei den Deutschen Reichsbahnen hat sich eine vereinfachte Ausführungsform des auf S. 260 dargestellten Speisewasserreinigers von Schmidt & Wagner bisher am besten bewährt.

Das vorgewärmte Speisewasser wird nach wie vor in einen zweiten Dom eingespritzt, wo es, über Rieselbleche oder Hürden geleitet, einen großen Teil seiner Verunreinigung absetzt. Durch die auf beiden Seiten des Langkessels vorgesehenen flachen Taschen wird das teilweise gereinigte Speisewasser dem Boden des Kessels zugeführt, auf dem der noch mitgeführte Schlamm sich ablagert.

In der Nähe der Mündung der Seitentaschen ist im Boden des Kessels ein Schlammsack mit einem Schlammablaßventil vorgesehen, durch das von Zeit zu Zeit eine Entschlammung des Kessels stattfinden kann.

Leider erfolgt die höchst wichtige Entschlammung der Lokomotivkessel noch immer nicht oft genug. Die Ursache hierfür dürfte vor allem in der nicht genügend großen Zuverlässigkeit der Abschlammventile bisheriger Bauarten und an der Schwierigkeit ihrer Handhabung liegen.

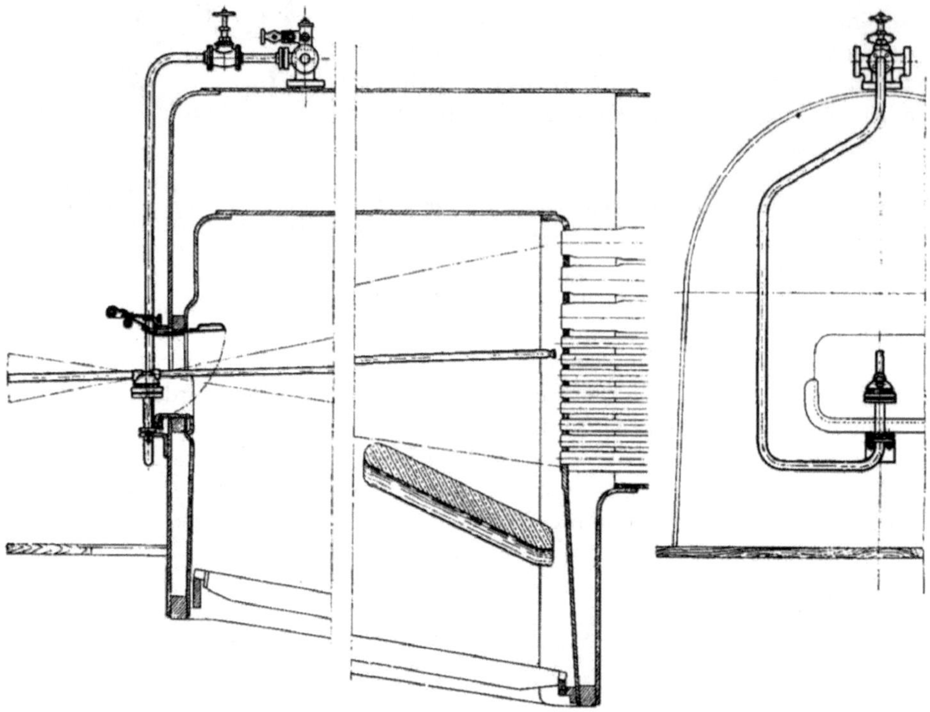

Abb. 112 und 112a. Vorrichtung zum Ausblasen der Rauch- und Siederohre von der Feuerbüchse aus.

Diese Ventile halten in der Regel nach erfolgtem Abschlammen nicht mehr dicht, da ihre Dichtflächen durch die über sie fortgeflossenen Schlammassen verschmutzt werden. Sie werden daher ungern öfter benutzt.

Es ist deshalb von außerordentlicher Bedeutung, eine Abschlammeinrichtung vorzusehen, bei der die Gefahr des Verschmutzens der Dichtflächen vermieden ist, und die jederzeit ein kurzes Abschlammen leicht und schnell gestattet. Eine derartige Einrichtung scheint in einem gegenwärtig von der Firma Schmidt & Wagner erbauten neuen Abschlammventil gefunden zu sein. Bei dieser Einrichtung, Abb. 113, wird beim Schließen zunächst ein Vorventil geschlossen und hierauf ein zweites Ventil zum Abschluß gebracht, dessen Sitz kurz vor vollständigem Abschluß durch Kesseldampf abgeblasen und dadurch von allen vom Schlammwasser herrührenden Verunreinigungen gesäubert wird.

Diese Abschlammeinrichtung hat sich bereits bei ortsfesten Anlagen sehr gut bewährt. Sie wird hier täglich mehrere Male, aber nie länger als etwa 5 Sekunden lang, geöffnet, und die Praxis hat gezeigt, daß ein täglich mehrmals vorgenommenes regelmäßiges Abschlammen von kurzer Zeitdauer den auf dem Kesselboden angesammelten Schlamm fast restlos entfernt, ohne daß hierbei unnötige Wärmeverluste erfolgen, wie dies bei einem weniger häufigen, aber zu lange andauernden Abschlammen der Fall ist.

Hier scheint eine empfindliche Lücke endlich ausgefüllt zu sein. Es sollte unbedingt dahin gearbeitet werden, daß ein ganz kurzes Abschlammen möglichst bei jedem Halten über einer Lokomotivgrube vorgenommen werden kann. Der ausgefällte lose Schlamm darf nicht Zeit haben, sich festzusetzen. Von der möglichsten Reinhaltung besonders auch der Feuerbüchsflächen, die durch häufiges Abschlammen gleichfalls entlastet werden, hängt die Erhaltung eines wirtschaftlichen Gesamtbetriebs der Lokomotive in so hohem Grad ab, daß die Kosten für Anbringung einer leicht und sicher zu bedienenden Abschlammeinrichtung gar nicht in Frage stehen.

Die Abschlammeinrichtung nach Abb. 113 wird zunächst durch die angedeutete Stopfbüchse mit einem Metallschlauch verbunden, der, vom Dampfraum kommend, in den Schlammsack reicht. Hierauf wird sie mit ihrem Befestigungsflansch unter Einschaltung einer Linsendichtung am Bodenring des Schlammsacks angeschraubt. Auf einem Doppelventilsitz, der in dem Befestigungsflansch eingelassen ist, ruhen die beiden Ventilkörper *4* und *5*. Ventil *4* ist das Hauptabschlußventil, Ventil *5* das Vorventil. Das Hauptabschlußventil *4* wird durch die Spindel *3* betätigt, die mit dem Hauptventil *4* verbunden ist und durch einen um die Welle *2* drehbaren Handhebel *1* gehoben und gesenkt werden kann. Das Vorventil *5* wird durch die rohrförmig ausgebildete Kegelfeder *7*, in die oben der in den Dampfraum des Kessels führende Metallschlauch mündet, auf seinen Sitz gedrückt. Geführt wird das Ventil *5* zwischen den drei Stehbolzen *6*, die oben das Verbindungsstück zwischen der Feder *7* und dem Metallschlauch tragen.

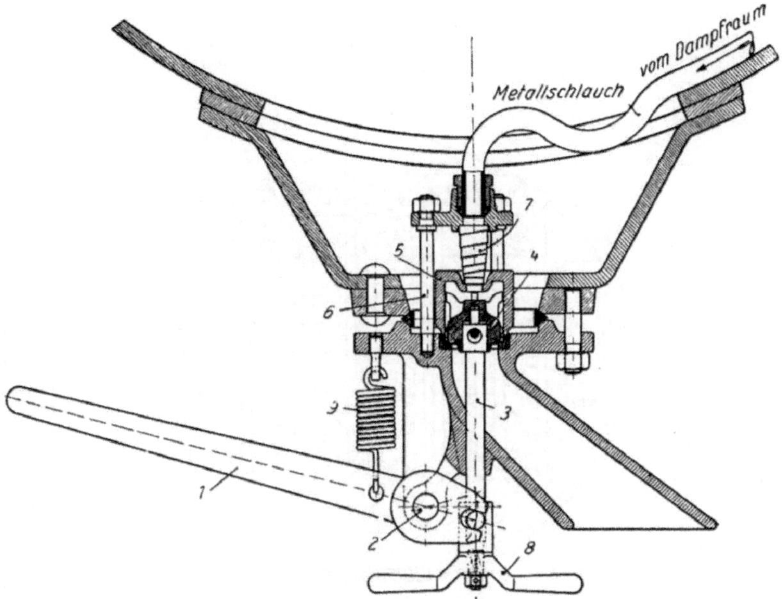

Abb. 113. Abschlammvorrichtung unter dem Langkessel (Bauart Schmidt & Wagner).

Die Wirkungsweise der Abschlammeinrichtung ist folgende:

Durch Herabdrücken des außerhalb des Rahmens leicht zugänglich angeordneten Handhebels *1*, entgegen der auf Ventilschluß wirkenden Zugfeder *9*, wird die Spindel *3* mit dem Hauptabschlußventil *4* angehoben. Dieses stößt nach einem kleinen Hubweg gegen das Vorventil *5* und öffnet es entsprechend seiner Aufwärtsbewegung. Es kann nun der im Schlammsack befindliche Schlamm durch den erweiterten Abflußstutzen fortgespült werden.

Beim Niedergang der Spindel schließt zuerst das Vorventil *5* und verhindert ein Nachdringen von Unreinigkeiten, die sich zwischen das Hauptabschlußventil *4* und seinen Sitz klemmen könnten. Das Hauptventil bleibt nach Lösung vom Vorventil noch während eines Hubteils geöffnet, und nun kann ein Dampfstrahl aus dem Metallschlauch die Dichtflächen des Hauptventils reinblasen.

14. Geteilte Dampfsammelkasten. (Stufenkammer.)

In neuer Zeit sind mehrfach Vorschläge für die Anwendung geteilter Dampfsammelkasten auch für Großrohrüberhitzer gemacht worden. Die Teilung des Sammelkastens, gesondert für Naßdampf und Heißdampf, soll die Herstellung beim Formen, Gießen und Bearbeiten erleichtern und Wärmeverluste, die durch Abfluß von Heißdampfwärme durch die gemeinschaftlichen Trennungswände für Heißdampf und Naßdampf entstehen, vermeiden.

Die Frage, ob geteilte Sammelkasten auch für Großrohrüberhitzer vorzuziehen sind, ist schwierig zu beantworten. Verschiedene Vorteile sprechen hier für die Beibehaltung der eingebürgerten und bei guter Ausführung durchaus bewährten Regelbauarten.

Anders liegt die Sache für alle Bauarten des Kleinrohrüberhitzers. Der Kleinrohrüberhitzer hat durch die endlich durchgedrungene Erkenntnis, daß die Anwendung des Heißdampfs auch für alle Schiebelokomotiven gleiche Vorteile bietet wie für alle anderen Lokomotivbauarten, gegenwärtig noch erhöhte Bedeutung gewonnen.

Bei der Beschreibung des Kleinrohrüberhitzers Schmidtscher Bauarten, vgl. S. 157—163 des Hauptbands (2. Auflage), konnten nur Bauarten Erwähnung finden, bei denen die Dampfsammelkammern in der Mitte oder zu beiden Seiten angeordnet sind. (Abb. 139—147 des Hauptbands.)

In neuerer Zeit gelangt nun fast ausschließlich eine Ausführungsform nach Abb. 114 und 115 zur Anwendung, bei der ähnlich wie beim Großrohrüberhitzer der Regelbauart die Dampfsammelkammer oberhalb der Rauchrohre, quer zum Kessel liegend, angeordnet ist. Im Gegensatz zu der Regelausführung des Großrohrüberhitzers ist aber hier ein getrennter Dampfsammelkasten für Naß- und Heißdampf, Stufenkammer genannt, vorgesehen, der aus zwei einfachen Gußstücken zusammengebaut wird, bei denen Zwischenwände fortfallen und auch ein unmittelbarer Wärmeaustausch zwischen Heiß- und Naßdampfkammer vermieden wird. Gleichzeitig gestattet diese Bauart, die Ausführung und Anordnung der Elemente wesentlich zu vereinfachen. Ihre Befestigung erfolgt stets an der Stirnseite der Dampfsammelkasten, da ihr Ein- und Ausbau hierdurch sehr erleichtert wird. Diese Ausführungsform des Kleinrohrüberhitzers hat sich daher auch im Betrieb durchaus bewährt und auch im Ausland, u. a. bei den Niederländischen und Tschechoslowakischen Staatsbahnen, schnell eingeführt.

Lediglich für ganz kleine Kessel kommt daneben auch eine Ausführung nach Abb. 147 bis 149 des Hauptbands in Frage, die bei wagerechter Rohrteilung vorteilhaft erscheint.

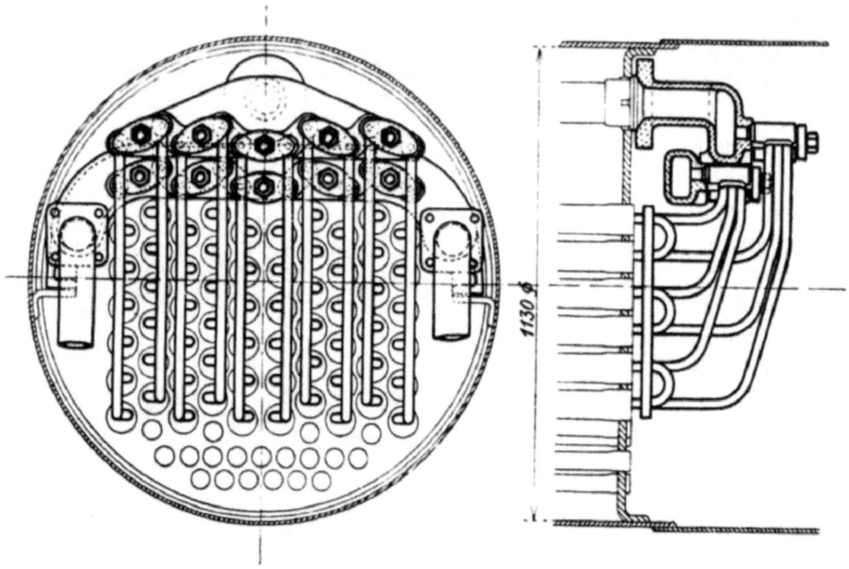

Abb. 114 und 115. Anordnung geteilter Dampfsammelkasten oberhalb der Rauchrohre (Stufenkammerbauart).

15. Dreiteilige Triebachslager.

Weitere wichtige Einzelheiten für den Bau von Heißdampflokomotiven sind im fünften umfangreichen Abschnitt, S. 171—371 des Hauptbands, dargestellt und beschrieben.

Es ist erfreulich, daß die Erkenntnis der Notwendigkeit dauernd zwangläufigen Zusammenarbeitens aller gepaarten Bauteile der Lokomotive allgemeiner geworden ist.

So sind z. B. die Achsschenkel erheblich verstärkt bzw. verlängert worden und unterliegen sorgfältiger Herstellung durch Schleifen und Polieren.

Trieb- und Kuppelzapfen werden nach dem auf S. 320 und 321 des Hauptbands beschriebenen Verfahren mit glasharter, polierter Oberfläche hergestellt, und auf guten Umschluß und dauernden Schluß der Lagerschalen durch verschieden starke Beilagen wird gehalten.

Die Tenderkuppelungen sind verbessert, und eine straffe Kuppelung von Lokomotive und Tender kann im Betrieb leichter aufrechterhalten werden.

Steuerungen, Druckausgleicher, Luftsaugventile, Kolbenstangenführungen, Schmiervorrichtungen, sonstige Armaturen und viele andere Einzelheiten sind sorgfältig ausgebaut worden.

Das wichtige Triebachslager wird aber beinahe noch allgemein in der ursprünglichsten Gestalt mit einer oberen Lagerschale hergestellt, die den gewaltigen wagerechten Kräften unmöglich lange widerstehen kann und wagerecht bald ausgeschlagen werden muß.

Hier liegt die Ursache für viele vorzeitig eintretende Schäden, die durch ein dreiteiliges, schlüssig gehaltenes Triebachslager vermieden werden könnten.

Bei jeder ortsfesten Dampfmaschine wird ein Hauptwert auf sachgemäßen Bau und sorgfältigst unterhaltenen Schluß sowie dauernd gute Schmierung des Triebachslagers gelegt. Schon beim leisesten Schlag im Lager und bei geringstem Heißlauf wird sofort Abhilfe geschafft. Die einfache Lagerschale des Triebachslagers einer Lokomotive aber bleibt monatelang ohne jede Nachhilfe.

Die Notwendigkeit der Verbesserung der Triebachslager für alle Lokomotiven ist im Hauptband unter d) Achslager und Achsen, S. 345—349, dargetan. Auf S. 348 habe ich auch ein nachstellbares, dreiteiliges Achslager empfohlen, das auf S. 71 durch die Abb. 31—35 als Bauskizze dargestellt wurde.

Bisher aber sind nachstellbare Triebachslager nur in ganz vereinzelten Fällen ausgeführt worden. Das liegt sicher in der Schwierigkeit, für das Triebachslager der Lokomotive eine vollkommen wirkende Nachstellvorrichtung zu erreichen; unmöglich aber ist die Lösung der Aufgabe nicht.

Schon eine sehr kleine Nachstellbarkeit der beiden unteren Backenstücke des Obergethmannlagers, wie ich sie in Abb. 31—35, S. 71 des Hauptbands, angegeben habe, könnte die Wirkung dieses einfachsten dreiteiligen Lagers erheblich verbessern und verlängern. Die Mehrkosten der Herstellung dürften gegenüber dem vielseitigen und großen Nutzen, den ein dauernd guter Umschluß der Triebachsschenkel durch ihre Lagerschalen bringen muß, kaum in Frage kommen. Freilich aber müßte dabei der Rahmenausschnitt entsprechend vergrößert werden, damit für Keil und Lagergehäuse die nötige Festigkeit erreicht wird.

Da ist es zu begrüßen, daß gegenwärtig das Obergethmannlager durch Beilageplättchen zwischen der Oberlagerschale und den beiden unteren Lagerbacken verstellbar gemacht worden ist. Die stärksten dieser Paßstücke, die durch die 4 Schrauben, die Oberlagerschale und Unterbacken verbinden, in der Lagerfuge im neuen Zustand festgeklemmt werden, sind 5 mm dick, weitere um je $^1/_2$ mm schwächer, so daß schon bei sehr geringem Verschleiß der Lagerschalen unbedenklich das nächst schwächere Paßstück für neuen Lagerschluß eingesetzt werden kann, ohne daß Heißlauf zu befürchten ist.

Solange ein unmittelbar verstellbares, dreiteiliges Triebachslager nicht gebaut und sicher erprobt ist, sollten daher die durch Paßstücke verstellbar eingerichteten Obergethmannlager mindestens für die Triebachsen aller Lokomotiven Anwendung finden.

16. Bremsanordnung am führenden Drehgestell.

Im 5. Abschn., S. 341 und 342 des Hauptbands, habe ich mich unter eingehender Begründung gegen die Anordnung von Bremsvorrichtungen am führenden Drehgestell ausgesprochen. Ich verweise der Kürze wegen auf die dort angeführten Tatsachen, die unwiderleglich beweisen, daß der Nutzen einer kleinen Vermehrung der Bremskraft in keinem guten Verhältnis zu den großen Kosten der Bremseinrichtung, der dauernden Wartung, der vermehrten Kosten der Unterhaltungsarbeiten, der verstärkten Beanspruchung des Oberbaus durch das vermehrte Gewicht des Drehgestells stehen können, und daß sogar eine Betriebsgefahr durch Festbremsen der führenden Laufachsen nicht ausgeschlossen ist.

Hier würde durch Aufgabe der Bremseinrichtung eine große Vereinfachung und Gewichtserleichterung des wichtigen führenden Drehgestells erreicht, und große Kosten würden gespart werden, die z. B. zu der durchaus notwendigen Verbesserung des Triebachslagers verwandt werden könnten.

17. Schlußbemerkungen.

Im 12. Abschn. des Hauptbands, S. 708—812, sind die aus jahrelanger Erfahrung der ehemals Preußisch-Hessischen Staatseisenbahnverwaltung hervorgegangenen umfassenden Vorschriften „über den Bau und die Unterhaltung der Lokomotiven" mitgeteilt, die in fast allen Teilen noch gegenwärtig Geltung haben und wertvolle Vorschriften auch für die Behandlung der Heißdampflokomotiven durch die Führer und Heizer geben.

In dem Unterabschn. 3, „Anleitung für die Behandlung der Lokomotiven und Tender im Betrieb", S. 764—777, ist aber auf S. 765 die Vorschrift „Beschicken des Rostes und Regeln der Überhitzung" leider nur ganz kurz angedeutet.

Bei der kaum zu überschätzenden Wichtigkeit richtiger Feuerhaltung habe ich in vorliegendem Ergänzungsband, besonders im 3. und in diesem Abschnitt, versucht, meine feuertechnischen Erfahrungen so eingehend wiederzugeben, daß sie als Unterlage zu bestimmten Vorschriften für Lokomotivführer und Heizer dienen können.

Selbst die besten Lokomotiven mit geeignetsten Feuerbüchsen und richtig gebauten Rostanlagen vermögen vor Brennstoffvergeudung nicht zu schützen, wenn die Lokomotivmannschaft nicht eingehend über richtige Feuerbehandlung belehrt ist und diese nicht gewissenhaft und gern ausübt.

Erfolgreiche Belehrung und gewissenhafte Befolgung der gegebenen Vorschriften ist aber nur möglich, wenn die Richtigkeit und Wichtigkeit meiner Ausführungen zunächst von den führenden Fachmännern voll erkannt und gewürdigt wird, und wenn diese mit aller Bestimmtheit und Hingebung nicht nur die nächsten Vorgesetzten der Lokomotivmannschaft anweisen, sondern auch bei jeder Gelegenheit persönlich in Fühlung mit der Lokomotivmannschaft treten.

Mit allgemeinen Anweisungen, wie z. B. bei gewissen Brennstoffen „niedrige Brennschichten zu halten", „leicht zu streuen" und ähnlichen Andeutungen ist wenig getan. Hier heißt es, ganze Arbeit machen und die Heizkunst in den Vordergrund aller Sparmaßnahmen im Lokomotivbetrieb stellen, was bisher nicht geschehen ist und auch nicht geschehen konnte, weil die Erkenntnis der überaus großen Bedeutung richtiger Rost- und Heizflächenverhältnisse entweder überhaupt fehlte oder durch Annahmen aus der Naßdampfzeit und unter Anlehnung an die Verhältnisse ortsfester Feuerungsanlagen mindestens stark getrübt war.

Wie viele maßgebende Fachmänner sind heute noch von der alleinigen Richtigkeit und der großen Leistungsfähigkeit und Wirtschaftlichkeit eines schmalen, langen, zwischen Plattenrahmen eingebauten, tief und schräg liegenden, möglichst leicht gebauten Rostes voll überzeugt?

Ist der Mehrzahl nicht Rostfläche eben Rostfläche, und möglichste Ausdehnung irgendeiner Rostfläche Hauptsache geworden?

Andernfalls wären die riesigen Neubauten nach der Freigabe eines Achsdrucks von 20 t gewiß nicht entstanden, und der richtige Weg — einfache Verstärkung bewährtester Gattungen — wäre folgerichtig beschritten worden.

Niemals hätten sich z. B. Verhandlungen über Roststäbe durch zwei Jahrzehnte hinziehen können, wie dies leider geschehen ist. Ist es nicht beklagenswert, wenn der wichtigste Teil der Lokomotivfeuerung neben einer richtig gebauten Feuerbüchse, der Rost und seine Gestaltung, behandelt wurde wie bisher, wenn bei den Verhandlungen ernste Fachmänner mit Roststäben von 30 mm Kronenbreite noch gute Erfahrungen gemacht haben wollten, und daß sich diese Verhandlungen um die Roststäbe und deren Kronenbreite von 10—30 mm viele Jahre hindurch erstrecken konnten, bis endlich dicke Knüppel von 18 mm Kronenbreite als Einheitsroststäbe erklärt wurden?

Leicht wird es nicht sein, Vorurteile abzulegen und mit Gewohnheiten zu brechen, die in den letzten Jahren vorherrschend geworden sind.

Möchten die vorgebrachten Beweise dafür, daß die geplanten Einheitslokomotiven überrostete und überkesselte Riesen sein würden, die mindestens für unsere deutschen allgemeinen Zugbetriebe nicht wirtschaftlich betrieben werden können, zu Versuchen im vorgeschlagenen Sinn führen und den Weg zur hochwichtigen Entwicklung vorbereiten!

Bei der Einführung des Heißdampfs im Lokomotivbetrieb stand zunächst fast die ganze Fachwelt gegen mich. Heute verlangt sie vielfach noch höhere Überhitzung, als ich für notwendig halte; sie erstrebt sie aber mit den genannten unrichtigen Mitteln und erreicht das Gegenteil, nämlich übergroße Lokomotiven, die nur bei seltenen Höchstleistungen mit notwendigster Überhitzung zu arbeiten vermögen.

Ermutigend ist, daß in neuerer Zeit die Ansicht sich wieder verbreitet, daß wirtschaftlicher Lokomotivbetrieb ohne sachverständige und tatkräftige Mitwirkung der Lokomotivmannschaft nicht erreicht werden kann.

So findet sich z. B. im zweiten Band des Werks „Eisenbahnwesen der Gegenwart" im Abschnitt DXXIV, „Betriebsmaschinendienst" von Hammer, Präsident des Eisenbahnzentralamts, S. 51—57, der Ausspruch:

„Verfasser ist der Ansicht, daß doch wieder der Zeitpunkt gekommen ist, wo das Personal selbst an einer Kohlenersparnis interessiert wird. Jeder unnötige Verbrauch an Kohlen ist eine Vergeudung von Volksvermögen; mag selbst der eine oder der andere im Betrieb sich hierüber Rechenschaft geben und sein möglichstes zur Herabminderung des Verbrauchs tun — eine persönliche Beteiligung am Gewinn würde zweifellos die weitesten Kreise zu intensiverer Arbeit vereinigen."

Das ist ein gutes und sehr zeitgemäßes Wort eines hervorragenden Fachmanns.

Unerläßlich ist aber neben Wiedereinführung eines Anteils am Gewinn eine gründliche feuertechnische Schulung der Führer und Heizer und die Pflege eines gesunden Standesbewußtseins durch Belobigungen und Auszeichnungen dieser verantwortungsreichen Beamten.

Der Heizer sollte hauptsächlich aus dem Stand der Maschinenschlosser ausgewählt werden. Er sollte als an wichtiger Stelle schaffender Handwerker entsprechend geschätzt werden, denn von seiner Geschicklichkeit, seinem Verständnis, seinem guten Willen und seinem Fleiß hängt — eine richtige Feuereinrichtung der Lokomotive vorausgesetzt — ein viel größerer Erfolg ab, als die Mehrzahl der Fachmänner, die für große, breite Roste und deren Zubehör eingenommen sind, gegenwärtig anzunehmen scheinen.

Sechster Abschnitt.

Beispiel für Berechnung und Entwurf einer 2 C-Heißdampf-Zwilling-Personenzuglokomotive.

1. Zur Berechnung.

Im Anschluß an die Untersuchungen im 2. Abschnitt und gestützt auf sichere Erfahrungsergebnisse von Versuchs- und Betriebsfahrten ergeben sich nachstehend errechnete Ausmaße für eine mit 20 t Triebachsdruck zu erbauende 2 C-, eine verstärkte P 8-Lokomotive.

Leistungsvorschrift. Die verstärkte 2 C-Zwilling-Heißdampf-Personenzuglokomotive soll Züge von 52 Achsen und mehr, entsprechend 600 t oder 13—14 Wagen, auf der Wagerechten bis zu 90 km/St, auf Steigungen von 1 : 100 mit 35 km/St befördern.

Der zulässige Triebachsdruck beträgt 20 t, der Achsdruck der führenden Laufachsen soll 15 t nicht übersteigen.

Der vierachsige Tender soll 31,5 cbm Wasser und 7 t Kohlen fassen, sein Dienstgewicht ist daher erfahrungsmäßig bei etwa $^3/_4$ Vorräten mit 60 t in Rechnung zu setzen.

Bestimmung der Fahrwiderstände.

a) Fahrwiderstand für Lokomotive und Tender nach Formeln von Strahl (vgl. Garbe: Dampflokomotiven der Gegenwart 2. Aufl., S. 48. 1920)

$$W_{L+T}^{\text{kg}} = 2{,}5\,G_1^t + c \cdot G_2^t + 0{,}6\,F^{\text{qm}}\left(\frac{V+12}{10}\right)^2,$$

worin im vorliegenden Fall zu setzen ist

$$G_1 = 90 - 60 + 60 = 90\,\text{t}, \qquad c = 7{,}3,$$
$$G_2 = 60\,\text{t}, \qquad F = 10\,\text{qm};$$

damit wird

$$W_{L+T}^{\text{kg}} = 2{,}5 \cdot 90 + 7{,}3 \cdot 60 + 0{,}6 \cdot 10\left(\frac{V+12}{10}\right)^2.$$

Für $V = 90$ km/St ist der Fahrwiderstand von Lokomotive und Tender

$$W_{L+T} = 1263\,\text{kg}.$$

b) Fahrwiderstand des 600 t schweren Wagenzugs

$$W_w^{\text{kg}} = G_w^t\left[2{,}5 + \frac{1}{40}\left(\frac{V+12}{10}\right)^2\right].$$

Für $V = 90$ kg/St beträgt der Fahrwiderstand der Wagen

$$W_w = 3060\,\text{kg}.$$

Der Widerstand des aus Lokomotive und Wagen bestehenden Zugs entspricht, nach den Strahlschen Formeln errechnet, der indizierten Zugkraft der Lokomotive

$$W_{\text{ges}} = Z_i = 1263 + 3060 = 4323\,\text{kg}.$$

c) Bei $V = 35$ km/St auf der Steigung von 1 : 100, also $s = 10$, wird unter Berücksichtigung des Steigungswiderstands $W_s = G^t \cdot s$ und unter Einsetzen von 35 km/St in die vorstehenden Widerstandsformeln

$$W_{s\,\mathrm{ges}} = W_{s\,L+T} + W_{sw} = Z_{si} = 2170 + 7830 = 10000 \text{ kg}.$$

Bestimmung der Maschinenabmessungen.

Wird bei einem vorgeschriebenen

Triebraddurchmesser $D = 1750$ mm,
Kolbenhub $s = 660$ mm,
der Zylinderdurchmesser $d = 610$ mm

zunächst entsprechend dem Zylinderdurchmesser der bewährten 2 C-HPL-P 8 und dem von 17 auf 20 t vergrößerten Achsdruck angenommen, so lassen sich mit einer Zugkraftkennziffer

$$C_1 = \frac{d^2 s}{D} = \frac{61^2 \cdot 66}{175} = 1400$$

die Zugkräfte

$$Z_i = 4323 \text{ kg mit einem } p_{m_i} = 3{,}09 \text{ at und}$$
$$Z_{is} = 10000 \text{ kg mit einem } p_{m_i} = 7{,}15 \text{ at}$$

in zwei Dampfzylindern von 610 mm Durchmesser noch praktisch verwirklichen, wie ein Vergleich der Werte in Zahlentafel 48, 4. Abschn., zeigt.

Bei den Werten

	für p_{m_i} at	$=$ 3,09	bzw.	7,15,
	bei V km/St	$=$ 90	„	35,
	n Umdr./Min	$=$ 274	„	104,
	Füllungen ε %	$\cong$ 20	„	40,
wird nach Zahlentafel 44	D/PS$_i$St	$=$ 7,0	„	8,57.

Die bei Höchstleistungen auftretenden Zugkräfte lassen sich bei 14 at Kesseldruck mit 20 und 40% Zylinderfüllung erreichen. Demnach ist der Zylinderdurchmesser mit 610 mm richtig angenommen.

Bei dem zulässigen Triebachsdruck von 20 t ist das Reibungsgewicht

$$G_r = 3 \times 20 \text{ t} = 60\,000 \text{ kg},$$

und die größte, für die Steigung 1:100 nötige Zugkraft

$$Z_i = 10\,000 \text{ kg}.$$

Die noch zulässige indizierte Reibungsziffer wird daher

$$\mu = \frac{10\,000}{60\,000} = \frac{1}{6}.$$

Bestimmung der Kesselabmessungen.

Die sich aus den Zugkräften und Geschwindigkeiten ergebenden Maschinenleistungen

$$N_i = \frac{4323 \cdot 90}{270} = 1440 \text{ PS},$$

$$N_{is} = \frac{10\,000 \cdot 35}{270} = 1295 \text{ PS}$$

sind Höchstleistungen, für die der Kessel

bei $\varepsilon = 20\%$ $D = 7{,}0 \cdot 1440 = 10100$ kg/St,
bei $\varepsilon = 40\%$ $D = 8{,}57 \cdot 1295 = 11200$ kg/St

Dampf von 350—360° C zu erzeugen hat.

Bei der stark schwankenden Inanspruchnahme einer Lokomotive handelt es sich darum, die Kesselausmaße, wie die Untersuchung Abschn. 2 zeigt, den mittleren Betriebsverhältnissen möglichst anzupassen, um zu große Kesselausmaße zu vermeiden.

Bestimmung der Kesselheizfläche.

Die umfangreichen Versuchsfahrten des Eisenbahn-Zentralamts der Reichsbahn auf Flach-, Hügelland- und Bergstrecken gestatten einwandfrei, die am Zughaken gemessenen Durchschnittsleistungen für verschiedene Streckenverhältnisse zu ermitteln.

Wie aus Zahlentafel 48 hervorgeht, sind zur Beförderung eines 600 t schweren Zugs auf Flachlandstrecken bis zu 90 km/St rund 825 PS_z, auf Hügellandstrecken bis zu 70 km/St rund 750 PS_z erforderlich.

Mit einem D/PS_z-St = 10 bzw. 11 kg/St nach Zahlentafel 48 beträgt die stündlich erforderliche Dampfmenge

$$\left.\begin{array}{l} D = 825 \cdot 10 \\ D = 750 \cdot 11 \end{array}\right\} = 8250 \text{ kg/St}.$$

Die hierbei nach Abschn. 2, S. 65, zulässige Anstrengung der Heizfläche $\frac{D}{H} = 46$ kg/qm-St entspricht einer Kesselheizfläche $H = \frac{8250}{46} = 179{,}5$ qm.

Bestimmung der Rostfläche.

Rost- und Heizflächen eines Lokomotivkessels müssen mit Rücksicht auf wirtschaftliche Feuerhaltung und gute Verdampfung in richtigem Verhältnis zueinander stehen.

Für dieses Verhältnis $\frac{H}{R}$ gilt nach Abschn. 4, S. 102, dem Heizwert des Brennstoffs h entsprechend, nachfolgende Beziehung

$$\frac{H}{R} = 0{,}0065\,h + 10\,.$$

Bei mittelguter Steinkohle mit einem Heizwert von etwa $h = 7000$ WE/kg ist das Verhältnis

$$\frac{H}{R} = 0{,}0065 \cdot 7000 + 10 \cong 56\,.$$

Hieraus folgt die Größe der Rostfläche

$$R = \frac{179{,}5}{56} = 3{,}2 \text{ qm}\,.$$

Einem Brennstoffverbrauch von $D/PS_z = 1{,}55 - 1{,}7$ kg nach Zahlentafel 48 entspricht in vorliegendem Fall ein

$$\text{Kohlenverbrauch } \left.\begin{array}{l} B = 825 \cdot 1{,}55 \\ B = 750 \cdot 1{,}7 \end{array}\right\} = 1280 \text{ kg/St}$$

bzw. bei der ermittelten Rostfläche einer Rostanstrengung von

$$B/R = \frac{1280}{3{,}2} = 400 \text{ kg/qm-St}\,.$$

Bei höchster Dauerleistung entfällt auf 1 qm Rostfläche ein stündliches Dampfgewicht von

$$\frac{D}{R} = \frac{11\,200}{3{,}2} = 3500 \text{ kg/qm-St}\,.$$

Nach Abb. 65, Abschn. 4, S. 109, in der die Dampfgewichte für die Rostflächeneinheit D/R in Abhängigkeit von der Rostanstrengung B/R eingetragen sind, wie sie aus Versuchsergebnissen verschiedener Lokomotivgattungen der Reichsbahn im Dauerbetrieb gewonnen wurden, ist diese Dampfmenge mit einer Rostanstrengung von

$$B/R = 550 \text{ kg/qm-St}$$

im praktischen Dauerbetrieb noch bei wirtschaftlicher Verbrennung zu erzielen[1]).

Für diese Leistungen, wie sie im schweren Personenzugbetrieb vorkommen, ist demnach die Rostfläche von 3,2 qm ausreichend bemessen und als Langrost auszubilden.

Form der Heizflächen.

Über einer schmalen Rostfläche von 3,2 qm läßt sich erfahrungsgemäß eine Feuerbüchse mit

$$H_F = \frac{1}{10}\,H = \frac{179{,}5}{10} \cong 17{,}5 \text{ qm}$$

unmittelbarer Heizfläche erreichen.

Für die Form der Rohrheizfläche von

$$H_R = H - H_F = 179{,}5 - 17{,}5 = 162 \text{ qm}$$

Größe ist das bei durchschnittlicher Dauerleistung entsprechend dem Heizwert der Kohle erzeugte Heizgasgewicht maßbestimmend.

[1]) Vgl. auch Strahl: Glasers Annalen Bd. 77, S. 27. 1915.

Nach S. 105, Abschn. 4, ist bei $h = 7000$ WE/kg das Verhältnis

$$\frac{q}{R} = \frac{179}{10^7} h + 0{,}028\,,$$

$$\frac{q}{R} = \frac{179}{10^7} 7000 + 0{,}028 = 0{,}153$$

und

$$q = 0{,}153 \cdot 3{,}2 = 0{,}49 \text{ qm}\,.$$

Unter Anwendung eines Großrohrüberhitzers (vgl. Abschn. 2, S. 66) bei Annahme von

32 Rauchrohren von 125/133 ∅ } mit $q_R = 0{,}2460$ qm
32 Überhitzerelementen von 30/38 ∅ }
155 Siederohren von 45/50 ∅ mit $q_s = 0{,}2475$ qm

wird $q_R + q_s = q_{ges} = 0{,}4935$ qm,

welche Zahl dem errechneten Wert gut entspricht.

Bei Einhaltung der Kesselkennziffer für günstigste Wärmeübertragung von

$$C_K = \frac{4 \cdot l}{d} = 416 \text{ (Abschn. 2, S. 60)}$$

und einem Rohrdurchmesser von $d = 45$ mm wird die Rohrlänge

$$l = 4700 \text{ mm}\,.$$

Die Gesamtheizfläche des Kessels

der auf 20 t verstärkten 2 C-HPL	im Vergleich zu der mißt somit	der 2 C-HPL bisheriger Bauart
H_F = 17,5 qm		H_F = 14,35 qm
H_S = 103,0 „		H_S = 84,34 „
H_R = 59,0 „		H_R = 48,00 „
$H_Ü$ = 68,8 „		$H_Ü$ = 58,90 „
H_{ges} = 248,3 qm		H_{ges} = 205,59 qm.

Auf 1 t Lokomotivgewicht G_D entfallen

bei der verstärkten P 8 $\qquad$ bei der P 8

$$\frac{248{,}3}{90} = 2{,}76 \text{ qm}/G_D^t \qquad \frac{205{,}59}{75{,}28} = 2{,}74 \text{ qm}/G_D^t\,.$$

Die ermittelte Heizfläche ist demnach bei der auf 60 t Reibungsgewicht verstärkten 2 C-Bauart noch gut unterzubringen.

Ausführliche Angaben über Berechnung baulicher Einzelteile des Kessels und der Maschine sind aus Garbe: Dampflokomotiven der Gegenwart, 2. Aufl., S. 62—74, zu entnehmen.

2. Zum Entwurf (Abb. 116).

Wie die Rechnung zeigt, und wie aus den Fahrversuchen in Zahlentafel 48 geschlossen werden kann, ist die gestellte Aufgabe mit einer auf 20 t Achsdruck verstärkten 2 C-ZwillingHPL zu erfüllen.

Die Verstärkung der bereits 1906 für die Preußische Staatsbahn und bis zur Gegenwart in größtem Umfang weiter beschafften 2 C-HPL, Gattung P 8, ist empfehlenswert, da diese Bauart wegen ihrer großen Leistungsfähigkeit, vielseitigen Anwendbarkeit, einfacher Bedienung und Unterhaltung als eine der bestgelungenen Bauarten allseitig im In- und Ausland anerkannt worden ist.

Wie Abb. 116 zeigt, ist der allgemeine Aufbau in Anlehnung an die 2 C-HPL erfolgt.

Der Plattenrahmen ist beibehalten, da nur durch ihn eine genügend tiefe Feuerbüchse zu erreichen ist. Nur bei dieser ist es möglich, mit der als Muldenfeuer im 3. Abschn. beschriebenen Feuerhaltung auf stark geneigtem Rost eine gute Verbrennung und möglichst hohe Heizgastemperaturen bei allen Leistungen leicht und sicher zu erzielen.

Auch der Bau eines möglichst geräumigen Aschkastens mit genügend großen Luftklappen wird nur durch die Anwendung des Plattenrahmens ermöglicht.

In Zahlentafel 49 ist unter 1 und 2 die Leistungsfähigkeit der 2 C-HPL und der verstärkten 2 C-HPL unter Voraussetzung gleicher Rostanstrengung B/R berechnet. Unter 3 ist die Berechnung der Kesselleistung der 1 D 1-HPL unter Annahme gleicher stündlicher Brennstoffmenge wie bei dem Kessel unter 2 durchgeführt.

Zahlentafel 49. Berechnung der Kesselleistung der P 8, verst. P 8 und P 10.

Kesselbauart	1 2 C-P L	2 2 C-HPL verst.	3 1 D 1-HPL
Abmessungen der			
Rostfläche . . . . . . qm	2,62	3,2	4,0
Feuerbüchsheizfläche . qm	14,35	17,5	17,5
Siederohrheizfläche . . qm	84,34	103,0	125,7
Rauchrohrheizfläche . . qm	48,0	59,0	77,5
Kesselheizfläche . . . . qm	146,69	179,5	220,7
Überhitzerheizfläche . . qm	58,9	68,8	82,0
Gesamtheizfläche . . . qm	205,59	248,3	302,7
Wasserverdampf. Heizfl.:			
Rostfläche	56	56	55,3
Siederohre	127 45/50	155 45/50	138 50/55
Rauchrohre	26 125/133	32 125/133	34 125/133[1])
Rohrlänge . . . . . . mm	4700	4700	5800
Überhitzerrohre 30/38 . . .	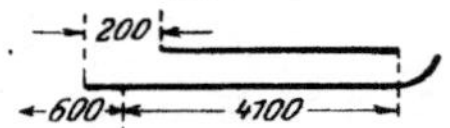	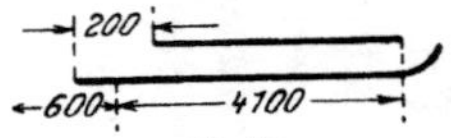	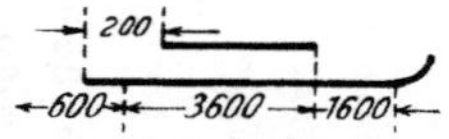
Wirksame			
Rauchrohrheizfläche H_1 . .	41,9	51,5	48,1 + 21,4
Rauchrohrenden H_{R_e} . . .	6,1	7,5	8,0
Überhitzerheizfläche H_2 . .	50,8	62,6	58,4 + 13
Freier Querschnitt der			
Siederohre . . . . . . qcm	2020	2460	2710
Rauchrohre . . . . . qcm	2020	2475	2630 3400
Rauchrohrenden . . . qcm	3200	3930	4170
Wärmeübertragung in der Feuerbüchse:			
Rostanstrengung B/R kg/qm-St	400	400	318
B/R-Aschk.-Verl. . . kg/qm-St	375	375	300
Heizgasgewicht G_0 . kg/qm-St	6420	6420	5540
Verbr.Temp. $T = 975 + B/R$ °C	1375	1375	1293
Temp.-Unterschied $T_o - t_o$ °C	1185	1185	1103
Wärmedurchgangszahl k . . . WE/qm-St °C	42	42	37,7
Wärmedurchgangszahl $\varkappa$ . . . WE/qm-St °C	80,5	80,5	90,3
Wärmedurchgangszahl $K = k + \varkappa$ WE/qm-St °C	122,5	122,5	128,0
Brennstoffwärme Q . . WE/St	6580000	8040000	8040000
$Q_F = H_F K (T_o - t_o)$. WE/St	2080000	2550000	2470000
$Q - Q_F$ . . . . . . WE/St	4500000	5490000	5570000
Heizgasgewicht G . . . kg/St	16800	20500	22200
$\frac{Q - Q_F}{G} = c_{m_e} \cdot t_e$	268	268	251
Eintrittstemp. i. d. Rohre t_e °C	1050	1050	987
Wärmeübertragung in den Siederohren:			
Siederohrquerschnitt q_s . qcm	2020	2460	2710
Heizgasgewicht G_s . . kg/St	8400	10200	11250
$q_s : G_s$	0,241	0,241	0,241
Wärmedurchgz. k WE/qm-St °C	38	38	38
Wärmewert $W = \frac{H_s \cdot k}{G_s}$ . . .	0,382	0,384	0,425
Eintrittstemperatur t_e . . °C	1050	1050	987
Austrittstemperatur t_a . . °C	387	386	342
Temp.-Unterschied $t_m - t_o$ °C	457	456	395
$Q_s = H_s \cdot k (t_m - t_o)$ . . WE/St	1465000	1785000	1890000

Kesselbauart	1 P 8	2 P 8 verst. Bauart	3 P 10
Wärmeübertragung der Rauchrohrenden:			
Rauchrohrquerschnitt q_R . . qcm	3200	3930	4170
Heizgasgewicht G_R . . . kg/St	8400	10300	10900
$q_R : G_R$	0,382	0,382	0,382
Wärmedurchgz. k WE/qm-St °C	27,3	27,3	27,3
Wärmewert $W = \frac{H_{R_e} \cdot K}{G_R}$	0,02	0,02	0,02
Eintrittstemperatur t_e . . . °C	1050	1050	987
Eintrittstemper. i. d. Überh. $t_{e'}$ °C	990	990	931
$c_{m_e} \cdot t_e$	268,0	268,0	251,0
$c_{m_{e'}} t_{e'}$	251,7	251,7	235,7
$c_{m_e} t_e - c_{m_{e'}} \cdot t_{e'}$	16,3	16,3	15,3
$Q_{R_e} = G_R (c_{m_e} t_e - c_{m_{e'}} t_{e'})$ . . WE/St	137000	168000	167000
Wärmeübertragung der Rauchrohre und des Überhitzers:			
Freier Rohrquerschnitt q . . qcm	2020	2475	2630 3400
Heizgasgewicht G_R . . . . kg/St	8400	10300	10900
$q : G_R$	0,241	0,241	0,241 0,312
Wärmedurchgz. k_1 WE/qm-St °C	38	38	38 31,6 36
„ 0,9 k_1 = k_2 WE/qm-St °C	34,2	34,2	33,2
$W_1/2 = \frac{H_1 k_1}{G_R}$	0,19	0,19	0,229
$W_2/2 = \frac{H_2 k_2}{G_R}$	0,207	0,208	0,217
Wärmewert $\frac{W_1 + W_2}{2}$	0,397	0,398	0,446
Eintrittstemp. i. d. Überh. $t_{e'}$ °C	990	990	931
Austrittstemperatur t_a . . . °C	398	398	347
Temperat.-Unterschied $t_m - t_o$ °C	444	452	380
Temperat.-Unterschied $\tau = t_u$ °C	346	346	305
$Q_1 = H_1 k_1 (t_m - t_o)$ . . . . WE/St	706000	882000	950000
$Q_2 = H_2 k_2 \tau$ . . . . WE/St	602000	740000	724000
Wärmebilanz			
Q_F . . . . WE/St	2080000	2550000	2470000
Q_s . . . . WE/St	1465000	1785000	1890000
Q_{R_e} . . . . WE/St	137000	168000	167000
Q_1 . . . . WE/St	706000	882000	950000
Q_{ges} . . . . WE/St	4388000	5385000	5477000
Strahlungsverlust 1% . . WE/St	44000	54000	55000
Verdampfungswärme Q_w . WE/St	4344000	5331000	5422000
Verd.Wasserm. $\frac{Q_w}{670 - 10} = D$ kg/St	6580	8090	8220
Brennstoffm. $B = B/R \cdot R$. kg/St	1048	1280	1270
Verdampfungsziffer D/B . kg/St	6,3	6,32	6,47
D/H . . . . kg/qm-St	45	45	37,2
D/R . . . . kg/qm-St	2510	2530	2050
Überhitzungswärme Q_2 . . WE/St	602000	740000	724000
Wärmeinhalt $Q_2/D = \lambda'$	91,6	91,5	88,2
Wärmeinhalt des Heißdampfs λ .	83	80,5	60
Nachverdampfungswärme $\lambda' - \lambda$.	8,6	11,0	28,2
Anstr. d. Überhitzerheizfl. D/H_2 .	129	129	115

[1]) Neuerdings finden bei dieser Bauart Rauchrohre von 135/143 ∅ Anwendung. Hierbei besteht nach Abschn. 2, S. 55, die Möglichkeit höherer Überhitzung; diese ist jedoch nur bei gleichzeitiger Verminderung der Wärmedurchgangszahl zu erreichen.

Die für 2 berechnete stündliche Dampfmenge reicht hin, um die nach S. 155 erforderliche Dampfmenge für die Maschinen zu decken. Die Temperatur des Dampfs ist für die Kessel 1 und 2 gleich groß, da die Ausmaße beider Kessel den in der Theorie aufgestellten Forderungen entsprechen.

Der Kessel 3 bleibt bei angenommenem gleichen stündlichen Kohlenverbrauch wie bei Kessel 2 noch unterhalb seiner mittleren Durchschnittsleistung, womit sich die verhältnismäßig niedrige Dampftemperatur und die bessere Verdampfungsziffer nach den Ergebnissen der Theorie erklären.

Von wesentlicher Bedeutung für hinreichende Dampferzeugung bei vorübergehenden Höchstleistungen ist die Anordnung von Überhitzerklappen. Durch Verstellen der Klappen kann durch teilweise Umleitung der Heizgase durch die Siederohre die Verdampfungsfähigkeit

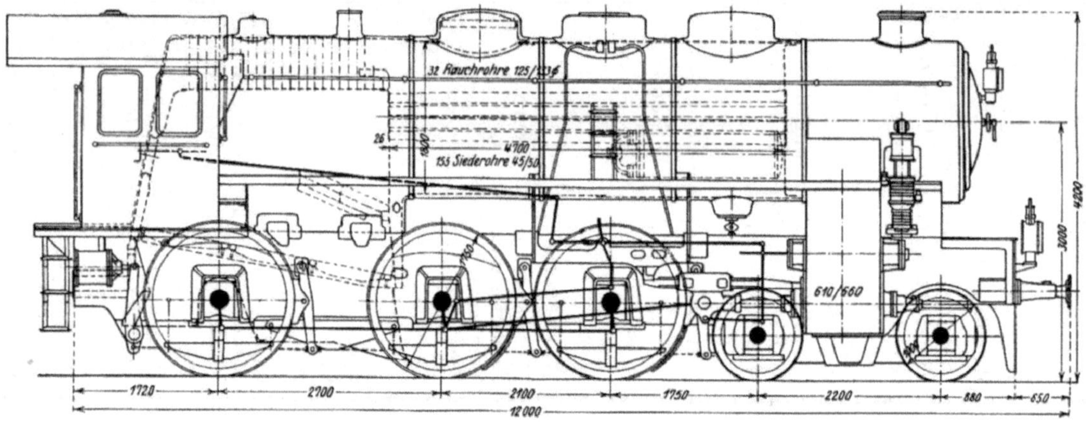

Abb. 116. Entwurf einer auf 20 t Achsdruck verstärkten 2 C-HPL.

$$\frac{610\text{ mm } 660\text{ mm}}{1750\text{ mm}}\ 14\text{ at}\ \frac{179{,}5 + 68{,}8\text{ qm}}{3{,}2\text{ qm}}\ 60\text{ t}\ \frac{82\text{ t}}{90\text{ t}}.$$

der Siederohrheizfläche bei gleicher Rostanstrengung erheblich gesteigert werden, wie aus den Versuchen von Couche, Abschn. 2, S. 32, geschlossen werden muß.

Hinreichende Wärmeübertragung an die Rauchrohr- und Überhitzerheizfläche wird in diesem Fall, bei angestrengter Fahrt, durch die höhere Temperatur der noch flammenden Heizgase in den Rauchrohren sicher erreicht, wie die Erfahrung stets bewiesen hat.

Endlich wird durch Verminderung des Durchstroms der Heizgase durch die Rauchrohre die Haltbarkeit der Überhitzerelemente gesteigert, während eine Steigerung der Überhitzung bei höchsten Leistungen, also großen Zylinderfüllungen, nicht so notwendig ist wie eine Vermehrung der Dampfbildung.

Die Abb. 116 ist nur als Entwurfsskizze gedacht. Die Einzelbauteile, alle Armaturen, Druckausgleicher, Luftsaugeventile, Schmiervorrichtungen, Schlammabscheider u. a. sollen entsprechend den angenommenen Regelbauarten ausgeführt werden. Dagegen wird besonderer Wert darauf gelegt, daß die Rostanlage gemäß den Abb. 69 und 70, sowie der Aschkasten mit einer Bodenklappe, auch unter dem Klapprost, ausgebildet wird, das Blasrohr etwa nach Abb. 86 für Höchstleistungen erweitert werden kann, Überhitzerklappen wieder angeordnet werden, ein zweiter entlasteter Ventilregler hinter dem Überhitzer angebracht wird (vgl. unter 11, Abschn. 5), und daß dreiteilige Triebachslager (vgl. unter 15, Abschn. 5) zur Anwendung gelangen.

Empfohlen wird, abweichend von Abb. 116, zur Erprobung der Abdampfinjektor Davies & Metcalfe (vgl. unter 10, Abschn. 5) und die Abschlammeinrichtung unter 13, Abschn. 5.

Von der Bremsung des führenden Drehgestells ist aus den unter Abschn. 5 unter 16 dargelegten Gründen, und weil bei der Kuntze-Knorr-Bremse die Steigerung des Bremsklotzdrucks bis auf 170% des erhöhten Reibungsgewichts von 60 t noch möglich ist, Abstand genommen worden.

Schlußwort.

Der Hauptgrund für die Herausgabe vorliegender Arbeit war die Notwendigkeit, das bereits 1919 handschriftlich abgeschlossene, aber erst Ende 1920 erschienene Handbuch „Die Dampflokomotiven der Gegenwart" möglichst zu ergänzen, und besonders aus der inzwischen eingetretenen hochwichtigen Freigabe eines Triebachsdrucks von etwa 17 auf 20 t die möglichen praktischen Schlüsse zu ziehen.

Diese Schlüsse, die ich bereits in den beiden Auflagen des genannten Werks unter Voraussetzung eines Achsdrucks von 20 t nach meinen Ansichten und Erfahrungen machen konnte, werden nun in dieser Arbeit gestützt und erweitert durch die im 2. Abschn. mir freundlich überlassenen Untersuchungen von Dr.-Ing. Morgenroth.

Seine Untersuchungen in Verbindung mit den Ausführungen im 4. Abschn., sowie meine feuertechnischen Angaben im 3. Abschn. und die Folgerungen im 5. Abschn. erweisen klar und bestimmt die Grundbedingungen, die erfüllt werden müssen, um Kessel für Heißdampflokomotiven zu befähigen, mit dem geringsten Aufwand an Baustoff die größtmögliche Verdampfung und Überhitzung wirtschaftlich und in einfachster Weise zu erzeugen und wirklichen Heißdampf in der Dampfmaschine in weitestem Umfang der Leistungsfähigkeit der Lokomotive richtig zu verwerten.

An Beispielen aus dem Betrieb sowie durch Auswertung von Versuchsergebnissen auf dem Prüfstand in Altoona und von vielen Ergebnissen aus Fahrversuchen der ehemalig Preußisch-Hessischen Staatseisenbahnverwaltung und der Reichsbahn wird erwiesen, daß bei Anwendung von 20 t Triebachsdruck eine Verstärkung der einfachsten und bestbewährten Zwilling-Heißdampflokomotivgattungen um rund 20% zu erreichen ist, die genügen muß, um für absehbare Zeit einen zeitgemäß verstärkten allgemeinen Personen- und Güterzugdienst bei höchster Wirtschaftlichkeit zu sichern.

Der einfachste Bau aller Tenderlokomotivgattungen ergibt sich hieraus ohne weiteres.

Mein Bestreben, durch Einführung des Heißdampfs die größte Einfachheit der Lokomotiven und ihres Betriebs zu erzielen, hat seinerzeit gegenüber der Entwicklung der Naßdampflokomotiven aller Gattungen durchschlagenden Erfolg gehabt.

Mit der im Lauf der Jahre eingetretenen Steigerung der Leistungsfähigkeit war aber auch bei den Heißdampflokomotiven wegen zu geringer Triebachsdrücke eine Vermehrung gekuppelter Achsen und in einzelnen Fällen auch die Einführung von Tragachsen zur Stützung vergrößerter Kessel notwendig geworden.

Nach der Freigabe eines Achsdrucks von 20 t wurde aber die Rückkehr zur ursprünglichen Einfachheit der Heißdampfgattungen durchaus möglich und ist daher auch geboten.

Wieweit seither die unerläßliche räumliche Ausdehnung und Vielteiligkeit die praktisch richtigen Grenzen bereits erreicht oder überschritten hat, zeigen gleichfalls die vorliegenden Ausführungen.

Die Entwicklung in den letzten Jahren scheint nun dahin zu gehen, eine noch bessere Ausnutzung des Dampfs dadurch zu erzielen, daß versucht wird, die neuen Erfahrungen im ortsfesten Dampfmaschinenbetrieb auch für den Lokomotivbetrieb nutzbar zu machen.

Bewährte Kondensationseinrichtungen sollen in Verbindung mit Dampfturbinen das Niederdruckgebiet des Arbeitsdampfs ausnutzen.

Ob solche Bestrebungen im Lokomotivbetrieb von dauerndem Erfolg begleitet sein werden, muß dahingestellt bleiben. Die große räumliche Ausdehnung der Kondensationsanlage mit ihren Hilfsmaschinen und vermehrten Gewichten stellt durch ihre Vielteiligkeit und Empfindlichkeit, schwierige Wartung und Unterhaltung bei erhöhten Beschaffungskosten so große Erschwernisse in Aussicht, daß eine gewisse Betriebsstoffersparnis hierdurch wieder aufgewogen werden dürfte.

Ob die von Wilhelm Schmidt nach jahrelangen Studien und Versuchen angeregte und von ihm im ortsfesten Dampfmaschinenbetrieb auch mit überraschendem Erfolg bereits erprobte Anwendung von Hochdruckdampf auch für den Lokomotivbetrieb den erhofften Erfolg durch Kohlenersparnis oder durch erhöhte Leistungsfähigkeit haben wird, hängt in erster Linie davon ab, ob es gelingt, einen leichten und dabei betriebssicheren Lokomotivhochdruckkessel zu erbauen.

Bis dahin wird aber noch viel Zeit vergehen, und diese wird am richtigsten dazu benutzt werden, meinen vorstehend gegebenen Anregungen zum Ausbau der bewährtesten einfachen Zwilling-Heißdampflokomotiven in vorgeschlagener Weise zu entsprechen.

Daß die Entwicklung uns den Lokomotivhochdruckkessel trotz der gegenwärtig noch vorhandenen Schwierigkeiten bringen wird, dürfte wohl anzunehmen sein. Auch aus diesem Grund ist eine gegenwärtig zu weitgehende Vereinheitlichung, besonders der Kessel und neuer Lokomotivgattungen, unzeitgemäß.

Eine zu umfangreiche Vereinheitlichung würde in diesem Fall eine noch schlimmere Fessel darstellen, als seinerzeit die Normalbauarten für Naßdampflokomotiven als Grundlage für die von mir angestrebte Einführung des Heißdampfs gewesen sind.

Hiermit schließe ich meine Ausführungen. Möchten sie fruchtbar werden und richtig gebauten, zeitgemäßen Heißdampflokomotiven einen erneuten Siegeszug im gewaltigen Eisenbahnbetrieb bereiten helfen.

Anhang.

Hauptabmessungen sowie Quellenangabe neuerer Heißdampflokomotiven.

Angeführte Fachschriften:

D. Str. u. Kl. Z.	= Deutsche Straßen- und Kleinbahn-Zeitung.
Eng.	= The Engineer.
Engg.	= Engineering News.
E. T. d. G.	= Eisenbahn-Technik der Gegenwart: Brückmann: Heißdampflokomotiven mit einfacher Dehnung des Dampfs.
Gl. Ann.	= Annalen für Gewerbe und Bauwesen.
Hdb. Igel	= Prof. Dr. Igel: Handbuch des Dampflokomotivbaues. 1923.
Han. N.	= Hanomag Nachrichten, herausgegeben von der Hannoverschen Maschinenbau-A. G. vorm. Georg Egestorff.
Lok.	= Die Lokomotive. Wien.
Loc. Mag.	= The Locomotive Magazine.
Loc. Souvenir	= Locomotive Souvenir. London.
Org.	= Organ für die Fortschritte des Eisenbahnwesens.
R. Age	= Railway Age.
Rev. gén.	= Revue générale des Chemins-de-fer et des Tramways.
Schw. B. Z.	= Schweizerische Bauzeitung.
Z. V. d. I.	= Zeitschrift des Vereins Deutscher Ingenieure.

Zahlentafel 50.

Laufende Nr.	Eisenbahn-gesellschaft	Erbauer	Baujahr	Triebwerk: Zylinderdurchmesser, Kolbenhub, Triebraddurchmesser mm		Kesseldruck at	Heizfläche d. Feuerbüchse qm	Heizfläche d. Siede- u. Rauchrohre qm	Heizfläche Wasserverdampfende Heizfl. qm	Heizfläche Überhitzer qm	Rostfläche qm	Anzahl, Durchmesser und Länge der Rohre mm			Anzahl, Durchm. der Überhitzerelemente	Leergewicht t	Dienstgewicht t	Reibungsgewicht t	Radstand fest mm	Radstand gesamt mm	C_1	C_2	
												C-Lokomotiven.											
1	Niederländ. Eisenb.-Ges.	Schwartzkopff	1920	500/610	1524	12,4	11,8	86,2	98,0	33,0	2,20	137 21	41/46 125/133	3310	—	48,3	52,8	52,8	4724	4724	1000	19,2	Hdb. Igel S. 519
2	Engl. Große Ost-B.	Stratford	1920	508/711	1499	12,66	13,3	104,4	117,7	34,0	2,46	191 21	40/45 127/133	3912	—	—	60,0	60,0	5740	5740	1225	20,4	Loc. Mag. 1920, S. 93
												1 C-Lokomotiven.											
3	Reichs-B. Bayern	Maffei	1918	520/630	1350	13,0	10,1	118,4	128,5	37,7	2,64	138 20	45/50 125/133	4350	—	55,3	59,9	48,0	4000	6700	1260	26,3	Hdb. Igel S. 444
4	Lübeck Büchener B.	Linke Hofmann	1918	530/630	1400	12,0	11,7	123,7	135,4	43,1	2,27	147 22	41/46 125/133	4500	—	54,9	60,5	48,0	1900	6200	1262	26,4	
5	Rumänische Staats-B.	Schwartzkopff	1916	520/650	1665	12,0	14,5	113,5	128,0	34,8	2,62	143 21	45/50 125/133	4000	—	57,4	62,9	49,1	2425	7150	1055	21,5	Han. N. 1918, S. 15
6	Engl. Südost- u. Chatam-B.	Ashford	1917	483/711	1676	14,1	11,3	116,3	127,6	18,9	2,32	175 21	38/45 121/130	2933	—	—	60,4	51,7	4724	7417	988	19,1	Eng. 1917, S. 287; Org. 1918, S. 162
7	Engl. Große Nord-B.	Doncaster	1920	3×470/660	1727	12,66	16,7	158,1	174,8	37,2	2,60	217 32	45/50 134/147	3655	—	—	71,0	60,0	4953	7670	1266	21,1	Loc. Mag. 1920, S. 73; Org. 1920, S. 187
												1 C1-Lokomotiven.											
8	Österr. Staats-B.	Floridsd.	1916	540/680	1820	14,0	14,3	149,6	163,8	28,5	3,00	156 18	46/51 125/133	4600	—	61,8	68,0	42,0	2200	9260	1089	25,9	Lok. 1917, S. 57; 1919, S. 85; Hdb. Igel S. 486
9	Serbische Staatseisenb.	Schwartzkopff	1922	4×410/650	1850	12,0	15,1	111,5	126,6	38,6	3,00	111 21	45/50 125/133	4650	—	61,0	67,0	43,7	2500	9350	1180	27,0	E. T. d. G. S. 1126; Hdb. Igel S. 491
10	Reichs-B. Oldenburg	Hanomag	1917	580/630	1980	14,0	11,8	133,8	145,6	41,0	3,00	122 18	49/54 125/133	5200	—	64,5	72,0	46,5	4250	10425	1070	23,0	Han. N. 1917 S. 33; Hdb. Igel S. 428
												2 C-Lokomotiven.											
11	Finnische Staats-B.	Schwartzkopff	1919	510/600	1750	12,0	10,4	99,2	109,6	30,7	1,86	142 21	41/46 118/127	3810	—	51,1	56,2	37,3	4000	7600	890	23,9	E. T. d. G. S. 1174
12	Ungarische Staats-B.	Henschel	1918	570/650	1826	12,0	14,6	134,8	149,4	50,1	3,25	120 24	47/52 125/133	5000	—	63,2	68,9	42,9	4141	7940	1157	27,4	
13	Reichs-B. Bayern	Maffei	1922	2×360/590 640	1640	15,0	13,2	126,9	140,1	35,9	2,76	152 20	45/50 125/133	4350	—	64,8	72,0	47,1	3800	8150	1358	28,9	
14	Reichs-B. Sachsen	Hartmann	1918	550/600	1590	13,0	13,51	146,13	159,66	43,2	2,83	180 24	45/50 124/133	4200	—	68,6	78,5	47,2	3500	7200	1142	24,2	
15	Norwegische Trunk-B.	Baldwin	1917	560/994	1600	11,95	13,1	118,8	131,9	31,9	2,30	146 24	43/48 118/127	3810	—	—	58,4	48,5	3810	7544	1946	40,2	Engg. 1920, S. 448; Org. 1921, S. 172
16	Ind Bengal Napur-B.	Stephens	1920	546/660	1867	11,25	15,1	101,9	117,0	23,2	2,97	77 22	51/57 125/133		—	62,1	68,4	49,8	4216	8077	1058	21,1	Loc. Mag. 1920, S. 261

2 C-Lokomotiven (Fortsetzung).

17	Dänische Staats-B.	Borsig	1921	3×470/670	1866	12,0	17,0	139,5	156,5	44,2	2,62	151 24	46/51 125/133	4500	—	66,3	74,0	50,1	2000	9500	1188	23,7	Hdb. Igel S. 498
18	Reichs-B. Preußen	Schwartz-kopff	1914 1923	575/630	1750	12,0	14,35	131,93	146,28	58,9	2,62	123 26	45/50 125/133	4700	—	70,8	77,5	51,9	4580	8350	1190	23,0	Hdb. Igel S. 438
19	Austr. Victor. Staats-B.	Newport	1916	559/660	1854	13,0	17,1	191,2	208,3	34,8	2,97	— 24	— —	—	—	—	74,2	54,9	4064	8000	1070	19,5	Loc.Mag.1920, S.219
20	London u. Südwest-B.	Eastleigh	1919	533/711	1702	12,6	14,9	159,5	174,4	28,6	2,79	169 24	51/57 125/133	4191	—	71,0	77,0	55,2	4191	8115	1187	21,5	Eng. 1920, S. 458; Org. 1920, S. 230
21	Engl. Große Zentral-B.	Gorton	1918	4 406/660	2057	12,6	15,1	174,8	189,9	31,9	2,41	116 28	51/57 125/133	5369	—		80,4	58,0	4724	8788	1058	18,3	Eng.1921, S.660; Org.1921, S. 252; Hdb. Igel S. 499
22	Engl. Große Zentral-B.	Gorton	1921	4 533/660	1727	12,6	15,1	174,7	189,8	31,9	2,41	116 28	51/57 125/133	5375	—	—	80,3	59,4	4394	8610	2170	36,5	Loc.Mag.1921, S.197
23	Engl. Nordost-B.	Darling-ton	1920	3 470/660	1728	12,6	15,4	130,1	145,5	49,0	2,51	102 24	46/51 125/133	4943			78,9	59,6	4116	8432	1268	21,6	Loc. Mag. 1920, S. 119. Org. 1920, S. 230; Hdb; Igel S. 496
24	Lancashire u. Yorkshire			4 413/660	1900	11,3	16,4	142,0	158,4	51,7	2,52	162 28	44,5/50,8 111/121	4459	28 27/35		80.31	60.25	4129	7178	1190	19,8	Lok. 1924. S. 28
25	Engl. Kaledon.-B.	St.Rollox	1921	3×470/660	1854	12,6	15,8	183,0	198,8	46,5	2,60	203 24	46/51 119/127	4877	—		82,3	61,0	4572	8737	1179	19,3	Loc. Mag. 1922, S. 157, 1921, S. 194

2 C 1-Lokomotiven.

26	Span. Madrid-Zarag. Alic.-B.	Amer. Lok.-Ges.	1920	584/660	1750	12,37	14,8	220,7	235,5	59,7	4,04	148 28	46/51 129/137	5791	—	—	86,6	43,0	3658	9880	1285	29,9	Loc.Mag.1920, S.213
27	Havanna-B.	Baldwin	1920	508/660	1575	12,7	14,7	189,7	204,4	45,2	3,55	151 22	— —	5639	—	—	80,1	47,4	3353	9144	1081	22,8	R. Age 1921, S. 897; Org. 1921, S. 205
28	Franz. Paris-Orléans-B.	Amer. Lok.-Ges.	1920	619/640	1950	12,0	15,3	227,4	242,7	59,0	4,68	165 26	46/51 129/137	6096	—	—	91,2	52,8	4064	11168	1258	23,8	Loc. Mag. 1922, S. 1
29	Reichs-B. Baden	Maffei	1919	2×440/680 680	2100	15,0	15,6	209,2	224,8	77,6	5,00	170 34	50/55 125/133	5200	—	87,5	96,0	53,0	4360	12310	1497	28,2	Hdb. Igel S. 434
30	Franz. Süd.-B.	Belfort	1920	630/650	1940	13,0	15,9	186,6	202,5	73,6	4,00	123 28	52/57 125/133	6000	—	79,5	89,0	54,0	4100	10650	1328	24,6	Rev.gén.1921, S.291; Hdb. Igel, S. 501
31	Engl. Große Nord-B.	Doncaster	1922	3×508/660	2032	12,7	20,0	252,2	272,2	48,8	3,85	168 32	52/57 125/133	5791	—	—	92,0	60,0	4420	10900	1257	21,0	Loc.Mag.1922, S.124; Hdb. Igel S. 503
32	Engl. Nordost-B.	Darling-ton	1922	3×483/660	2032	14,1	19,6	227,6	247,2	64,7	3,81	118 24	51/57 125/133	6401	—	—	—	—	—	11328	1136	—	Loc.Mag.1922, S.177

D-Lokomotiven.

33	Schwedische Staats-B.	Nydquist u. Holm	1916	600/660	1350	14,0	13,9	130,9	144,8	48,5	2,6	139 24	45/50 125/133	4500	—	—	67,6	67,6	3130	4700	1760	26,0	
34	Engl. Nordost-B.	Darling-ton	1919	3×470/660	1403	12,65	15,4	130,7	146,1	49,2	2,51	102 24	46/51 125/133	4944	—	—	72,7	72,7	5639	5639	1558	21,4	Eng.1920, I. S.19, II. S.202; Org. 1920, S. 229; Hdb. Igel S. 528

Zahlentafel 50 (Fortsetzung).

Laufende Nr.	Eisenbahn-gesellschaft	Erbauer	Baujahr	Triebwerk: Zylinderdurchmesser, Kolbenhub, Triebraddurchmesser mm	Kesseldruck at	Heizfläche d. Feuerbüchse qm	Heizfläche d. Siede- u. Rauchrohre qm	Heizfläche Wasserverdampfende Heizfl. qm	Heizfläche Überhitzer qm	Rostfläche qm	Anzahl, Durchmesser und Länge der Rohre mm	Anzahl, Durchm. der Überhitzerelemente	Leergewicht t	Dienstgewicht t	Reibungsgewicht t	Radstand fest mm	Radstand gesamt mm	C_1	C_2	
											1 D-Lokomotiven.									
35	Schw.Halmst. Nässjö-B.	Hanomag	1921	3×440/610 1407	12,0	—	—	127,9	35,5	2,4	127 42/48 21 118/127 4200	—	53,5	59,4	51,2	3050	7360	1259	24,6	Han. N. 1921, S. 228
36	Nordbrabant D. Eisenb.-G.	Hohenzoll	1919	520/660 1400	12,0	15,3	126,5	141,8	36,2	2,7	147 43/48 21 125/133 4080	—	61,3	67,0	56,8	4650	7100	1275	19,0	Lok. 1919, S. 166; V.D.I. 1920, S. 774; Hdb. Ig. S. 526
37	Ind. Bengal-Napur-B.	N. Brit. Lok.-G.	1920	546/660 1422	11,25	14,5	110,6	125,1	30,2	2,97	24	—	—	70,0	58,4	4877	7366	1384	23,7	Loc. Souvenir Nr. 26
38	Buenos Aires- u. West-B.	Beyer, Peacock	1922	483/699 660 1384	14,1	12,7	99,1	111,8	23,0	2,33	114 43/48 21 125/133	—	65,5	70,0	61,9	4889	7328	1165	18,8	Loc. Mag. 1922, S. 155
39	Reichs-B. Bayern	Maffei	1916	2×400/620 610/640 1300	16,0	12,0	167,0	179,0	58,0	3,30	174 48/52 30 126/135 4450	—	69,0	77,0	64,0	3200	7300	1890	29,6	Hdb. Igel S. 452
40	Engl. Große Zentral-B.	Gorton	1917	533/660 1422	12,65	14,2	124,0	138,2	45,3	2,41	122 45/51 24 124/133 4683	—	68,8	74,3	67,2	5206	7746	1318	19,6	Loc. Mag. 1919, S. 105
41	Rumänische Staats-B.	Baldwin	1920	533/711 1422	13,5	16,7	109,8	126,5	46,5	3,02	165 51 129/137 4194	—	—	75,8	67,3	4724	7214	1420	21,1	R. Age 1920, S. 567; Org. 1921, S. 114
42	Reichs-B. Preußen	Henschel	1919	620/660 1400	14,0	12,75	154,3	167,05	53,81	3,43	190 41/46 34 125/133 4100	—	76,0	83,4	70,0	4500	7000	1820	27,1	Hdb. Igel S. 448; Han. N. 1922, S. 157
43	Engl. Große Nord-B.	N. Brit. Lok.-G.	1918	3×470/660 1422	12,6	14,9	173,8	188,7	40,9	2,60	160 46/51 24 125/133 4874	—	69,5	77,0	68,5	5639	8280	1536	22,4	Loc. Mag. 1921, S. 137; Gl. Ann. 1921, II S. 25
44	Engl. Große West-B.	Swindon	1919	483/762 1727	15,8	14,4	156,7	171,7	30,7	2,57	176 46/51 14 121/130 4632	—	73,3	78,9	69,1	4115	8915	1029	14,9	Eng. 1920, S. 582; Org. 1920, S. 242; Loc. Mag. 1921, S. 258
45	Havanna-B.	Baldwin	1921	533/711 1422	13,4	16,8	156,2	173,0	39,0	3,02	165 46/51 26 129/137 4194	—	—	76,8	69,2	4724	7214	1420	20,6	R. Age 1921, S. 897; Org. 1921, S. 205
46	Belgische Staats-B.	Armstrong	1920	610/711 1520	14,0	18,6	175,7	194,3	44,5	3,26	174 45/50 28 144/153 4500	—	75,0	82,0	70,0	3660	8560	1740	22,9	V. D. I. 1920, S. 1085; Engg. 1920 II. S. 738; Hdb. Ig. S. 528
47	Victoria-B.	Newport	1918	559/711 1524	14,06	16,1	174,6	190,7	34,3	2,97	—	—	74,2	82,2	74,2	5182	7849	1458	19,7	Eng. 1918, S. 15; Org. 1919, S. 206; Loc. Mag. 1918, S. 129
48	Belgische Staats-B.	Baldwin	1919	610/711 1520	14,0	14,1	119,3	133,4	45,0	3,70	160 46/51 26 129/137 4124	—	—	85,3	75,7	5941	8532	1741	23,0	Loc. Mag. 1920, S. 96
49	Finnische Staats-B.	Hanomag	1923	560/650 1400	12,0	—	—	123,76	38,65	2,3	—	—	57,8	64,0	60,0	—	—	—	—	Gl. Ann. 1923, II. S. 128
50	Tschecho-Sl. Bahn	Winterthur	1918	533/640 1380	13,0	14,8	144,6	159,4	28,6	2,52	136 45/51 22 132/140 4690	—	66,5	72,5	61,0	3400	7600	1318	21,6	Eng. 1920, S. 176; Org. 1921, S. 40; Hdb. Igel S. 525
51	Französische Bahnen	Amerika	1917	533/711 1422	13,4	15,1	140,5	155,6	39,0	3,04	165 26 129/137 4191	—	—	84,3	76,2	4724	7214	1420	18,6	Eng. 1917, S. 458; Org. 1918, S. 99
52	Mexikanische Staats-B.	Baldwin	1921	559/711 1295	13,4	16,6	208,7	225,3	47,5	4,60	226 46/51 32 129/137 4216	—	—	87,0	76,7	4343	7112	1715	22,4	R. Age 1921, S. 937, Org. 1921, S. 120
											1 D 1-Lokomotiven.									
53	Argentinische Staats-B.	Baldwin	1920	457/560 1067	12,7	10,2	137,9	148,1	40,6	2,55	140 46/51 21 129/137 4300	—	—	59,6	45,5	3600	7975	1095	24,1	R. Age 1921, S. 722; Org. 1921, S. 157
54	Spanische Nord-B.	Amerik. Lok.-Ges.	1917	584/641 1560	12,7	15,3	205,4	220,7	59,4	4,10	148 45/50 28 127/133 5762	—	76,2	85,3	59,2	5953	10007	1398	23,6	Loc. Mag. 1922, S. 1; Hdb. Igel S. 530
55	Italienische Staats-B.	Breda	1921	2×490/720 680 1880	14,0	17,0	220,0	237,0	67,0	4,30	5800	—	—	93,0	66,0	3960	11240	1875	28,4	Loc. Mag. 1921, S. 171; Gl. Ann. 1921, S. 70. Hdb. Igel S. 511

1 D 1-Lokomotiven (Fortsetzung).

56	Reichs-B. Preußen	Borsig	1922	3×520/660	1750	14,0	17,5	203,2	220,7	82,0	4,00	138 34	50/55 125/133	5800	—	100,4	110,4	75,7	4000	11600	1530	22,5	Gl.Ann.1922,I.S.137; Hdb. Igel S. 442
57	Reichs-B. Sachsen	Hart-mann	1918	2×480/720 630	1905	15,0	15,5	211,1	226,6	74,0	4,50	156 28	52/57 124/133	5800	—	90,0	100,0	68,0	4000	11960	1710	25,2	Hdb. Igel S. 436
58	Paris—Lyon Mittelmeer-B.	Winter-thur	1918	2×510/720 650/700	1660	16,0	15,7	204,6	220,3	70,6	4,25	143 28	51/55 125/133	5990	—	85,2	94,6	71,0	5400	11050	2186	30,8	Schw.B. Z. 1919, S.9; Hdb. Igel S. 510
59	Mexikanische Zentral-B.	Baldwin	1921	635/762	1448	13,4	21,2	305,6	316,8	77,0	6,19	231 36	46/51 129/137	5867	—	—	122,5	95,3	4572	10236	2274	23,9	R. Age 1921, S. 937; Org. 1922, S. 120

2 D-Lokomotiven.

60	Span. Anda-lusische-B.	Schwartz-kopff	1921	560/660	1620	13,0	14,1	140,6	154,7	45,0	3,50	143 24	45/50 125/133	4750	—	60,6	66,8	49,8	3900	9600	1278	25,7	Hdb. Igel S. 512
61	Jamaika Staats-B.	Montreal	1920	483/660	1168	13,4	13,6	152,5	166,1	36,2	3,12	164 26	45/50 128/136	3937	—	—	67,2	54,0	3885	7010	1318	24,4	Loc.Mag.1921,S.142; Gl.Ann.1921,II.S.24
62	Kaschau-Oderberg-B.	St. Eisen-b.-Ges.	1918	610/650	1740	14,0	16,1	201,8	217,9	75,4	4,47	153 32	48/53 125/133	5200	—	78,0	86,2	60,0	3700	9540	1390	23,2	Lok. 1918, S. 203; Org. 1919, S. 95
63	Span. Madrid-Zarag.Alic.-B.	Maqui-nista	1920	620/660	1600	14,0	16,4	202,4	218,8	58,5	4,56	214 26	45/50 125/133	5000	—	79,0	87,5	64,0	—	—	1588	28,8	Loc. Mag. 1921, S. 25
64	Argentinische Zentral-B.	N. Brit. Lok.-Ges.	1920	533/762 660	1410	12,66	16,9	169,2	186,1	22,9	3,02			4126	—	73,3	80,1	60,8	4889	8667	1359	22,4	Loc.Mag.1920,S.165; Hdb Igel S. 533

E-Lokomotiven.

65	Öster. Staats-B.	Wiener Neustadt	1921	590/632	1300	14,0	12,0	142,1	154,1	67,1	3,42	140 132	70/76 19/24	4250	—	61,5	68,0	68,0	2800	5600	1692	24,9	Lok. 1921, S. 98, 141; Org. 1921, S. 257, 1922, S. 59
66	Reichs-B. Preußen	Henschel	1910 1923	630/660	1400	12,0	14,63	131,93	146,56	53,0	2,62	131 26	45/50 125/133	4700	—	65,3	71,5	71,5	4500	6000	1870	26,2	Hdb. Igel S. 454.
67	Englische Mittelland-B.	Derby	1920	4×426/711	1410	12,66	14,7	144,9	159,6	41,3	2,93	147 27	48/53 130/138	4388	—	—	74,8	74,8	6376	6376	1830	24,5	Loc.Mag. 1920, S.59; Org. 1921,S.67; Hdb.Igel S.539
68	Russische Eisen-B.	Dtschl. Schwed.	1921	650/700	1320	12,0	17,5	171,3	188,8	47,7	4,46	188 25	46/51 125/133	4660	—	72,4	81,5	81,5	4320	5780	2240	27,5	Engg. 1921, S. 695; Hdb. Igel S. 536
69	Reichs-B. Bayern	Maffei	1920	2×450/690 610/640	1270	16,0	13,16	178,2	191,36	55,4	3,68	189 28	47/52 125/133	4600	—	77,0	82,5	82,5	3200	6000	2400	29,1	—

1 E-Lokomotiven.

70	Öster. Staats-B.	Wiener Neustadt	1920	590/632	1300	15,0	14,0	174,0	188,0	50,2	4,46	194 24	46/51 125/133	4700	—	72,0	81,0	71,0	4500	8500	1692	23,8	Lok.1921,S.18; V.D.I.1921, S. 984; Hdb. Igel S. 540
71	Reichs-B. Preußen	Henschel	1917	3×570/660	1400	14,0	14,19	180,77	194,96	68,4	3,9	189 34	41/46 125/133	4800	—	86,6	94,7	81,7	4500	8500	2300	28,8	Gl. Ann. 1920, II. S. 57; Han.N.1919, S.110; Hdb. Igel S. 456
72	Reichs-B. Sachsen	Hart-mann	1919	3×570/660	1400	14,0	14,6	177,5	192,1	68,4	3,91	189 34	40/45 125/133	4800	—	86,8	96,6	82,8	4500	8500	2298	27,7	—
73	Polnische Staats-B.	Schwartz-kopff	1923	650/720	1450	14,0	16,5	217,4	223,9	73,5	4,5	199 34	45/50 125/133	5000	—	85,0	94,0	85,0	4800	9050	2100	24,7	Garbe, vorl.Bd.,S.20
74	Französische Nord-B.	Grafen-staden	1920	2×490/680 640/700	1550	16,0	17,4	211,0	228,4	95,8	3,22	30 116	65/70 65/70	6000	—	89,9	99,1	88,4	5320	10120	2088	23,6	Hdb. Igel S. 543

1 F-Lokomotiven.

75	Reichs-B. Württemberg	Esslingen	1918	2×510/760 650	1350	15,0	15,5	218,0	233,5	80,0	4,2	183 32	47/52 125/133	5500	32 $\frac{30}{38}$	95,6	106,5	93,5	4500	9900	2781	29,7	V. D. I. 1920, S. 829; Hdb. Igel S. 458
76	Indische Halbinsel-B.	N. Brit. Lok.-Ges.	1920	4×508/660	1435	11,25	21,4	254,3	275,7	48,1	4,18	193 36	51/57 125/133	4877	—	97,3	108,0	94,5	6725	9544	2395	25,3	Loc. Mag. 1921, S. 2, 46

Zahlentafel 51.

Laufende Nr.	Bauart	Eisenbahn-Gesellschaft	Erbauer	Baujahr	Triebwerk: Zyl.-Durchm., Kolbh., Triebraddurchmesser mm	Kesseldruck at	Heizfläche der Feuerbüchse qm	Heizfläche der Siede- u. Rauchrohre qm	Heizfläche Wasserverd. Heizfläche qm	Heizfläche Überhitzer qm	Rostfläche qm	Anzahl, Durchmesser und Länge der Rohre mm	Leergewicht t	Dienstgewicht t	Reibungsgewicht t	Radstand fest mm	Radstand gesamt mm	C_1	C_2	Quellenangabe	Vorräte Wasser cbm	Vorräte Kohle t
												Tenderlokomotiven.										
1	1B	Niederländ. Eisenbahn	Werkspoor	1920	360/500 1350	12,0	6,0	45,0	51,0	27,0	1,16	6 64/70 64 64/70 3200	33,0	42,5	30,9	2720	5500	480	15,5	Hdb. Igel S. 551	4,1	2,0
2	2B2	Engl. Metropolitan-B.	Kerr Stuart	1920	483/660 1753	11,25	12,3	97,2	109,5	24,9	1,99	147 40/45 18 128/133 3353	—	78,2	39,6	2362	10110	878	22,2	Loc. Mag. 1920, S. 167; Org. 1921, S. 155	9,1	4,5
3	C	Voldagsen Duingen Klb.	Borsig	1921	450/500 1100	12,0	—	—	65,0	16,0	1,48	—	29,0	33,0	33,0	3000	3000	921	27,9	D. Str. u. Klb. L. 1921, S. 287	4,0	1,1
4	C	Dänische Staats-Bahn	Winterthur	1917	406/610 1251	12,0	5,6	44,3	49,9	26,2	1,33	—	30,8	38,1	38,1	3900	3900	801	21,1	Schw. B. L. 1918, S. 52; Org. 1919, S. 31	3,5	1,5
5	C1	Engl. Große Nord-Bahn	Doncaster	1921	483/660 1727	12,0	11,0	81.4	92,4	19,2	1,76	107 40/45 34 3075	—	70,8	52,5	4953	7239	852	17,0	Loc. Mag. 1921, S. 4, Gl. Ann. 1921, S. 91	7,6	4,0
6	1C2	Portug. Eisenb.-Ges.	Winterthur	1916	520/640 1520	12,0	12,0	110,8	123,4	46,7	2,55	112 45/50 28 118/127 4300	62,2	82,5	49,4	3425	10430	1139	23,1	Schw. B. L. 1920, S. 214; Lok. 1921, S. 81	10,0	4,0
7	1C2	Südost- und Chatam-B.	Ashford	1917	483/711 1829	14,1	11,3	116,3	127,6	18,9	2,32	175 40/45 21 122/130 2933	—	83,1	53,6	4572	10922	908	16,9	Eng. 1917, II, S. 287; Org. 1918, S. 162	9,1	2,1
8	2C1	Österr. Staats-Bahn	St. Eisenbahn-Ges.	1917	475/720 1614	13,0	12,2	130,5	142,7	36,8	2,70	129 46/51 21 119/127 4500	63,3	80,2	43,2	3600	9590	1006	23,3	Lok. 1918, S. 97; Org. 1918, S. 305; Hdb. Igel S. 555	10,5	4,0
9	2C1	Engl. kaledonische B.	N. Brit. Lok.-Ges.	1918	495/660 1752	11,95	11,2	129,6	140,8	18,6	2,0	159 40/45 18 119/127 4420	—	92,6	55,7	4040	10056	922	16,6	Lok. 1921, S. 45; Org. 1918, S. 242; Hdb. Igel S. 557	8,2	3,2
10	2C1	London- und Südwest-B.	Eastleigh	1921	533/711 1702	12,66	12,9	117,7	130,6	21,5	2,51	160 40/45 21 125/133 3785	79,1	97,9	59,9	4572	11125	1186	19,8	Loc. Mag. 1921, S. 54, 1922, S. 6	9,1	3,5
11	D	Havanna-Bahn	Baldwin	1921	508/610 1168	12,7	11,0	95,5	106,5	22,0	2,32	107 46/51 15 132/140 3983	—	64,5	64,5	3594	3594	1347	20,9	R. Age 1921, I, S. 897; Org. 1921, S. 205	7,6	9,1
12	1D1	Ungarische Staats-Bahn	Budapest	1917	570/650 1606	12,0	16,2	132,1	148,3	63,7	2,77	27 47/52 120 70/76 4000	67,3	86,0	57,8	1800	10700	1310	22,7	Lok. 1918, S. 137; Org. 1919, S. 158	12,0	5,0
13	1D2	Palästina-Bahn	Kitson	1919	521/610 1219	12,66	14,9	127,1	142,0	27,1	2,60	153 43/48 24 125/133 3861	77,1	103,6	65,1	4039	12192	1359	20,9	Loc. Mag. 1922, S. 99, 137	14,1	4,1
14	2D	London- und Südwest-B.	Eastleigh	1921	559/711 1549	12,66	12,9	117,1	130,6	21,5	2,51	160 40/45 21 125/133 3785	—	96,0	—	5486	9753	1435	—	Loc. Mag. 1921, S. 54, 193	9,1	3,5
15	1E1	Halberst.-Blankenburg	Borsig	1920	700/550 1100	14,0	13,6	167,2	180,8	54,1	3,96	255 41/46 32 125/133 3700	80,0	100,0	75,0	4050	9550	2447	32,6	Gl. Ann. 1922, I, S. 192	8,8	3,0
16	1E1	Reichs-Bahn Preußen	Borsig	1922	700/660 1400	14,0	17,0	182,8	199,8	62,5	4,37	218 40/45 34 125/133 4500	103,7	127,5	95,3	3300	11900	2310	24,7	Hdb. Igel S. 473; Han. N. 1923, S. 207	12,0	4,0

Zahlentafel 52.

Laufende Nr.	Bauart	Eisenbahngesellschaft	Erbauer	Baujahr	Spur	Triebwerk: Zylinderdurchmesser, Kolbenhub, Triebraddurchmesser		Kesseldruck	Heizfläche				Rostfläche	Anzahl, Durchmesser und Länge der Rohre		Leergewicht	Dienstgewicht	Reibungsgewicht	Radstand		C_1	C_2	Vorräte	
									d. Feuerbüchse	d. Siede- u. Rauchrohre	Wasserverdampfende Heizfl.	Überhitzer							fest	gesamt			Wasser	Kohle
					mm	mm		at	qm	qm	qm	qm	qm	mm		t	t	t	mm	mm			cbm	t
														Hauptbahnähnliche Schmalspurlokomotiven mit Schlepptender.										
1	1 C	Kalmar-Berga-B.	Henschel	1920	891	370/500	1200	12,0	4,2	44,3	48,5	17,6	1,00	71 41/46 12 125/133	3200	25,2	27,5	21,6	3100	5050	570	26,4	—	—
2	1 C 1	Stockholm Roslagens	Henschel	1919	891	420/600	1300	13,0	6,5	76,5	83,0	28,7	1,60	96 41/46 16 125/133	4100	36,6	40,5	27,6	2900	6930	814	29,5	—	—
3	1 C 1	Santander-Bilbao-B.	Krauss-München	1921	1000	450/600	1300	12,0	6,0	100,3	106,3	33,8	2,00	111 46/51 18 124/133	4350	41,5	46,0	33,0	3250	6100	935	28,3		
4	2 C	Västergötld. Göteborg	Henschel	1922	891	370/500	1300	12,0	6,7	49,4	56,1	18,3	1,15	77 39/44 12 119/127	3550	29,1	32,5	21,6	3300	6300	526	24,4	—	—
5	2 C	Ind. Jodhp. Bikauer	Kerr Stuart	1920	1000	419/559	1449	11,25	9,9	64,8	74,7	14,0	1,43	90 40/45 12 125/133		31,8	36,8	28,4	3658	6440	678	23,9		
6	2 C	Nigerische Staats-B.	Nasmyth	1920	1067	457/559	1372	11,25	11,6	81,2	92,8	19,3	1,65	134 40/45 18 125/133		43,6	48,4	31,5	3353	6883	850	27,0		
7	2 C 1	Reid-Neufundl. Ges.	Baldwin	1920	1067	432/610	1321	12,0	8,6	127,3	135,9	31,9	2,56	111 46/51 18 129/137			52,2	35,4	3048	8306	862	24,4		
8	2 C 1	Holl. St.-B. auf Java	Werkspoor	1917	1067	2×340/520 580	1600	14,0	11,2	115,0	126,2	43,0	2,70	110 45/50 19 125/133	5000		65,3	36,7	3400	10205	963	26,2		
9	D	Robla-Bilbao-B.	Krauss München	1921	1000	480/540	1070	12,0	6,9	89,2	96,1	32,5	2,00	95 46/51 18 124/133	4300	41,7	45,0	45,0	3025	3600	1164	25,8	—	—
10	1 D	Bleckinge-Kustbanor	Henschel	1919	1067	410/500	1050	12,0	8,9	52,9	61,8	23,0	1,65	70 41/46 15 125/133	3550	31,6	35,0	29,0	2600	6400	801	27,6	—	—
11	1 D	Antofagasta Bolivia	Henschel	1921	1000	520/610	1120	12,6	15,2	194,7	209,9	41,2	3,72	196 45/50 27 125/133	4580	61,2	67,7	59,2	3920	6200	1470	24,8	—	—
12	1 D 1	Argentinische Staats-B.	Baldwin	1920	1000	557/560	1067	12,7	10,2	137,9	148,1	40,6	2,55	140 46/51 21 129/137	4300	—	59,6	45,5	3600	7975	1626	35,8	—	—
13	2 D	Nigerische Staats-B.	Beardmore	1921	1067	457/584	1086	11,25	10,4	71,3	81,7	14,6	1,63	112 42/48 12 125/133	3277	—	51,0	38,6	3658	6489	1122	29,1	—	—
14	2 D	Afrikanische Benguella-B.	Baldwin	1920	1067	508/610	1219	11,25	12,1	119,7	131,8	31,0	1,74	127 46/51 21 129/137		—	62,2	48,5	4115	7112	1290	26,6	—	—
15	2 D 1	Rodesische Bahn	Montreal	1920	1067	559/610	1219	12,66	12,7	196,0	208,7	54,1	3,27	129 52/57 26 132/140	5715	—	77,1	52,9	3886	9322	1563	29,6	—	—
16	2 D 1	Manila-B.	Amerik. Lok. Ges.	1920	1067	508/711	1524	12,66	16,4	169,4	185,3	45,8	3,27	130 46/51 22 129/137	5639	—	83,0	54,0	4801	10541	1240	22,3	—	—
17	2 C 2	Holl. St.-B. auf Java	Winterthur	1917	1067	450/550	1350	12,0	7,7	96,6	104,3	30,8	1,86			49,6	63,1	33,5	3000	9950	825	24,6	9,0	3,0
														Tenderlokomotiven.										
18	D	Gera-Meuselwitz-B.	Borsig	1922	1000	400/400	850	12,0	7,3	63,6	70,9	16,5	1,60	146 35/40 24 100/108	2400	27,0	35,0	35,0	2200	3300	753	21,5	3,5	1,2
19	1 D	Schwed. Slite-Boma-B.	Henschel	1920	891	390/400	950	12,0	4,3	39,4	43,7	15,9	0,90	69 41/46 12 125/133	2900	26,5	32,8	26,6	2550	5600	641	24,1	3,0	1,0
20	1 D 1	Holl. St.-B. auf Java	Hanomag	1921	1067	485/600	1106	12,0	9,4	97,1	106,5	36,4	2,40	109 45/50 18 125/133	4300	52,1	68,7	48,7	3500	9000	1275	24,3	9,0	3,0

Han. N. 1922 S. 22.

(Siehe auch nebenstehende Seite!)

Technische Thermodynamik. Von Professor Dipl.-Ing. **W Schüle.**

Erster Band: **Die für den Maschinenbau wichtigsten Lehren nebst technischen Anwendungen.** Vierte, neubearbeitete Auflage. Mit 225 Textfiguren und 7 Tafeln. (569 S.) 1923. Gebunden 18 Goldmark / Gebunden 4.30 Dollar

Zweiter Band: **Höhere Thermodynamik** mit Einschluß der chemischen Zustandsänderungen nebst ausgewählten Abschnitten aus dem Gesamtgebiet der technischen Anwendungen. Vierte, erweiterte Auflage. Mit 228 Textfiguren und 5 Tafeln. (527 S.) 1923. Gebunden 18 Goldmark / Gebunden 4.30 Dollar

---

Höchstdruckdampf. Eine Untersuchung über die wirtschaftlichen und technischen Aussichten der Erzeugung und Verwertung von Dampf sehr hoher Spannung in Großbetrieben. Von Dr.-Ing. **Friedrich Münzinger.** Mit 120 Textabbildungen. (150 S.) 1924.
7.20 Goldmark; gebunden 7.80 Goldmark / 1.75 Dollar; gebunden 1.85 Dollar

---

Amerikanische und deutsche Großdampfkessel. Eine Untersuchung über den Stand und die neueren Bestrebungen des amerikanischen und deutschen Großdampfkesselwesens und über die Speicherung von Arbeit mittels heißen Wassers. Von Dr.-Ing. **Friedrich Münzinger.** Mit 181 Textabbildungen. (184 S.) 1923.
6 Goldmark; gebunden 7 Goldmark / 1.45 Dollar; gebunden 1.70 Dollar

---

Die Leistungssteigerung von Großdampfkesseln. Eine Untersuchung über die Verbesserung von Leistung und Wirtschaftlichkeit und über neuere Bestrebungen im Dampfkesselbau. Von Dr.-Ing. **Friedrich Münzinger.** Mit 173 Textabbildungen. (174 S.) 1922.
4 Goldmark; gebunden 6 Goldmark / 0.95 Dollar; gebunden 1.45 Dollar

---

Kohlenstaubfeuerungen für ortsfeste Dampfkessel. Eine kritische Untersuchung über Bau, Betrieb und Eignung. Von Dr.-Ing. **Friedrich Münzinger.** Mit 61 Textfiguren. (125 S.) 1921. 4 Goldmark / 0.95 Dollar

---

Ruths-Wärmespeicher in Kraftwerken. Von Dr.-Ing. **Friedrich Münzinger.** Mit 38 Abbildungen. (Sonderabdruck aus den Mitteilungen Nr. 319 der Vereinigung der Elektrizitätswerke e. V.) (24 S.) 1922. 0.80 Goldmark / 0.20 Dollar

---

Die Grundgesetze der Wärmeleitung und des Wärmeüberganges. Ein Lehrbuch für Praxis und technische Forschung. Von Oberingenieur Dr.-Ing. **Heinrich Gröber.** Mit 78 Textfiguren. (279 S.) 1921. 9 Goldmark / 2.15 Dollar.

Die Wärme-Übertragung. Auf Grund der neuesten Versuche für den praktischen Gebrauch zusammengestellt von Dipl.-Ing. **M. ten Bosch,** Zürich. Mit 46 Textabbildungen. (127 S.) 1922. 5 Goldmark / 1.20 Dollar

---

Taschenbuch für den Maschinenbau. Bearbeitet von zahlreichen Fachleuten. Herausgegeben von Professor **Heinrich Dubbel,** Ingenieur, Berlin. Vierte, erweiterte und verbesserte Auflage. Mit 2786 Textfiguren. In zwei Bänden. (1737 S.) 1924.
Gebunden 18 Goldmark / Gebunden 4.30 Dollar

GPSR Compliance

The European Union's (EU) General Product Safety Regulation (GPSR) is a set of rules that requires consumer products to be safe and our obligations to ensure this.

If you have any concerns about our products, you can contact us on ProductSafety@springernature.com

In case Publisher is established outside the EU, the EU authorized representative is:

Springer Nature Customer Service Center GmbH
Europaplatz 3
69115 Heidelberg, Germany

Batch number: 10684220

Printed by Printforce, the Netherlands